锂离子电池回收与资源化技术

李 丽　姚 莹　郁亚娟　陈人杰　著

国家自然科学基金面上项目（51972030）
北京高等学校卓越青年科学家项目（BJJWZYJH01201910007023）　　资助出版
广东省动力电池安全重点实验室（2019B121203008）

科学出版社

北 京

内 容 简 介

退役锂离子电池关键材料回收与资源化再生技术在支撑社会可持续发展和环境友好技术方面有十分重要的地位，已成为国际相关领域的研究热点。

本书结合国内外锂离子电池技术及电动汽车发展现状与趋势，基于锂离子电池回收与资源化驱动因素及其关键材料失效机理分析，系统介绍了锂离子电池电极材料回收与资源再生综合利用技术、电解液回收与无害化技术、电池回收效益成本与市场可行性分析等，并对电池回收领域的学术动态解析、机遇与挑战进行了总结展望。

本书结构清晰，由浅入深，可供动力电池上下游企业和相关科研单位的人员参考，也可作为高等院校新能源材料与器件、环境工程、化学化工、化工冶金等专业师生的教学和学习参考书。

图书在版编目（CIP）数据

锂离子电池回收与资源化技术/李丽等著. —北京：科学出版社，2021.6
ISBN 978-7-03-069095-1

Ⅰ. ①锂… Ⅱ. ①李… Ⅲ. ①锂离子电池–废物回收–研究 ②锂离子电池–废物回收利用–研究 Ⅳ. ①X760.5

中国版本图书馆 CIP 数据核字(2021)第 106180 号

责任编辑：朱 丽 程雷星 / 责任校对：何艳萍
责任印制：吴兆东 / 封面设计：楠竹文化

科 学 出 版 社 出版
北京东黄城根北街 16 号
邮政编码：100717
http://www.sciencep.com

北京建宏印刷有限公司 印刷
科学出版社发行 各地新华书店经销
*
2021 年 6 月第 一 版 开本：720×1000 1/16
2021 年 6 月第一次印刷 印张：24 3/4
字数：600 000
定价：**188.00 元**
(如有印装质量问题，我社负责调换)

作者名单

顾　问：吴　锋

主　编：李　丽

副主编：姚　莹　郁亚娟　陈人杰

编写成员（按贡献排序）：

　　　　林　娇　张晓东　范二莎　王美玲

作 者 简 介

李 丽 北京理工大学材料学院教授、博士研究生导师。2011～2012 在美国阿贡国家实验室做访问学者。入选北京理工大学优秀青年教师资助计划、教育部新世纪优秀人才支持计划、北京市优秀人才支持计划和北京市科技新星计划,作为主要完成人获部级科学技术一等奖3 项。主要从事新型绿色二次电池及先进能源材料研究,重点研究锂离子电池绿色高效回收与资源再生、绿色二次电池衰减机理与失效分析、新型钾/锌离子电池、能源材料结构理论与量化计算等。

作为项目负责人,先后主持了国家高技术研究发展计划("863"计划)、国家重点基础研究发展计划("973"计划)、国家自然科学基金等 20 余项。近年来发表 SCI 论文 196 篇,申请国家发明专利 30 余项,其中 16 项获授权;在国内外学术会议上做特邀报告 100 余次,担任数届中美双边会议锂离子电池回收技术分会主席。2018 年在 *Chemical Society Review* 发表了封面文章:退役可充电电池可持续与系统回收研究综述。2020 年应邀在 *Chemical Reviews* 发表了锂离子电池及新体系电池可持续回收技术的挑战与未来趋势综述。主编学术著作《动力电池梯次利用与回收技术》;参编《绿色二次电池及其新体系研究进展》《储能技术发展及路线图》《节能与新能源汽车技术路线图 2.0》《中国退役动力电池循环利用技术与产业发展报告》《中国新能源电池回收利用产业发展报告(2021)》;参编《电动汽车用锂离子蓄电池》等 3 项中国汽车行业标准。

现任电动汽车动力蓄电池循环利用战略联盟技术专家委员会副主任、北京市资源强制回收环保产业技术创新战略联盟专家委员会副主任委员、科技部固废重点专项评审专家、《储能科学与技术》编委、全国碱性蓄电池标准化技术委员会委员、工信部新能源电池回收利用专业委员会委员、中国再生资源产业技术创新战略联盟专家委员会委员、天目湖先进储能技术研究院外聘专家、中国动力电池回收与梯次利用联盟行业技术专家、废旧电池回收利用国家标准工作组副组长、中国电机工程学会电力储能专业委员会委员、IEEE PES 中国区技术委员会常务理事、国家能源局储能领域技术专家、江苏省动力及储能电池产业创新联盟技术专家委员会委员、*Journal of Hazardous Materials* 等国际期刊特约审稿人或仲裁人。

姚　莹　美国佛罗里达大学博士，北京理工大学材料学院副教授、博士研究生导师。主要研究方向为废旧动力电池回收及资源化再生、新型碳材料的制备研发及其在水处理中、电极材料中的应用等。

主持国家自然科学基金项目"新型含镁纳米晶体黑碳材料及其对磷的高效吸附机制研究"，参与国家 973 计划项目、国家科技重大专项项目、美国国家科学基金和美国农业部支撑的多项项目。在国际相关领域高水平学术刊物上发表 SCI 论文 50 余篇，ESI 高被引论文 12 篇，H 指数 24，引用总计达 5000 余次。成果发表在 *Energy Storage Materials*、*Nano Energy*、*Environmental Science & Technology*、*ACS Applied Materials & Interfaces* 等期刊上。曾获 *Bioresource Technology* 最佳论文奖、*Chemical Engineering Journal* 高论文引用奖、佛罗里达大学学术杰出成就奖等。申请 2 项美国发明专利，中国发明专利获授权 1 项。参编一部英文著作。美国 ASA-CSSA-SSSA 学会会员。*Nano Energy*、*ACS Applied Materials & Interfaces*、*Journal of Hazardous Materials* 等期刊审稿人。

郁亚娟　现任北京理工大学材料学院副教授、硕士研究生导师。2001 年和 2004 年依次毕业于南京大学匡亚明学院和环境学院，获得化学专业理学学士学位和环境科学专业理学硕士学位。2008 年毕业于北京大学环境学院，获得环境科学专业理学博士学位。2018～2019 年在美国密歇根大学环境与可持续学院做访问学者。

主要从事新型绿色二次电池及先进能源材料研究，重点研究锂离子电池及其他各类储能材料的生命周期环境影响、动力电池生命周期环境足迹、电池材料回收再利用等。作为项目主持人，主持国家自然科学基金青年及面上项目 3 项。在 *Journal of Hazardous Materials*、*Journal of Cleaner Production*、*Journal of Environmental Management* 等期刊发表多篇论文。撰写学术专著《城市交通环境系统优化与管理》。

陈人杰　北京理工大学材料学院教授、博士研究生导师。担任国家部委能源专业组委员、中国材料研究学会理事（能源转换及存储材料分会秘书长）、中国硅酸盐学会固态离子学分会理事、国际电化学能源科学院（IAOEES）理事、中国化工学会化工新材料专业委员会委员、中国电池工业协会全国电池行业专家。

研究领域：面向大规模储能、新能源汽车、航空航天、高端通讯等领域对高性能电池的重大需求，针对高比能长航时电池新体系的设计与制造、高性能电池安全性/环境适应性的提升、超薄/轻质/长寿命特种储能器件及关键材料的研制、全生命周期电池设计及材料的资源化应用等科学问题，开展多电子高比能二次电池新体系及关键材料、新型离子液体及功能复合电解质材料、特种电源用新型薄膜材料与结构器件、绿色二次电池资源化再生等方面的教学和科研工作。

主持承担了国家自然科学基金项目、科技部国家重点研发计划项目、科技部"863"计划项目、中央在京高校重大成果转化项目、北京市科技计划项目等课题。

在 *Chemical Reviews*、*Chemical Society Reviews*、*National Science Review*、*Advanced Materials*、*Nature Communications*、*Angewandte Chemie-International Edition*、*Energy & Environmental Science*、*Energy Storage Materials* 等期刊发表 SCI 论文 200 余篇；申请发明专利 98 项，获授权 42 项；获批软件著作权 10 项，出版学术专著 2 部。作为第一完成人，荣获部级科学技术奖一等奖 2 项；作为主要完成人，荣获国家技术发明奖二等奖 1 项、部级科学技术奖一等奖 3 项。入选教育部长江学者特聘教授、北京高等学校卓越青年科学家计划、中国工程前沿杰出青年学者、英国皇家化学学会会士。

序

　　能源的开发利用在人类社会发展中始终扮演着重要角色，由于传统化石燃料日益减少和其燃烧所带来的环境恶化等问题，建设绿色环保低碳型社会、开发清洁和可再生能源成为我国社会经济发展的重大战略，已被列为国家相关科学与技术发展规划中重点和优先发展方向。当前中国新能源汽车产业正在从政策驱动向市场主导转变，动力电池产业的市场化竞争日趋激烈，产业整合正在向深层次推进，相关企业都将面临更为严峻的考验和挑战，呈现总体产能过剩、优质产能不足的局面。

　　锂离子电池由于具有高能量和功率密度、长循环寿命和环境友好等特征，成为电气化交通运输和大规模储能的理想器件。作为整合可再生资源和绿色交通用的二次电池，锂离子电池正在经历前所未有的高速发展。随着新能源汽车的需求和产量不断攀升，纯电动汽车、混合电动汽车和插入式混合电动汽车对锂离子电池的需求量也与日俱增。动力汽车退役后将产生大量废旧电池，而电池的生产过程也会产生一定比例的废料。绿色、高效、低成本回收这些废弃物，不仅可以避免其对环境和人体健康的潜在威胁，而且能够为锂离子电池的生产提供原材料、减少对一次矿石资源的依赖、促进电池行业可持续发展。退役锂离子电池的迅速增加，使我国成为最早面临大规模动力电池"报废潮"的国家。在锂离子电池回收和再生过程中，如何避免环境二次污染，实现锂离子电池资源化再利用，是新能源汽车和动力电池产业更好发展的重要保证。

　　该书从环保、经济、资源、政策四个角度梳理了退役锂离子电池回收与资源化处理的必要性和紧迫性，从基础研究到工业应用对锂离子电池回收与资源化再生技术、经济效益成本与市场可行性分析进行阐述；考察了动力电池全生命周期评价及应用实例；在对近年来本领域文献专利梳理统计的基础上，对本研究领域所面临的机遇挑战与发展趋势进行了总结展望。该书的出版，将有益于促进社会各界对锂离子电池回收行业前沿科学领域的深入认识、关注和支持。作为从事绿色二次电池研究多年的科研工作者，我希望这本书能为我国锂离子电池回收与资源化综合利用水平提升及相关产业的可持续发展起到抛砖引玉的作用。

吴锋

2021 年 1 月于中国工程院

前　　言

锂离子电池作为最通用和最具吸引力的能量储存系统之一，已被广泛应用于通信、便携式电子设备、电动汽车和智能电网等领域，是未来几年电动汽车和电网储能的最佳选择。随着锂离子电池在纯电动汽车、混合电动汽车和插入式混合电动汽车中的应用，其需求量和生产量与日俱增。动力电池退役后将产生大量废旧锂离子电池。锂离子电池含有锂、镍、钴等金属和有机溶剂，处理不当会对环境造成污染，绿色、短程、高效回收其中丰富的锂、镍、钴等有价金属资源，不仅可以避免其对环境和人体健康的潜在威胁，而且能够为锂离子电池的生产提供原材料、减少对一次矿石资源的依赖、促进电池行业可持续发展。因此，退役后锂离子电池回收及再利用对我国资源的有效利用、环境保护和降低锂离子电池成本具有重要意义，这已经成为国内外全行业关注的焦点。

基于我国的资源和环境现状，进行退役锂离子电池的回收与再利用研究具有紧迫性和必要性，是符合我国可持续发展战略的重要研究课题。目前国内外动力锂离子电池回收技术难点和痛点集中在短程高效且绿色环保的锂离子电池回收技术的基础研究上，以应对不断变化的大规模储能电池和新能源电动汽车动力电池的回收需求，其科学问题源于国家重大需求和经济主战场，具有鲜明的需求导向、问题导向和目标导向。

本书结合国内外锂离子电池技术及电动汽车的发展现状和趋势，系统介绍了锂离子电池失效机制、拆解回收、资源化综合利用等最新研究技术，并对本领域所面临的机遇挑战与发展趋势进行了总结展望。全书共 10 章，第 1 章从环境污染减量、经济效益驱动、战略资源定位、政策标准引导四个角度重点阐述退役锂离子电池回收与资源化的必要性和紧迫性；第 2 章阐述了锂离子电池回收技术与其正负极等关键材料失效机理的内在联系；第 3~6 章是锂离子电池安全拆解、正负极材料回收与资源化技术及电解液回收与无害化技术深度评析，包括实验室基础研发和工业应用实例；第 7、8 章是锂离子电池全生命周期环境足迹评价、环境评价与实例分析；第 9 章从经济和技术角度阐述了动力电池回收收益成本与市场可行性分析；第 10 章从专利申请和文献报道等角度系统梳理出锂离子电池梯次回收与资源化的学术动态、机遇挑战和未来前景。本书前言及第 1~4 章由李丽教授、林娇博士、张晓东博士、范二莎博士执笔；第 5、6、9 章由姚莹副教授、王美玲博士、张冠中硕士执笔；第 7、8 章由郁亚娟副教授执笔；第 10 章由陈人杰教授、林娇博士执笔；全书由李丽教授、林娇博士统稿。

本书是作者及课题组成员在深入开展退役锂离子电池回收处理、资源化综合利用、全生命周期评价等研究的基础上，结合其所承担的国家 863 计划、国家 973 计划、国家自然科学基金、国家重点研发专项、北京市重大成果转化、教育部新世纪优秀人才支持计划、北京市科技新星计划、北京市优秀人才计划等项目，经 22 年研究积淀的学术成果总结。这些成果大多以论文的形式发表在国内外多种学术刊物上，作者将其代表性研究成果总结于本书，力争反映国内外锂离子电池回收与资源化综合利用技术领域的最新进展。本书可供锂离子电池上下游企业和科研单位的研发与工程技术人员参考，也可作为高等院校新能源材料与器件、储能材料与科学环境工程等专业师生的教学参考书。

参加本书编写成员均是长期从事锂离子电池回收与再生研究的专家和科研工作者，感谢课题组的陈妍卉、葛静、孙凤、张笑笑、刘剑锐、刘芳、张益存、翟龙宇、屈雯洁、施平川、卞轶凡、吴嘉伟等博士和硕士研究生与老师们齐肩作战地辛勤工作才有今日的成果积淀；感谢黄茹玲、蔡丽、杨晶博、吴姝蒙、马苏、姜亚楠、弓原、陈妍、杨磊、李素赫、张之琦等研究生为本书整理资料；特别感谢北京理工大学新能源材料与器件科研团队学术带头人吴锋院士为本课题组提供的科研平台以及对全体成员的悉心指导；感谢国家自然科学基金项目（51972030）、北京高等学校卓越青年科学家项目（BJJWZYJH01201910007023）、广东省动力电池安全重点实验室（2019B121203008）对本书的共同资助支持。最后，感谢科学出版社资深编辑朱丽女士对本书提出的宝贵意见、对本书出版的大力支持。

本书是许多人心血的凝聚，由于时间仓促，加之作者理论水平和经验有限，书中难免存在不足之处，敬请各位专家、读者批评指正。

李丽

2021 年 6 月于北京

目　　录

第1章　锂离子电池回收与资源化驱动因素

伴随着经济全球化进程加快和能源需求日益高涨，锂离子电池因具有高能量密度、高工作电压、高安全性、宽工作温度范围、长循环寿命、无记忆效应、环境友好等优点，已被广泛应用于 3C 电子产品［即计算机（computer）、通信（communication）和消费电子产品（consumer electronic）三类电子产品的简称］、新能源电动汽车、单兵作战系统、航空航天、水下潜艇等领域，全球锂离子电池产销总量和市场规模随之快速提升。目前，锂离子电池正处于由消费类电子产品等小型电池市场向以电动汽车（electric vehicle，EV）和电动自行车为代表的电动交通工具等模块动力电池市场转移的发展阶段，同时以大规模移动通信基站电源市场为代表的储能市场也逐步登上历史舞台。

国际能源署数据显示，2005～2010 年，全球电动汽车（包括电池电动汽车和插电式混合动力汽车）销售量从 1670 辆增加到 12480 辆。到 2015 年，电动汽车保有量累计达 125.6 万辆，约为 10 年前的 752 倍[1]。2016 年全球电动汽车销量继续增加，超过了 75 万辆，全球电动汽车保有量达 200 万辆，较 2015 年增加 60%，达到历史新高。其中，95% 以上的销售量主要集中在中国、美国、日本、加拿大、挪威、英国、法国、德国、尼德兰及瑞典等少数国家。中国在全球电动汽车销售量中的份额超过了 40%，成为全球最大电动汽车市场。2017 年全球电动汽车销售量比上年增加 54%，首次突破 100 万辆，中国占半数以上，其次是美国，全球电动汽车保有量累计突破 300 万辆关口。2019 年电动汽车全球销量突破 210 万辆，同比增长 40%。与此同时，动力电池的需求量随之大幅增加，预计 2015～2024 年，全球对锂离子电池的需求将达到 2210 亿美元[2]。

随着新能源汽车产业的持续快速发展，大批动力电池将陆续进入退役期。国际市场研究（Research and Markets）机构在 2020 年初发布的研究报告显示[3]，2019 年全球锂离子电池回收市场规模约为 15 亿美元，预计到 2025 年将增至 122 亿美元；到 2030 年，全球锂离子电池回收市场规模将稳增至 181 亿美元，2025～2030 年复合年均增长率为 8.2%。

中国是全球电动汽车及大规模储能用锂离子电池回收的最大市场之一。根据前瞻产业研究院发布的《中国动力电池 PACK 行业发展前景预测与投资战略规划分析报告》[4]，自 2018 年起，我国新能源汽车动力锂离子电池开始陆续进入大规模退役阶段，约 11.99 GW·h，其中，三元电池 8.85 GW·h，磷酸铁锂（LFP）电池 3.14 GW·h。2020 年，动力锂离子电池回收量预计达到 25.57 GW·h；至 2022

年, 回收量将接近 45.80 GW·h, 2018~2022 年年均复合增长率预计在 59.10% 以上。截至 2020 年底, 预计全国累计报废量将达 $1.2 \times 10^5 \sim 1.5 \times 10^5$ t; 到 2025 年, 动力锂离子电池年报废量将达到 5.0×10^5 t 的规模。

锂离子电池退役后若处置不当, 其电极材料、电解质等不仅会对环境造成严重污染, 还会造成资源的极大浪费。随着退役锂离子电池规模不断扩大, 其资源化回收处理的必要性也日益凸显, 主要体现在环境污染减量、经济效益驱动、战略资源定位、政策标准引导四方面。从环境污染减量角度考虑, 退役锂离子电池含有大量重金属化合物、有机物等难降解物质, 对环境将产生潜在负面危害; 从经济效益驱动角度考虑, 下游对原材料需求的持续快速增长导致钴资源供需格局转为短缺, 钴价将高位运行并具备进一步上行空间, 国内少数城市已对动力电池回收增设基金补贴, 一旦落实对行业是重大利好; 从战略资源定位角度考虑, 锂离子电池中含有钴 (Co)、锂 (Li)、镍 (Ni)、锰 (Mn) 等价值较高的金属, 我国钴和镍资源匮乏, 储量分别仅占全球的 1% 和 3.4%, 对外依存度分别是 97% 和86%。全球钴矿上游资源主要被嘉能可、洛阳钼业、欧亚资源等跨国矿企控制, 仅极少数国内企业收购刚果优质钴矿, 钴资源成为动力电池及上游正极材料厂家的"必争之地"。因此, 针对退役锂离子电池开展回收与再生利用具有一定的必要性和紧迫性。此外, 国内外纷纷出台电池回收处理相关法律、法规及政策规范, 极大地推动了退役锂离子回收行业集中有序和规范化发展。

鉴于该领域国内外发展现状与态势, 退役锂离子电池回收利用关键技术方面的产学研合作尤为重要, 同时应逐步完善锂离子电池行业规范化标准法规, 建立锂离子电池回收利用全闭环体系, 以解决锂离子电池在进入生命周期末端后所带来的潜在环境污染和资源浪费等问题, 进一步推动电动汽车及动力电池产业链实现可持续健康有序发展。

1.1   环境污染减量

十九大召开以来, 国家对生态文明建设重视程度和环保力度提升, 环保督察严格执行, 问题企业强制停产整改, 对重点污染企业进行排放监测, 各部门严格落实"绿水青山就是金山银山"的理念。锂离子电池中各种金属化合物、有机物及其对环境有害的污染物是其退役后可能带来的一系列环境问题的潜在污染源, 它们将严重威胁生态环境和人类健康, 影响社会可持续发展。

1.1.1   电池回收处理方式

1. 焚烧减量

退役锂离子电池中有机物在高温焚烧下容易挥发, 随着焚烧后温度逐渐降低,焚烧烟气结为颗粒状物质，在一定程度上会产生密集度较高的粉尘，对大气环境造成严重污染。退役锂离子电池中重金属在焚烧体系中的分布形态主要是由其内部重金属挥发所决定的。伴随着大量有毒气体的排放，重金属挥发率逐渐加快，而低挥发性重金属物质在焚烧期间不会出现蒸发现象，其焚烧产物一般集中在残骸中，之后进入土壤或渗入地下水系。排放至空气中的微量金属物质主要是以颗粒物形式存在，大约占所有杂物的 0.04%。

2. 土壤填埋

退役锂离子电池中部分重金属物质通过溶解渗滤至地下土层，将直接污染地下水和土壤，造成周围居民生活饮用水污染等问题。由于重金属在黏土层中移动较缓慢，很难从天然黏土层中渗透到大气环境中，即退役锂离子电池中的重金属不会快速地从土壤中渗滤出来，故采取填埋措施前，应在一定程度上充分考虑土壤对于重金属物质的吸纳能力，以及能否使用土壤填埋处置退役锂离子电池中的污染物质。此外，电池退役后如果直接被扔进垃圾填埋场，将面临"热逃逸"等安全风险，原因在于电池内部所发生的化学反应将使电池升温而导致热失控，导致引发燃烧、起火、爆炸等安全隐患。

3. 资源化利用

退役锂离子电池资源化利用是一个复杂且艰巨的系统工程。目前，资源化利用方法主要有火法工艺、湿法工艺及真空热处理工艺。火法将电池磨碎后送往炉内加热，得到易挥发金属及合金材料，工艺简单，但能耗高，极易产生二次污染；湿法则是将破碎分选后的电池粉末材料置于浸出剂中反应，然后利用化学沉淀、电化学沉积、离子交换或萃取分离等方法回收有价金属离子。湿法具有产品纯度高、工艺灵活等优点，但同时也存在流程长、成本高等问题；真空热处理是指在真空条件下通过蒸发和冷凝回收金属，工艺简单，基本无二次污染，具有一定经济优势。

资源化利用在某种程度上可减轻退役锂离子电池所带来的环境污染风险，但在其收集、运输、回收处理和资源化再利用等环节中，如果没有严格标准的管理规范、处理设备和资源循环利用技术，将直接导致资源浪费和环境污染。

1.1.2　环境污染减量与管控

锂离子电池涉及污染物主要包括铜、镍、钴、锰等金属元素，以及电解质、隔膜、有机溶剂等。其中，钴、镍、锰元素均具有一定生物学毒性，随意丢弃会污染土壤和水源。钴元素是人体必需的一种微量元素，但过量钴会引起红细胞增生；锰慢性中毒将导致持久性精神、认知、运动功能损害；胶体镍或氯化镍毒性较大，可引起中枢性循环和呼吸紊乱，使心肌、脑、肺和肾出现水肿、出血和变性。若退役锂离子电池没有得到妥善回收处理而随意丢弃到环境中，这些不能被生物降解的重金属元素将会通过食物链和生物富集效应最终汇集到人体内，严重威胁人类身体健康。

锂离子电池材料中另一个主要污染源是电解液。目前，商业化锂离子电池大部分使用液态有机电解液，其中，有机溶剂如果不经过任何处理直接排放到环境中同样会造成污染；溶质大多采用六氟磷酸锂，其遇水产生氢氟酸，有剧毒而且腐蚀性强，对环境也会造成极大污染。而其他部分，诸如外壳材料和隔膜，一般是高分子塑料制品，这些难降解物质在环境中的持久性及广域的分散性，对环境与生态影响较大。

北京理工大学吴锋院士曾提出："1 个 20g 重的手机电池扔在水里，可以污染 3 个标准游泳池容积的水，若丢弃在土地上，可使 $1km^2$ 土地污染 50 年左右"[5]。试想，如果 100 多千克的电动汽车用动力电池废弃在大自然中，又将是何种情形呢？大量的有毒化学物质和重金属进入大自然，将对生态造成无法预估的破坏，产生恶劣影响。

众所周知，无论何种类型的电池，使用后随意丢弃都会对环境造成巨大污染。美国已将锂离子电池归类为一种具有易燃性、浸出毒性、腐蚀性、反应性等的有毒有害电池，是各类电池中包含毒害性物质较多的电池[6]。作为新能源汽车行业应用最为广泛的动力电池，锂离子电池虽不含汞、镉、铅等毒害重金属元素，但其电极材料、电解质溶液等物质中含有大量潜在的有害物质。例如，电解质 $LiPF_6$ 较容易地从退役锂离子电池中溶解迁移到自然环境的各类水体中。相关研究表明，在没有回收或处理的情况下，动力锂离子电池中潜在的有害物质极易在自然环境中发生各种化学反应，如水解、氧化和分解等[7]，对人类健康产生不利影响，并极大地造成环境污染，主要包括以下几个方面。

1. 重金属污染

虽然钴不被认为是有毒金属，但人体中钴含量超标可导致金属病的形成。据报道，精神病学（手震颤、不协调、认知减退、抑郁、眩晕、听力损失和视觉改变）、心脏（心律失常和心肌病）和内分泌症状与钴水平增加有关。此外，体内钴含量升高还会对细胞造成其他影响，包括淋巴细胞功能异常、趋化因子分泌和大鼠脑缺血改变。Mao 等和 Curtis 等报道了医用过程中非正常钴的摄入可以影响人体健康[8,9]。

锂盐中除了具有高度腐蚀性和刺激性的氢化锂（LiH）、四氢铝酸锂（$LiAlH_4$）和四氢硼酸锂（$LiBH_4$）外，其他锂盐毒性不大。锂毒性的主要靶器官是中枢神经系统，在治疗躁狂抑郁症时，锂被用于治疗膜转运蛋白。从化学性质来看，锂类似于钠，但毒性更大，5 g 的 LiCl 可以导致人类致命中毒。而碳酸锂（Li_2CO_3）和乙酸锂（$LiCH_3COO$）在精神病学中的应用剂量接近最大摄入量水平。血液中锂含量达到 10 mg/L 时，人会出现轻度锂中毒，超过 15 mg/L 时会出现精神错乱和言语障碍，而达到 20 mg/L 时则有死亡风险。此外，治疗性剂量下的 Li 的确会损伤中枢神经系统和肾脏，锂还会影响从细胞黏菌到人类的多种有机体的新陈代谢、神经元通讯和细胞增殖[10]。

　　锰是植物、动物及人体健康必需的微量元素之一。成人体内锰的总量较少，仅为 10～20 mg，但锰是人体多种酶的必需成分，如精氨酸酶、脯氨酸酶、丙酮酸羧化酶。锰参与体内各种氧化还原过程及造血过程，锰摄入量过高会影响人的饮食及消化系统、神经系统，导致骨骼疾病。锰过量可以使神经细胞凋亡、多巴胺脱羧酶破坏，导致中枢神经传导功能障碍以及诱导氧化应激反应损伤神经系统，从而使人体出现智力下降、行为异常等一系列神经症状。此外，长期接触锰化合物过多的人群，易患震颤麻痹综合征，症状为头昏、头痛、记忆力减退、易疲劳继而肌肉震颤，容易跌倒、口吃、丧失劳动能力等[11]。

　　镍同样为人体必需的生命元素之一，但过量镍则会对人体健康产生危害。镍对人皮肤的危害最大，可引起接触性皮炎，又称"镍痒症"或"镍疥"，且镍及其化合物对人皮肤黏膜和呼吸道有刺激作用，可引起皮炎和气管炎，甚至引发肺炎。口服大量镍会出现呕吐、腹泻等症状，发生急性胃肠炎和齿龈炎。镍还具有生物累积效应，在肾、脾、肝中积存最多，可诱发鼻咽癌和肺癌。除此之外，长期接触低浓度镍会引起多梦、失眠、脱发、视力下降、恶心、腹痛等神经衰弱症状，以及生育能力降低、致畸和致突变等[12]。

2. 有机物及氟污染

　　退役锂离子电池中氟化物也会进入自然环境，导致氟污染，氟化物水解产生的有毒气体会污染空气并通过皮肤、呼吸对人体造成刺激。人体长期摄入过量氟，可引起钙磷代谢失调，造成体内缺钙，引起氟中毒。轻症患者牙齿变黑、牙板发黄、牙面粗糙，引发"氟斑牙"病症。重症患者骨质密度改变、骨骼变形，发生佝偻、瘫痪、溪背、腿异常疼痛，导致患者逐渐丧失劳动力，甚至死亡，即为氟骨症。氟中毒还能使妊娠期妇女产后发生瘫痪。人体急性氟中毒，可引起胃严重腐蚀和肝、肾细胞病变。

　　有机物污染与重金属污染对人体健康有极大的危害，已被证实是人类以及动、植物很多疾病与损害的祸首。有机物污染对人类的影响，除了事故误用和直接接触外，主要是通过食物链来实现，其次是通过呼吸和皮肤接触进入人体内，前者导致的健康问题大部分是急性中毒，而后者导致慢性中毒，并带有一定的隐蔽性，难以引起人们的重视。通常，有机污染物首先被植物、海洋微生物等第一营养级生物所吸收，然后被食物链高端营养级生物捕食，这些有机污染物随其在食物链中反复循环，最终会污染鱼、肉及乳制品。这些受到有机污染物污染的食品被人类食用后，会富集于人体脂肪纤维中，并且可通过胎盘和哺乳传染给婴儿。研究结果表明，有机污染物可造成人的神经行为失常、内分泌紊乱、生殖系统和免疫系统的破坏、发育异常以及癌症和肿瘤的增加。此外，这些污染物可能对儿童产生严重的影响，能造成婴儿和儿童免疫功能的降低和感染的增加、大脑发育异常、神经功能的损坏以及癌症和肿瘤发病率增加等[13]。

3. 粉尘污染

颗粒直径<1 μm 的粉尘可以在空气中飘浮较长时间，长期吸入这些飘尘会引起人体肺脏纤维病变，破坏正常呼吸功能，进而威胁人类健康与生命。近几年来，城市中呼吸道疾病、呼吸道癌症和心血管疾病急剧上升均与空气污染密切相关[14]。退役锂离子电池中石墨、碳材料等在回收破碎过程中极易造成粉尘污染，对人类健康以及经济可持续发展产生严重影响。

将退役锂离子电池采取与生活垃圾同样的处理方法，包括填埋、焚烧、堆肥等，其中钴、镍、锂、锰等金属以及无机、有机化合物必将对大气、水、土壤造成严重的污染，具有极大的危害性。而特殊垃圾倾倒场的储存能力有限，不断增长的处置成本进一步加剧了处置难题。因此，从废物管理、资源节约、工业需求、碳足迹减量、能源安全和未来需求的多角度综合考虑，回收退役锂离子电池/废料是建立循环经济、提升处理能源安全、防止环境污染等可行且有效的途径[15]。退役锂离子电池关键材料化学特性及其潜在环境危害详见表 1-1[16]。

表 1-1　退役锂离子电池关键材料化学特性及其潜在环境危害[16]

材料种类	材料名称	主要化学特性	潜在环境危害
正极材料	$LiCoO_2$	与酸、碱或氧化剂发生强烈反应。燃烧或分解产生有毒的锂、钴氧化物	重金属污染、影响水体酸碱性
	$LiMn_2O_4$	与有机溶剂、还原剂或强氧化剂（双氧水、氯酸盐等）、金属粉末等发生反应可产生有毒气体（Cl_2），受热分解产生氧气	重金属污染、影响水体酸碱性
	$LiNiO_2$	受热分解为 Li_2O、NiO 和 O_2，与酸、碱发生反应	重金属污染、影响水体酸碱性
负极材料	碳材料（cokes, glassy carbons）	粉尘和空气的混合物遇热源或火源可发生爆炸，可与强氧化剂发生反应，燃烧产生 CO 及 CO_2 气体	粉尘污染、温室效应
	石墨（graphite）	可与强氧化剂（氟、液氯）发生反应，燃烧产生 CO 及 CO_2 气体	粉尘污染、温室效应
	嵌锂	与水作用生成强碱，自燃，可与氧气、氮气、二氧化碳和酸等物质反应	使环境 pH 升高
电解质	$LiPF_6$	有强腐蚀性，遇水可分解产生 HF，与强氧化剂发生反应，燃烧产生 P_2O_5 等有毒物质	氟污染、使环境 pH 升高

续表

材料种类	材料名称	主要化学特性	潜在环境危害
电解质	LiBF$_4$	LiBF$_4$具有强腐蚀性，与水、酸发生剧烈反应产生 HF 气体。燃烧或受热分解会产生 Li$_2$O、B$_2$O$_3$等有害物质	氟污染、使环境 pH 升高
	LiClO$_4$	与强还原剂、硝基甲烷和肼等物质发生剧烈反应。燃烧后会产生 LiCl、O$_2$和 Cl$_2$	有毒气体
	LiAsF$_6$	溶于水，吸湿性强，与酸反应可产生有毒气体 HF、砷化合物等	氟污染、砷污染
	LiCF$_3$SO$_3$	燃烧产物为 CO、CO$_2$、SO$_2$、HF，与氧化剂、强酸发生反应产生 HF	氟污染、有毒气体、酸雨
电解质溶剂	碳酸乙烯酯（EC）	与酸、碱、强氧化剂、还原剂发生反应，水解产物产生醛和酸，燃烧可产生 CO、CO$_2$	醛、有机酸污染
	碳酸丙烯酯（PC）	与水、空气、强氧化剂反应，燃烧产生 CO、CO$_2$，受热分解会产生醛和酮等有害气体，引燃可引起爆炸	醛、酮有机物污染
	二甲基碳酸酯（DMC）	与水作用生成强碱，自燃，可与氧气、氮气、二氧化碳和酸等物质反应	甲醇等有机物污染
	二乙基碳酸酯（DEC）	与水、强氧化剂、强酸、强碱和强还原物质发生剧烈反应，燃烧产生 CO、CO$_2$	醇等有机物污染
	二甲氧基乙烷（DME）	与水、强碱、强氧化还原剂发生反应，易燃、易爆，见光或受热易形成爆炸性的过氧化物	甲醇等有机物污染
	二乙氧基乙烷（DEE）	易燃、易爆，见火、光或受热易形成爆炸性过氧化物，与强酸、强氧化剂发生剧烈反应	醇等有机物污染
	甲基乙基碳酸酯（EMC）	与水、强酸、碱、强氧化剂发生反应，水解产物有甲醇，可燃	甲醇等有机物污染
	乙酸乙酯（EA）	与氯磺酸、氢化铝锂、发烟硫酸等物质反应，遇水或潮会分解，遇火、受热会发生燃烧或分解产生 CO 等有毒气体	有机酸污染
	1，4-丁内酯（GBL）	强氧化剂、强酸、强碱会发生剧烈反应，燃烧产生 CO、CO$_2$、NO 等有害气体	醇、酸有机物污染
黏结剂	聚丙烯、聚乙烯（PP、PE）	燃烧可产生 CO、醛、有机酸等	有机物污染
隔膜	聚偏氟乙烯（PVDF）、偏氟乙烯（VDF）、三元乙丙（EPD）	PVDF 可与氟、发烟硫酸、强碱、碱金属发生作用，受热分解产生 HF。VDF 可与酸反应，受热分解产生 HF。EPD 可燃烧生成 CO、CO$_2$等	氟污染

　　锂离子电池在使用过程中会因副反应而产生一些有害物质，如溶剂分解产物有丙烯、乙二醇、乙烯、乙醇等，电解质与电极材料界面作用所产生副产物有 HF、LiF、(CH$_2$OCO$_2$Li)$_2$CH$_3$OCO$_2$Li、CH$_4$、CO、CH$_3$OH 等，电极在预处理过程中加入各类添加剂等，所有这些物质可直接或间接地造成环境污染。

　　在锂离子电池拆解分选和高温热解预处理过程中，如电解液分解、隔膜热解、极片破碎、废渣处理等，也会产生一系列污染物，这些污染物不仅对大气、水体造成严重污染，而且对操作员的身体健康造成极大威胁。同时，回收再利用过程中所添加的各种酸碱浸提剂、萃取剂、活性添加剂等不仅增加回收工艺流程的成本，造成资源浪费和能耗增加，而且会产生大量废液、废气、废渣等[16]。

综上，作为电动汽车的动力来源，如果没有切实可行的电池回收体系，仅退役动力锂离子电池对环境造成的污染就难以估计[17]。因此，退役动力锂离子电池回收过程中的环境污染控制问题成为新能源汽车产业化过程中亟待解决的关键问题之一，能否有效回收利用将直接影响新能源汽车产业的可持续发展和国家节能减排战略的有效实施。

1.2　经济效益驱动

1.2.1　退役锂离子电池回收的经济性分析

锂离子电池成本占整车成本比例较高，动力电池的高成本导致电动汽车售价居高不下。目前市面上常见的新能源汽车，尤其是纯电动汽车，动力系统成本占据整车售价的 50%左右，其中动力电池成本占到总三电（电池、电机、电控）成本的 76%，电池电芯中富含镍、钴、锰等金属元素的正极材料又是最昂贵的，约占电池系统成本的 45%（图 1-1）。2020 年电池成本有望降低近四成，或使电动汽车与传统燃油车价格相抗衡。

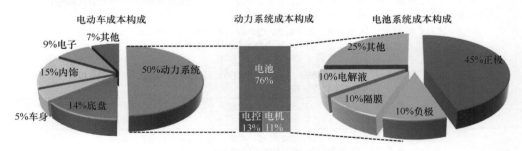

图 1-1　纯电动车成本分析[18]

目前，新能源汽车动力电池主要有锂离子电池及金属氢化物/镍电池。不同类型动力电池金属含量各不相同，镍氢与锂离子电池金属含量占比见表 1-2。动力电池尤其是三元电池中镍、钴、锂等贵金属含量高，资源稀缺且价格不断上涨。三元材料一般分为两类：镍钴锰（NCM）和镍钴铝（NCA），以最常见的 NCM 三元材料为例，镍、钴及锰的含量分别占 12%、5%及 1.2%，具有较高的回收再利用价值。磷酸铁锂电池虽然不包含钴、镍等稀有金属，但锂含量达到 1.1%，显著高于我国开发利用的锂矿（锂矿山中 Li$_2$O 平均品位为 0.8%～1.4%，对应到锂含量仅 0.4%～0.7%）。

表 1-2　各类动力电池的金属含量比例（%）

电池类别	主要金属	镍含量	钴含量	锰含量	锂含量	稀土
镍氢	Ni，Co，RE	35	4	1	—	8
钴酸锂	Li，Co	—	18	—	2	—
磷酸铁锂	Li	—	—	—	1.1	—
锰酸锂	Li，Mn	—	—	10.7	1.4	—
三元	Li，Ni，Co，Mn	12	5	1.2	1.2	—

根据中国官方公布的前 40 批节能与新能源汽车示范推广应用工程推荐车型目录及相关统计信息，对各类型锂离子电池的比例进行推算和预测，磷酸铁锂电池、锰酸锂电池和三元电池的比例约为 54∶7∶1，其中，钴酸锂动力电池没有出现在推荐车型目录中。经测算，中国未来动力电池可回收利用金属理论总量分别为：镍金属 6.54 万 t，钴金属 0.82 万 t，锰金属 1.5 万 t，锂金属 1.03 万 t，稀土元素 1.44 万 t，其结果见表 1-3。

表 1-3　中国未来动力电池可回收利用金属总量　　（单位：万 t）

电池类别	电池报废总量	镍含量	钴含量	锰含量	锂含量	稀土含量
镍氢	18	6.3	0.72	0.18	—	1.44
钴酸锂	0	0	0	—	0	—
磷酸铁锂	87	—	—	—	0.96	—
锰酸锂	11	—	—	1.18	0.046	—
三元	2	0.24	0.1	0.14	0.024	—
总计		6.54	0.82	1.50	1.03	1.44

随着新能源汽车的推广，电池材料需求快速增长，在需求增长与供给紧张的共同作用下，对应金属材料的价格也经历了暴涨。电池级碳酸锂经历 2015～2016 年的暴涨，目前出厂价格接近 16 万元/t，仍然处于高位。至 2019 年 7 月镍的价格已经达到 14305 美元/t（当年 7 月 1 日汇率为 1 美元=6.87 元人民币），钴的价格达到 26500 美元/t。

退役锂离子电池资源化循环回收利用可生产出镍、钴、锰及锂盐，以及三元正极材料及其前驱体，直接用于电池电芯制造，可部分收回锂离子电池成本。随着高能量密度三元电池需求持续增加，钴、锂等原材料的需求也将更加紧俏。因而，通过对退役锂离子电池进行高效回收，将镍、钴、锂等有价金属进行提取循环再利用，是规避上游原材料稀缺和价格波动风险的有效途径，且经济效益显著，对构建闭环产业链和实现可持续发展具有重要意义。

1.2.2　电池回收经济模型与收益评估

1. 经济模型

按成本分析法建立退役动力电池收益数学模型，公式表示为式（1-1）：

$$B_{\text{Pro}} = C_{\text{Total}} - C_{\text{Depreciation}} - C_{\text{Use}} - C_{\text{Tax}} \qquad （1\text{-}1）$$

式中，B_{Pro}——退役动力电池回收的利润；

C_{Total}——退役动力电池回收的总收益；

$C_{\text{Depreciation}}$——退役动力电池设备的折旧成本；

C_{Use}——退役动力电池回收过程的使用成本；

C_{Tax}——退役动力电池回收企业的税收。

1）退役动力电池设备的折旧成本

设备折旧费用采用法式货币化系统（French amotization system，FAS）方法进行计算。FAS 方法可以由式（1-2）计算由最初成本（总固定资产）决定的等额还贷：

$$R = C_0 \frac{1}{1-(1+i)^{-n}} \qquad （1\text{-}2）$$

式中，C_0——总固定资产；

i——利率，定为 5%；

n——有效寿命，一般定为 10 年。

总固定资产通常可以分为直接固定资产和间接固定资产。其中，购买设备和机器、厂房建设、设备安装等成本属于直接固定资产，厂房及设备设计和设计费属于间接固定资产。

2）退役动力电池回收过程的使用成本

退役动力电池回收和再资源化过程的使用成本主要包括以下几项。

（1）原材料成本：动力电池回收企业从众多消费者手中或回收点收购退役动力电池的费用。

（2）辅助材料成本：退役动力电池回收过程中，使用辅助材料的成本，如酸（H_2SO_4、HCl、HNO_3）、碱（NaOH、KOH）、萃取剂（如 TOA、D2EHPA、PC-88A）、沉淀剂（Na_2CO_3）和自来水等。辅助材料成本根据废旧动力电池的类型和回收工艺的不同而有所差异。

（3）燃料动力成本：回收过程中设备运行所需要电力、天然气、燃油、水等费用。

（4）设备维护成本：保证退役动力电池回收设备正常运行所投入的维护成本。

（5）环境处理成本：为了防止退役锂离子电池回收过程中产生二次污染，实现无害化处置要求，需要对回收过程中产生的废气、废液和残渣进行深度处理。

（6）人工成本：用于支付工人的工资。

综上所述，退役动力电池回收的投入成本的数学表达式如下：

$$C_{Use} = C_{Battery} + C_{Environment} + C_{Material} + C_{Power} + C_{Labor} + C_{Maintenance} \quad (1-3)$$

式中，$C_{Battery}$——原材料成本（收购退役动力电池的成本）；

$C_{Environment}$——环境处理成本；

$C_{Material}$——辅助材料成本；

C_{Power}——燃料动力成本；

C_{Labor}——人工成本；

$C_{Maintenance}$——设备维护成本。

退役动力电池设备的折旧成本根据 FAS 方法，可以由 $C_{Maintenance}=C_{Equipment}\times0.5$ 计算设备维护费，其中，$C_{Equipment}$ 为设备购买费。

2. 经济收益

我国镍钴锰三元正极材料（NCM）以 NCM523 为主，占 NCM 系列的近 75%[18]。因此，以 NCM523 为代表的 NCM 类型及 LFP 类型来预测回收退役锂离子电池的循环收益、成本和利润。每只电池的回收收入通过式（1-4）计算得到：

$$R = \sum_i^m P_i \cdot \alpha_i \cdot \beta_i \quad (1-4)$$

式中，R——每只电池的回收收入；

P_i——第 i 个金属的初级商品市场价格；

α_i——该种电池的第 i 个金属成分含量；

β_i——每个金属的回收率；

m——金属类型的数量，以钴、镍、锂、锰、铁、铝和铜作为有价金属，此时 $m=7$。计算相关参数如表 1-4 所示[20]。

表 1-4　退役 LFP 和 NCM523 动力电池回收收益分析

金属	价格/（元/t）	含量/[（kg/t）·100 kW·h]		回收率/%	回收收入/[元/（100 kW·h）]	
		LFP	NCM523		LFP	NCM523
Co	266000	0	48.48	89	0	11477.16
Ni	126750	0	80.8	62	0	6349.668
Li	655000	8.99	9.59	80	4710.76	5025.16
Mn	12750	0	30.13	53	0	203.6
Fe	660	71.95	0	52	24.69	0
Al	14250	65	87	42	389.03	520.7
Cu	46455	82	112	90	3428.38	4681.66
总计					8552.86	28257.95

所需材料价格均取自上海金属网站 2019 年 8 月的商品金属价格[19]，通过文献综述以及对厂家的调查，得到其组成参数和回收率。以电动汽车用电池组的能量约为 50 kW·h、质量约为 500 kg 计算，废旧 LFP 和 NCM523 动力电池的回收收入分别为 8552.86 元/t 和 28257.95 元/t。

退役锂离子电池回收成本包括固定成本和材料回收成本两部分。固定成本包括厂房建设、机械设备、回收网络建设、设备维修等折旧免税额。固定资产残值设为 5%，设备和厂房的折旧年限分别为 10 年和 30 年。材料回收成本是指回收企业向电池所有者支付的成本。根据调查，目前 LFP 电池的回收暂不需要支付费用，或者费用小到可以忽略不计。NCM 废电池的支付成本采用钴镍组分的 50%。辅助材料成本、燃料成本、预处理成本和环境处理费用均通过查阅数据库或文献资料得到，劳务费和交通费是通过对深圳市场的调查得出的，所有费用均按满载情况估计。由于我国动力电池尚未进入批量报废阶段，许多动力电池回收企业无法收集到足够的废电池组来实现大规模运行，给成本计算带来一定困难。研究结果表明，LFP 的回收成本约为 7176 元/t，NCM 的回收成本约为 19194 元/t（表 1-5）。

表 1-5　废旧动力电池回收成本　　（单位：元/t）

项目	内容	LFP	NCM
材料回收成本	废旧电池	0	12018
辅料成本	溶液和萃取溶剂	2500	2500
燃料成本	电、天然气等	620	620
预处理成本	破碎分离	500	500
环保	废液处理	330	330
处理成本	残渣和灰尘处理成本	120	120
劳动收费	薪资	470	470
交通运输费	燃料费、收费等	2000	2000
固定成本	设备维修	100	100
	折旧费	536	536
总计		7176	19194

综上分析，目前回收 LFP 废电池和 NCM 废电池具有可观的经济效益，利润分别为 1376.86 元/t 和 9063.95 元/t。值得注意的是，回收利润与金属价格密切相关。目前，由于我国新能源汽车行业的高需求和资源的稀缺性，特别是钴，其价格短期内不会大幅下跌，因此，动力电池回收是有利可图的，至少可以收支平衡。此外，动力电池在中国正式大规模投入商业使用后尚未进入大规模报废阶段，许多电池回收企业无法实现电池拆解与回收产线满负荷运转。因此，未来随着退役锂离子电池回收处理体量和处理效率的提高，分配给单只电池的运行成本将会降低，从而有利于退役锂离子电池回收利润空间的进一步提升。

1.2.3 资源回收经济效益现状

1. 梯次利用

电动汽车用锂离子电池退役后仍有部分可用容量，其电压、内阻等电性能指标也可满足低速车、电动工具、储能等领域的应用，是实现其梯级利用、物尽其用的有效途径。目前，电池组安全拆卸、电芯性能快速评价、单体电池筛选重组、寿命快速预测、成本控制等问题，是整个梯次利用过程中亟待解决的关键技术问题。根据中国电池联盟数据统计分析[20]，以一个 3 MW·3 h 的储能系统为例，考虑投资成本、运营费用、充电成本、财务费用等因素，如采用梯次利用的动力锂离子电池作为储能系统电池，则系统的全生命周期成本约 1.29 元/（kW·h）。而采用新生产的锂电池作为储能系统电池，则系统的全生命周期成本为 0.71 元/（kW·h），铅炭电池、抽水蓄能的综合度电成本已接近 0.4 元/（kW·h）。这主要是因为梯次利用的电池一致性差，不仅种类复杂，而且即使是同一型号的电池其使用寿命及状况也大相径庭，进行二次利用必须经过大量的性能检测、容量分选、电池重组等环节，因此，造成锂离子电池梯次利用成本较高。此外，在采购梯次利用相关设备时还需要增加一部分成本用于采购加强系统稳定性设备，这些均是制约梯次动力电池在储能产业推广发展的重要因素。

2. 再生利用

锂离子电池三元材料中有价金属的品位高于原矿，从精炼环节起估算，动力电池回收成本较高，尤其是湿法工艺成本；而如果从资源环节起估算，动力电池回收则在经济性上占有明显优势。其中，磷酸铁锂电池中有价值的回收金属较少，相比之下，三元动力电池回收收益较可观。

在政策红利和巨大市场前景的吸引下，新加入动力电池回收的企业数量不断增加。目前，我国在废弃电器电子产品，如"四机一脑"及铅酸电池回收处理方面都有相应的财政补贴，但在对动力电池的回收处理方面，还有待具体可落实的财政补贴政策发布，预计未来补贴政策落实，将对该行业产生重大推动作用。

近年来，国家陆续发布的关于废旧电池回收政策主要是对动力电池回收的整体统筹规划，没有具体提出对动力电池回收的补贴政策。有的地方部门根据国家政策出台了有具体补贴措施的政策并将回收补贴逐步落地。2020 年，福建省工业和信息化厅、发展和改革委员会等九部门联合印发了《福建省开展新能源汽车动力蓄电池回收利用体系建设实施方案（2020～2022 年）》。该方案指出要鼓励开展退役电池梯次利用……鼓励梯次利用企业自建、共建、共用退役及报废电池回收渠道，开展异型异容电池组合梯次利用技术及模式研究……创新梯次利用商业模式，建设商业化服务平台，探索线上交易、线下交货的电池残值交易。方案明确2020年1月底前，研究制定动力蓄电池回收利用工作方案、启动试点工作。2020年到2021年，稳步推进试点工作，初步建成福州、厦门、泉州等新能源汽车主要使用集中地的动力蓄电池回收服务网点，形成一批可推广借鉴的梯次利用示范项目。2022年初步建成该省新能源汽车动力电池回收利用体系。

目前，动力电池回收的各参与方大多数处于示范项目或者微盈利经营状态，而形成规模效应、降低成本是该行业亟待解决的关键问题。鉴于目前动力电池回收的规模和体量还都较小，随着行业规范性不断提升，以及龙头企业不断布局带动产业升级加速的规模效应，成本端压力会在未来行业发展的过程中逐步削减。而磷酸铁锂电池中有价金属元素仅有锂，再生利用收益甚微，目前拆解回收工艺已经较为成熟，成本下降空间有限，但从未来梯次利用成本控制的角度考虑，磷酸铁锂电池的回收利用价值有望在梯次利用中得到体现。

1.3 战略资源定位

近年来，锂离子电池的电化学性能和安全性能均得到明显提升，但结构设计及其组成方面变化较小，主要包括电池外壳、正极、隔膜、负极、集流体、电解液等。商用锂离子电池使用各种类型的含 Li 过渡金属氧化物作为正极材料，如 $LiCoO_2$（LCO）、$LiMn_2O_4$（LMO）、$LiFePO_4$（LFP）、$LiNi_{1-x-y}Co_xMn_yO_2$（NCM）等，以天然石墨或人造石墨作为负极活性物质。聚偏氟乙烯（PVDF）黏度大，具有良好的化学稳定性和物理性能，广泛用于正极黏结剂。锂离子电池主要采用电解质六氟磷酸锂（$LiPF_6$）和有机溶剂配制的溶液作为电解液；采用有机膜，如多孔状的聚乙烯（PE）和聚丙烯（PP）等聚合物作为电池隔膜。正极材料是动力电池的核心部件，目前动力电池正极材料主要含钴（Co）、锂（Li）、镍（Ni）、锰（Mn）等价值较高的金属，钴在我国更属于稀缺战略金属，主要以进口的方式满足日益增长的需求。本节重点介绍动力电池中常用金属的主要矿石储量，以及全球一级矿物和大型矿床的供求形势[21]。

1.3.1 钴

钴是一种银灰色有光泽的金属，具有优异的延展性和铁磁性，钴-60 是一种重要的商业放射性同位素，用作放射性示踪剂和生产高强度伽马射线，钴也是维生素 B_{12} 的重要组成成分，有利于维持人体健康。钴因具有很好的耐高温、耐腐蚀、磁性等性能，已被广泛用于航空航天、机械制造、电气电子、化学、陶瓷等工业领域，是制造高温合金、硬质合金、陶瓷颜料、催化剂、电池的重要原料。

　　自然界中钴矿极少以单独形式出现，是典型的伴生矿，多伴生于铜钴矿、镍钴矿、砷钴矿和黄铁矿矿床中，独立钴矿物极少。众多伴生矿中，镍钴伴生矿占据了钴 50%的储量，铜钴伴生矿约占 44%，另外 6%左右则是原生钴矿。因此，从钴矿的特性来看，其很大程度上受制于铜和镍的开采。

　　已查明的陆地钴资源约 2500 万 t，海洋地壳中的资源量超过 1.2 亿 t。除此之外，再生钴的回收也是钴资源的重要来源之一。目前，世界钴储量估计为 720 万 t。全球钴储地主要位于刚果民主共和国（DRC），其占世界钴储量的 47%，其他主要分布在澳大利亚、古巴、赞比亚、加拿大、俄罗斯、新喀里多尼亚等地，其主要赋存形式为含镍红土；其余为澳大利亚、加拿大、俄罗斯等地镁铁质和超镁铁质岩石中的镍铜硫化物矿床，以及刚果、赞比亚的沉积铜矿床。矿床中常见的含钴矿物有赤斑岩、角闪石、钴酸盐、林奈石、卡罗体。钴多存在于与硫和砷有关的化合物中（表 1-6）。虽然有些钴是由辉砷钴矿（CoAsS）和硫钴矿（Co₃S₄）等金属光泽矿石生产的，但是作为铜、镍和铅的副产品工业化生产的。镍红土大多直接加工，其他伴生矿石经选矿（浮选或重力法）生产精矿，采用湿法冶金工艺提取钴[22]。钴作为铜的副产品被浓缩（硫化物）并通过焙烧转化为氧化物。氧化物在硫酸溶出金属中浸出，其反应性比铜强，特别是作为硫酸盐的铁、钴和镍。铁以氧化铁的形式去除后，得到钴的 Co（OH）₃ 沉淀，再经焙烧后与碳或氢气还原为钴金属。

表 1-6　常见的含钴金属矿物

矿物	化学式	钴含量/%
钴华	$Co_3(AsO_4)_2 \cdot 8H_2O$	29.53
方钴矿	（Co，Ni）As_3	20.77
辉砷钴矿	$CoAsS$	35.52
硫镍钴矿	$CoCo_2S_4$	57.95
硫铜钴矿	$Cu(Co，Ni)_2S_4$	28.56
钴土矿	$m(Co，Ni)OMn\ OMnO_2 \cdot nH_2O$	～25

　　目前钴市场需求主要来自新能源汽车用动力电池，锂电材料行业在新能源汽车的带动下持续保持快速发展态势。2018 年初，新能源车补贴对新能源汽车能量密度继续提高门槛值后，新能源汽车企业已将三元材料作为动力电池首选材料。根据中国汽车工业协会统计（图 1-2），2018 年全国新能源汽车产销分别完成 127 万辆和 125.6 万辆，同比分别增长 59.95%和 61.65%。其中，纯电动汽车产销分别完成 98.56 万辆和 98.37 万辆，同比分别增长 47.85%和 50.83%；插电式混合动力汽车产销分别为 28.33 万辆和 27.09 万辆，同比分别增长 121.97%和 117.98%。保有量方面，根据公安部统计，截至 2018 年底，国内新能源汽车保有量达 261 万辆，较 2017 年底增加 70.59%，占汽车总量的 1.09%。

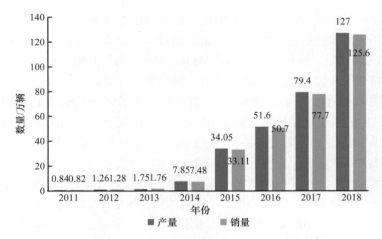

图 1-2　2011~2018 年中国新能源汽车产销量统计图

资料来源：中国汽车工业协会

全球新能源汽车的飞速发展带动了对三元正极材料的巨大需求，而三元材料在能量密度、成本、安全性、稳定性方面的综合优势也在一定程度上成为新能源汽车走向大规模普及的重要保障。随着锂离子电池三元材料在动力电池领域的持续主导地位，钴资源需求量仍将持续稳步上升。

1.3.2　锂

锂金属是制造动力电池的重要原材料，可由多种自然资源（矿物如锂辉石等，黏土如灰岩等，液态如盐湖、地下卤水水库等）产生。锂是火成岩的一个次要成分，主要是花岗岩。最富含锂的岩石/矿物是伟晶岩和锂辉石等。其他矿物有锂云母、透锂长石等。伟晶岩含有可回收的锂、锡、钽、铌、铍等元素。这些矿物中锂的理论含量为 3%~5.53%，但大多数矿床的锂含量在 0.5%~2%，常被开采的含伟晶岩矿石的锂含量小于 1%。表 1-7 给出了主要含锂矿物及含锂量。

表 1-7　主要含锂矿物及含锂量

矿物	化学式	锂含量/%
锂辉石	$LiAlSi_2O_6$ 或 $Li_2O \cdot Al_2O_3 \cdot 4SiO_2$	3.75
锂云母	$KLi_{1.5}Al_{1.5}(AlSi_3O_{10})(F,OH)_2$	3.56
磷矾石	$LiAlFPO_4$ 或 $2LiF \cdot Al_2O_3 \cdot P_2O_5$	4.74
磷酸锂铁矿	$LiFePO_4$ 或 $Li_2O \cdot 2FeO \cdot P_2O_5$	4.40
透锂长石	$H_4LiAlSi_4O_{10}$	1.27
硅锂铝石	$LiAlSi_2O_6 \cdot H_2O$	3.28
锂霞石	$LiAlSiO_4$ 或 $Li_2O \cdot Al_2O_3 \cdot 2SiO_2$	5.53

续表

矿物	化学式	锂含量/%
羟硼硅钠锂石	$LiNaSiB_3O_7$（OH）	3.39
铁锂云母	$LiF \cdot KF \cdot FeO \cdot Al_2O_3 \cdot 3SiO_2$	1.7
水辉石	$Na_{0.3}$（Mg，Li）$_3Si_4O_{10}$（F，OH）$_2$	0.56
碳酸锂	Li_2CO_3	18.75

各国锂资源储量占比如图 1-3 所示。全球近 51.3%的锂矿集中在南美洲阿根廷、玻利维亚和智利地区，锂矿资源估计为 6400 万 t（Mt）。智利拥有世界上最大的含锂卤水资源（750 Mt，1500～2700 mg/L Li），其次是玻利维亚（9.0 Mt，532 mg/L Li）和阿根廷（1.6 Mt，400～700 mg/L Li），这三个国家占世界卤水储量的近 80%。目前，8%的锂是通过盐湖卤水和海水的沉积作用获得的。此外，水中约含有 0.1～0.2mg/L 的 Li，全球海水中储锂总量约为 2300 亿 t。卤水来源包括在咸水沉积物中发现的锂——湖泊、咸水、油田卤水和地热卤水。油田卤水是含油的地下卤水油藏。含锂卤化物占世界锂资源的 66%、伟晶岩占 26%、沉积岩占 8%。目前，通常采用焙烧和浸出的方法从矿石/矿物中提取锂，而从卤水中提取锂的手段则包括蒸发、沉淀、吸附和离子交换。将伟晶石浮选得到的锂精矿粉碎，在热酸溶液中浸出，析出得到 Li_2CO_3。由于涉及加热和溶解步骤，伟晶岩的处理比卤水的处理要昂贵，但是伟晶岩中较高的锂含量在一定程度上补偿了成本。与

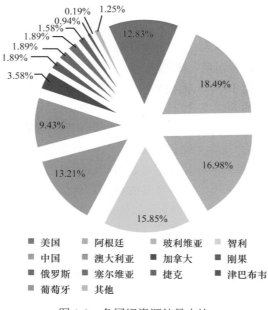

图 1-3　各国锂资源储量占比

矿石相比,从卤水中提取锂的成本因素阻碍了许多锂辉石矿床的开发。关于金属锂,它可以通过碳热还原和氧化物/氢氧化物的金属热还原,也可以通过电解 LiCl 来产生。

我国也是锂资源较为丰富的国家之一,储量 540 万 t 左右,约占全球总储量的 13%,主要分布在四川、青海和西藏三个省区,其中,青海和西藏地区为盐湖卤水型,固体型锂矿主要分布于四川、新疆、江西等地,属花岗伟晶岩型的锂辉石或锂云母矿。目前,我国对锂的需求中有 70% 依赖进口,主要原因在于国内开发条件、技术等的限制,虽然中国的锂资源丰富,但国内卤水锂和矿石锂的开发程度都较低。全球碳酸锂生产的原料主要来自卤水,中国盐湖卤水资源丰富,青海柴达木盆地盐湖都是高镁锂比的卤水,但相关的提锂技术还未达到工业化生产的成熟度;西藏扎布耶盐湖卤水中的锂以碳酸锂形态存在,易于提取,但是交通、电力、能源等条件,极大限制了其规模开发。

随着新能源汽车等新兴产业的发展,全球锂资源的消费结构发生了巨大变化。而随着我国新能源汽车产业的快速发展,锂资源消费结构已由润滑脂领域为主逐渐转变成以锂离子电池为主。预计随着新能源车的继续推广,锂资源的消费结构有望进一步改变。

1.3.3　镍

金属镍在高温高应力条件下性能良好,可以通过铸造、拉伸、挤压、锻造或轧制等加工技术制成所需的各种形状,因此含镍合金在涡轮、喷气发动机等方面应用广泛。此外,镍合金耐腐蚀,还可以通过催化促进化学反应,在电池制造、电镀、加氢催化剂和色素沉着等领域具有广泛应用。

镍是地球上储量第 16 丰富的金属,相对钴而言,全球镍矿储量分布广泛。地核中含镍最高的是天然的镍铁合金。镍矿在地壳中的含量为 0.018%,地壳中铁镁质岩石含镍高于硅铝质岩石,例如,橄榄岩含镍量为花岗岩的 1000 倍,辉长岩含镍量为花岗岩的 80 倍。世界上镍矿资源分布中,红土镍矿约占 55%,硫化物型镍矿占 28%,海底铁锰结核中的镍占 17%。海底铁锰结核由于开采技术及对海洋污染等,目前尚未实际开发[23]。世界镍资源目前估计约有 3 亿 t。澳大利亚、印度尼西亚、南非、俄罗斯和加拿大占全球镍资源的 50% 以上。印度尼西亚、菲律宾、巴西、古巴和新喀里多尼亚等地区多为红土型(氧化物)镍资源。硫化物型矿床分布在南非、俄罗斯和加拿大。澳大利亚镍资源储量最大,硫化物型和红土型矿床都有。2014 年世界初级镍产量为 1.989 万 t,2015 年降至 1.983 万 t。地质研究表明,绝大多数镍矿床赋存于超镁铁质岩石中,如长蛇长石和蛇纹石。这些火成岩的石英和长石含量较低,但铁镁硅酸盐含量较高。镍富集存在于两种主要的矿石类型中：①硫化物矿床（磁黄铁矿和镍黄铁矿）；②含镍红土矿床，作为风化盖层覆盖在橄榄岩（硅酸镍品种）和蛇纹石上。此外，在深海海底发现的锰结核中也含有大量的各种金属，包括镍。主要含镍矿物及含镍量如表 1-8 所示。

表 1-8　主要含镍矿物及含镍量

矿物	化学式	镍含量/%
天然镍铁	Ni_3Fe	54.8
镍黄铁矿	$(Fe，Ni)_9S_8$	34.21
方硫铁镍矿	$(Fe，Ni)S_2$	9.71
紫硫镍铁矿	Ni_2FeS_4	38.9
方硫镍矿	NiS_2	47.78
辉镍矿	Ni_3S_4	57.85
六方硫镍矿	Ni_3S_2	73.30
含镍磁硫铁矿	$(Ni，Co)_3S_4$	28.9
辉砷镍矿	$NiAsS$	35.42
红砷镍矿	$NiAs$	43.93
复砷镍矿	$(Ni，Co)As_{3-x}$	16.39
砷钴矿	$(Co，Fe，Ni)As_2$	15.07
方钴矿	$(Co，Ni)As_3$	5.96
砷镍矿	$Ni_{11}As_8$	51.9
锑硫铁矿	$NiSbS$	23.44
硫铋镍矿	$Ni_3Bi_2S_2$	29.7
镍华	$Ni_3(AsO_4)_2 \cdot 8H_2O$	29.4
硫酸镍晶体	$NiSO_4 \cdot 7H_2O$	20.9

中国有色金属工业协会相关数据显示[24]，2015 年我国镍精矿（镍含量）产量约 9.29 万 t，比 2014 年的 10 万 t 下降了 7.1%。2016 年我国镍精矿产量下降到 9 万 t，2017 年我国镍矿产量为 9.44 万 t，2017 年同期我国精镍产量达到 20.26 万 t。2018 年，我国镍精矿产量达到了 9.90 万 t，同期的精镍产量下降至 18.00 万 t。我国镍供给由两个部分组成：一部分是新产镍精矿；另一部分是再生镍。再生镍行业在我国发展较慢，供应占比不到 30%，未来发展空间巨大。

目前，国家再生镍行业发展方向是规模化、专业化和环保化。国内高温合金、电镀、电池、再生铜电解等行业废镍料年产生量已达到 5 万 t 以上（以镍计），但是国内的废镍回收量却相对较小。除高温合金、电镀、电池等行业企业直接回收利用外，还形成了若干废杂镍料集散地市场，推动废杂镍的回收利用，并获得了显著的发展。据调查，在镍价高峰期间，国内回收的废杂镍能达到 1.5 万 t（金属量）以上。随着镍价的回落和含镍生铁代替部分废不锈钢，国内镍的回收呈现下降趋势。整体来看，我国再生资源回收循环体系发展有待完善，再生镍产业发展相对缓慢，与发达国家相比存在一定的差距，国内镍资源浪费严重。

1.3.4   锰

锰是地壳中第 12 丰富的元素，银白色金属，质坚而脆，主要用于钢的脱硫和脱氧，也用作合金的添加料，以提高钢的强度、硬度、弹性极限等。在锰的消费构成中，冶金应用占国内锰消费量的绝大部分，其中 85%～90%用于炼钢，约 8%用于干电池电解二氧化锰。全球锰储量约为 620 Mt（金属），陆地资源分布不规律。锰存于 100 多种矿物中，包括各种硫化物、氧化物、碳酸盐、硅酸盐、磷酸盐和硼酸盐。自然界中主要的锰矿物有软锰矿、硬锰矿、硅氧烷、红景天等。由于锰矿通常也含有铁，冶炼后成品是一种含铁合金，用于炼钢时向液态金属中添加锰。锰铁合金及其典型组件是高碳锰铁和硅锰。

1.3.5   锂离子电池关键电极材料资源性分析

退役锂离子电池中含有大量有价金属，通常，Co 占 5%～20%，Ni 占 5%～12%，Mn 占 7%～10%，Li 占 2%～5%[25]，其中，钴已被广泛应用于工业和军事领域，具有重要的战略意义，是锂离子电池中最有价值的贵金属。

目前，锂离子动力电池资源化利用主要关注点在于正极材料有价金属的循环再利用，尤其是三元材料正极，其中有价金属回收主要集中在锂、钴、镍、锰等金属元素。退役三元锂离子电池正极材料经过加工提纯可再次用于三元前驱体的制备，以满足未来动力电池制造的部分需求，减少对国外原材料进口的依赖，帮助企业消除原材料成本上涨带来的不利影响。2018 年作为动力电池回收的元年，回收材料折合成金属量占全年需求的 8%左右，而到 2025 年，据估计回收的钴金属量能够占到当年需求的 70%。随着未来动力电池的大规模退役，通过回收所得到的有价金属可以满足锂离子电池材料环节对原材料一半以上的需求。因此，对电池材料循环利用，可以有效解决电池原材料资源短缺的问题。

对于动力电池的其他部分，电解液可能是未来回收的重点和难点之一，文献已报道采用超临界 CO_2 萃取等高纯度回收电解液方法，其优势在于产品纯度较高，但是对回收企业技术要求较高，当前国内回收电解液的企业较少，未来该产业有较大发展空间。隔膜属于高分子材料，长期服役使用会造成材料老化等问题，回收价值有限。负极石墨中有残余锂离子嵌入，改变其层状多孔结构，回收后的负极不能直接利用，需要进一步除杂或改性处理。外壳主要材料是铝合金等金属材料，在拆解或者破碎环节可以直接回收，且回收纯度高。

1.4　政策标准引导

法律、法规和政策作为指导或强制性文件，对于退役锂离子电池的规范管理和有序回收至关重要。美国、德国和日本等发达国家已经从电池生命周期管理的角度制定了相关法规政策，中国也已经制定发布了一系列退役锂离子电池管理制度和回收标准与政策。

1.4.1　国外政策

1. 欧盟动力锂电池回收相关法规

欧盟制定的与动力锂离子电池回收相关的法规主要有电池指令（Battery Directive，BD）、报废车辆指令（End-of-Life Vehicle，ELV）和废弃电子电气设备指令（Waste Electrical and Electronic Equipment，WEEE）三大指令。欧盟各成员国所制定的循环经济法也遵循废弃物框架指令（2008/98/EC）的要求。ELV 和 WEEE 颁布后，经历年来不断的修订，所涉及范围已扩大至所有电池制品。其中，废旧电子电气产品按 WEEE 处理时，电池将被取出，根据电池指令进行回收。ELV 中的电池，主要指约占汽车重量 1% 的启动电池，要求按规范标识，以便再用或按电池指令回收。因此，欧盟废旧动力锂离子电池的处置最终取决于电池指令，随着电池指令的继续修订完善，欧盟的废旧动力锂离子电池将呈现条款更加清晰的回收方案。

欧盟电池指令（91/157/EEC）自 1991 年颁布实施起，随着人们对环保要求的提高进行了多次修订。1993 年欧盟要求采用国际标准的回收利用标识，以便分类回收废旧电池，禁止其混入生活垃圾中，并修订颁布了 93/86/EEC；1998 年欧盟要求各成员国对各种类型含有危险物质的电池进行回收，提出修订 98/101/EEC；2003 年欧盟为强化对电池的环保要求，对各国电池的最低收集回收率进行限定，其中汽车电池回收率要求达到 95%，所有电池的收集回收率最少达到 55%，到 2008 年完全禁止生产和使用镉镍电池；2006 年欧盟颁布新电池指令（2006/66/EC）取代 91/157/EEC；2013 年欧盟又颁布了取消无线电动工具电池的镉豁免并禁止纽扣电池含汞的补充指令 2013/56/EU。电池指令的适用范围发生了很大变化，指令适用于所有类型的电池和蓄电池，不管其形状、容量、质量、组成材料或使用情况如何，均在新电池指令的规定范围之中。欧盟发布的动力电池回收处理相关法规见表 1-9。

表 1-9　欧盟动力电池回收处理相关法规

发布时间	法规名	主要内容
1991 年	含有某些危险物质的电池与蓄电池指令（91/157/EEC）	禁止含汞量超过 0.025%的碱性电池的销售（纽扣电池除外）；电池或蓄电池应标明其重金属含量；重金属含量超过一定水平（汞>25mg/cell，镉>0.025%，铅>0.4%）的电池或蓄电池应标注特别符号以表明需单独回收；回收费用由生产者承担
2006 年	电池、蓄电池、废电池及废蓄电池指令（2006/66/EC）	生产者必须在有关部门登记，电器设计应令电池易于拆除，方便消费者将其交到回收点；禁止对工业应用和汽车用废弃电池进行掩埋或焚化；禁止销售汞含量超过 0.0005%或镉含量超过 0.002%的电池或蓄电池；2012 年欧盟电池最低回收率应达到 25%，2016 年达到 45%，废除（91/157/EEC）
2008 年	修订案（2008/98/EC）	对（2006/66/EC）进行部分修订，对废旧电池类别进一步细分，明确了电池回收等级
2013 年	修订案（2013/56/EU）	对（2006/66/EC）进行部分修订，取消纽扣电池的汞含量特权和无线电动工具的镉豁免特权

从 2008 年开始欧盟强制要求电池生产商建立汽车废旧电池回收体系，同时对电池产业链上的生产商、进口商、销售商、消费者等都提出了明确的法定义务，并通过"押金制度"促使消费者主动上交废旧电池。欧盟各成员国会在欧盟框架指令的基础上制定本国的法规。以德国法规为例，生产者、消费者、回收者均负有相应的责任和义务。电池生产和进口商必须在政府登记，经销商要组织回收机制，配合企业向消费者介绍免费回收电池的网点，而用户最终有义务将废旧电池交给指定回收机构。

2. 德国：政府规定丢弃的电池由电池生产者负责

德国在电池回收方面提出按照欧盟的废弃物框架指令（2008/98/EC）及废旧电池回收指令（2006/66/EC）对废旧电池进行回收处理。法规中明确了电池中有害物质允许含量标准指标，同时要求所有电池必须回收。此外，对电池回收链中生产者、销售者、消费者和回收者的责任和义务进行了明确规定：电池生产者必须建立对电池中所含危险物质的再生利用处理措施，不建立或不加入回收系统的产品不得在德国销售，且须向销售者和回收者支付因回收和转运自己生产上市销售的含有有害物质电池所发生的费用；销售者要完善回收机制，配合生产者向消费者介绍免费回收电池的途径；而消费者本人则有义务将报废的电池递交到回收网点。

通过采用基金和押金机制，德国建立了一套废旧电池回收体系。经实践证明，该回收体系可实现废旧电池的高效回收。整个回收体系由共同回收系统（GRS）基金会负责管理，同时它也是欧洲最大的废旧电池回收组织。该基金会由德国电池制造商和电子电气制造商协会共同创立。从 2010 年实施至今，已成功回收了以工业电池为主的废旧电池，随着新能源汽车的继续推广普及，下一步也会将电动汽车电池纳入回收范围内，积极扩大废旧电池的资源化回收力度。

3. 日本：开展废旧电池回收较早，电池企业参与度高

日本开展废旧电池回收相对较早，且回收处理技术也相对成熟，同时，日本健全的循环经济发展法律法规体系也为废旧电池的回收再利用提供了良好基础。从 1994 年开始，日本主要由电池生产厂商负责回收工作，而具体的回收网络体系中涉及零售商、汽车经销商和加油站等服务场所，共同对电池进行有效回收。从 2000 年开始，日本规定电池生产商要对镍氢和锂离子电池进行回收及处理处置，在整个回收处理过程中，政府会给予一定的资金扶持，通过该方式来提高电池回收企业的积极性。除电池相关企业外，日本其他企业也积极参与到电池回收行业中来。例如，日产公司和住友商事共同成立了 4R Energy 公司，该公司主要对废旧电动汽车锂离子电池进行回收利用。本田公司联合一些金属厂商共同研发废旧电池中金属提取回收技术，以期进一步推动废旧电池的资源循环利用。三洋公司也积极开展可充电电池回收利用工作，并已制定了废旧电池的回收路线。

日本虽没有针对车用动力电池的专门法规，但在日本相关环保法规（《促进建立循环型社会基本法》《固体废弃物管理和公共清洁法》《资源有效利用促进法》《再生资源法》等）的作用下（表 1-10），日本已经初步建立起蓄电池生产—销售—回收—再生处理的电池回收体系。日本废旧电池的回收已经产业化，可以 100%回收铅酸电池，其他电池回收率约为 20%。此外，日本民众自发成立很多民间组织，参与到废旧电子产品回收的各个环节。因此，日本在废旧电池资源化回收处理领域一直处在世界前列。

表 1-10　日本涉及动力电池相关环保法规

法律	主要内容
《促进建立循环型社会基本法》	规定了国家、地方政府、企业和一般国民在循环型经济社会所应承担的责任：政府构筑循环型经济社会的基本计划；企业减少"循环资源"产生并对其进行循环利用和处理；地方政府具体实施限制废弃物排出并对其进行分类、保管、收集、运输、再生处理等；国民尽可能延长消费品使用时间，对地方政府或企业的回收工作给予配合
《固体废弃物管理和公共清洁法》	整顿废弃物的处理体制和处理设施，防止不适当处理；推行产业废弃物管理票单制度，记载废弃物从排出者、中间处理者到最终处置者的情况；禁止私自焚烧废弃物；产业废弃物的排出者要制定废弃物的减量和处理计划
《资源有效利用促进法》	制定 3R 计划：减少废弃物（reduce），设计时要考虑小型、轻便、易于修理，减少资源浪费，延长产品寿命；部件再使用（reuse），再使用的部件应标准化，经修理或再生后可再使用；循环（recycle），生产者有回收废产品循环利用的义务
《再生资源法》	明确镉镍电池和干电池的回收路线，为消费者回收至再生处理企业
《报废汽车循环利用法》	形成"资源—产品—再生资源"的良性循环，促进报废汽车及各部件的合理处理和再生利用

4. 美国：积极制定措施，让公众参与其中

美国在电池回收方面发展较早，回收体系较为完善，法律体系涉及联邦、州和地方各级，并不断向公众进行电池回收相关的环保教育。美国的有害物质法规把锂电池列为第九类杂项危险品和物品，但未把废旧锂离子电池列入有害废物，允许按一般的城市垃圾方式处置。对于废旧电池的回收，在联邦一级，许可证管理办法用于监管电池制造商和废旧电池回收公司，废旧电池的生产和运输是通过《资源保护和再生法》《含汞电池和充电电池管理法》等来约束的。在州一级，大多数州都采用了国际电池委员会（Battery Council International，BCI）提出的电池回收条例，通过价格机制引导零售商、消费者等参与废旧电池的回收。例如，《纽约州回收法》（New York State Recycling Act）和《加利福尼亚州可充电电池回收与回收法》（California Recharge Battery Recycling and Recycling Act）要求可充电电池零售商回收消费者的一次性可充电电池，且不收取任何费用。在地方一级，美国大多数城市都制定了电池回收法规，以减轻废旧电池对环境的危害。美国电池协会颁布了《电池产品管理法》（Battery Product Management Act），建立了电池回收押金制度，鼓励消费者收集和上交用过的电池。此外，美国还对动力电池梯次利用和回收技术进行研究，包括对动力电池回收的经济效益进行评估。

目前，美国已陆续成立了可充电电池回收公司（Rechargeable Battery Recycling Corporation，RBRC）和便携式可充电电池协会（Portable Rechargeable Battery Association，PRBA），它们的成立将有助于增强公众对废旧电池回收的意识，积极配合电池的回收工作，最终实现电池的高效回收。RBRC 作为一个非营利性质的服务组织，它成立的初衷是促进镍镉电池、镍氢电池和锂离子电池等可充电电池的循环利用。PRBA 则是由电池相关企业共同联合成立的非营利性质的电池协会，该协会成立的主要目的是制定废旧电池回收的具体实施计划和措施，促进工业用电池的循环利用[26]。

1.4.2 国内政策

中国在新能源汽车产业形成初期，就已经认识到动力电池报废的相关问题，不断出台动力电池回收政策，完善回收体系建设。随着动力电池报废高峰来临，近期政策更是接连出台，表明了国家对动力电池回收问题的高度重视，也为我国动力电池行业长期稳定的发展提供了政策支持。

我国汽车动力蓄电池回收利用政策发展开始于 2009 年，之后各相关部委陆续出台了多项相关政策，主要分为三个阶段：第一个阶段是 2009～2016 年，动力蓄电池回收利用仅作为推广应用《新能源汽车碳配额管理办法》（NEV）政策文件的

部分条款出现；第二个阶段是 2016～2018 年的专题政策阶段，国家发展和改革委员会、工业和信息化部和环境保护部等相关部门相继出台了专门的动力蓄电池回收利用相关政策；第三个阶段自 2018 年开始，相关政策法规进一步完善，我国各地方政府全面加快落实动力蓄电池回收利用试点实施方案。

1. NEV 政策部分条款阶段

为应对日益突出的燃油供求矛盾和环境污染问题，我国将新能源汽车产业列入国家战略性新兴产业。自 2009 年起，我国开始组织实施节能与新能源汽车示范推广试点工作，近年来不断加大新能源汽车的技术研发、产业化和推广应用力度。随着新能源汽车推广应用规模的扩大和车辆使用时间的增长，动力电池的性能衰减问题逐渐显现，未来动力电池大批量退役报废所潜藏的资源和环境问题引发越来越多的关注。因此，我国在制定和发布新能源汽车推广应用政策时，也都将动力电池的退役报废和回收工作纳入其中，并逐渐加大对动力电池回收利用的规范和管理力度。早在 2006 年，工业和信息化部、科学技术部和国家环境保护总局联合出台的《汽车产品回收利用技术政策》规定，电动汽车（含混合动力汽车等）生产企业要负责回收、处理其销售的电动汽车的蓄电池，并要求将废蓄电池等有毒有害废物交由有资质的企业处理。这也是我国对电动汽车报废电池处理较早出台的政策法规。

自 2011 年起，我国逐步正式将动力电池回收利用工作纳入新能源汽车推广应用的政策体系，并在《节能与新能源汽车产业发展规划（2012～2020 年）》中首次对动力电池回收工作进行了明确强调。

2011 年 10 月，财政部、科学技术部、工业和信息化部、国家发展和改革委员会等四部委联合发布《关于进一步做好节能与新能源汽车示范推广试点工作的通知》，指出整车或电池租赁企业要建立动力电池回收处理体系，落实动力电池回收责任，制定相关的回收服务承诺，建立相应的处理能力。这是中国新能源汽车推广应用过程中首次提及动力电池回收处理工作。

2012 年 6 月，国务院发布《节能与新能源汽车产业发展规划（2012～2020 年）》，明确提出在 2012～2020 年节能与新能源汽车产业发展过程中要制定动力电池回收利用管理办法，建立动力电池梯级利用和回收管理体系……严格设定动力电池回收利用企业的准入条件，明确动力电池收集、存储、运输、处理、再生利用及最终处置等各环节的技术标准和管理要求。

2014 年 7 月，《国务院办公厅关于加快新能源汽车推广应用的指导意见》，首次提出鼓励和支持社会资本进入新能源汽车充电设施建设和运营、整车租赁、电池租赁和回收等服务领域……探索利用基金、押金、强制回收等方式促进废旧动力电池回收，建立健全废旧动力电池循环利用体系。

2. 专题政策阶段

在动力电池回收领域落实生产者责任延伸制度，是构建废旧电池回收网络的重要环节。

2016 年 1 月，发改委、工信部、环保部、商务部、质检总局发布《电动汽车动力蓄电池回收利用技术政策（2015 年版）》，指导相关企业合理开展新能源汽车动力电池的设计、生产及回收利用工作，建立上下游企业联动的动力电池回收利用体系；落实生产责任延伸制度；国家在现有资金渠道内对梯次利用企业和再生利用企业的技术研发、设备进口等方面给予支持。

2016 年 12 月，工业和信息化部发布《新能源汽车动力蓄电池回收利用管理暂行办法（征求意见稿）》，对生产、使用、利用、贮存及运输过程中产生的废旧动力电池回收处理办法进行规定。落实生产者责任延伸制度，汽车生产企业承担动力电池回收利用主体责任。

2017 年 1 月，国务院办公厅发布《生产者责任延伸制度推行方案》，建立电动汽车动力电池回收利用体系。其中，由电动汽车及动力电池生产企业负责建立废旧动力电池回收网络，利用售后服务网络回收废旧动力电池，统计并发布回收信息，确保废旧动力电池规范回收利用和安全处置。动力电池生产企业则应实行产品编码，建立全生命周期追溯体系。

2017 年 1 月，工业和信息化部发布《新能源汽车生产企业及产品准入规定》，新能源汽车生产企业应当建立新能源汽车产品售后服务承诺制度，包括动力电池回收。实施新能源汽车动力电池溯源信息管理，跟踪记录动力电池回收利用情况。

2017 年 2 月，工业和信息化部、国家发展和改革委员会、科学技术部、财政部等四部委联合发布《促进汽车动力电池产业发展行动方案》，提出落实《电动汽车动力蓄电池回收利用技术政策（2015 年版）》，适时发布实施动力电池回收利用管理办法，强化企业在动力电池生产、使用、回收、再利用等环节的主体责任，逐步建立完善动力电池回收利用管理体系。

2018 年 1 月工业和信息化部等七部委发布《新能源汽车动力蓄电池回收利用管理暂行办法》，要求"汽车生产企业应建立动力蓄电池回收渠道，负责回收新能源汽车使用及报废后产生的废旧动力蓄电池……鼓励汽车生产企业、电池生产企业、报废汽车回收拆解企业与综合利用企业等通过多种形式，合作共建、共用废旧动力蓄电池回收渠道……鼓励社会资本发起设立产业基金，研究探索动力蓄电池残值交易等市场化模式，促进动力蓄电池回收利用"。电池溯源管理确保动力电池来有源、去有踪、环节可控。

2018 年 7 月 3 日，工业和信息化部发布了《新能源汽力蓄电池回收利用溯源管理暂行规定》（简称《规定》），要求建立溯源管理平台，对动力蓄电池生产、销售、使用、报废、回收、利用等全过程进行信息采集，对各环节主体履行回收利用责任情况实施监测。目前，动力电池溯源管理平台已经正式运行，过渡期一年。《规定》对电池生产企业、汽车生产企业、回收拆解企业、梯次利用企业和再生利用企业等各主体的承担工作做了明确划分，保障电池从出厂到车企，交由终端消费者，再到回收拆解等各环节都有迹可循，实施全生命周期动态监测也在一定程度上降低了回收拆解利用过程的难度。

3. 政策完善和全面试点结合阶段

2018 年 7 月，工业和信息化部、科技部、生态环境部、交通运输部、商务部、国家市场监督管理总局、国家能源局七部门联合颁布《关于做好新能源汽车动力蓄电池回收利用试点工作的通知》（以下简称《通知》）。《通知》确定了京津冀地区、山西省、上海市、江苏省、浙江省、安徽省、江西省、河南省、湖北省、湖南省、广东省、广西壮族自治区、四川省、甘肃省、青海省、宁波市、厦门市及中国铁塔股份有限公司为试点地区和试点企业……加强政府引导，推动汽车生产等相关企业落实动力蓄电池回收利用责任，构建回收利用体系和全生命周期监管机制。加强与试点地区和企业的经验交流与合作，促进形成跨区域、跨行业的协作机制，确保动力蓄电池高效回收利用和无害化处置。

国家发布的动力电池回收政策主要是对动力电池回收的整体统筹规划，没有具体提出对动力电池回收补贴政策。因此，部分大力推广新能源动力汽车的城市为推动快速建立完善的回收体系，也制定了相关的补贴政策和法规，从而起到了积极的鼓励引导作用。

2014 年 5 月 20 日，上海市出台《上海市鼓励购买和使用新能源汽车暂行办法》，规定对于汽车生产厂商，每回收一套新能源汽车动力电池，该市给予 1000 元的补助。2016 年 9 月 2 日，深圳市出台《深圳市 2016 年新能源汽车推广应用财政支持政策》，提出对于在深圳市备案销售新能源汽车的企业，包括本地生产企业和已备案的外地生产企业在深圳的法人销售企业，按照每千瓦时 20 元的标准专项计提动力电池回收处理资金。对按要求计提了动力电池回收处理资金的，按经审计确定的金额 50% 对企业给予补贴，补贴资金应专项用于动力电池回收。

2017 年 5 月，合肥市发布《合肥市人民政府办公厅关于调整新能源汽车推广应用政策的通知》，其在财政补助管理细则中提到电池回收奖励。对整车、电池生产企业建立废旧动力电池回收系统并回收利用的，按电池容量给予时 10 元/（kW·h）的奖励。广州市于 2014 年 11 月提出在该市建立车用动力电池回收渠道，按照相关要求对动力电池进行回收处理。北京新能源汽车产业协会也在 2016 年 11 月发布了《北京市示范应用新能源小客车售后服务规范》，专门明确了废旧动力电池的回收要求。生产企业在北京市应当至少指定一家售后服务机构（或委托其他具备回收条件的机构）负责废旧动力电池的回收……新能源小客车维修更换下来的动力电池，由修理者收集并交售到废旧动力电池回收网点。报废新能源小客车上的动力电池由报废汽车回收拆解企业负责回收。国内地方动力电池回收处理相关法规统计见表 1-11。

表 1-11　国内地方动力电池回收处理相关法规

地区	时间	主要内容
上海	2014 年	进行铅酸蓄电池的回收试点工作，公示 10 家符合《上海市废铅酸蓄电池回收工作方案》的回收企业，全面实施后可以将磷酸铁锂电池纳入体系
	2014 年 5 月	发布《上海市鼓励购买和使用新能源汽车暂行办法》，针对汽车生产商每回收一套新能源汽车动力电池给予 1000 元补助
广州	2014 年 11 月	印发《广州市新能源汽车推广应用管理暂行办法》，在广州市构建车用动力电池回收体系，相关企业需提交电池回收承诺表
	2018 年 6 月	发布《广州市推动新能源汽车发展若干政策（征求意见稿）》，提出车辆生产企业是新能源汽车产品安全、质量、售后服务、应急保障以及动力电池回收的责任主体，需负责新能源汽车废旧动力电池回收，具备与生产规模相匹配的电池回收、利用、处置能力或合法渠道，按照相关标准与规定，制定流程科学、职责清晰、操作性强的动力电池回收实施相关方案
北京	2016 年 1 月	举办汽车有形市场未来发展趋势论坛，会上明确提出新能源汽车企业是动力电池回收的第一责任主体，退役的动力电池可以梯级利用，需要革新技术使废旧电池回收利用率达到 99%
	2017 年 7 月	印发《北京市推广应用新能源商用车管理办法》，要求新能源商用车生产企业建立完善的废旧动力电池回收处理体系，提供具备可行性的废旧动力电池回收方案，并承诺按照工业和信息化部要求进行回收；会同相关部门督促新能源商用车生产企业落实废旧动力电池回收主体责任
	2018 年 2 月	印发《北京市推广应用新能源汽车管理办法》，提出本市各级党政机关、事业单位、国有企业应当带头使用新能源汽车；新能源汽车生产企业是产品安全、质量、售后服务、应急保障以及动力电池回收的责任主体，应切实尽职履责，建立新能源汽车产品质量安全责任制，确保新能源汽车安全运行
武汉	2017 年 1 月	发布《新能源汽车生产企业及产品准入管理规定》，规定新能源汽车生产企业应当在产品全生命周期内，为每一辆新能源汽车产品建立档案，跟踪记录汽车使用、维护、维修情况，实施新能源汽车动力电池溯源信息管理，跟踪记录动力电池回收利用情况
西安	2017 年 3 月	发布《西安市人民政府办公厅关于印发进一步加快新能源汽车推广应用的实施方案的通知》，提出市环境保护局负责对回收网点、回收利用企业等排污主体实施污染防治工作监督；市质量技术监督局负责车载动力电池生产企业产品质量监督工作，定期组织对新能源汽车、动力电池及充电设施生产企业进行产品一致性和生产过程监督检查
广东	2018 年 9 月	发布《广东省新能源汽车动力蓄电池回收利用试点实施方案》，目标是到 2020 年，深圳市形成动力蓄电池回收利用的典型经验和模式，全省基本建立动力蓄电池回收利用体系，建成一批梯级利用和再生利用示范项目，形成若干动力电池回收利用商业合作模式，发布一批动力蓄电池回收利用相关团体标准，培育一批动力蓄电池回收利用标杆企业，研发推广一批动力蓄电池回收利用关键技术，促进动力蓄电池回收利用的政策体系基本完善
京津冀	2018 年 12 月	发布《京津冀地区新能源汽车动力蓄电池回收利用试点实施方案》，提出要建成京津冀地区动力蓄电池溯源信息系统，实现动力蓄电池全生命周期信息的溯源和追踪，务求到 2020 年，动力蓄电池梯次利用初步实现产业化发展，建成 1~4 家废旧动力蓄电池拆解示范线和梯次利用工厂，探索和布局 1~2 家动力蓄电池资源化再生利用企业

续表

地区	时间	主要内容
浙江	2018 年 12 月	发布《浙江省新能源汽车动力电池回收利用试点实施方案》，目标是到 2020 年，全省建成一批运行良好的梯次利用示范项目，发布一批动力蓄电池回收利用相关团体标准，形成一批废旧动力蓄电池回收利用商业模式。废旧动力蓄电池再生利用无害化技术获得实施
四川	2019 年 3 月	发布《四川省新能源汽车动力蓄电池回收利用试点工作方案》，到 2020 年，全省新能源汽车动力电池梯级利用产业产值力争达到 5 亿元，材料回收利用产业达到 30 亿元。初步建立动力蓄电池回收利用体系，探索形成动力蓄电池回收利用创新商业合作模式。建设 3 个锂离子电池回收综合利用示范基地，打造 2 个退役动力蓄电池高效回收、高值利用的先进示范项目，培育 3 个动力蓄电池回收利用标杆企业，研发推广以低温热解为关键工艺的物理法动力蓄电池回收利用成套技术，参与编制一批动力蓄电池回收利用相关技术标准，研究并提出促进动力蓄电池回收利用的政策措施
湖南	2019 年 4 月	发布《湖南省新能源汽车动力蓄电池回收利用试点实施方案》，到 2020 年基本实现新能源汽车动力蓄电池生产、使用、回收、贮运、再生利用各环节规范化管理，实现经济效益和社会环境效益双赢。基本建成共享回收网络体系，引导省内 80%以上的新能源汽车退役报废动力蓄电池进入回收利用网络体系。攻克一批关键技术并开展实施应用，形成技术先进、经济型强、环境友好的新能源汽车动力蓄电池回收利用新技术体系；发布一批急需完善的团体或行业标准，基本建成新能源汽车废旧动力蓄电池回收利用技术标准规范体系。培育一批梯次利用和再生利用龙头示范企业，引导形成"回收—梯次利用—资源再生循环利用"产业链和产业园区，实现产业集群与资源最大化节约

综上所述，目前国内锂离子电池回收与管理政策体系规范呈现如下特点（图 1-4）：①责任延伸机制。强调生产者责任延伸制度，将生产者环境责任延伸到包含设计、流通、回收、废物处置等在内的全生命周期范围。②回收智能网联。车企负责建立回收网点，鼓励产业链上下游共周期管理机制。③电池综合利用。遵循先梯级利用后再生利用的总体原则。④行业管理规范。通过技术政策、行业标准引导行业规范化发展，逐步提高行业准入标准。⑤政府推动扶持。重点围绕京津冀、长三角、珠三角等集聚区域试点；"重点扶持领跑者企业"，支持行业共性技术研发。

①责任延伸机制
②回收智能网联
③电池综合利用
④行业管理规范
⑤政府推动扶持

图 1-4　国内锂离子电池回收与管理政策体系

参 考 文 献

[1] Gu X, Ieromonachou P, Zhou L, et al. Developing pricing strategy to optimise total profits in an electric vehicle battery closed loop supply chain [J]. Journal of Cleaner Production, 2018, 203: 376-385.

[2]   Yu J, He Y, Ge Z, et al. A promising physical method for recovery of LiCoO₂ and graphite from spent lithium-ion batteries: grinding flotation [J]. Separation and Purification Technology, 2018, 190: 45-52.

[3]   MARKETS, MARKETS. https://www.marketsandmarkets.com/Market-Reports/lithium-ion-battery-recycling-market-153488928.html. 2020-11-6.

[4]   http: //www.juda.cn/news/14648.html. accessed August 20, 2019.

[5]   第一电动网. 国际能源署: 2018 全球电动汽车展望[EB/OL]. http: //www.china-nengyuan. com/news/132985. html. 2019-08-07.

[6]   李洪枚, 姜亢. 废旧锂离子电池对环境污染的分析与对策[J]. 上海环境科学, 2004, (5): 201-203.

[7]   Li J, Wang G, Xu Z. Environmentally-friendly oxygen-free roasting/wet magnetic separation technology for *in situ* recycling cobalt, lithium carbonate and graphite from spent LiCoO₂/ graphite lithium batteries [J]. J Hazard Mater, 2016, 302: 97-104.

[8]   Mao X Z, Wong A A, Crawford R W. Cobalt toxicity-an emerging clinical problem in patients with metal-on-metal hip prostheses? [J]. Medical Journal of Australia, 2011, 194(12): 649-651.

[9]   Curtis J R, Goode G C, Herrington J, et al. Possible cobalt toxicity in maintenance hemodialysis patients after treatment with cobaltous chloride: a study of blood and tissue cobalt concentrations in normal subjects and patients with terminal and renal failure [J]. Clinical Nephrology, 1976, 5(2): 61-65.

[10]   Aral H, Vecchio-Sadus A. Toxicity of lithium to humans and the environment—A literature review [J]. Ecotoxicol Environ Saf, 2008, 70(3): 349-356.

[11]   Schmitz A E, Oliveira P A D, Souza L F D, et al. Interaction of curcumin with manganese may compromise metal and neurotransmitter homeostasis in the hippocampus of young mice [J]. Biological Trace Element Research, 2014, 158(3): 399-409.

[12]   韦友欢, 黄秋婵, 苏秀芳. 镍对人体健康的危害效应及其机理研究[J]. 环境科学与管理, 2008, 33(9): 45-48.

[13]   陈威, 王金波, 孟庆庆. 浅谈持久性有机物的特性、危害及对策[J]. 环境科学与管理, 2009, 34(7): 37-38.

[14]   孟德章. 粉尘污染的危害与防治[J]. 环境污染与防治, 1980, (3): 46.

[15]   Swain B. Recovery and recycling of lithium: a review[J]. Separation & Purification Technology, 2017, 172: 388-403.

[16]   李洪枚, 姜元. 废旧锂离子电池对环境污染的分析与对策[J]. 上海环境科学, 2004, 23(5): 201-203.

[17]   张建平. 废锂电池资源化技术及污染控制研究 [J]. 城市建设理论研究(电子版), 2018, (2): 89.

[18]   黎宇科, 郭淼, 严傲. 车用动力电池回收利用经济性研究[J]. 汽车与配件, 2014, (24): 48-51.

[19]   高工锂电, 招商证券. https://www.sohu.com/a/341688836_99893537. 2019-11-16.

[20]   Ma X, Ma Y, Zhou J, et al. The Recycling of Spent Power Battery: Economic Benefits and Policy Suggestions[J]. IOP Conference, 2018, (159): 012017.

[21]   上海金属网. https: //www.shmet.com/. 2019-08-15.

[22]   储能行业成本下降. 商业模式创新将迎来真正春天[EB/OL]. https: //www.sohu.com/a/ 224618204_418320. 2019-08-17.

[23]   Meshram P, Pandey B D, Dr Abhilash. Perspective of availability and sustainable recycling

prospects of metals in rechargeable batteries – A resource overview [J]. Resources Policy, 2019, 60: 9-22.

[24]　杨卉芃, 王威. 全球钴矿资源现状及开发利用趋势[J]. 矿产保护与利用, 2019, (5): 41-49.

[25]　Lottermoser B G. Effect of long-term irrigation with sewage effluent on the metal content of soils, Berlin, Germany [J]. Environmental Geochemistry & Health, 2012, 34(1): 67-76.

[26]　2017 年我国精镍生产概况及国内市场需求分析. http: //www.chyxx.com/industry/201808/669743.html. 2019-8-17.

第 2 章　锂离子电池关键材料失效机理分析

新能源汽车、大规模储能以及消费电子领域的快速发展，对锂离子电池的能量密度、循环寿命、高低温性能、充放电倍率和安全性能等方面不断提出了更高要求。特别是锂离子电池服役过程中关键性能不断老化，致使其电化学性能降低和安全事故频发等，最终导致锂离子电池退役报废。对锂离子电池进行失效分析研究是从前端设计改进电池产品工艺、提升产品质量、分析故障等直接有效的技术途径。失效分析对锂离子电池全生命周期中各个阶段，包括研发、设计、生产、使用及回收再利用都具有重要的作用。失效可能发生在锂离子电池生命周期的各个阶段，涉及产品的研发设计、加工制造、测试筛选、客户端使用、终端梯次利用等各个环节。

对锂离子电池工艺残次品、试验失效、中小试失效以及应用后失效产品进行深入系统分析，确认其失效模式、分析失效机理、明确失效原因、提出预防策略，可以有效减少或避免锂离子电池失效的再次发生[1]。电池性能不满足或不具备预期设计的功能目标，或者容量衰减比预期更快，甚至导致安全事故，与其原材料、电芯设计、加工工艺、使用工况等因素息息相关，是锂离子电池领域失效分析所应关注的核心内容。通过失效机制分析，建立电池性能衰减与失效影响因素之间的关系，并建立其与回收技术之间的内在耦合关联，在材料设计、加工、电芯设计、制造、使用及梯级利用过程中对影响因素进行有效预防和合理管控，有助于提升锂离子电池产品的性能与竞争力、改善售后服务、提升用户体验和促进锂离子电池的可持续发展。

2.1　锂离子电池失效现象及检测分析

2.1.1　失效现象

锂离子电池失效原因可分为内因和外因。内因是指导致电池失效的关键材料物理化学变化的本质，其研究尺度可以追溯到原子和分子尺度，研究失效过程关键材料的热力学及动力学变化。而外因包括撞击、针刺、腐蚀、高温燃烧、人为破坏等。锂离子电池的失效是指以上特定原因所导致的电池性能衰减，电性能、一致性、可靠性、安全性异常等现象，可以分为电化学性能失效和安全性失效。

1. 电化学性能失效

电化学性能失效主要包括充放电容量、循环寿命、倍率性能等电化学性能严重衰退所引发的失效现象，包括电压和电流异常、内阻异常增大、自放电明显等。根据 GB/T 31484—2015 在标准循环寿命中的描述"标准循环寿命测试时，循环次数达到 500 次时放电容量应不低于初始容量的 90%，或者循环次数达到 1000 次时放电容量应不低于初始容量的 80%"，若在标准循环范围内，容量出现急剧下滑或跳水现象，均属于容量衰减失效。电池容量衰减失效的根源在于正负极物料配比、电极片结构、电极活性材料表面形貌或晶体结构等发生变化，这与电池制造工艺和使用环境等客观因素有紧密联系。例如，当正极活性物质相对于负极活性物质比例过低时，容易发生正极过充电。锂离子电池过充电时，正极主要以惰性物质生成、氧损失等形式造成电池容量衰减，而负极上发生 Li^+ 沉积在负极活性物质表面的副反应，导致可逆 Li^+ 数目减少。同时沉积的锂金属具有高活性，极易与电解液中的溶剂或盐分子发生反应，生成 Li_2CO_3、LiF 或其他物质。这些物质会堵塞电极和隔膜孔通道，最终导致电池容量损失和循环寿命下降。

锂离子电池的容量衰减主要分为可逆容量衰减和不可逆容量衰减。可逆容量衰减是指可以通过调整电池充放电参数和/或改善电池使用环境等措施恢复损失的容量，而不可逆容量衰减是电池内部发生不可逆改变导致不可恢复的容量损失。自放电现象在所有类型的锂离子电池中都不可避免，由自放电而导致的容量损失大部分是可逆的，只有一小部分是不可逆的。导致不可逆损失的主要原因除了 Li^+ 的损失（形成碳酸锂等物质）之外，还包括电解液的氧化产物堵塞了电极材料孔道，使电极材料内阻增大，最终导致电池容量衰减。

2. 安全性失效

安全性失效主要包括由热失控、短路、漏液、产气、析锂、膨胀形变、穿刺等引发的电池失效。热失控是指锂离子电池内部局部或整体温度急速上升，热量不能及时散去，大量积聚并诱发进一步副反应的一种非正常现象。热失控反应剧烈，常伴有电池"胀气"，甚至发生起火、爆炸等危险。诱发锂离子电池热失控的因素通常为非正常运行条件，即滥用、短路、倍率过高、高温、挤压以及针刺等。析锂主要是指负极极片表面出现一层灰色、灰白色或者灰蓝色的金属锂，是一种常见的锂离子电池老化失效现象。这部分金属锂主要是由于在充电过程中，活性 Li^+ 没有正常进入电池负极，而是在负极表面被还原。电池内部的锂主要来自正极，且在密闭体系中其总量不变，析锂会使电池内部活性 Li^+ 数量减少，出现容量衰减。值得注意的是，锂沉积会形成枝晶刺穿隔膜，使局部电流和产热增大，造成电池安全性问题。析锂现象发生在电池内部，如不能在动力电池充放电过程中有效动态监控电池析锂情况，会存在较大安全隐患。

锂离子电池产气主要分为正常产气与异常产气。锂离子电池在首次充电过程中，电解液中的非质子溶剂会在电极和电解液界面上发生反应，形成覆盖在电极表面的钝化膜，即固体电解质界面（solid electrolyte interface，SEI）膜，同时会产生如 H_2、C_2H_4、CH_4 和 CO_2 等气体[2]，这种产气现象称为正常产气。但是在电池循环过程中，电解液过度消耗或正极材料释放氧等现象，会导致电池内压升高，出现气胀，这种产气现象称为异常产气。锂离子电池在使用过程中的过充电和过放电也会产生气体，导致电池膨胀，造成电池容量逐渐衰减。锂离子电池的产气与电解液中水分含量、活性物质杂质、电池充放电制度、环境温度等均有密切关系。例如，电解液中的痕量水分或电极活性材料未烘干携带的水分，将会导致电解液中锂盐分解产生 HF，腐蚀集流体铝箔以及破坏黏结剂，产生氢气[2]；不合适电压范围也会导致电解液发生电化学分解产生气体。

2.1.2　失效检测分析

锂离子电池失效检测分析源于电池测试分析技术，却有别于一般电池检测中心的检测分析。失效检测分析通常建立在实际具体案例上，针对电池不同失效现象，合理设计失效分析策略，选择相应的检测分析技术，高效准确地获得电池失效机制。常见的检测分析方法主要分为"有损检测技术"和"无损检测技术"。

1. 有损检测技术

有损检测通常是指对单体电池进行安全有效拆解后，对电池内部关键材料进行针对性的测试分析，包括成分分析、形貌分析、结构分析、官能团表征、离子传输性能分析、微区力学分析、模拟电池的电化学测试分析及放电副产物成分分析等。失效分析常用的测试分析技术如表 2-1 所示。正负极电解液等电极关键材料的失效表征可以借鉴对电池内部关键材料的测试分析技术，但对于敏感界面反应导致的失效机制，目前能借助的表征手段较少。例如，由于难以表征 SEI 膜的结构和化学性质，SEI 膜随电池老化而发生的微观演变和行为机制仍有待进一步研究。

表 2-1　失效分析常用的测试分析技术[3]

测试部位	测试内容	主要测试方法	辅助测试方法
正负极活性物质	成分分析	能量弥散 X 射线谱（EDX）电感耦合等离子体（ICP）	二次离子质谱（SIMS）X 射线荧光光谱仪（XRF）
	结构分析	X 射线衍射（XRD）拉曼（Raman）分光法	透射电子显微镜（TEM）/中子衍射（ND）/扩展 X 射线吸收精细结构（EXAFS）谱/核磁共振（NMR）/球差校正扫描透射环形明场成像技术（STEM-ABF）

续表

测试部位	测试内容	主要测试方法	辅助测试方法
正负极活性物质	价态分析	X 射线光电子能谱（XPS）	电子能量损失谱（EELS）、扫描透射 X 射线显微成像（STXM）、X 射线吸收近边结构谱（XANES）、电子自旋共振（ESR）、NMR
	界面分析	傅里叶变换红外光谱（FTIR）、XPS、扫描电子显微镜（SEM）	SIMS、扫描探针显微镜（SPM）、开尔文探针力显微镜（KPFM）
	电化学性能分析	半电池测试/电化学阻抗（EIS）	
	热性能分析	热重分析-差示扫描量热法（TGA-DSC）	绝热加速量热仪（ARC）
	形貌分析	SEM	TEM/低温透射电子显微镜（Cryo-TEM）
黏合剂	结构分析	NMR	
	分子量分析	凝胶渗透色谱（GPC）	
	形貌分析	SEM	TEM
隔膜	成分分析	EDX	ICP
	热性能分析	TGA-DSC	
电解液	成分分析	气相色谱-质谱联用 GC-MS	ICP
内部气体	成分分析	GC-MS	

　　崔屹课题组 Huang 等[4]利用低温透射电子显微镜（Cryo-TEM）表征碳负极上 SEI 膜的形貌，并跟踪其在循环过程中的演变。碳负极上 SEI 膜形成及演变示意图如图 2-1（a）所示，初始相-碳负极颗粒经过不同程度的钝化，其形成的 SEI 膜在首次和多次循环过程时呈现两种不同的演变形态。当初始相被有效钝化时，在首次循环中形成的初始 SEI 膜主要为非晶态，其长度尺度与电子隧穿限制生长一致，经过长时间充放电循环后，一些颗粒表面出现一种致密的 SEI 膜，主要由嵌入非晶态基质中的 Li_2O 等无机物组成。而当初始相未完全钝化时，首次循环中碳负极表面没有生成无机物颗粒，形成的 SEI 膜疏松，并在多次循环后生成数百纳米的扩展 SEI 膜，这种扩展的 SEI 膜由有机烷基碳酸盐组成。由致密 SEI 膜和扩展 SEI 膜生长的长度尺度极端变化表明，电极内 SEI 膜生长机制极不均匀，同时存在致密型和扩展型两种 SEI 膜。然而两种 SEI 膜中，扩展 SEI 膜的增长既消耗大量可循环锂，又会导致孔隙率降低，还可能增加锂离子输运的过电位和锂沉积的风险，而致密 SEI 膜中的无机微晶在阻止 SEI 膜大规模扩展生长方面起着关键作用。因此，确定这些未完全钝化的异质性 SEI 膜形成机制，可以得到减少扩展 SEI 膜增长的机会，从而控制 SEI 膜增长程度，将使不可逆的容量损失和镀锂的风险降到最低，进一步提高电池的循环寿命和安全性。

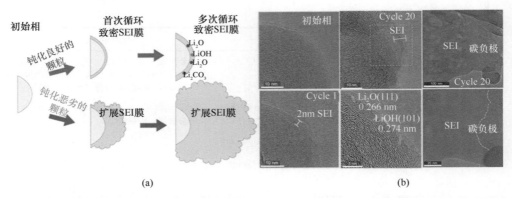

图 2-1　碳负极上 SEI 形成及演变的示意图（a）和 SEI 与碳负极界面的 Cryo-TEM 图（b）[4]

2. 无损检测技术

　　有损检测需要拆卸电池，导致电池永久损坏，不适用于电动汽车蓄电池管理系统（battery management system，BMS）及对退役动力电池进行梯次利用的检测。因此研究人员提出，在不破坏电池整体结构的基础上，对电池的状态、性能进行测试和分析，并以测试结果对电池可能出现的失效机制进行合理推测，用于下一步测试的选择和优化，这种方法称为无损检测技术。无损检测技术对锂离子电池的性能预测和健康管理等具有重要的指导意义。目前研究采用的无损检测技术包括 X 射线断层扫描、超声波扫描、加速量热法和同步热分析[5]，以及借助电池充放电测试曲线、伪开路电压（POCV）、增量电容差分电压（IC-DV）、差热伏安法、电化学阻抗谱、高精度库仑法、等温法等电化学测量分析方法[6]，分析电池的老化机理，进而判断电池的健康状态[7]。例如，非破坏性和三维同步加速器 X 射线断层扫描技术可用于现场记录电池内部短路的演变，如图 2-2 所示。用来表征恒流放电过程中不同隔膜的物理变化，以研究锂电极在不同循环条件下的形态演变，从而探讨锂/碳电池的降解机理[7]，具体的失效机制将在后面进行详细分析。

　　原位测试主要对电池工作期间的电池内部关键材料的变化进行实时测量，可提高传统测试技术的分辨率，甚至可以用来检测不稳定相[8]。这种测量需要更高的数据收集率，常用的技术包括 X 射线、中子衍射以及广泛的光谱和显微镜技术。如图 2-3 所示，在循环 250 次期间连续记录收集中子深度剖面（neutron depth profiling，NDP）能谱，借助该数据，可以在固态薄膜锂离子电池中高深度地分辨出 Li^+ 的浓度，进而分析电池的老化机理[9]。从图 2-3（c）和（d）中可以看出，随循环次数的增加，锂被固定在固态电解质中，导致 Si 基全固态电池的劣化。

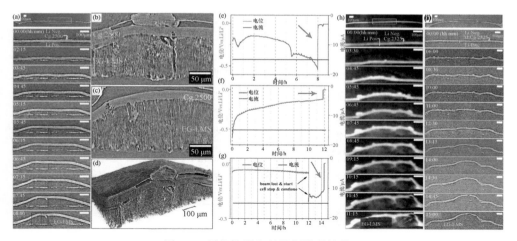

图 2-2　原位检测生长的锂微观结构

（a）～（e）1 号电池内部形态变化及电化学测量；（f）和（h）2 号电池（Celgard 2325 隔膜）相应的测试；（g）和（i）2 号电池（Al₂O₃-Celgard 2325 隔膜）相应的测试[7]

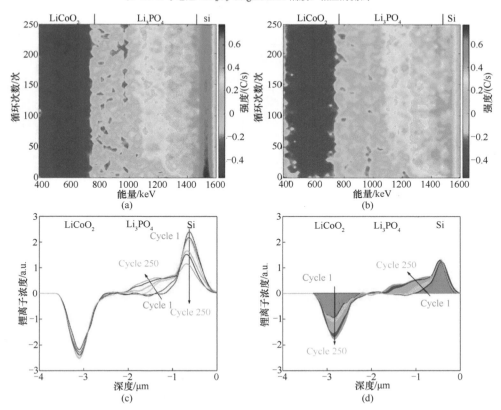

图 2-3　电池充放电循环高达 250 次，根据收集的 NDP 光谱完全充电（a）和完全放电（b）计算出的充电（c）和放电（d）状态下标准化锂浓度的深度分布[9]

2.1.3 失效分析流程设计

单体电池失效机制分析的一般途径可概括为四个阶段:电池外观检测、电池无损检测、电池拆解检测以及综合分析报告,如图 2-4 所示。每个分析阶段的检测内容和方法需要根据电池失效现象进行选择和组合。将电池失效现象进行分类归纳,合理设计失效分析流程,将不同失效现象对应不同的失效分析,优化测试路径,缩短分析周期[3]。设计合理的失效分析流程的前提是对电池内部失效有全面清晰的认识,因此构建全体系、各类失效的故障分析架构势在必行。

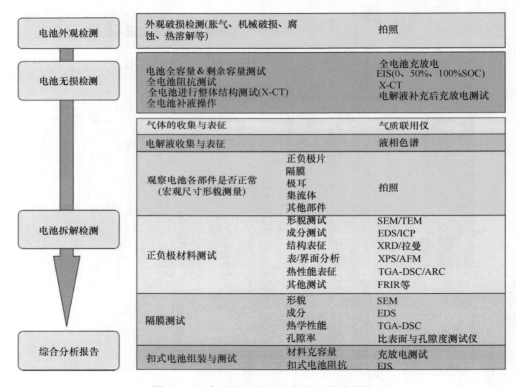

图 2-4 锂离子电池失效分析的一般途径[3]

2.2 电极材料失效机制

锂离子电池在使用过程中,随着充放电次数的增加、使用环境(高/低温、撞击等)的改变以及不规范使用充电设备等,锂离子电池的电化学性能会发生严重衰退,当锂离子电池无法为设备提供正常稳定的电量供应时,锂离子电池就进入失效报废状态。锂离子电池失效报废的内在原因是电极材料本身出现了失效或者老化，其外因是外部环境的改变致使电池内部关键材料发生物理化学变化，从而导致锂离子电池性能急剧衰减。

锂离子电池的失效报废是电池材料和工作状态等多因素综合作用的结果，而导致其电化学性能衰减的主要原因是电极材料失效。在锂离子电池充放电循环过程中，如图 2-5 所示，时时刻刻都发生着各种副反应，尤其是在 Li$^+$ 循环脱嵌过程中，电极材料始终发生着变化，而且还会与周围环境中的电解液等介质发生物理化学反应。当副反应造成电极材料发生不可逆影响时，锂离子电池就开始逐步失效，当积累到一定程度时，电极材料会发生不可逆相变，导致材料的晶体结构、微观结构及活性颗粒尺度结构等发生变化，从而致使电池电化学性能严重衰退，严重时会导致电池迅速产气引发热失控等安全问题[10]。因此本节以正负极材料、电解液及隔膜的失效机制为切入点，系统分析和归纳了锂离子电池电极材料的失效行为。从电极材料物质本身和界面反应的物理化学变化两个方面，对电极材料的失效机制展开阐述和分析。通过锂离子电池失效机制与回收再利用相结合，依据全生命周期评价方法，为今后锂离子电池全产业链的产品生态设计、生产、使用、梯次利用、收集回收、拆解处置、资源循环利用等生命周期各阶段给予技术支撑。同时，也为后续失效锂离子电池的资源化高效化循环利用提供新思路和切入点，有利于构建完整的锂离子电池"失效机理-分类回收-资源再生"框架体系。

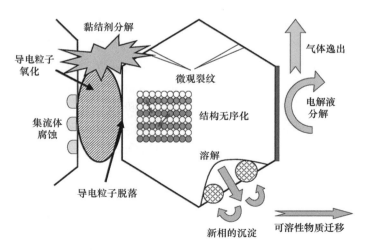

图 2-5　锂离子电池的内部副反应[11]

2.2.1　正极材料失效机制分析

锂离子电池在使用过程中由于使用状态各异，其正极材料会发生一系列物理化学变化,如晶体结构、化学组成、微观形貌变化等。电池状态的变化具体可分为常规工作状态下的失效和非常规工作状态下的失效。前者主要是正极材料脱嵌锂引起的体相改变,后者主要是正极材料与电解液等界面反应造成的材料结构或组分变化等。正极材料失效模式主要包括活性颗粒破裂粉化、晶体结构变化、金属离子溶解等活性材料的物相变化失效,以及集流体腐蚀、接触点损失、黏结剂失效、正极 SEI 膜变化等界面反应失效。本节从正极材料的活性物质失效和界面反应失效两方面,对正极材料失效机制进行梳理,总结归纳出不同正极材料的晶体结构失效机制,以期为正极材料的高效回收再利用提供理论基础。

1. 活性物质失效

根据锂离子电池正极材料的晶体结构特点,可将其分为层状结构化合物、尖晶石型化合物和橄榄石型化合物三大类。不同晶体结构的正极材料在相同的工作状态下表现出不同体相稳定性,因此构建不同正极材料的晶体结构演变显得尤为重要。电极材料的不稳定性除了活性物质溶解之外,更多地表现为电极材料在充放电循环过程中的结构变化。如果电极材料活性物质的晶体结构和物质组成发生明显变化,将导致锂离子电池的脱嵌可逆程度降低,电池容量发生不可逆衰减。

1）锂离子脱嵌引起的晶体结构变化

锂离子电池充放电过程中,Li^+ 在其过渡金属氧化物形成的层状或隧道结构中往复脱嵌,引起正极材料晶格反复膨胀收缩而导致其体积效应变化,从而使正极材料晶体结构逐渐无序化,最终导致正极活性材料失效。为了确定不同脱锂程度下正极材料的晶体结构变化,学者们进行了一系列研究,包括材料的理论模拟计算和利用电池充电制备不同程度脱锂状态的正极活性材料进行分析,确立了不同程度锂缺失状态下失效正极活性材料的物相演变机制。

（1）层状结构化合物。

常用的层状结构化合物主要有钴酸锂（$LiCoO_2$,LCO）和三元材料（$LiNi_xCo_yMn_zO_2$,NCM；$LiNi_xCo_yAl_zO_2$,NCA）,虽然 LCO、NCM 和 NCA 晶体结构都具有 R-3m 空间群结构,但由于化学组分不同及过渡金属元素所处空间位置的差异,表现出不同的结构稳定性。

LCO 正极材料在充放电过程中由于体相中 Li^+ 含量不同,其晶体结构发生一系列演变,如图 2-6 所示。当 $Li_{1-x}CoO_2$ 中 $x<0.5$,即 LCO 体相中锂缺失不超过二分之一时,LCO 还可以维持其晶体结构；当 $0.5<x<0.72$ 时,层状结构开始转变为层状 O3 结构和单斜 P3 相；当 $0.72<x<1$ 时,由于 Li^+ 大量缺失,电荷平衡由晶格中氧的释放来完成,而晶格中氧的大量释放导致 LCO 晶体结构破裂,引起电解液分解、隔膜融化等副反应,从而使锂离子电池出现鼓包和爆炸等安全隐患；当 $x=1$,

即 Li⁺完全脱出时，LCO 由于锂的完全缺失演变为 CoO_2。Wang 等[13]利用第一性原理计算，详细分析了 LCO 脱锂过程中的物相组成。研究结果表明，在 $Li_{1-x}CoO_2$ 中，当 $x<0.5$ 时，正极材料体相中主要包含层状 $LiCoO_2$ 和尖晶石结构的 $LiCo_2O_4$；当 $x>0.5$ 时，伴随着氧气的释放，层状结构 LCO 转化为尖晶石状 $LiCo_2O_4$ 和 Co_3O_4。最终随着锂离子的不断脱出，层状结构 LCO 转化为尖晶石状 Co_3O_4。在以 LCO 为正极材料的失效锂离子电池中，其正极材料中锂缺失往往不会超过二分之一，因此其失效行为表现为容量衰减。一般情况下，长时间充放电会导致正极材料出现体积效应和锂缺失，也被认为是 LCO 正极材料失效的主要机制。

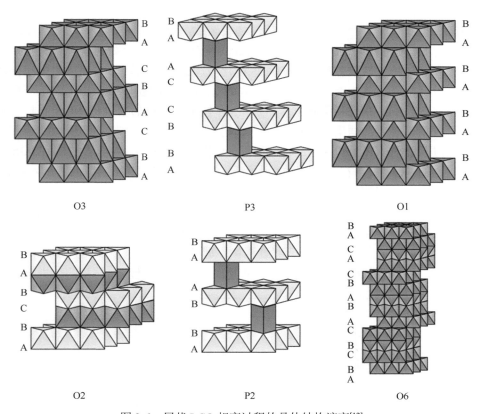

图 2-6　层状 LCO 相变过程的晶体结构演变[12]

三元 NCM 材料根据过渡金属含量可分为 111、523、622 和 811 型，其充放电过程中锂的缺失也会造成一系列的晶体结构演变。Choi 和 Manthiram[14]研究发现脱锂状态的 $Li_xNi_{1/3}Co_{1/3}Mn_{1/3}O_2$，在 $0.2 \leqslant x \leqslant 1$ 时正极材料体相均为 O3 结构，直至 $x=0$ 时，NCM 演变为 O1 晶型结构。可以看出，同为层状结构的正极材料，NCM 比 LCO 拥有更稳定的脱锂区间。在 NCM 晶体结构中，Ni、Co、Mn 离子依据材料配比，规律地分布于 3b 位点上，与 Li[+] 在立方密堆的氧晶格中交替占据八面体位[15]。过渡金属元素中，Ni 可以提供更高的可逆容量，但深充电过程中，也会引发晶体结构的不稳定性。而且在 Li[+] 循环脱嵌过程中，阳离子混排的 Ni 离子易与 3a 位点的 Mn 离子发生铁磁体干扰，以 3b 位点的 Ni 离子缺陷为中心，形成 Ni^{2+}-Mn^{4+} 铁磁体簇，造成 NCM 晶体结构的微观变化[16]。在锂离子电池工作状态下，镍离子极易发生氧化，造成层状结构局部塌陷，致使电池容量衰减和极化增大。Yan 等[17]通过有限元法模拟分析了 NCM 正极材料微裂纹形成和生长的模型，模拟结果表明，微裂纹形成的主要原因在于活性物质中晶体结构间 Li[+] 分布不均，致使晶体结构的化学应力在裂纹尖端聚集，从而使晶体结构发生变化；活性颗粒间微裂纹聚集，严重时还会使活性物质破裂，进而影响电池的电化学性能。

三元 NCA 材料同 NCM 一样，具有比容量高、稳定性能好等优点，但其倍率性能和高温热稳定性较差成为制约其规模化应用的限制因素。在锂离子电池循环充放电过程中，随着 Li[+] 的不断脱嵌，NCA 活性材料的晶体结构也出现了一系列的结构演变。Bak 等[18]利用原位 XRD 和 MS 技术对充电后脱锂的 NCA 正极材料进行了一系列研究，结果表明在 NCA 结构崩塌破坏过程中物相演变主要经历三个步骤：层状结构（R-3m）————→ 无序尖晶石结构（Fd-3m）————→ 盐岩结构（Fd-3m）。脱锂状态的 NCA 材料在热分解过程中经历了与 NCM 类似的晶体结构演变路径。如图 2-7 所示，运用原位检测手段分析可知，热分解过程中晶格氧和二氧化碳的释放与 NCA 材料相变密切相关，尤其是在有序层状结构转变为无序尖晶石结构过程中伴随着大量晶格氧的释放。在不同脱锂状态的 NCA 正极材料（$Li_xNi_{0.8}Co_{0.15}Al_{0.05}O_2$，$x$=0.5，0.33，0.1）热分解过程中，即使 NCA 体系中仅剩余 10% 的 Li[+]，体系也可以维持层状结构，且随着 Li[+] 的脱离，NCA 正极活性材料的热力学稳定

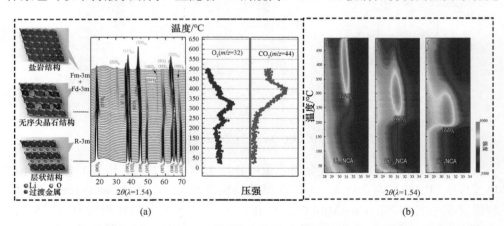

(a)   (b)

图 2-7 $Li_{0.5}Ni_{0.8}Co_{0.15}Al_{0.05}O_2$ 热分解过程中的晶体结构演变图（a）和不同 NCA 正极材料（$Li_xNi_{0.8}Co_{0.15}Al_{0.05}O_2$，$x$=0.5，0.33，0.1）热分解过程中（220）晶面的等高线图（b）[18]

性也在逐渐下降，无序尖晶石结构的正极材料的相对稳定区间也逐渐缩小。此外，在热分解过程中，过渡金属表现出不同的物相演变特征，NCA 活性材料中的 Ni 倾向于直接形成盐岩结构，而 Co 则倾向于先转化为尖晶石结构，然后随着温度的升高逐渐转变为盐岩结构。

钴酸锂和三元正极材料虽然同为一种层状晶体结构，但由于其晶体结构内过渡金属的不同排布，在相同 Li^+ 脱出的情况下，表现出不同的热力学稳定性。因此，有必要针对不同的正极材料，建立相适配的动态检测模型，为优化电池使用和精确分析正极材料的物理化学变化提供必要的数据支持。

（2）尖晶石型化合物。

尖晶石型化合物正极材料主要包括锰酸锂（$LiMn_2O_4$，LMO）等，与层状结构化合物的失效机制不同的是：尖晶石结构化合物在充放电过程中易发生歧化反应，致使锰离子溶解到电解液中，导致活性物质的晶体结构破坏。LMO 活性物质的失效主要分为以下几类：①LMO 在完全脱锂的状态下会形成 λ-MnO_2；而在化学计量比不变的情况下可能会发生相变化，即经 λ-MnO_2 转变成没有活性的 β-MnO_2。②当 LMO 深度放电嵌入过多的锂时，立方晶系的尖晶石结构会发生晶格扭曲，转变成对称性低且无序性强的四方晶系尖晶石，即发生 Jahn-Teller（J-T）效应，导致容量衰减和寿命变短。③在充放电循环中，LMO 易发生歧化反应，导致晶体结构破坏，生成 Mn^{2+} 溶解到电解液中[19]。锰溶解沉积与 LMO 型锂离子电池性能衰退的关系如图 2-8 所示，与其他正极材料不同，LMO 易产生金属的溶解沉积，其中所发生的沉积机理除了歧化反应机理外，还包括质子催化氧化还原机理[10,20]、λ-MnO_2 的三步溶解机理等[21]。在上述 LMO 正极材料的失效机制中，J-T 效应所导致的尖晶石结构变化为不可逆转变，使锂离子脱嵌的可逆程度降低，这是 LMO 型锂离子电池容量衰减的主要原因之一。

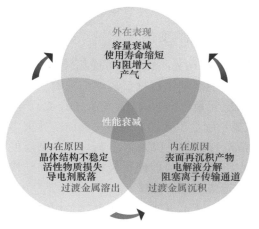

图 2-8　锰溶解沉积与 LMO 型锂离子电池性能衰退的关系

相较于层状结构中 Li^+ 的脱嵌，尖晶石 LMO 中 Li^+ 的脱嵌对其体相影响较小，主要影响是伴随脱嵌过程中发生的 J-T 效应。因此，对于不同结构的正极材料，有必要构建相应的体相结构演变路径，从而为实现分类化、高效化、实时化的正极材料晶体结构演变提供相应的理论模型。

（3）橄榄石型化合物。

橄榄石型化合物正极材料主要包括磷酸铁锂（$LiFePO_4$，LFP）等，在正交系橄榄石结构中，由六方密堆积氧形成的空隙中 Li 和 Fe 占据八面体位置，虽然 LiO_6 和 FeO_6 两种八面体具有不同的晶体学参数，但其均匀的结构使得 Li^+ 可以在一维方向上进行脱嵌。典型的橄榄石结构 $LiFePO_4$ 材料，具有结构稳定、化学稳定和高安全性等特点。在常规使用状态下，由于其结构稳定不易与电解液发生反应，其失效原因主要是电池在充放电过程中的锂缺失。因此，锂缺失被认为是其电化学性能衰减的主要原因之一[22]。Xu 等[23]的研究表明，在过充电等非常规使用状态下，金属 Fe 先被氧化成 Fe^{2+}，再氧化成 Fe^{3+}，然后这些 Fe^{2+} 和 Fe^{3+} 从正极侧扩散到负极侧，Fe^{3+} 先被还原成 Fe^{2+}，再进一步还原成金属 Fe。在过充/放电循环过程中，Fe 枝晶同时从负极和正极两侧生长，穿透隔膜，在负极和正极之间形成"铁桥"。"铁桥"造成微短路，最终导致电池失效。

如图 2-9 所示，不同正极活性材料的晶体结构演变与其体系在充放电过程中的锂含量息息相关。从能源节约及资源再利用角度分析，掌握失效活性材料中晶体结构的演变状态，对构建低能耗、多角度、多层次的绿色二次资源循环体系具有重要意义。随着锂离子电池充放电过程的进行，Li^+ 在正极活性材料晶体结构间不断脱嵌，会引起材料的体积效应，体积反复膨胀和收缩，造成活性颗粒的机械应力累积，导致在正极材料活性物质边缘形成微裂纹[15]。微裂纹的形成为界面反应提供场所，也为电解液与活性材料的继续反应提供了路径，进而使锂离子电池的电化学性能受到严重影响，这一部分将在界面反应失效部分进行详细介绍。

2）杂质元素引起的晶体结构变化

除了 Li^+ 脱嵌引起晶体结构无序化、不可逆相转变和微裂纹的形成外，活性物质中存在的杂质元素也可能影响正极材料晶体结构的稳定性，进而影响电池的电化学性能。最常见的杂质元素包括 Na、K、Ca、Fe、Cu、Na，其在前驱体和锂盐中含量较高，Ca 则主要是锂盐引入的。磷酸铁锂前驱体大多用硫酸盐和氯化物等可溶盐原料合成，在沉淀过程中易引入结晶 Fe。这些杂质的存在会给正极材料带来负面影响，在充放电过程中，可能使正极材料的晶体结构趋于亚稳定的状态，从而使电池迅速失效，造成资源的浪费。

当正极材料中存在 Fe、Cu、Cr、Zn 等金属杂质时，电池化成阶段的电压达到这些金属元素的氧化还原电位，这些金属就会在正极氧化，再到负极还原，往

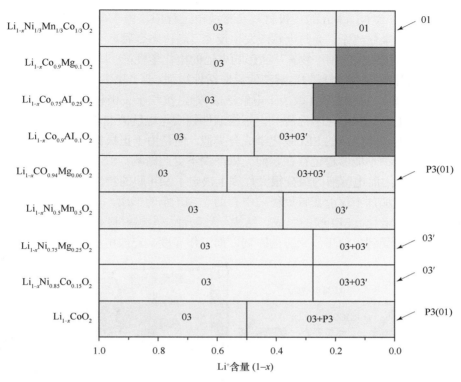

图 2-9　不同正极活性材料与体系中锂含量的晶体结构演变图[12]

复积累后金属沉积就会刺穿隔膜，造成电池自放电。少量 W、Al 等杂质离子掺杂正极材料会提高材料的热稳定性和电池电化学性能，但在其生产过程中必须遵循原有材料的设计准则。因此，这类正极材料失效往往与电池出厂的生产缺陷相关，在锂离子电池循环失效中占据较少的份额，所以对整个体相的失效机制影响较小。

2. 界面反应失效

除了正极材料活性物质本体体相的失效以外，界面失效也是造成正极材料失效的主要原因之一。界面失效反应主要与电解液交互作用、界面接触失效等有关。正极材料与电解液的反应可能有多种反应形式，如金属溶解沉积和正极 SEI 膜生成等。界面失效主要包括正极活性材料与电解液、集流体等接触物质之间的失效，如黏结剂脱落等。

1）电解液交互作用

正极材料与电解液接触的不稳定性将引发多种界面非均相化学反应，从而致使正极材料界面出现多种物理化学交互作用[15]。正极材料与电解液的交互作用如

图 2-10 所示，含 Ni、Mn 的正极材料在充放电过程中，由于电荷补偿制度产生的高氧化态过渡金属离子，会与电解液发生反应，高价态金属离子被还原为低价态离子，并生成阻抗较大的副产物，从而影响电池的电化学性能[24]。随着正极材料中镍元素含量的升高，电极材料与电解液的反应活性增强，会产生多种离子绝缘副产物，如 LiF、Li_xCO_3、LiOH 等（取决于电解液成分），沉积于正极材料表面，阻碍锂离子的扩散，进而影响电化学性能[15]。正极活性物质与电解液非均相反应生成的 SEI 膜与负极材料表面生成的 SEI 膜化学成分类似，但是由于正极材料的电势较高，电解液的还原产物不能够稳定存在，而无机产物不受此影响。SEI 膜是由电解液分解产物组成的，因而电解液的组分很大程度上决定了 SEI 膜的特性。性能优异的成膜溶剂和成膜添加剂不仅能在首周循环中有助于 SEI 膜的形成，同时也可减缓循环过程中 SEI 膜的老化。SEI 膜的组成、结构、致密性与电极材料和电解液的相互作用有关，同时也受到电池工作状态的影响，如工作温度、充放电电流密度等[25]。

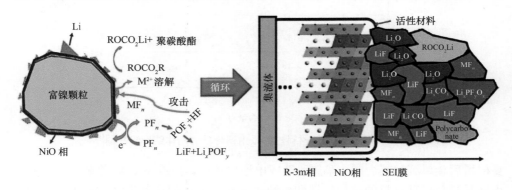

图 2-10　正极材料与电解液的交互作用[24]

　　除了生成界面固体电解质膜，正极材料与电解液反应还可使正极材料中的过渡金属溶解沉积。在充电状态下，正极活性物质会与电解质发生反应，造成容量衰减；在放电状态下，锂锰氧化物更不稳定；在完全放电状态下，锂锰氧化物以三价锰的尖晶石 $LiMn_2O_4$ 形式存在，而三价锰在电解液环境中容易发生歧化反应[式（2-1）]，造成金属沉积，进而影响正极材料的电化学性能。锂离子电池中痕量水会与电解液发生反应，副反应生成的 HF 酸性环境会与电极材料表面的过渡金属离子反应，形成阻抗较大的氟化物产物，进而影响电池的电化学性能[26]。

$$2\,Mn^{3+}（固体）\longrightarrow Mn^{2+}（溶解）+ Mn^{4+}（固体） \tag{2-1}$$

　　在正极材料活性物质与电解液的多种交互作用下，活性物质在材料表面和体相内部都发生相应改变。相比于本体体相的晶体结构及微观结构改变，与电解液的反应集中在反应界面上，在这种失效状态下，通过超声波等将活性物质表面的界面产物修复，理论上可以得到晶体结构较为完好的正极活性材料。

2）界面接触失效

正极材料的界面接触失效与集流体腐蚀有关，在 $LiPF_6$-EC/DMC 电解液中，电压为 4.2V（vs.Li/Li$^+$）即可腐蚀铝箔；而在 $LiBF_4$-EC/DMC 及 $LiClF_4$-EC/DMC 中，低于 4.9V 的电压均不能腐蚀铝箔，这是因为 $LiPF_6$ 易生成 HF。Al 的腐蚀可看作是正极上的一个化学反应，因此，锂离子电池的集流体必须经过酸化、防腐涂层、导电涂层等预处理来提高其附着能力及减少腐蚀速率，如添加氟化物可以明显抑制铝的腐蚀过程[27]。预处理过程可明显提高 Al 集流体的耐腐蚀性能，从而减少集流体腐蚀而导致的电池内阻增大、容量衰减等现象[28]。

锂离子正极材料经过多次体积收缩/膨胀变化后，极易在活性物质与集流体接触界面造成机械应力集中，产生微裂纹。经多次体积变化后，黏结剂可能脱落，使活性物质与集流体间失去有效的接触，从而使电池电化学性能降低。因此，判断活性物质的失效机制显得十分重要，可为后续活性材料分类及更加高效、低能耗地进行电池回收及资源化综合利用提供理论依据。

因此，锂离子电池正极材料的失效主要包括两方面：一是活性材料本体的晶体结构、微观结构及活性颗粒尺度结构变化；二是正极活性材料与集流体、电解液间界面的不可逆反应（图 2-11）。除了这两种反应失效机制外，随着研究手段的

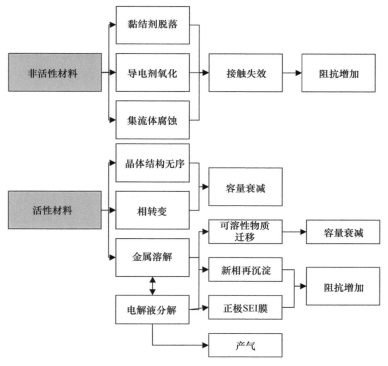

图 2-11　正极材料的失效机制及现象[20]

提高和人们对事物认识的不断深入，新的失效机制被发现，因此建立动态耦合的失效机制显得尤为重要。

正极材料失效不是某种单一失效机制作用下的产物，而是多种失效机制耦合反应的结果，因此，建立不同失效机制下的耦合关联体系，将会有力推动失效机制-失效现象模型的精准构建，从而为后续失效材料的资源化利用提供理论指导。

本书将正极材料老化过程中材料的失效机制归纳如下：

（1）包括活性物质颗粒间裂纹、不可逆相变及新相的生成、活性物质中过渡金属溶解等在内的活性物质失效；

（2）包括集流体腐蚀、黏结剂脱落等在内的电极材料组件失效；

（3）电极与电解液间的界面腐蚀行为等。

2.2.2　负极材料失效机制分析

最常用的锂离子电池负极材料主要包括天然/人造石墨、中间相炭微球（MCMB）、钛酸锂、硅基负极、硬碳材料/软碳材料（HC/SC）、金属锂等，其微观形貌、晶体结构和组成成分对锂离子电池性能有较大影响。理想的锂离子电池负极材料应具备以下特征：①Li^+在负极材料基体中插入的氧化还原电位应尽可能低，接近金属锂的沉积电位，从而使电池的输入电压高。②负极应比正极具有更大的几何尺寸，以防止在负极末端边缘沉积锂。③负极材料应具有良好的表面结构，并在整个电压范围内具有较好的化学稳定性，能够与液体电解质形成良好的SEI膜，且形成的SEI膜不易与电解质等发生反应。④具有较高的电子电导率和离子电导率，以减少极化并能进行大电流充放电。⑤具有高的电极表面积，缩短Li^+在石墨颗粒之间的扩散路径，有助于快速充放电和提高电池容量。然而，当负极材料采用BET（Brunauer、Emmett和Teller）方法制备时，减小活性物质粒径会增大比表面积，从而导致不可逆容量损失增大。

在锂离子电池循环充放电过程中，负极材料失效主要由活性物质失效和界面反应失效等多种失效机制造成。负极材料失效或老化后，石墨颗粒发生破裂及粉化，致使Li^+的扩散阻力增加，导致倍率性能较差，而快速充电时Li^+则易在石墨表面沉积形成锂枝晶，进而引发严重的安全隐患。本节以负极材料的两种失效机制为切入点，详细阐明和分析锂离子电池负极材料失效机制，同时也为缓解负极材料失效提供一些改善措施[29,30]。

1. 活性物质失效

以石墨为负极的锂离子电池，在Li^+嵌入和脱出过程中，石墨体积效应变化不明显（视材料而定，通常在10%或更小），所以Li^+脱嵌对其可逆性影响较小。然而，石墨晶体结构的变化会产生缺陷和机械应力，在缺陷和应力集中的条件下，可能会破坏晶体结构或形成微裂纹。随着石墨与电解液之间界面反应的发生，在石墨中会形成溶剂共插层，导致石墨层出现破裂和脱落；沿着石墨破裂形成的裂纹，电解液在石墨内部继续反应，进而导致石墨结构快速崩塌。在石墨的老化机制中，溶剂共插层的形成对其影响最大，也是导致其快速失效的主要原因之一[11]。

对于复合电极材料来说，失效主要源于材料内部的接触损耗，导致电池阻抗增加，进而影响电池的电化学性能。接触损耗的原因之一是负极活性材料的体积效应，这可能导致复合电极内部活性颗粒破裂，从而导致以下接触部分产生接触损耗：①石墨颗粒之间；②集流体与石墨之间；③黏结剂与石墨之间；④黏结剂与集流体之间。此外，复合电极的孔隙度也会影响负极活性材料的失效行为，电解液可以通过材料间的孔隙进入活性材料内部，加剧充放电过程中的体积效应。而且复合电极材料会与含氟的黏结剂发生界面反应形成 LiF，导致电极材料的机械性能下降。如果复合电极材料与电解液发生反应，或者负极电位相对于 Li/Li$^+$过高，则可能发生电极腐蚀。此外，如果复合电极材料与电解液发生反应，较低电导率的腐蚀产物会引起过电势，导致电流和电势分布不均匀，进而导致金属锂的沉积。

2. 界面反应失效

负极性能衰减主要是 SEI 膜界面反应、锂金属沉积[31]、电化学腐蚀等造成的，如图 2-12 所示，本小节从这三个角度出发，对负极活性材料的界面失效机制进行归纳。

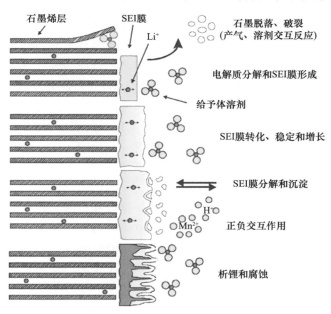

图 2-12　负极/电解质界面的变化[11]

1）SEI 膜界面反应

在首周充放电过程中，锂离子电池电解液和电极表面在固液相界面上会发生反应，形成一层覆盖于电极材料表面稳定且具有保护作用的 SEI 钝化膜。这层钝化膜是一种界面层，具有固体电解质的特征，是电子绝缘体却是 Li$^+$的优良导体，Li$^+$可以经过该钝化层自由地嵌入和脱出。因此，SEI 膜可将负极与电解液隔开，避免电解液氧化反应或溶剂化 Li$^+$插入反应的发生。由于形成这种钝化膜而损失的 Li$^+$会导致正负极间容量平衡改变，在前几周充放电循环中就会使电池放电容量下降。这种容量损失主要取决于负极材料种类、电解液组分以及电极和电解液中的添加剂。钝化膜的结构很复杂，并且随使用时间和电解液组成的不同而变化。研究已证明 SEI 膜确实存在，厚度为 100~120 nm，其组成主要包括各种无机成分（如 Li$_2$CO$_3$、LiF、Li$_2$O、LiOH 等）和各种有机成分［如 ROCO$_2$Li、ROLi、（ROCO$_2$Li）$_2$ 等］。如果钝化膜上产生裂缝，则溶剂分子能渗入使钝化膜逐渐加厚，这样不但会消耗更多的锂，而且有可能阻塞碳表面上的微孔，导致 Li$^+$无法顺利嵌入和脱出，造成不可逆容量损失。同时，在电池不断的充放电循环过程中，电极与电解液小面积范围内的接触反应是不可避免的，随着这种表面反应进行，在石墨电极上便形成了电化学惰性的表面层，使得部分石墨粒子与整个电极发生隔离而失活，引起容量损失。

一方面，SEI 膜的形成消耗了部分 Li$^+$，使得首次充放电不可逆容量增加，降低了电极材料的充放电效率；另一方面，SEI 膜具有有机溶剂的不溶性，在有机电解质溶液中能稳定存在，并且溶剂分子不能通过该层钝化膜，从而能有效防止溶剂分子的共嵌入，避免了溶剂分子共嵌入对电极材料造成的破坏。SEI 膜允许 Li$^+$通过而阻止溶剂组分和电子的通过，具有防止电解液继续还原分解和抑制充电状态下电极腐蚀的作用。当 SEI 钝化层受损，一方面可能会发生溶剂分子与 Li$^+$的共嵌入，从而导致石墨材料的剥落和无定形化；另一方面可能会使部分石墨电极活性材料失活。然而，在没有 Li$^+$脱嵌的基面所形成的表面保护层没有上述功能，但是该保护层也能抑制石墨表面与电解液的进一步反应。由于两种保护层功能和成分不同，因此在衰减过程中的失效机理也不尽相同，实际研究中关注较多的是端面的 SEI 膜与电池失效之间的关系。

理想 SEI 膜应兼具良好的离子导电、电子绝缘和机械弹性，并且在电池充放电循环和存储时均稳定，这对于延长锂离子电池使用寿命至关重要。典型 SEI 膜降解途径包括高温下部分溶解或由体积效应产生的机械应力而导致形成裂纹，使暴露在电解液中新裸露的石墨表面上有额外的 SEI 生长，从而消耗电解液、增加界面阻抗并降低锂离子电池的可逆循环容量。SEI 膜的热降解一般开始于 110℃左右，远低于 200℃以上发生的正极放热降解反应，但最终可能会导致电池热失控。

SEI 膜的特性主要依赖于其组成，即由所使用的电解质决定。因此，大多数商用电池电解质配方很复杂，且通常会加入成膜添加剂。SEI 膜的形成主要发生在循环前几周，尤其是在第一周，通常伴随着气体分解产物的释放。这些循环通常在特定温度和充放电倍率条件下进行，可以最大限度地减少电池电化学容量损失，一般会导致电池中约 15% 活性 Li^+ 的不可逆消耗。因此，为了优化活性材料的使用，从而达到较高的电池能量密度，不可逆消耗的活性 Li^+ 对电池容量平衡（即两个电极的质量负载之间的热最优化）的影响较大。在理想情况下，这种容量平衡不会随着电池寿命而改变。但严格来说情况并非如此，因为大多数老化过程都会改变这一平衡。除了较低的能量密度外，容量不平衡电池还可能由于限制电极"过充"而产生安全隐患。为了应对负极发生的锂金属沉积，电池生产过程中通常添加过量的负活性物质，这被认为是一种以牺牲电池能量密度为代价提高安全性的折中策略。

2）锂金属沉积

锂金属沉积可能会在高充电速率下发生（可能导致电极极化严重，从而达到 Li 金属沉积电位）或在较低的工作温度下发生。反应如下：

$$Li^+ + e \longrightarrow Li（s） \tag{2-2}$$

低温（<10℃）下，Li^+ 在石墨结构内部扩散缓慢，锂金属沉积在负极表面，有形成锂枝晶和内部短路等安全隐患。此外，沉积的锂会形成其自身的 SEI 膜，消耗电解质并降低界面孔隙率，造成反应动力学速度减慢和电池中活性 Li^+ 损失，最终导致锂离子电池功率密度和能量密度降低。

3）电化学腐蚀

当两种相互接触的不同金属浸入至腐蚀性介质（如腐蚀性液体）时，就会发生电腐蚀。电流从标准电极电位较低的金属（阳极）流向标准电极电位较高的金属（阴极），导致阳极腐蚀，同时可抑制阴极氧化。

Kolesnikov 等[32]以锂粉为负电极作为研究对象，对锂离子电池中金属锂粉与铜箔接触下的腐蚀行为进行了详细研究。以金属锂粉为负极材料时，负极材料中的高孔隙率可以为电解液提供反应通道，从而使金属锂和铜集流体紧密接触。在接触过程中，锂作为阳极，发生电腐蚀，即氧化成 Li^+。这种电化学腐蚀机制主要受距离效应、面积效应控制，腐蚀速率会随着接触点距离的增加而减缓，而小面积阳极和大面积阴极将导致阳极的高腐蚀速率。如图 2-13 所示，在接触点电化学腐蚀下，金属锂粉会溶解或形成空洞，从而导致与集流体接触不良，而且腐蚀产物在铜集流体表面积聚，进而严重影响电池的电化学性能。

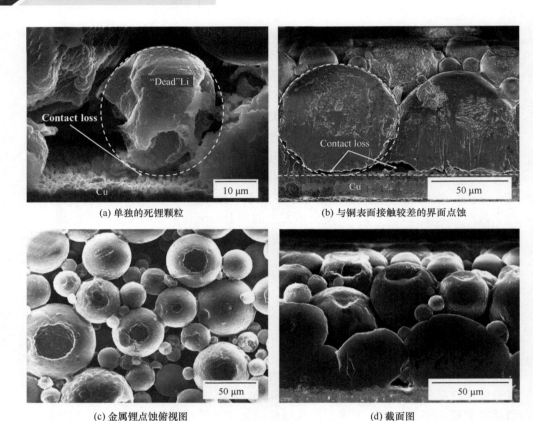

(a) 单独的死锂颗粒   (b) 与铜表面接触较差的界面点蚀

(c) 金属锂点蚀俯视图   (d) 截面图

图 2-13　电腐蚀的距离效应[32]

综上所述，负极材料的失效可能主要归因于电极/电解质界面的变化。表 2-2 总结了锂离子电池负极失效原因、效果、影响及采取措施。碳基负极的主要失效机制可以简述如下。

（1）SEI 膜的形成和生长导致负极阻抗上升。通常，SEI 膜的形成主要发生在循环的初始阶段。在循环和存储期间，SEI 膜会持续生长，且随着温度升高，阻抗增加将导致功率衰减。

（2）在 SEI 膜生长的同时，电池内部可流动性锂的损失会导致自放电和容量衰减。

（3）SEI 膜的形成和生长会导致复合负极内部接触减弱，增加电池阻抗。

（4）金属锂沉积可能会在低温、高倍率以及电流和电势分布不均匀等情况下发生。锂金属与电解质发生反应，这可能会加速老化。

（5）特定电池成分对失效机制具有较大影响。本节介绍的失效机制适用于大多数锂离子系统，但对于每个特定系统，随电池组分不同失效表现方面可能有所不同。因此，针对不同失效锂离子电池应该采取相应研究手段，以明晰其失效机制。

表 2-2　锂离子电池负极失效原因、效果、影响及采取措施

原因	效果	影响	减少措施	改进措施
电解液分解 （低速率连续副反应）	锂损失 阻抗增加	容量衰减 功率衰减	稳定的 SEI（添加剂） 速率随时间降低	高温 高 SOC（低电位）
溶剂共嵌入，气体逸出以及随 后在颗粒中形成裂纹	活性物质流失 （石墨剥落） 锂损失	容量衰减	稳定的 SEI（添加剂） 碳预处理	过充
由于 SEI 的持续增长，可通过 的表面积减少	阻抗增加	功率衰减	稳定的 SEI（添加剂）	高温 高 SOC（低电位）
由于体积变化，SEI 形成和生 长而导致的孔隙率变化	阻抗增加 过电位	功率衰减	外压 稳定的 SEI（添加剂）	高温 高 SOC（低电位）
循环过程中体积变化导致的 活性物质颗粒的接触损耗	活性物质损失	容量衰减	外压	高循环率 高 DOD
黏合剂分解	锂损失 机械稳定性损失	容量衰减	选择正确的黏合剂	高温 高 SOC（低电位）
集流体腐蚀	过电位 阻抗增加 电流和电位的不均 匀分布	功率衰减 其他老化机制 增强	集电器预处理	过充 低 SOC（高电位）
金属锂沉积及金属锂分解电 解质	锂损失 （电解质损失）	容量衰减 （功率衰减）	缩小电压窗口	低温 高循环率 电池平衡不良 几何不适应

2.2.3　电解液及隔膜失效机制

1. 电解液失效机制分析

电解液作为锂离子电池中离子传输的载体，承担着运输 Li$^+$ 的重任，直接影响着锂离子电池的电化学性能和安全性。锂离子电池电解液主要由有机溶剂和含锂盐的溶液组成。目前最常用的有机溶剂包括碳酸丙烯酯（PC）、碳酸乙烯酯（EC）、碳酸二乙酯（DEC）、碳酸二甲酯（DMC）和碳酸甲基乙基酯（EMC）等，常用锂盐有 LiPF$_6$、LiBF$_4$、LiAsF$_6$ 和 LiClO$_4$ 等。虽然电极材料是决定锂离子电池比容量的先决条件，但电解质在很大程度上也影响着电极材料的可逆容量，这是因为电极材料的嵌、脱锂过程和循环过程始终是与电解质相互作用的过程。在锂离子电池工作过程中，除了 Li$^+$ 嵌、脱时在正负极发生的氧化还原反应外，还存在着大量的副反应，如电解质在正负极表面的氧化与还原分解、电极活性物质的表面钝化等，这些因素都在不同程度上影响着电极材料的嵌、脱锂过程。因此，有些电解质体系可以使电极材料表现出优良的嵌、脱锂容量，而有些电解质体系则对电极材料具有很大的破坏性。电解质对电池性能的影响表现在以下几个方面：电解

液的还原反应、电解液的氧化反应、电解液中杂质的产生。电池充放电过程中电解液中可能发生的反应及副反应如表 2-3 所示。

表 2-3　电池充放电过程中电解液可能发生的反应及副反应

物质	反应类型	反应方程式
电解液相关的反应	EC 的还原反应	$EC + 2e^- + 2Li^+ \longrightarrow Li_2CO_3(s) + C_2H_4(g)$
		$2EC + 2e^- + 2Li^+ \longrightarrow (CH_2OCO_2Li)_2(s) + C_2H_4(g)$
		$2EC + 2e^- + 2Li^+ \longrightarrow LiOCO_2(CH_2)_4OCO_2Li(s)$
		$EC + 2e^- + 2Li^+ \longrightarrow Li_2CO_3(s) + C_2H_4(g)$
	DMC 的还原反应	$DMC + e^- + Li^+ \longrightarrow CH_3OLi(s) + CH_3OCO$
	杂质气体 CO_2 的还原反应	$2CO_2 + 2e^- + 2Li^+ \longrightarrow Li_2CO_3(s) + CO(g)$
电解质 $LiPF_6$ 相关的反应	$LiPF_6$ 分解反应	$LiPF_6 \rightleftharpoons LiF + PF_2$
	$LiPF_6$ 还原反应	$LiPF_6 + xe^- + xLi^+ \rightleftharpoons xLiF + LiPF_{6-x}$
		$PF_6^- + 2e^- + 3Li^+ \longrightarrow 3LiF + PF_3$
	$LiPF_6$ 分解产物的还原	$PF_5 + 2xe^- + 2xLi^+ \longrightarrow xLiF + Li_xPF_{5-x}$
杂质引起的反应	CO_2 还原反应	$2CO_2 + 2e^- + 2Li^+ \longrightarrow Li_2CO_3(s) + CO(g)$
	$LiPF_6$ 水解反应	$LiPF_6 + H_2O \rightleftharpoons LiF + POF_3 + 2HF$
	$LiPF_6$ 分解产物的还原	$PF_5 + 2xe^- + 2xLi^+ \longrightarrow xLiF + Li_xPF_{5-x}$
	$LiPF_6$ 分解产物的水解	$PF_5 + H_2O \longrightarrow 2HF + POF_3$

1）氧化反应

电解液的氧化反应通常是在过充电时发生时，在高电压区（>4.5V）电解液会分解形成不可溶的产物（Li_2CO_3 等）并产生气体，不溶物会堵塞电极上的微孔，影响 Li^+ 的迁移，这将引起循环过程中的容量损失；而电池内部生成的气体也会存在安全隐患。在目前较常用电解液中，EC+DMC 被认为是具有最高耐氧化能力的电解质体系。

2）还原反应

电解液的还原反应是指在充电状态下，电解液在含碳电极表面不稳定而发生的还原反应。一方面，电解液还原消耗了电解质及其溶剂，对电池容量及循环寿命产生不良影响；另一方面，由此产生的气体会增加电池的内部压力，对电池安全性造成威胁。电解液副反应可能会导致电极材料中电子或 Li 的消耗。EC、DMC 和电解液中发生的副反应、$LiPF_6$ 的分解反应、$LiPF_6$ 遇到电极材料中的水发生的分解反应及还原反应，如表 2-3 所示[33]。同时，$LiPF_6$ 的分解产物也可以发生水解或还原。EC、DEC 及 LiPF₆ 发生的副反应,不仅导致电解液本身的消耗,也会导致电子和 Li 的消耗,使得充放电过程中可逆 Li 减少,这也是电池容量、循环寿命和库仑效率降低的主要原因。

通常,减少电解液的还原反应可以提高锂离子电池的循环寿命和改善电池的高温性能。电解液在石墨和其他嵌锂的碳电极上不稳定,在初次充放电时电解液分解会在电极表面形成钝化膜,阻止电解液的进一步分解。理想条件下,电解液的还原反应限制在钝化膜的形成阶段,当循环稳定后,该过程不再发生。如图 2-14 所示,电解液的还原反应参与了钝化膜的形成,有助于钝化膜的稳定,但还原产生的不溶物对溶剂还原生成物会产生不利影响,并且电解质盐还原使电解液的浓度发生变化,最终导致电池容量损失[34]。

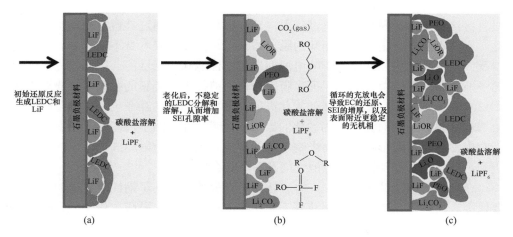

图 2-14　石墨负极表面初始 SEI 的示意图(a)、酸介质导致的热分解反应对 SEI 结构的影响(b)以及电解质进一步还原导致的 SEI 增厚(c)[34]

3)杂质的影响

电池气密性不好会引起电解液变质,电解液黏度和色度都发生变化,最终导致传输离子性能急剧下降。在锂离子电池循环过程中,电解液中含有氧气、水和二氧化碳等杂物将对电池电化学性能造成一系列影响:①在电池充放电过程中会发生氧化还原反应(氧气与锂反应生成氧化锂);②电解液中水分的存在也会导致失效现象的产生(在锂电池的实际应用中,LiPF₆ 基电解液往往含有少量的水);③溶剂中的 CO_2 在负极上能还原生成 CO 气体和固态产物 Li_2CO_3,反应式如表 2-3 所示,CO 气体的产生会导致电池内部压力升高,而固态产物 Li_2CO_3 会使电池内阻增大,对电池电化学性能产生不利影响。此外,在电池组装过程中很难避免水分的污染,即使是微量水分的存在也会导致电解质 LiPF₆ 分解及电解质分解产物的水解，并伴随着 HF 的生成，在高温下水解反应更剧烈。Wang 等[35]研究发现电解液受到水污染产生的 HF，是 $LiFePO_4$ 表面发生腐蚀和铁溶解，最终导致电池失效的直接原因。通过将碳材料涂覆在 $LiFePO_4$ 正极材料表面，能够保护正极材料免于腐蚀，可以有效提高材料的抗腐蚀性能。根据电子行业标准 SJ/T 11568—2016 对锂离子电池电解液溶剂的要求可知，有机溶剂中微量水（≤200 mg/kg）对石墨电极性能没有影响，但若水含量过高，氧气被还原后产生的 OH^- 会在石墨电极上与 Li^+ 反应，生成的 LiOH（s）沉积在电极表面，形成电阻较大的表面膜，阻碍 Li^+ 嵌入石墨电极，从而导致不可逆容量损失。

2. 隔膜失效机制分析

隔膜作为正、负极间的物理隔离部件，其作用是将电池正负极分开，防止两极直接接触短路；同时在放电过程中，允许锂离子电池通过其自身相互贯通的微孔，实现锂离子在正、负极两端的脱出与嵌入。虽然隔膜本身不直接参与任何电池反应，但其结构和性能仍影响电池的电化学性能和安全性能。因此，为保证锂离子能够顺利通过微孔，在保证隔膜完整性的前提下，隔膜的孔隙率一般要求达到 30%～50%。但实际上，即使如此高的孔隙率，隔膜的存在也会导致电解液内阻增加 6 倍。作为对温度较为敏感的聚烯烃隔膜，在高温下微孔的任何变化都可能对电池内阻造成影响，进而影响电池的性能。因此，对隔膜失效现象的正确分析和理解有助于提升锂离子电池性能及改进其合成工艺。

在锂离子电池循环过程中，隔膜逐渐干涸失效是电池早期性能衰退的一个重要原因。这主要是隔膜中电解液变干涸、溶液电阻增大、隔膜电化学稳定性和机械性能，以及对电解质浸润性在反复充电过程中不断变差所造成的。隔膜干涸造成电池欧姆内阻增大，导致放电不完全，电池反复过充后其容量无法恢复到初始状态，大幅度降低了电池的放电容量和循环寿命。

在充放电循环过程中，负极表面形成的锂枝晶发展到一定程度可能会穿透隔膜，导致正负极之间发生短路，释放大量热量，从而引发锂离子电池热失控，造成严重的安全事故。另外，在电池发生挤压针刺过程中，由局部短路点释放出大量的热量，导致隔膜发生热收缩，进而导致大面积正负极接触，直接起火爆炸。虽然现有隔膜具有热关闭功能，但决定其闭孔温度的聚乙烯（PE）层熔点（约 135℃）与聚丙烯（PP）层熔点（约 165℃）之间仅相差 30℃，当隔膜发生热封闭之后，热惯性作用极易使电池温度上升至 PP 的熔化温度，导致隔膜熔化和电池短路。因此，隔膜的热闭合性温度对防止电池热失控有着极为重要的作用[36]。武汉大学杨汉西、艾新平、曹余良教授团队制备了一系列热敏性微球修饰隔膜，如乙烯-乙酸乙烯共聚物（EVA）微球修饰隔膜或以聚乳酸（PLA）为核、聚丁二酸丁二醇酯（PBS）为壳的纤维隔膜等，使电池具有热关闭功能，其工作原理如

图 2-15 所示[37-39]。常温下，附着在隔膜表面的热敏性微球层呈多孔结构，允许离子自由通过；一旦电池因短路、过充等滥用导致其内部温度上升至微球熔化温度，微球层发生熔化、坍塌，在隔膜表面形成致密聚合物层，堵塞隔膜孔，从而切断电极间的离子传输，中断电池反应[37]。

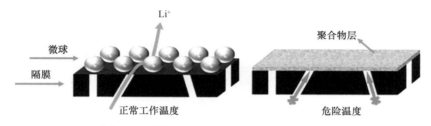

图 2-15　热敏性微球修饰隔膜工作原理图[37]

　　为防止过充电导致电池失效，该课题组还提出将具有较高氧化电势的聚三苯胺作为活性隔膜材料，赋予电池自身的电压开关功能[40]。以此隔膜组装的 Li-LiFePO$_4$ 电池，在正常充放电状态下，隔膜中具有电活性的聚三苯胺处于绝缘态；当电池发生过充时，电压上升至聚三苯胺的氧化掺杂电势，隔膜因发生氧化掺杂而导电。导电态的隔膜在正负极之间形成一个导电桥，使电池自放电。当自放电达到隔膜的还原电势时，隔膜恢复绝缘态，从而使电池恢复正常的放电状态，由此实现了隔膜由绝缘—导电的可逆转化，从而实现对锂离子电池的可逆过充保护。这种自保护隔膜为进一步发展电池自激发安全性保护技术提供了实例，为预防电池安全性失效提供了技术支持。

　　综上所述，锂离子电池电极材料在充放电循环过程中，由于多种失效机制耦合作用，锂离子电池的充放电容量、循环寿命、倍率性能等电化学性能严重下降甚至完全失效。针对不同电极材料的失效行为，不能以某种单一的失效机制去进行分析，因此建立耦合的失效机制显得尤为重要。从电极材料失效机制出发，建立完整的材料失效-回收利用之间的耦合关联体系，可为构建新型"闭环回收利用"提供新的技术思路。

2.3　失效机制与回收利用之间的耦合关联

　　锂离子电池在高温环境、低温环境、过充电和过放电等非正常使用条件下，会使电池内部活性材料、隔膜、电解液及黏结剂等发生物理化学变化，从而使电池出现电化学性能下降现象，锂离子电池使用条件、失效机制和失效现象的耦合关联如图 2-16 所示[3]。在此过程中，不同使用条件下获得的失效锂离子电池的活性材料，由于失效机制不同，相比于正常的活性材料，失效电极材料会出现成分组成、晶体结构等方面的差异。失效锂离子电池正极材料可能发生的物理化学变化主要包括微观结构相转变、锂析出、黏结剂脱落等现象。虽然同属于退役锂离子电池，但拆解得到的正极材料因结构性质不同其失效原因也呈现多样性，需针对不同的失效原因处理不同的正极材料，做到溯源分类、动态调控、分类处理，这对于降低资源回收成本和避免资源浪费有积极意义，因此，构建电池安全-失效检测体系对于退役锂离子电池回收十分重要。失效锂离子电池拆解分类后，晶体结构破坏程度较小的正极材料可以进行直接修复再生处理，破坏程度较大或不满足直接修复工艺的正极材料，可以采用冶金技术将其中有价金属材料回收。

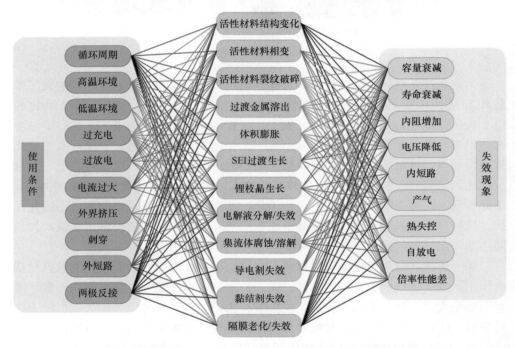

图 2-16　锂离子电池使用条件、失效机制和失效现象的耦合关联[3]

2.3.1　正极材料的耦合关联

除滥用导致锂离子电池失效之外，其电化学性能下降还与电极材料的物理化学性质及服役过程中发生的副反应相关。例如，锂离子电池正极材料在服役时，由于长时间循环脱/嵌锂和副反应的产生，其晶体结构和物相组成产生一系列演变。同时，正极材料在不同浸出回收体系中的稳定性与其自身的物理化学性质相关，因此需要对不同正极材料的晶体结构及物理化学性质进行深入研究和分析，以建立正极材料失效与回收再利用之间的耦合关联体系。

目前，商用三元正极材料主要有 NCM 和 NCA 两种，常见的 NCM 有 $LiNi_{1/3}Co_{1/3}Mn_{1/3}O_2$、$LiNi_{0.5}Co_{0.2}Mn_{0.3}O_2$、$LiNi_{0.6}Co_{0.2}Mn_{0.2}O_2$ 和 $LiNi_{0.8}Co_{0.1}Mn_{0.1}O_2$。NCM 晶体结构如图 2-17（a）所示[41]，Ni、Co 和 Mn 的主要价态为+2、+3 和+4，O^{2-} 会形成一层密堆积结构层，Li^+ 和金属离子填充在其间隙中，形成密堆层状结构，Li^+ 与过渡金属离子在晶面（111）方向依次排列。在层状结构中，金属氧化物层内有强的离子键，层间则由锂离子库仑力维持结构平衡。退役锂离子电池三元正极废料的 X 射线衍射（XRD）和扫描电子显微镜（SEM）如图 2-17（b）所示[42]。在 XRD 图谱中，发现三元正极废料产生了不可逆相变，物相中不止单一的原三元材料，还生成了钴和锰的氧化物。目前，三元正极材料湿法冶金回收技术主要利用无机酸或有机酸作为浸出体系，通过添加双氧水、葡萄糖、亚硫酸钠等还原剂将不溶的高价态金属以低价可溶的形式富集于浸出液中，其浸出方式有直接浸出和选择性浸出两种方式[43]。针对失效正极材料回收再生的实验室小试研究，通常采用与文献相似的参数进行浸出实验，事实上应该对失效物料进一步分析，建立从失效行为到浸出或修复过程的实验模型，再进行资源回收利用。

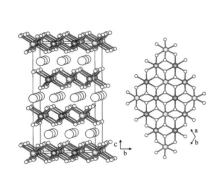
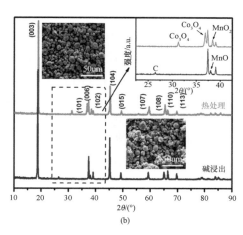

图 2-17　NCM 晶体结构（a）[41]及经过碱浸和热处理后废 NCM 的 XRD 和 SEM 图谱（b）[42]

失效 NCM111 正极材料和 NCM523 正极材料的晶体结构和示意图，如图 2-18（a）和（b）所示[44]。失效三元正极材料的层状结构中出现了锂空位，并且在其表面出现了岩盐相和尖晶石相，表明三元正极材料废料的物相中不止单一的原三元材料，还存在其他氧化物，且经过预处理的正极材料中还可能夹杂其他杂质，从而影响材料的后续处理。由失效 NCM111 和 NCM523 三元正极材料的 XRD 图谱分析可知，失效三元正极材料与原始材料相比，003 峰出现了明显左移现象，且 108 峰和 110 峰的分裂更加明显。三元正极材料回收除了采用湿法冶金回收技术之外，也有学者通过添加锂盐等对三元正极废料表面的熔融盐相晶体进行高温煅烧修复。如图 2-18（c）和（d）所示，通过不同热处理手段进行高温修复后，NCM111及 NCM523 的晶体结构及 XRD 的特征衍射峰与原始 NCM 材料相一致。

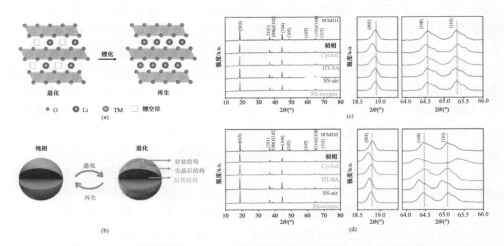

图 2-18　失效 NCM111 正极材料和 NCM523 正极材料的晶体结构（a）和示意图（b）及 XRD
图谱（c）和（d）[44]

钴酸锂（LiCoO₂）正极材料则主要应用于小型便携式电子设备，在动力汽车上也有应用，例如，特斯拉将 LiCoO₂ 正极材料应用于新能源电动汽车用动力电池。依据热处理合成温度的不同，LiCoO₂ 可分为层状 LiCoO₂ 和尖晶石结构 Li₂Co₂O₄，其中，层状 LiCoO₂ 通过 800℃以上进行高温固相反应合成，而尖晶石结构 Li₂Co₂O₄则在约 400℃下合成[45]。层状钴酸锂晶体结构如图 2-19（a）所示，具有 R-3m 空间群结构。图 2-19（b）为失效钴酸锂的 XRD 与 SEM 图谱[46]，从图中可以看出

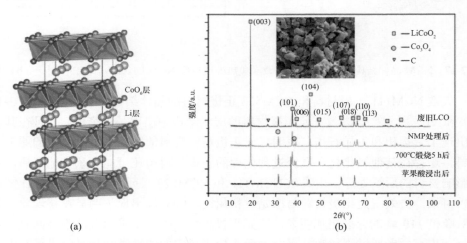

图 2-19　LiCoO₂ 的晶体结构图（a）[47]及失效 LiCoO₂ 的 XRD 和 SEM 图（b）[46]

经过多次充放电循环后，钴酸锂晶体结构中出现四氧化三钴 Co_3O_4 相，这是钴酸锂中锂的缺失造成的。ICP 测试分析失效钴酸锂正极材料的化学元素组成发现正极材料中出现锂的缺失，其对应化学式为 $Li_{1-x}CoO_2$[48,49]。因此，有研究者通过添加碳酸锂等锂盐，经高温热处理，对钴酸锂的电化学性能进行修复。也有学者采用湿法冶金的方式回收钴酸锂材料中的锂和钴，但 Co_3O_4 相的存在会导致酸消耗量增加，这是 Co_3O_4 和 $LiCoO_2$ 在酸性溶液中的化学转化速率明显不同导致的。

磷酸铁锂（$LiFePO_4$）正极材料因其高安全、低成本等特性，已经广泛应用于新能源汽车动力电池用正极材料。$LiFePO_4$ 为正交系橄榄石结构，由六方密堆积氧形成的空隙中，Li 和 Fe 占据八面体位置，如图 2-20（a）所示，Fe 和 O 离子形成的 FeO_6 八面体呈锯齿状排布，但其均匀的结构使得 Li^+ 可以在一维方向上进行脱嵌。典型的橄榄石结构 $LiFePO_4$ 材料，具有结构稳定性、化学稳定性和高安全性等特点，但存在 Li^+ 扩散慢和电子电导率低等缺点，近年来国内外研究人员主要通过表面包覆、体相掺杂、添加导电剂来提高其电化学性能。以 $LiFePO_4$ 为正极材料的锂离子电池，在充放电过程中表现为 $LiFePO_4/FePO_4$ 两相之间的相互转变，其失效机制为电池结构中电解液的不可逆降解和由循环脱嵌锂而引起正极材料中锂的缺失，许多学者基于此失效机制对退役 $LiFePO_4$ 的回收资源循环利用进行了系列初步研究。从图 2-20（b）可以发现，与未使用过的 $LiFePO_4$ 相比，经循环充放电后的 $LiFePO_4$ 正极材料，锂的脱出使得材料电化学性能下降，在脱出过程中产生了杂相 $FePO_4$、Fe_2O_3、P_2O_5 和 Li_3PO_4[50]。但随着热处理温度的升高，$FePO_4$、Fe_2O_3、P_2O_5 和 Li_3PO_4 峰强逐渐变弱并且消失，这为退役 $LiFePO_4$ 的直接再生技术提供了可能，证明了通过固相添加或电化学原位补锂可以实现材料的有效修复。

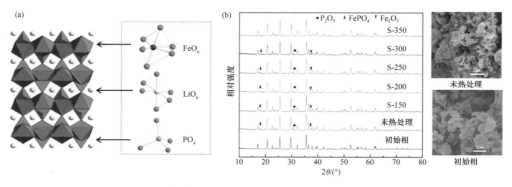

图 2-20　$LiFePO_4$ 的晶体结构图（a）和失效 $LiFePO_4$ 正极材料的 XRD 和 SEM 图谱（b）[50]

锰酸锂（$LiMn_2O_4$）正极材料由于其结构稳定、价格便宜等优点，被应用于新能源汽车锂离子电池正极材料。$LiMn_2O_4$是尖晶石化合物，其晶体结构如图2-21（a）所示，氧的排布为立方密堆积，Li^+与过渡金属分别占据由氧堆积形成的四面体与八面体空位，氧原子则占据面心立方位置[51]。由于锰资源丰富，且价格低廉，具有代表性的$LiMn_2O_4$常做动力电池的正极材料，目前对锰酸锂正极材料回收利用的研究较少。正极材料锰酸锂在充放电过程中，其晶体结构未发现明显杂相，其再利用也可以通过直接再生进行回收，但其回收的经济价值较低，因此研究大多集中在回收以后进行高值化再利用。Yang等[52]以废$LiMn_2O_4$正极材料为原料，利用硫酸浸出、硫酸水热法（聚四氟乙烯内衬，反应温度：140℃和160℃）制备了三种类型（λ、γ、β）的二氧化锰，并将其作为电化学电容器的电极材料，或以退役LMO为原料，作为合成新三元正极材料的锰源[53]，实现LMO的高值化利用。

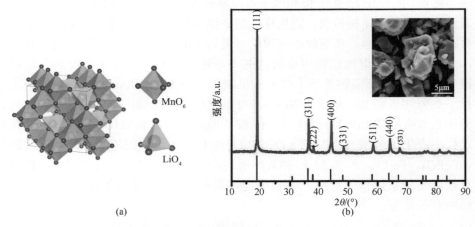

(a)

(b)

图2-21 $LiMn_2O_4$的晶体结构图（a）[54]及失效$LiMn_2O_4$的XRD和SEM图谱（b）[53]

镍酸锂（$LiNiO_2$）正极材料晶体结构为立方岩盐层状结构，与钴酸锂晶体结构相同，无过充或过放电的限制，具有高温稳定性好、自放电率低等优点。尽管有比钴酸锂更高的实际容量，但是在充放电过程中，Li^+的扩散会被锂层中的镍离子阻碍，而且随着充电进行，材料中锂含量减少，其在脱锂状态下稳定性变差，并可能引起氧化态物质分解及与电解液发生反应，从安全和循环性能的角度出发，使$LiNiO_2$进一步使用受到了限制。而且，镍酸锂制备较为困难，在制备三方晶系的镍酸锂过程中，容易生成立方晶系的镍酸锂，工艺极难控制，易造成材料的电化学性能下降。目前研究人员通过掺入少量其他金属元素形成富锂材料，以提高镍酸锂正极材料的电化学性能。目前，镍酸锂还未规模化应用，几乎没有对其回收再利用及直接修复方面的文献报道。

学者多将材料直接修复研究重点集中在钴酸锂、磷酸铁锂等易实现直接修复的二元正极材料上，而对于其他多元正极材料或混合正极材料则缺乏相关的报道。退役锂离子电池正极材料修复技术主要包括熔融态锂盐直接修复技术、电化学补锂法及其他修复方法。完善正极材料修复技术，构建针对不同类别、不同缺锂状态、不同结构缺陷的全体系正极材料修复技术，对于降低回收成本和完善资源回收利用均具有重要意义。

综上所述，不同退役正极材料在晶体结构、物相组成等方面均有差异，当其晶体结构可通过添加锂源进行修复时，可以通过修复再生处理方式实现材料的回收再利用。部分锂脱出未发生不可逆相变的电极材料，可以通过原位补锂进行材料修复；部分锂脱出材料出现微裂纹时，电极材料处于亚稳态状态，可以通过高温固相补锂或进行资源回收利用；当锂脱出致使电极材料产生不可逆相变时，从经济性和效率性方面考虑，电极材料直接进行回收再利用是更加环保高效的途径。目前，在正极材料的精准化处理方面，主要缺乏相关的快速检测手段、精准的材料分类方法和明确的划分体系。因此，统一规范锂离子电池包装规格、增加智能检测手段、明确失效与回收再利用的耦合关联体系显得尤为重要。通过未来万物互联的物联网技术，实时检测锂离子电池内部的工作状态，可以有效实现锂离子电池的失效动态检测，从而为后续电极材料精准处理技术提供数据支持，进而可以构建状态实时化、处理精准化、利用智能化的新型回收利用体系。

2.3.2　其他材料的耦合关联

基于 2.2 节的分析可知，负极材料的失效主要归因于电极/电解质界面的变化，电解液失效主要源于电解质、电解液以及杂质所发生的氧化还原及水解反应等，而隔膜失效归因于电解液分解导致的隔膜干涸，以及尖锐的锂枝晶导致隔膜被刺破，或放电副产物导致隔膜堵塞等。隔膜组分质量较轻，可以通过简单的物理分选等方法进行分离回收，但关于其回收后进一步的再利用研究报道较少。

目前，针对负极、电解液的回收技术研究较少，其主要原因是回收价值较低，但是这些关键组分的回收再利用也不容忽视。例如，电解液通常由有机电解质和有机溶剂组成，释放到环境中，对人类的身体健康和生态环境会造成威胁。由于电解液中有机溶剂易挥发的特性，可通过高温蒸发并冷凝收集的方法对电解液进行回收再利用。也有学者尝试通过添加电解液对失效的锂离子电池进行修复。如图 2-22 步骤 1 所示[55]，首周充电过程中，Li^+ 被消耗后生成 SEI 膜附着在中间相炭微球（meso carbon microbcads，MCMB）上。经过长期高温充放电老化后，电解液严重分解，活性物质结构退化，负极阻抗急剧增加，不断诱发锂枝晶的沉积及其与电解液之间的反应，形成厚的界面阻挡层（interfacial blocking layer，IBL），并消耗大量电解液（步骤 2）。该界面阻挡层阻碍了 Li⁺的潜入脱出，导致可逆充放电容量损失，并且由于活性 Li⁺在负极沉积，从而导致正极荷电状态（state of charge，SOC）的偏移。如步骤 3 所示，加入新电解液和 LiPF₆后，Li⁺浓度增大，扩散增强，因此，可以大幅度地恢复正极的 SOC 偏移。如步骤 4 所示，只在老化的电池中加入有机溶剂，相当于将电池中电解质 LiPF₆浓度进行了稀释，会导致电解液电导率急剧下降，不会使电池容量恢复。因此，高温下长期循环后电池容量的恢复需要满足两个要求：足够的 Li⁺添加来恢复正极 SOC 的偏移，以及负极表面 IBL 的电化学溶解重新打开 Li⁺的脱嵌通道。

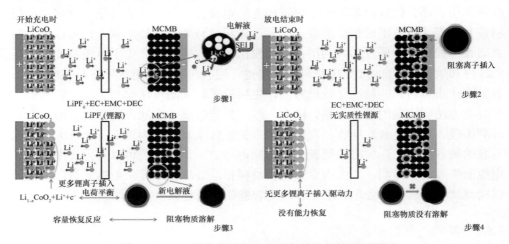

图 2-22   IBL 的生成机制及电池容量恢复的原理图[55]

在锂离子电池中，由于电极关键材料的特殊性，很难实现对锂离子单体电池的整体再修复。而重新添加电解液可修复锂离子电池电化学性能，为以后模块化电池使用及修复提供了可能，这也为失效电池的资源化利用提供了一个新的角度，但前提在于确定退役锂离子电池中其他组分处于正常可工作状态。因此，将负极材料、隔膜和电解液等其他材料的失效现象与资源再生利用耦合关联，有利于开发和完善锂离子电池回收及资源循环利用新体系。

综上所述，通过系统梳理锂离子电池关键材料的失效机制，深入挖掘材料失效与材料再生之间的耦合关联，有助于快速筛选出适合锂离子电池高效修复新技术，开发锂离子电池全组分回收新模式，实现锂离子电池全链条闭环可持续发展，进而为多方位、多层次、高值化、节约化的资源循环利用提供了新的理论思路。

参 考 文 献

[1]   李泓. 《锂电池失效分析与测试技术专刊》特邀主编寄语[J]. 储能科学与技术, 2019, 8(6): 6.

[2]　Ortiz D, Jimenez Gordon I, Baltaze J P, et al. Electrolytes ageing in lithium-ion batteries: a mechanistic study from picosecond to long timescales[J]. Chem Sus Chem, 2015, 8(21): 3605-3616.

[3]　王其钰, 王朔, 张杰男, 等. 锂离子电池失效分析概述[J]. 储能科学与技术, 2017, 6(5): 1008-1025.

[4]　Huang W, Attia P M, Wang H, et al. Evolution of the solid-electrolyte interphase on carbonaceous anodes visualized by atomic-resolution cryogenic electron microscopy[J]. Nano Letters, 2019, 19(8): 5140-5148.

[5]　Fleischhammer M, Waldmann T, Bisle G, et al. Interaction of cyclic ageing at high-rate and low temperatures and safety in lithium-ion batteries[J]. Journal of Power Sources, 2015, 274: 432-439.

[6]　Pastor-Fernández C, Yu T F, Widanage W D, et al. Critical review of non-invasive diagnosis techniques for quantification of degradation modes in lithium-ion batteries[J]. Renewable and Sustainable Energy Reviews, 2019, 109: 138-159.

[7]　Sun F, He X, Jiang X, et al. Advancing knowledge of electrochemically generated lithium microstructure and performance decay of lithium ion battery by synchrotron X-ray tomo-graphy[J]. Materials Today, 2019, 27: 21-32.

[8]　Palacin M R. Understanding ageing in Li-ion batteries: a chemical issue[J]. Chemical Society Reviews, 2018, 47(13): 4924-4933.

[9]　Chen C, Oudenhoven J F M, Danilov D L, et al. Origin of degradation in Si-based all-solid-state Li-ion microbatteries[J]. Advanced Energy Materials, 2018, 8(30): 1801430.

[10]　周格. 锂离子电池失效分析——过渡金属溶解沉积及产气研究[D]. 中国科学院大学(中国科学院物理研究所), 2019.

[11]　Vetter J, Novák P, Wagner M R, et al. Ageing mechanisms in lithium-ion batteries[J]. Journal of Power Sources, 2005, 147(1/2): 269-281.

[12]　Park J K. 锂二次电池原理与应用[M]. 张治安, 译. 北京: 机械工业出版社, 2014.

[13]　Wang L, Maxisch T, Ceder G. A first-principles approach to studying the thermal stability of oxide cathode materials[J]. Chemistry of Materials, 2007, 19(3): 543-552.

[14]　Choi J, Manthiram A. Investigation of the irreversible capacity loss in the layered $LiNi_{1/3}Mn_{1/3}Co_{1/3}O_2$ cathodes[J]. Electrochemical and Solid-State Letters, 2005, 8(8): 102-105.

[15]　陈晓轩, 李晟, 胡泳钢, 等. 锂离子电池三元层状氧化物正极材料失效模式分析[J]. 储能科学与技术, 2019, 8(6): 1003-1016.

[16]　马璨, 吕迎春, 李泓. 锂离子电池基础科学问题(VII)——正极材料[J]. 储能科学与技术, 2014, 3(1): 53-65.

[17]　Yan P F, Zheng J M, Chen T W, et al. Coupling of electrochemically triggered thermal and mechanical effects to aggravate failure in a layered cathode[J]. Nature Communications, 2018, 9(1): 1-8.

[18]　Bak S M, Nam K W, Chang W, et al. Correlating structural changes and gas evolution during the thermal decomposition of charged $Li_xNi_{0.8}Co_{0.15}Al_{0.05}O_2$ cathode materials[J]. Chemistry of Materials, 2013, 25(3): 337-351.

[19]　赵桃林. 锂离子电池富锂锰基正极材料的研究与电池低成本化分析[D]. 北京理工大学, 2015.

[20]　Wohlfahrt-Mehrens M, Vogler C, Garche J. Aging mechanisms of lithium cathode materials[J]. Journal of Power Sources, 2004, 127(1/2): 58-64.

[21]　Aurbach D. Electrode–solution interactions in Li-ion batteries: a short summary and new

insights[J]. Journal of Power Sources, 119-121: 497-503.

[22] Kim J H, Woo S C, Park M S, et al. Capacity fading mechanism of LiFePO₄-based lithium secondary batteries for stationary energy storage[J]. Journal of Power Sources, 2013, 229: 190-197.

[23] Xu F, He H, Liu Y, et al. Failure investigation of LiFePO₄ cells under overcharge conditions[J]. Journal of the Electrochemical Society, 2012, 159(5): A678-A687.

[24] Liu W, Oh P, Liu X, et al. Nickel-rich layered lithium transition-metal oxide for high-energy lithium-ion batteries[J]. Angewandte Chemie International Edition, 2015, 54(15): 4440-4457.

[25] 王坤, 赵洪, 刘大凡, 等. 锂离子电池电极材料 SEI 膜的研究概况[J]. 无机盐工业, 2013, 45(10): 56.

[26] Han J G, Kim K, Lee Y, et al. Scavenging materials to stabilize LiPF₆-containing carbonate-based electrolytes for Li-Ion batteries[J]. Advanced Materials, 31(20): 1804822.1-1804822.12.

[27] Nakajima T, Mori M, Gupta V, et al. Effect of fluoride additives on the corrosion of aluminum for lithium ion batteries[J]. Solid State Sciences, 2002, 4(11): 1385-1394.

[28] 葛静. 废旧锂离子电池 LiCoO₂ 正极材料的再生研究[D]. 北京理工大学, 2010.

[29] Endo M, Kim C, Nishimura K, et al. Recent development of carbon materials for Li ion batteries[J]. Carbon, 2000, 38(2): 183-197.

[30] Agubra V, Fergus J. Lithium ion battery anode aging mechanisms[J]. Materials (Basel), 2013, 6(4): 1310-1325.

[31] Palacín M R, De G A. Why do batteries fail?[J]. Science, 2016, 351(6273): 1253292.

[32] Kolesnikov A, Kolek M, Dohmann J F, et al. Galvanic corrosion of lithium-powder-based electrodes[J]. Advanced Energy Materials, 2020, 10(15): 2070065.

[33] Castaing R, Reynier Y, Dupré N, et al. Degradation diagnosis of aged Li₄Ti₅O₁₂/LiFePO₄ batteries[J]. Journal of Power Sources, 2014, 267: 744-752.

[34] Heiskanen S K, Kim J, Lucht B L. Generation and evolution of the solid electrolyte interphase of lithium-ion batteries[J]. Joule, 2019, 3(10): 2322-2333.

[35] Wang J, Yang J, Tang Y, et al. Surface aging at olivine LiFePO₄: a direct visual observation of iron dissolution and the protection role of nano-carbon coating[J]. Journal of Materials Chemistry A, 2013, 1(5): 1579-1586.

[36] Isaev I, Salitra G, Soffer A, et al. A new approach for the preparation of anodes for Li-ion batteries based on activated hard carbon cloth with pore design[J]. Journal of Power Sources, 119-121: 28-33.

[37] 李惠, 吉维肖, 曹余良, 等. 锂离子电池热失控防范技术[J]. 储能科学与技术, 2018, 7(3): 2095-4239.

[38] Jiang X, Xiao L, Ai X, et al. A novel bifunctional thermo-sensitive poly(lactic acid)@poly (butylene succinate) core–shell fibrous separator prepared by a coaxial electrospinning route for safe lithium-ion batteries[J]. Journal of Materials Chemistry A, 2017, 5(44): 23238-23242.

[39] Ji W, Jiang B, Ai F, et al. Temperature-responsive microspheres-coated separator for thermal shutdown protection of lithium ion batteries[J]. RSC Advances, 2015, 5(1): 172-176.

[40] Feng J K, Ai X P, Cao Y L, et al. Polytriphenylamine used as an electroactive separator material for overcharge protection of rechargeable lithium battery[J]. Journal of Power Sources, 2006, 161(1): 545-549.

[41] Hoang K, Johannes M. Defect physics and chemistry in layered mixed transition metal oxide cathode materials: (Ni, Co, Mn) vs. (Ni, Co, Al)[J]. Chemistry of Materials, 2016, 28(5): 1325-1334.

[42] Li L, Fan E, Guan Y, et al. Sustainable recovery of cathode materials from spent lithium-ion batteries using lactic acid leaching system[J]. ACS Sustainable Chemistry & Engineering, 2017, 5(6): 5224-5233.

[43] Lv W G, Wang Z H, Cao H B, et al. A critical review and analysis on the recycling of spent lithium-ion batteries[J]. ACS Sustainable Chemistry & Engineering, 2018, 6: 1504-1521.

[44] Shi Y, Chen G, Liu F, et al. Resolving the compositional and structural defects of degraded $LiNi_xCo_yMn_zO_2$ particles to directly regenerate high-performance lithium-ion battery cathodes[J]. ACS Energy Letters, 2018, 3(7): 1683-1692.

[45] Gummow R J, Liles D C, Thackeray M M. Lithium extraction from orthorhombic lithium manganese oxide and the phase transformation to spinel[J]. Materials Research Bulletin, 1993, 28(12): 1249-1256.

[46] Li L, Ge J, Chen R, et al. Environmental friendly leaching reagent for cobalt and lithium recovery from spent lithium-ion batteries[J]. Waste Management, 2010, 30(12): 2615-2621.

[47] Hausbrand R, Cherkashinin G, Ehrenberg H, et al. Fundamental degradation mechanisms of layered oxide Li-ion battery cathode materials: methodology, insights and novel approaches[J]. Materials Science and Engineering: B, 2015, 192: 3-25.

[48] Nie H, Xu L, Song D, et al. $LiCoO_2$: recycling from spent batteries and regeneration with solid state synthesis[J]. Green Chemistry, 2015, 17(2): 1276-1280.

[49] Shi Y, Chen G, Chen Z. Effective regeneration of $LiCoO_2$ from spent lithium-ion batteries: a direct approach towards high-performance active particles[J]. Green Chemistry, 2018, 20(4): 851-862.

[50] Chen J, Li Q, Song J, et al. Environmentally friendly recycling and effective repairing of cathode powders from spent $LiFePO_4$ batteries[J]. Green Chemistry, 2016, 18(8): 2500-2506.

[51] Chan H W, Duh J G, Sheen S R. $LiMn_2O_4$ cathode doped with excess lithium and synthesized by co-precipitation for Li-ion batteries[J]. Journal of Power Sources, 2003, 115(1): 110-118.

[52] Yang Z H, Mei Z S, Xu F F, et al. Different types of MnO_2 recovered from spent $LiMn_2O_4$ batteries and their application in electrochemical capacitors[J]. Journal of Materials Science, 2013, 48(6): 2512-2519.

[53] Zhang Y N, Zhang Y Y, Zhang Y J, et al. Novel efficient regeneration of high-performance $Li_{1.2}Mn_{0.56}Ni_{0.16}Co_{0.08}O_2$ cathode materials from spent $LiMn_2O_4$ batteries[J]. Journal of Alloys and Compounds, 2019, 783: 357-362.

[54] Sun R, Jakes P, Eurich S, et al. Secondary-phase formation in spinel-type $LiMn_2O_4$-cathode materials for lithium-ion batteries: quantifying trace amounts of Li_2MnO_3 by electron paramagnetic resonance spectroscopy[J]. Applied Magnetic Resonance, 2018, 49(4): 415-427.

[55] Cui Y, Du C, Gao Y, et al. Recovery strategy and mechanism of aged lithium ion batteries after shallow depth of discharge at elevated temperature[J]. ACS Applied Materials & Interfaces, 2016, 8(8): 5234-5242.

第3章 锂离子电池正极材料回收处理技术

锂离子电池主要由正极、负极、隔膜、电解液及外壳等部分组成，其中富含有价金属正极材料的回收再利用是当前退役锂离子电池资源循环利用研究的热点之一。为了实现全组分、高值化、无污染等退役锂离子电池闭环回收策略，国内外研究人员逐渐将回收目光投至负极材料和电解液等组分回收技术的基础和应用研究。本章主要针对退役锂离子电池正极材料体系的回收处理技术进行系统介绍和分析总结。

目前，退役锂离子电池正极材料的回收处理技术可分为三大类：通用回收技术、可降解有机酸绿色回收技术和高效复合联用技术。基于不同回收体系环境氛围的差异，通用回收技术可以分为：基于高温热解的火法冶金和基于低温溶液化学反应的湿法冶金。可降解有机酸绿色回收技术主要是在通用湿法冶金回收处理技术的基础上，运用绿色高效且天然可降解的有机酸体系对正极材料进行络合浸出及再生处理。高效复合联用技术则是基于通用回收技术的优点，运用多手段、多体系、多层次的复合联用技术将正极材料中的有价金属元素进行高效提取及回收利用。

3.1 通用回收技术

锂离子电池正极材料的通用回收处理技术研究，大多是将其置于不同的环境介质中，利用高温裂解、高温还原或低温化学溶解、选择性萃取及化学沉淀等方式将正极材料中的有价金属以氧化物、可溶盐、合金等产物的形式回收利用，但目前的研究主要关注其回收过程的浸出率和回收率，而对正极材料在不同环境介质、不同反应体系、不同影响因素等条件下的物理化学演变机制的研究较少，这从某种意义上制约了锂离子电池正极材料回收利用技术的发展，因此如何健全回收利用体系、完善技术创新理论、发展生态效益高的技术路线已成为当前亟待解决的技术难题。基于火法回收和湿法回收这两种通用回收技术体系，本节从回收技术及相应的反应机理进行了梳理总结。

3.1.1 火法冶金回收技术

传统的火法冶金回收是基于正极材料在高温环境中发生裂解转化的物理化学反应，进而将正极材料中的有价金属以氧化物或合金赋存状态回收的一种规模化工业处理技术。锂离子电池正极材料在正常工作温度范围内，其晶体结构和化学性质均处于稳定状态，在火法冶金回收处理过程中，随着焙烧温度的升高，正极材料晶体结构中的分子价键会随着温度升高而断裂，从而使有价金属元素赋存状态发生改变。此外，还可以在焙烧体系中引入还原性物质，使正极材料的物相转化更易发生，且通过控制反应过程的工作参数即可得到目标反应产物。火法冶金回收常用的处理方法包括高温裂解和高温还原法，又视反应环境不同，可以分为常压冶金回收和真空冶金回收。常压冶金在大气中进行，而真空冶金在低于标准大气压的密闭环境中进行。

火法冶金回收技术可以提高回收效率、缩短工艺处理时间，但同时也存在生成污染气体和增加能源消耗等缺点。经过高温焙烧处理的正极材料，其有价金属锂可能会随炉灰逸出，从而造成锂资源浪费。而且火法冶金回收处理后的产物附加值较低，仍需要进一步的湿法纯化处理以得到高值化产物，进而造成更多化学试剂的消耗和环境污染。常见的退役锂离子电池正极材料主要包括：$LiNi_xCo_yMn_zO_2$（NCM）、$LiNi_xCo_yAl_zO_2$（NCA）、$LiFePO_4$（LFP）、$LiCoO_2$（LCO）、$LiMn_2O_4$（LMO）等，由于不同正极材料在元素组成、晶体结构、物化性质方面存在差异，不同正极材料的火法冶金处理手段也有所不同。

1. 高温裂解法

高温裂解法是指利用正极材料在高温焙烧环境中稳定性降低的物化性质，使有价金属元素从稳定的状态转化为高温状态下的亚稳态，从而在特定的温度区间裂解转化得到回收产物。为了解决高温裂解存在的有价金属损失等问题，可以采用密闭系统对正极材料进行高温处理。由于缺乏正极材料的相关热力学数据，需采用理论计算模拟的热力学数据对正极材料 LCO 和 NCM 分析[1,2]，如图 3-1 所示，

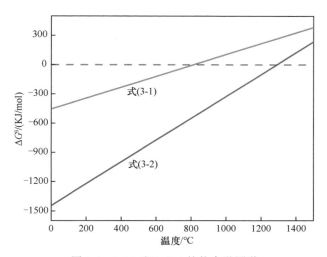

图 3-1　LCO 和 NCM 的热力学图谱

LCO 和 NCM 在热处理温度分别升高至 812.63℃、1564.50℃才会分解为相应的金属氧化物。因此，针对不同正极材料应分别进行相应的热力学–动力学研究，建立复杂反应的热力学体系，才能在未来面临多种正极材料混合处理时，为火法冶金回收技术提供理论依据。

$$2Li_2O+4CoO+O_2（g）\longrightarrow 4LiCoO_2 \quad\quad (3\text{-}1)$$

$$\Delta_r G_9^\ominus = -604.78 + 0.557T（kJ/mol）$$

$$6Li_2O+4NiO+4CoO+4MnO+3O_2（g）\longrightarrow 12LiNi_{1/3}Co_{1/3}Mn_{1/3}O_2 \quad (3\text{-}2)$$

$$\Delta G_9^\ominus = -1750.67 + 1.119T（kJ/mol）$$

高温裂解法可以直接得到目标产物，但其处理温度较高，对能源消耗和环境保护提出新的挑战，因此，一般高温裂解法主要应用于工业化回收合金的规模化处理，关于其高附加值的技术应用尚待进一步研究。同时，也需要对正极材料在空气或其他气氛中的热力学与动力学机制进行研究，探讨热处理过程中正极材料晶体结构演变和晶体崩塌模型，从而为后续新的火法冶金回收体系奠定基础。

2. 高温还原法

高温还原法是指利用正极材料在高温焙烧环境中，晶体结构中高价态的有价金属在还原性气氛中发生还原反应，使晶体结构内部多价态元素无序化，从而降低正极材料的结构稳定性，进而在相对较低温度下即可将有价金属还原回收的一种方法。如图 3-2 所示，一般常用到的还原剂有焦炭、一氧化碳、活泼性金属单质等。因此，在退役锂离子电池正极材料的高温还原过程中也可以采用电池负极材料、铝箔或隔膜等有机物质作为高温还原剂，在高温环境下将正极材料中的有价金属从高价态的氧化物，还原为低价态的金属或其氧化物。

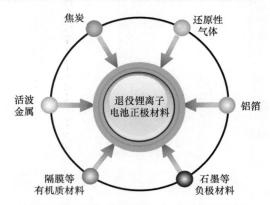

图 3-2　高温还原法中正极材料的还原剂体系

不同于高温裂解火法回收技术，高温还原法可以有效降低反应温度，但在焙烧体系中引入了新的物质变量，从而为构建反应转化模型带来一定困难。针对不同类型的正极材料，研究人员已经展开了系列技术基础研究，但是对于正极材料结构转化及焙烧过程中有价金属元素赋存状态变化规律，却鲜有学者进行报道研究，这从理论上就限制了火法冶金技术的革新与发展。为了迎合国家发展需求，建立新的高效回收处理技术路线，就必须完善体系中难以解决的问题，从而构建全面的火法冶金回收技术理论，为新技术的诞生提供理论指导。

3. 热力学与动力学机理

热力学及动力学研究是对退役锂离子电池正极材料在火法冶金回收过程中反应机制进行研究的理论基础，已报道的研究常对焙烧过程的热力学机制进行分析，相关的动力学行为尚需进一步研究。焙烧过程热力学分析一般借助构建物相的热力学稳定区相图的方式进行，依据产物在热力学相图中的稳定区间和活化区间的温度差异，可以判断温度区间内化合物发生的反应，并设计相关的焙烧实验，一般采用物相的吉布斯自由能-温度曲线为判断标准。锂离子电池正极材料多为人工合成的物质，缺乏相关的热力学基础数据，因此可利用热力学计算模型近似计算正极材料的相关热力学数据。

以钴酸锂等复合金属氧化物正极材料为例，计算热力学反应数据，需要建立正极材料在高温下可能发生的化学转化反应模型，一般以标准状态下的热力学参数为基准，对模型中化学物质的相关热力学数据进行查询和计算。多价态的金属氧化物的热力学估算一般用阳离子平均价态规则进行计算，其标准摩尔生成焓、标准摩尔熵计算方程如式（3-3）和式（3-4）所示[3]：

$$-\Delta_f H^{\ominus}_{m,298} = N(Za+b) \tag{3-3}$$

$$S^{\ominus}_{m,298} = N(Za+b) \tag{3-4}$$

式中，$\Delta_f H^{\ominus}_{m,298}$ 和 $S^{\ominus}_{m,298}$——298K 温度下金属氧化物的标准摩尔生成焓和标准摩尔熵；

N——阴离子数；

Z——金属元素的平均价态；

a 和 b——温度和金属氧化物种类相关的常数。通过计算得到中间氧化物的标准摩尔生成焓、标准摩尔熵后，运用离子参数模型[4]可得到钴酸锂的标准摩尔生成焓，通过复合氧化物标准熵加和法[5]可得到钴酸锂的标准摩尔熵。然后，依据恒温过程标准摩尔反应吉布斯能变、焓变及熵变之间的关系式（3-5），得到 298K 温度下钴酸锂标准反应吉布斯自由能：

$$\Delta_r G^{\ominus}_T = \Delta_r H^{\ominus}_T - T\Delta_r S^{\ominus}_T \tag{3-5}$$

由于凝聚态的金属与氧气反应生成凝聚态金属氧化物或复合金属氧化物时，凝聚态产物与生成物的熵变和焓变的变化不大，可以由 $\Delta_r H^{\ominus}_{m,298}$、$\Delta_r S^{\ominus}_{m,298}$ 近似代

替 $\Delta_r H_T^\Theta$、$\Delta_r S_T^{\Theta[3]}$，从而得到钴酸锂生成自由能随温度变化式，然后利用范托夫等温公式，获得非标准状况下的吉布斯自由能变。在还原性气氛等不同反应环境条件下，还可以得到平衡气体分压与温度关系式，利用焙烧体系构建的吉布斯自由能-温度曲线、平衡气体分压-温度曲线就可以进行反应的热力学分析。与钴酸锂等简单复合氧化物的热力学数据计算不同，双参数模型适用于二元复合氧化物的计算，阳离子平均价态规则只适用于多价态金属元素的简单氧化物、硫化物等标准摩尔生成焓和标准摩尔生成吉布斯自由能的计算，基团贡献法适用于多元基团复合物的热力学数据计算[2]。因此，镍钴锰酸锂等多元金属复合物的计算可以通过基团贡献法进行计算，基团贡献法的计算模型如式(3-6)和式(3-7)所示，$\Delta_f H_{m,298}^\Theta$ 和 $\Delta_f G_{m,298}^\Theta$ 分别为多元复合物的标准摩尔生成焓和标准摩尔生成吉布斯自由能的变化值，n_j 为复合物中 j 类基团在多元复合物中的分布数，$\Delta_{H,j}$ 和 Δ_{Gj} 分别是 j 类基团对多元复合物 $\Delta_f H_{m,298}^\Theta$ 和 $\Delta_f G_{m,298}^\Theta$ 的贡献值。通过模型预测得到材料的热力学基础数据就可以构建多元正极材料在高温裂解或高温还原反应的吉布斯自由能-温度曲线、平衡气体分压-温度曲线。

$$\Delta_f H_{m,298}^\Theta = \sum_j n_j \Delta_{H,j} \qquad (3\text{-}6)$$

$$\Delta_f G_{m,298}^\Theta = \sum_j n_j \Delta_{G,j} \qquad (3\text{-}7)$$

火法冶金过程中相关的动力学研究比较少，特别是高温环境下的物相演变，高温物相赋存状态演变过程中通常有固态、气态和熔融态等复杂的状态，因此，存在气-固、固-固等多种界面反应，使得在火法冶金中构建动力学反应模型成为难题。对于固相化合物升温过程中的动力学分析，可以采用不同升温速率下反应物的 TG-DSC 变化曲线构建反应动力学模型，但对多阶段、多反应、多价态转变的正极材料火法冶金适用有一定的困难。针对复杂化合物的火法冶金动力学研究，可以采取分温度区间、分反应区间来模拟其动力学反应模型。正极材料火法冶金动力学机理研究方面的欠缺，也使得人们对正极材料在火法冶金中物相的复杂演变机理认识不够深入，因此，急需构建完善的火法冶金热力学-动力学理论体系，为建立高效的工业化火法回收工艺路线提供扎实的理论支撑。

3.1.2 湿法冶金回收技术

湿法冶金回收技术是指将矿石、选矿得到的精矿、电池废料或其他原料经与溶液进行化学反应，将原料中所含的有价金属从固相转移至液相，然后利用化学沉淀、萃取等方式将液相中的有价金属富集分离，最后以金属盐化合物的形式加以回收利用的技术。目前退役锂离子电池种类较多，不同正极材料之前存在物理化学性质的差异，所以针对不同类型的锂离子电池正极材料会采用不同的处理技术和回收工艺。以前的研究大多是对单一正极材料的回收研究，近来混合电池材料的回收利用也逐渐成了人们关注的对象。湿法冶金处理技术除在冶金学科、材料学科等领域中具有日益重要的地位外，对于组分复杂退役锂离子电池正极材料的资源循环利用而言，其在电极材料回收、金属元素提取及材料再加工行业中同样占据十分重要的位置。

　　锂离子电池正极材料的湿法回收，其工艺操作流程可分为浸出过程、富集过程、分离过程、重新合成制备等步骤，其中浸出过程包括酸浸出和碱浸出。在传统湿法冶金回收技术过程中，酸浸一般以无机酸为浸出剂、以双氧水等为还原剂将高价态不溶化合物还原溶解，碱浸出则一般以氨基体系溶剂为浸出剂、以氯化铵、亚硫酸铵等为还原剂与正极材料中的过渡金属元素形成络合物，从而将有价金属从原稳定化合物中选择性浸出。分离过程又包括萃取剂分离、化学沉淀分离、电沉积等分离方法。分离后将回收得到的化合物，经过水热合成、共沉淀或固相烧结法得到新的电极材料或其他高附加值的化工产品，从而形成由废弃二次资源到新材料合成的闭环回收循环利用体系。

1. 湿法浸出

　　湿法浸出是湿法冶金回收过程中最初始的操作步骤，也是最重要的处理工序。湿法浸出可以将有价金属从稳定的正极材料化合物，转化为易溶于溶液介质的形态，从而为后续分离纯化过程提供原料。湿法浸出一般包括酸浸和碱浸两种浸出体系，酸浸由于浸出效率高、浸出剂选择范围广、反应操作体系成熟受到研究者们极大的关注，也是目前正极材料回收的热点。如表 3-1 所示，现有的文献报道中，传统的湿法浸出过程中选用的无机酸浸出剂主要有硫酸、盐酸、硝酸、磷酸和氢氟酸等，碱性浸出剂主要有氨水和硫酸铵等，选用的还原剂主要包括双氧水、亚硫酸钠、亚硫酸氢钠、硫代硫酸钠、氯化铵等，近来也有葡萄糖、有机还原酸和生物质组分（葡萄籽、茶渣、秸秆等）作为还原剂的报道。依据浸出过程所选用酸性浸出剂的不同，可将湿法浸出分为硫酸、盐酸、硝酸、磷酸和氢氟酸等酸浸体系。

表 3-1　正极材料湿法浸出过程中所用试剂及相关的实验参数

浸出体系	浸出剂	还原剂	实验参数
酸浸体系	硫酸 盐酸 硝酸 氢氟酸 磷酸	常用还原剂： 双氧水、亚硫酸钠、亚硫酸氢钠、硫代硫酸钠、氯化铵等； 生物质还原剂： 葡萄籽、茶渣、秸秆等	浸出剂量、还原剂量、浸出温度、浸出时间、固液比及一些辅助浸出参数（超声频率等）
碱浸体系	氨水 硫酸铵		

针对硫酸浸出体系，研究人员先后采用亚硫酸氢钠（$NaHSO_3$）[6]、氯化铵（NH_4Cl）[7]、亚硫酸钠（Na_2SO_3）[8]、硫代硫酸钠（$Na_2S_2O_3$）[9]、葡萄糖（$C_6H_{12}O_6$）[10]、抗坏血酸（$C_6H_8O_6$）[11]等作为还原剂，对退役锂离子电池正极材料进行浸出实验的研究。相比于双氧水为还原剂的浸出，不同的还原剂表现出的还原效果各异。双氧水较好的还原性能可能与其物理化学性相关，同时双氧水为液态物质可以与反应物形成较好的反应接触面，从而提高材料浸出效率。

湿法浸出过程中除浸出剂和还原剂对浸出过程会造成影响外，有价金属离子浸出效率还与浸出温度、浸出时间、固液比、搅拌速度等浸出条件相关，可以通过正交实验和条件实验确定湿法浸出过程的优势影响因素。在复杂的浸出过程中，现有研究大多针对浸出过程中的高效浸出条件进行优化，关于其浸出过程中涉及的相关机理有待深入研究。

2. 选择性萃取

萃取是指利用萃取剂从固体或液体混合物中提取所需要物质的一种物理化学手段，通常分为液固萃取和液液萃取两种方式。退役锂离子电池正极材料浸出和萃取过程，主要以液液萃取的方式进行。在液液萃取体系中，存在两类萃取剂，即有机萃取剂和反应性试剂。有机萃取剂萃取的基本原理是利用物质在两种互不相溶（或微溶）的溶剂中溶解度和分配系数的差异，使物质从一种溶剂内转移到另一种溶剂中从而达到提取、分离和纯化的目的，通常在水或酸性溶剂中进行。反应性试剂萃取的基本原理是利用试剂与被提取物间发生的化学反应达到分离和提纯的目的，通常用于性质不同物质间的分离[12]。将正极材料浸出后，向浸出液中加入萃取剂，利用锂、镍、钴、锰等金属离子在有机相和水相中溶解度或分配系数的不同，从而将特定的金属离子从水相提取到有机相，达到选择性分离的效果，这一过程称为选择性萃取。表 3-2 列举了一些有价金属萃取时用到的萃取剂和反萃剂。在退役锂离子电池正极材料中，回收价值较大的金属元素主要有 Li、Ni、Co 等，为了纯化回收物质常常用到 Mn 的萃取剂。

表 3-2　Li、Ni、Co、Mn 萃取溶剂及萃取剂

元素	萃取溶剂	萃取剂	反萃剂
Li	高镁含锂卤水	用 60% TBP–40% 200 号煤油	盐酸
Ni	含 Ni 硫酸盐溶液	Versatic 10、LIX84I/860/984 NC、P204+P507+Cyanex272	硫酸
	Ni、Co 硫酸盐溶液	P507	硫酸
	Ni、Co 硫酸盐溶液	Cyanex272（pH6.3～6.5）	硫酸
	氨性溶液[13]	LIX64N、SME-529、LIX84、LIX84I、LIX87QN、LIX973N、ACORGA M5640 等	—
Co	Li^+、Co^{2+}和 Mn^{2+}浸出液	Cyanex272 + PC-88A	硫酸
	Li^+、Co^{2+}浸出液	PC-88A + 煤油	硫酸

续表

元素	萃取溶剂	萃取剂	反萃剂
Co	Ni、Co 硫酸盐溶液	P507	硫酸
	Ni、Co 硫酸盐溶液	Cyanex272（pH5.1～5.3）	硫酸
Mn	Li$^+$、Co^{2+}和 Mn^{2+}浸出液	Cyanex272 + PC-88A + EDTA	硫酸

3. 化学沉淀

化学沉淀是指利用浸出液中有价金属离子在不同沉淀剂中溶解度的不同，将不同溶解度的有价金属离子形成相应的难溶性化合物，进而实现其分离和提纯的方法。化学沉淀在提纯和分离方面具有较高提取效率，也是最简单、性价比较高的一种分离回收方式。化学沉淀不仅可以将有价金属离子沉淀，也可以将浸出液中的杂质离子去除，从而为后续的其他处理及再利用过程提供便利。

在正极材料浸出液的分离回收过程中，过渡金属的分离依赖于其在不同 pH 下的溶解度，一般先将杂质金属离子沉淀去除，将过渡金属在不同 pH 下进行回收，再使用饱和碳酸钠溶液或其他沉淀剂将浸出液中的锂离子回收。根据锂、镍、钴、锰等有价金属元素在不同 pH 条件下的赋存形式差异，可以设计相关的化学沉淀回收工艺路线。

失效锂离子正极材料中可能含有的金属元素主要有 Li、Ni、Co、Mn、Fe、Al 等，表 3-3 中列举了这些金属元素沉淀物的赋存形式，从而为后续浸出液的沉淀分离和纯化提供思路借鉴和理论依据。值得注意的是，沉淀物的稳定存在需要特定环境条件，如 Li 的沉淀碳酸锂在高温下溶解度较低，有利于结晶物的生成。此外，还可以借助多种材料在相同环境下的稳定性，进行所需产物的沉淀和析出。

表 3-3　Li、Ni、Co、Mn、Fe、Al 沉淀物的赋存形式

金属元素	沉淀物的赋存形式
Li	碳酸锂、氟化锂、磷酸锂等
Ni	碳酸镍、草酸镍、磷酸镍、氢氧化镍、有机螯合物等
Co	碳酸钴、草酸钴、磷酸钴、氢氧化钴、有机螯合物等
Mn	碳酸锰、草酸锰、磷酸锰、氢氧化锰、有机螯合物等
Fe	氢氧化铁、草酸铁、有机螯合物等
Al	氟化铝、氢氧化铝、有机螯合物等

4. 其他处理方法

除了常用的选择性萃取和化学沉淀处理方法之外，大多数分离流程采用萃取与化学沉淀法联用，也可以采用电化学沉积和液膜分离等方法将浸出液中有价金

属分离回收。电化学沉积是指在外电场作用下，电流通过正极材料浸出溶液，并经氧化还原反应将有价金属在电极上形成镀层，达到对金属元素进行提纯回收的目的。而液膜分离则是以液体膜为分离介质，利用各组分在液膜内溶解或扩散能力的不同达到分离目的。

无论是化学沉淀还是萃取剂萃取，其反应速率均较低，而萃取和沉淀提纯均将使反应流程复杂化。因此，利用浸出液为原料，采用电沉积技术可有效将有价金属钴以金属钴的形式析出。为了更加高效、简洁地将有价金属回收，北京理工大学李丽课题组提出采用电沉积法直接将浸出液中有价金属钴离子再生为电极材料，建立了一种高效、产物纯度高、操作便利的电化学回收体系[14]。

5. 浸出机理分析

如图 3-3 所示，退役锂离子电池正极材料湿法冶金浸出的理论分析应包括热力学-动力学分析、元素赋存状态的演变分析、界面反应富集规律及分子驱动力相关研究，但现有的文献报道仅对浸出过程的热力学和动力学进行了相关研究，缺乏进一步的机理分析和理论研究。浸出过程的热力学分析一般采用构建有价金属离子水系的热力学稳定区相图的方式进行，依据热力学稳定区相图，确定金属离子在浸出过程的赋存状态演变，确定金属离子的优势区间，进而设计后续浸出和沉淀技术路线。通常采用的热力学稳定区相图为金属离子的 E-pH 图，可以全面、直观地体现正极材料反应体系的热力学性质。在正极材料浸出体系中，以 M-H_2O 系为例（M=Li、Ni、Co、Mn、Fe、P 等），需要将体系中可能存在的固体、液体、水溶物相进行总结，然后依据各物相之间可能发生的反应，在常温或其他物理状态下构建反应体系方程，形成 M-H_2O 系的热力学稳定区相图，E-pH 图一般用软件 HSC Chemistry 和 FactSage-Demo 进行查询和绘制。

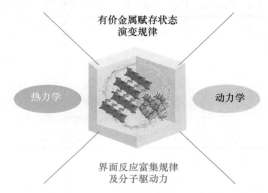

图 3-3   湿法冶金过程中的机理转化研究

对其热力学分析后，通过对浸出过程中的酸浓度、还原剂剂量、液固比、浸出温度、浸出时间等因素进行实验分析，以正交实验或其他方法进行实验；将浸出后有价金属离子浓度随变量的变化，构建反应速率图；通过动力学模型，确定反应过程的动力学控制因素。速率常数与温度的关系可以用阿伦尼乌斯方程来表示，从而可以估算有关金属离子的反应活化能。常见的金属离子浸出过程动力学模型如下：

经验模型（empirical model）：

$$[-\ln(1-x)]^2 = k \cdot t \tag{3-8}$$

阿夫拉米方程（Avrami equation）：

$$x = 1 - e^{-kt^n} \tag{3-9}$$

对数定律（logarithmic rate law）：

$$[-\ln(1-x)]^2 = k \cdot t \tag{3-10}$$

缩核模型（shrinking core model）：

$$1 - (1-x)^{\frac{1}{3}} = k_c t \tag{3-11}$$

$$1 - (2/3)x - (1-x)^{\frac{2}{3}} = kd \cdot t$$

立方速率定律（cubic rate law）：

$$(1-f)^{\frac{1}{3}} = 1 - kt/r_0\rho \tag{3-12}$$

综上所述，湿法冶金技术用于回收退役锂离子电池正极材料有价金属，一般是利用正极材料在酸或碱等水溶液环境中的不稳定性，在还原剂等添加剂作用下，将有价金属浸出后再以其他形式将材料回收的一种方法。一方面，传统湿法冶金过程中会产生大量废水及其他副产物，对环境造成潜在的威胁；另一方面，水浸出体系中有价金属元素迁移、富集、演变的规律尚不明确，其化学演变的分子驱动力和机制的相关研究较少。如何完善湿法冶金回收理论体系，是目前待解决的难题之一，也成为短程、高效、绿色回收工艺开发的技术瓶颈。

3.2　可降解有机酸绿色回收技术

湿法冶金回收技术是目前工业化领域应用最广泛的回收技术，虽然传统的无机酸浸出具有有价金属离子浸出率高等优点，但在浸出过程中产生的二次副产物及废液/固阻碍了其技术的进一步发展。鉴于无机强酸浸出体系可能造成环境二次污染，后续研究重点将转移到具有绿色环保、天然可降解的有机酸体系浸取技术上。

北京理工大学李丽、吴锋课题组在国内外最早提出了以天然可降解有机酸替代无机强酸浸出理论体系，成功研发了一系列绿色回收与再生电池材料的新技术，并获得多项国家发明专利授权。根据不同有机酸体系的物理化学性质，课题组研究人员深入系统地开发出第一代具有螯合功能有机酸体系——柠檬酸、苹果酸、琥珀酸、天冬氨酸等，第二代具有还原功能有机酸体系——抗坏血酸、乳酸等，以及第三代具有沉淀功能有机酸体系——草酸、生物质酸、胡萝卜酸等。有机酸浸出体系不仅在浸出效率上可与无机酸相媲美，更具有天然易生物降解的优点，且有机酸通常具有螯合性或络合性，为浸出后的电极材料资源化再生过程提供了更广阔的可能性，使退役锂离子电池从生产—使用—退役—回收—再利用闭环体系在电池整个全生命周期范围内更加环保[15]。

　　2018 年李丽应邀在英国皇家化学会创办的化学类国际顶级期刊 *Chemical Society Review* 发表了题为 "*Toward sustainable and systematic recycling of spent rechargeable batteries*"（退役可充电电池可持续与系统回收研究）的综述，且被选为该期刊封面文章，该文章首次从可持续发展的角度对可充电电池回收的基础研究和工业技术进展进行了全面概述，提出并总结了退役电池回收面临的新机遇、新挑战和未来发展前景，重新诠释了重新设计、重复使用和回收利用的新 3R 策略（图 3-4）[16]。2020 年李丽课题组应邀在美国化学学会国际顶级期刊 *Chemical Reviews*

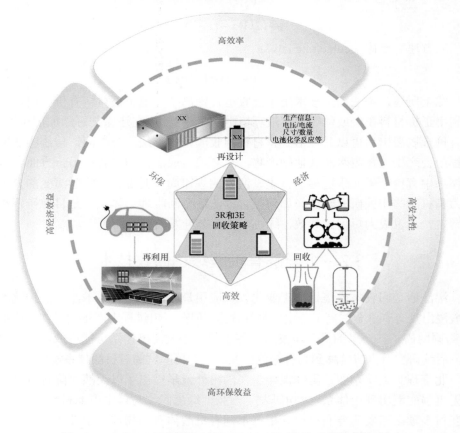

图 3-4　3R 和 3E 回收策略以及 3R 和 4H 可持续回收技术策略[16]

发表了题为"*Sustainable recycling technology for Li-Ion batteries and beyond: challenges and future prospects*"综述，该综述首次从失效机理对锂离子电池回收提出新的概述和分类，并从经济可行性、环境影响性、技术高效性以及安全性四个角度全面评估了电池的梯次利用、回收利用及可持续性。在之前的研究基础上，提出了"3R 和 4H"的回收策略，旨在实现高回收效率、高经济效益、高环境效益及高技术安全的锂离子电池回收的可持续发展[17]。

可降解有机酸由于绿色、高效、低污染的浸出特性，受到了国内外研究学者的广泛关注，但针对有机酸浸出研究局限于浸出率和反应过程优化，关于材料在有机酸浸出液微反应环境中的浸出机制，仍待深入研究。从热力学和动力学两个方面解释浸出过程中反应的影响因素和控制步骤，从晶体结构变化角度解释正极材料在不同反应介质中结构破坏的内在机制，从微观反应界面解释元素迁移及富集的分子动力学模型机制，从合成工艺和高值化利用角度设计再合成或再利用的技术路线，进而实现高价值二次资源的绿色高效闭环利用模式的新突破点及研究方向。本节将以有机酸浸出体系为脉络，梳理国内外废旧锂离子电池有机酸浸出回收技术体系，并对未来该领域研究内容与发展方向进行总结与展望。

3.2.1　螯合功能有机酸

北京理工大学李丽教授课题组首次采用绿色环保的有机酸为浸出剂，并依据浸出剂对正极材料浸出机理不同，初步划分为螯合功能有机酸、还原功能有机酸、沉淀功能有机酸和其他有机酸。螯合功能有机酸是指锂离子电池正极材料中有价金属元素在浸出过程中与有机酸的官能团产生螯合作用，且浸出过程中螯合作用在浸出因素中占主要地位，从而促进正极材料中有价金属元素高效浸出的一类有机酸。一般来说，常见的螯合功能有机酸主要包括柠檬酸、苹果酸、天冬氨酸、琥珀酸等。

1. 柠檬酸

柠檬酸（$C_6H_8O_7 \cdot H_2O$）又称枸橼酸，化学名称 2-羟基丙烷-1，2，3-三羧酸。根据其含水量的不同，分为一水柠檬酸和无水柠檬酸。柠檬酸是一种酸性较强的有机酸，1 mol 柠檬酸可以分步电离出 3 mol H^+。但和无机酸相较而言，柠檬酸的酸性相对较弱。天然柠檬酸在自然界中分布很广，天然柠檬酸存在于植物如柠檬、柑橘、菠萝等果实和动物的骨骼、肌肉、血液中。除在食品工业、精细化学工业应用以外，由于其无毒，对环境和设备影响小，还用于酸性洗涤剂。

北京理工大学课题组葛静、李丽等[18]最早将有机柠檬酸作为废正极材料浸出剂，其回收流程如图 3-5 所示。在柠檬酸酸浸实验中，浸出过程是在一个封闭系统中进行的，反应装置为中间插有机械搅拌器的 100 mL 的三口烧瓶，三口烧瓶浸没到控温水浴锅中，通过机械搅拌使反应容器内的溶液混合均匀。在三口烧瓶的一端插入冷凝管，用来防止酸和水的蒸发，以维持酸溶液的浓度。把一定质量的 $LiCoO_2$ 加入三口烧瓶后，把三口烧瓶固定到反应装置上，当三口烧瓶内的温度达到预设值时，先后加入配置好的一定浓度的天然有机酸溶液和不同量的双氧水，调整搅拌速率，先慢速搅拌，防止溶液溅出，然后随着实验的进行，加快搅拌速度，调整实验参数，得到最佳的浸出工艺参数。分别以柠檬酸浓度、固液比、双氧水体积、浸出温度、浸出时间为实验参数，对柠檬酸的浸出过程进行了详细的研究。

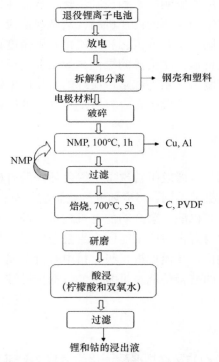

图 3-5　以柠檬酸为浸出剂的退役锂离子电池正极材料回收流程图[18]

通过以不同浓度的柠檬酸溶液对 Co 和 Li 浸出过程研究发现，不同浓度柠檬酸浸出率的变化趋势基本与其电导率的变化趋势相符。随着溶液中 H^+ 浓度增加，金属的浸出率逐渐增大，此时反应为化学反应控制；在较高浓度溶液中，随着 H^+ 浓度的升高，固体颗粒表面的金属离子浓度高，扩散过程受浓度梯度的影响而比较慢，此时反应为扩散控制。酸浸出剂浓度不仅影响 $LiCoO_2$ 电极材料在溶液中的化学反应速度，同时也影响扩散速度。一方面，H^+ 浓度高，则 $LiCoO_2$ 电极的溶解活化能增大，而溶剂向 $LiCoO_2$ 电极表面的扩散速度加快，因此可使反应由低浓度的扩散控制转变为高浓度的化学反应控制；另一方面，H^+ 浓度高又使反应生成的产物从电极表面向溶液主体的扩散速度减慢，使反应产物可能覆盖在电极表面，影响反应的继续进行。由于离子在溶液中的扩散速率较低，造成生成的 Co^{2+} 和 Li^+ 在颗粒表面，阻碍了反应的继续进行[19]。

　　有机酸与 $LiCoO_2$ 反应是一种固-液多相反应，反应发生在两相界面上，反应速率常与反应物在界面处的浓度反应、产物在界面的浓度与性质有关。天然有机酸与 $LiCoO_2$ 颗粒多相反应的过程，包括有机酸溶解过程、H^+ 离子扩散到 $LiCoO_2$ 颗粒的表面发生反应、Li^+ 和 Co^{2+} 从表面产生并扩散运动到溶液中等多个步骤。钴酸锂正极材料在柠檬酸中发生的化学转化为三步反应，如图 3-6 所示，其转化机制为反应式（3-13）～式（3-15），添加还原剂 H_2O_2 可以促进原结构中 Co（III）以 Co（II）形式浸出。

$$6H_3Cit + 2LiCoO_2 + H_2O_2 \longrightarrow 2Li^+ + 6H_2Cit^- + 2Co^{2+} + 4H_2O + O_2 \quad (3\text{-}13)$$

$$6H_2Cit^- + 2LiCoO_2 + H_2O_2 \longrightarrow 2Li^+ + 2Co^{2+} + 6HCit^{2-} + 4H_2O + O_2 \quad (3\text{-}14)$$

$$6HCit_2^- + 2LiCoO_2 + H_2O_2 \longrightarrow 2Li^+ + 2Co^{2+} + 6Cit^{3-} + 4H_2O + O_2 \quad (3\text{-}15)$$

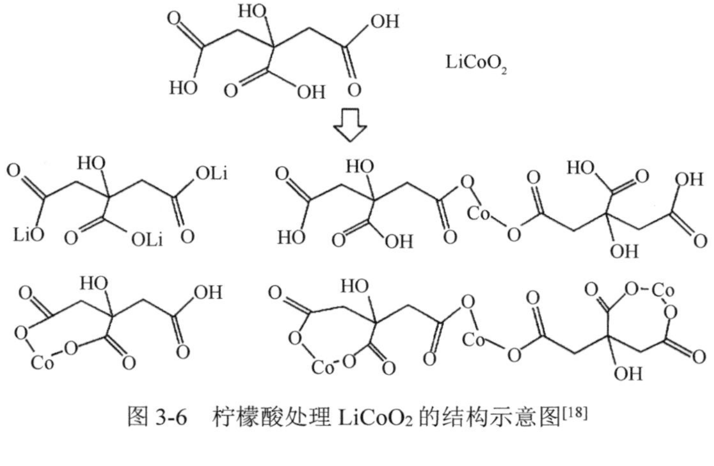

图 3-6　柠檬酸处理 $LiCoO_2$ 的结构示意图[18]

2. 苹果酸

　　苹果酸（$C_4H_6O_5$）又名 2-羟基丁二酸，由于分子中有一个不对称碳原子，存在两种立体异构体。大自然中，苹果酸以三种赋存形式存在，即 D-苹果酸、L-苹果酸及其混合物 DL-苹果酸。苹果酸是苹果的一种成分，现广泛应用于食品行业、医药行业、日化行业和化工行业等领域，苹果酸可以在好氧厌氧条件下降解，对环境不易产生二次污染，是一种无毒绿色环保的有机酸。2010 年北京理工大学课题组葛静等以 DL-苹果酸为浸出剂，对退役锂离子电池正极材料钴酸锂进行了浸出研究[20]。如图 3-7 所示，苹果酸的浸出实验步骤与柠檬酸类似，都在一个封闭系统中进行，通过对浸出过程中苹果酸浓度、固液比、双氧水体积、浸出温度、浸出时间等实验参数进行分析，研究浸出过程中各参数变化对浸出过程的影响。

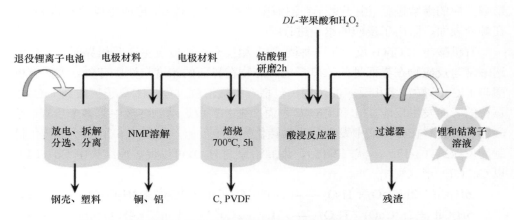

图 3-7　以苹果酸为浸出剂的退役锂离子电池正极材料回收流程图[20]

在以苹果酸为浸出剂的浸出过程中，固态反应物的溶解活化能随溶剂浓度的增加而增大，溶剂浓度增加可使过程由扩散控制转变为化学反应控制，溶剂浓度低时，扩散速度慢，扩散为控制步骤，浓度增大后，扩散速度超过化学反应速度，过程转化为化学反应控制。当苹果酸的浓度从 0.5 mol/L 到 1.5 mol/L 时，Co 和 Li 的浸出率不断增加，但是当苹果酸的浓度从 1.5 mol/L 增加到 3.0 mol/L 时，Co 和 Li 的浸出率开始下降。这是由于苹果酸浓度小于 1.5 mol/L 时，反应为浓度控制，随着浓度的增加，反应速率加快；当浓度增加到 1.5 mol/L 时，反应为扩散控制，高浓度的有机酸阻碍了浸出过程的进一步发生。

在苹果酸浸出 $LiCoO_2$ 过程中，化学反应速度和扩散速度均受温度的影响，但扩散速度的温度系数较小，温度每升高 1℃，扩散速度增加 1%～3%，而化学反应速度约增加 10%。因此，在浸出过程中低温时化学反应速度慢，属化学反应控制；中间温度时，则属混合控制；高温时反应速度加快，但扩散速度增加不多，属扩散控制[19]。采用最佳的浸出参数，即 DL-苹果酸浓度为 1.5 mol/L、双氧水的体积为 2.0 vol.% H_2O_2、固液比为 20 g/L、浸出温度为 90℃时，浸出 40 min 后，从退役钴酸锂正极材料中浸出了 100%的 Li 和 90%以上的 Co。如图 3-8 所示，在钴酸锂的浸出过程中，反应物的化学转化是一个多相反应，其浸出率主要由扩散控制、化学反应控制和混合控制进行控制，浸出过程中发生的化学转化如式（3-16）～式（3-19）所示，最后 Co 和 Li 的赋存形式由钴酸锂转变为相应的有机金属螯合物。

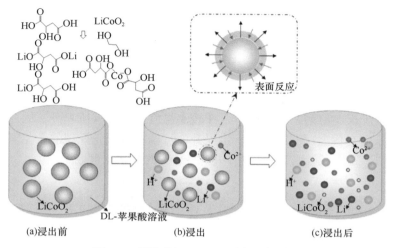

(a)浸出前　　　　　　(b)浸出　　　　　　(c)浸出后

图 3-8　苹果酸与 $LiCoO_2$ 反应示意图[20]

$$4LiCoO_2 + 12C_4H_6O_5 \longrightarrow 4LiC_4H_5O_5 + 4Co（C_4H_5O_5）_2 + 6H_2O + O_2 \quad （3\text{-}16）$$

$$4LiCoO_2 + 12C_4H_5O_5^- + 4Li^+ + 4Co^{2+} \longrightarrow 4Li_2C_4H_4O_5 +$$
$$8CoC_4H_4O_5 + 6H_2O + O_2 \quad （3\text{-}17）$$

$$2LiCoO_2 + 6C_4H_6O_5 + H_2O_2 \longrightarrow 4LiC_4H_5O_5 + 2Co（C_4H_5O_5）_2 + 4H_2O + O_2 \quad （3\text{-}18）$$

$$2LiCoO_2 + 6C_4H_5O_5^- + 2Li^+ + 2Co^{2+} + H_2O_2 \longrightarrow 2Li_2C_4H_4O_5 +$$
$$4CoC_4H_4O_5 + 4H_2O + O_2 \quad （3\text{-}19）$$

3. 天冬氨酸

天冬氨酸（$C_4H_7NO_4$）是构成蛋白质的 20 多种基本氨基酸之一，又称天门冬氨酸，存在两种旋光异构体 D 型和 L 型，D 型的天冬氨酸又称坏血酸。天冬氨酸普遍存在于生物合成作用中，是生物体内赖氨酸、苏氨酸、蛋氨酸等氨基酸及嘌呤、嘧啶碱基的合成前体。天门冬氨酸在医药、食品和化工等方面有着广泛的应用。天冬氨酸在热水中易溶解，在水中微溶，在乙醇中不溶，在稀盐酸及氢氧化钠溶液中易溶，是一种天然的有机酸。

北京理工大学课题组张笑笑、李丽等以天冬氨酸为浸取剂处理退役钴酸锂材料[21,22]，重点分析了不同反应条件对浸取率的影响及浸出过程的反应机理，反应流程如图 3-9（a）所示。天冬氨酸与柠檬酸和苹果酸浸出相比，天冬氨酸的浸出效果明显较弱，这主要是天冬氨酸酸性较弱，在水中溶解度较低引起的[21]。如图 3-9（b）所示，通过对退役锂离子电池正极材料浸出前后的 XRD 进行分析，发现酸浸后残渣的 XRD 中有一些强度偏弱的 $LiCoO_2$ 的衍射峰和 Co_3O_4 的衍射峰，这说明天冬氨酸没有完全与退役钴酸锂反应，且天冬氨酸酸性较弱，不能完全溶解 Co_3O_4。天冬氨酸浸出正极材料机理与柠檬酸和苹果酸体系类似，如图 3-9（c）所示。废正极材料在双氧水的还原作用和天冬氨酸本身的酸性条件下，使得退役钴酸锂溶解在溶液中形成含有 Co^{2+} 和 Li^+ 的溶液，然后 Co^{2+} 与天冬氨酸由于螯合作用，产生有机金属螯合物。天冬氨酸较低的浸出率可能与天冬氨酸预先碱溶处理有关，由于天冬氨酸在水中微溶，在较高温度溶解度有所提升，因此，若将天冬氨酸体系中有价金属浸出率进一步提升，可以将未预先处理的天冬氨酸在高温下进行浸出，或与稀盐酸联合使用，以提高 H^+ 的初始浓度。

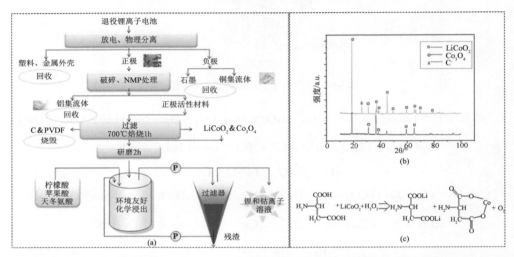

图 3-9　天冬氨酸浸出流程图（a）、浸出前后正极材料的 XRD 图谱（b）及浸出机理图（c）[21,22]

4. 琥珀酸

琥珀酸（$C_4H_6O_4$）学名为丁二酸，天然琥珀酸来源于松属植物的树脂久埋于地下而成的琥珀等，此外还广泛存在于多种植物、动物的组织中。琥珀酸毒性较小，常用于医药工业和有机合成，还可用作润滑剂和表面活性剂的原料。

北京理工大学课题组屈雯洁、李丽等首次提出采用琥珀酸浸取退役电极材料中金属离子[23]，回收有价金属的流程如图 3-10 所示，在浸出实验过程中最佳反应条件为：反应温度 70℃，反应时间 40 min，琥珀酸初始浓度为 1.5 mol/L，双氧水体积分数为 4%，固液比为 15 g/L。在此条件下，Co 和 Li 的浸出率分别可达 99.96% 和 96.18%。

与传统湿法浸出中锂浸出率较高相比，琥珀酸作为浸出剂正好相反，钴的浸取率较高，这可能与琥珀酸中强的螯合官能团作用有关。琥珀酸浸出反应及可能的反应产物如图 3-11 所示，主要有三种可能的反应产物：$C_4H_4O_4Li_2$、$C_4H_4O_4Co$

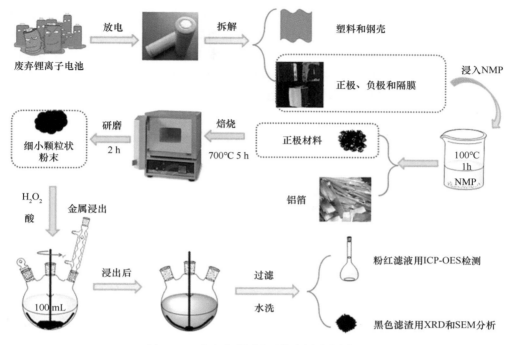

图 3-10　琥珀酸酸浸法回收金属流程图[23]

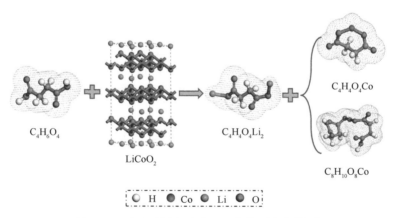

图 3-11　琥珀酸浸出反应及可能的反应产物[23]

和 $C_8H_{10}O_8Co$。通过热力学计算以及原子结构的分析发现，$C_4H_4O_4Co$ 是一个闭合环状且相对于钴原子两边对称的结构，更加稳定且利于生成，这可能是最终钴离子回收效率高于锂离子的原因。动力学研究表明，初始浸出过程是由化学反应过程控制的，随着浸出反应时间的增加并超过 20 min 后，浸出过程转换为扩散控制。

作为天然可降解的有机酸，螯合功能有机酸除酸性较弱的天冬氨酸外，相较于传统的无机酸，在生态环保和绿色高效占有明显的优势。如果考虑以大自然中价格相对低廉的有机酸为浸出剂，其更具有成本上的优势。相比于传统浸出过程中钴的浸出率低于锂的浸出率，琥珀酸可以实现钴元素近乎 100%的回收，不止对退役锂离子电池正极材料回收技术路线有极大提升，而且也为其他固废的回收提供了新的回收思路。

3.2.2 还原功能有机酸

还原功能有机酸主要是指在浸出过程中，有机酸可以兼顾浸出剂和还原剂双重作用，可以同步浸出正极材料中有价金属元素。应该注意还原功能有机酸作为还原剂的同时，也起到了浸出剂的作用。一般常见的有机酸都存在一定还原性，但一些有机酸由于其特定的基团存在较强的还原性。一般来说，还原功能有机酸主要包括抗坏血酸和乳酸等。

1. 抗坏血酸

抗坏血酸（$C_6H_8O_6$，也称维生素 C）的结构类似葡萄糖，是一种多羟基化合物，主要由一个五元内酯环及其侧链组成。其分子结构中第 2 及第 3 位上两个相邻的烯醇式羟基极易解离而释出 H^+，故具有酸的性质，同时还具有很强的还原性。抗坏血酸在干燥状态下性质比较稳定，系白色或带黄色结晶状粉末，受光的作用会慢慢变色，当其置于水环境中时很快即分解[24]。人类由于缺乏其合成关键酶（L-古洛糖内酯氧化酶）不能自身合成抗坏血酸，并且其在人体内不能长久贮存，只能不断从新鲜的蔬菜和水果中获取，因此其常用于医药保健行业。较好的结果。

北京理工大学课题组张笑笑、李丽等[25]利用抗坏血酸强的还原性和酸性（酸性来源于五元环上的羟基脱氢），将其作为退役正极材料的浸出剂和还原剂，对正极材料进行了浸出研究。具体研究了不同的反应条件（反应时间、反应温度、抗坏血酸的浓度和固液比）对浸取效果的影响，同时从抗坏血酸的结构和物质能量的角度深入研究了抗坏血酸与钴酸锂的反应机理。

如图 3-12 所示，将退役锂离子电池通过手工拆解可以得到电池的外壳、正极片、负极片和隔膜，将正极片经过有机溶剂 NMP 和超声波的进一步处理，可以得到退役的锂离子电池正极材料。将获得的正极材料通过原位 XRD 检测，可以获得其在升温时的物相演变，实验结果表明，焙烧温度超过 700℃时正极材料中的杂质碳消失，温度进一步升高至 900℃以上时，钴酸锂的晶体结构开始发生分解，并产生新的物相成分。

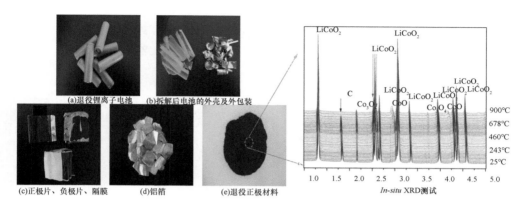

图 3-12　退役锂离子电池拆解后的产物及正极材料在焙烧过程中的 *In-situ* XRD 测试[25]

抗坏血酸结构中没有显示酸性的羧基，但由于环状结构中的羰基氧是强吸电子的，双键上的电子云和侧链羟基上的电子云偏移，造成侧链羟基的氢容易脱离，显示酸性。抗坏血酸 5%（*w/v*）水溶液的 pH 为 2.1～2.6，其结构如图 3-13（a）所示，抗坏血酸还显示较强的还原性，形成脱氢抗坏血酸，结构如图 3-13（b）所示，正是利用了它的酸性和还原性，实现了不添加还原剂就可以高效浸出钴酸锂的效果。

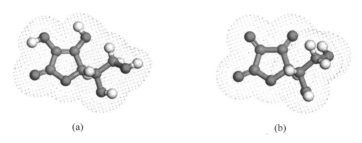

(a)　　　　　　　　　　　　　(b)

图 3-13　抗坏血酸结构图（a）和脱氢抗坏血酸结构图（b）

在以抗坏血酸为浸出剂和还原剂的浸出过程中，其可能发生的反应如图 3-14 所示，通过软件 Materials Studio 分析后发现，只有一种产物（分子内结合钴）对应的反应可以自行发生，且从 30℃到 90℃反应的 ΔG 绝对值逐渐增大，说明反应越来越容易进行，即钴和锂的浸取率越来越大，这与实验结果吻合。浸出过程中发生的化学转化反应如式（3-20）所示，以酸和还原剂参与反应时，在溶液中不同的化学转化，是其体现酸性和还原性不同性质的有力证明。

$$4C_6H_8O_6 + 2LiCoO_2 \longrightarrow C_6H_6O_6 + C_6H_6O_6Li_2 + 2C_6H_6O_6Co + 4H_2O \quad （3\text{-}20）$$

研究结果表明，使用抗坏血酸可以节省传统的还原剂 H_2O_2，使反应过程更加绿色简单，酸浸后钴和锂的浸出率也都达到了 90%以上，完全可以替代传统的强

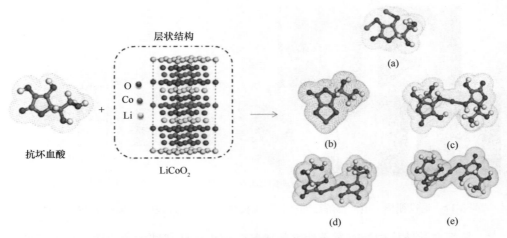

图 3-14   抗坏血酸浸出过程中可能形成的产物[25]

酸作为酸浸过程的浸取剂。从而以绿色天然有机酸替代浸出过程易产生污染性副产物的无机酸和价格昂贵的还原剂，实现绿色高效的退役锂离子电池正极材料的回收。

2. 乳酸

乳酸（$C_3H_6O_3$）学名 2-羟基丙酸，是一个含有羟基的羧酸。乳酸有两种同分异构体 *D*-型和 *L*-型。乳酸在自然界中主要由乳酸菌分解碳水化合物形成，它在水溶液中羧基释放出一个质子，从而产生乳酸根离子。乳酸含有羟基，具有一定的还原性。

北京理工大学课题组李丽、范二莎等[26]以乳酸为浸出剂、H_2O_2 为还原剂对退役 NCM 正极材料进行了浸出研究。乳酸是一个含有羟基的羧酸，是一个 *α*-羟酸，因此比其他的一元有机酸酸性更强。如图 3-15 所示，废正极材料经过乳酸酸浸后，可以将其中有价金属富集在液相中，再通过溶胶凝胶法获得前驱体，最后得到新合成的电极材料。在浸出过程中，采用正交实验设计方法，分析了不同反应条件对反应物浸出率的影响。研究发现，浸出条件对浸出过程的影响顺序依次为乳酸浓度 > 固液比 > 浸出温度 > H_2O_2 的含量 > 浸出时间。乳酸的浓度在有机金属浸出过程中占据主导地位，随着乳酸浓度的增加，Li、Ni、Co、Mn 元素的浸出率不断增加，直到浓度为 1.5 mol/L 时，Ni、Co、Mn 元素浸出率趋于平缓，而 Li 元素的浸出率还在缓慢增加，且浸出过程中 Ni、Co、Mn 元素浸出率总是大于 Li 元素的浸出率，这可能是由于浸出过程中过渡性金属与有机基团发生反应，形成了稳定的有机螯合物。相比于柠檬酸等螯合有机酸，乳酸浸出可在更短的时间内实现更高的金属离子回收浸出率。

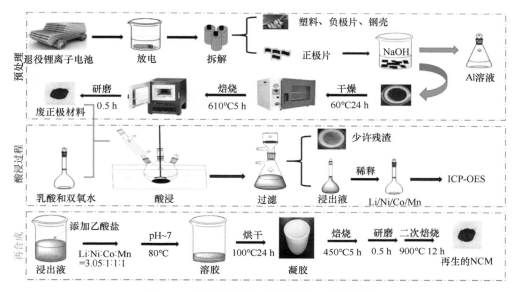

图 3-15　退役锂离子电池的回收与再利用[26]

　　浸出过程中，正极材料的金属浸出是一种固液非均相反应，通常发生在未反应粒子的表面。通过对退役正极材料的浸出动力学研究，发现浸出过程中有价金属浸出反应主要由化学反应控制。废 NCM 与乳酸的浸出反应呈多步反应，首先是 NCM 中高价态的过渡性金属元素被还原，然后溶于体系中的金属离子与乳酸反应形成有机金属螯合物。乳酸浸出反应及可能的反应产物如图 3-16 所示，浸出后，其赋存形态由正极材料转化为相应的金属螯合物，其可能发生的反应为式（3-21）。

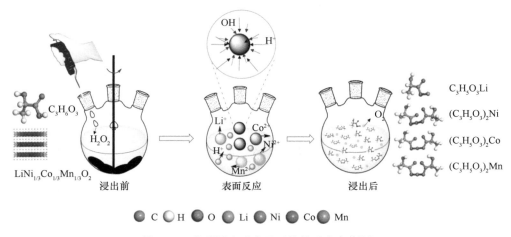

图 3-16　乳酸浸出反应及可能的反应产物[26]

$$3LiNi_{1/3}Co_{1/3}Mn_{1/3}O_2 + 9C_3H_6O_3 + 1/2H_2O_2 \longrightarrow 3C_3H_5O_3Li + (C_3H_5O_3)_2Ni +$$
$$(C_3H_5O_3)_2Co + (C_3H_5O_3)_2Mn + 5H_2O + O_2 \qquad (3-21)$$

将有价金属以金属螯合物形式回收后，还可以通过溶胶凝胶法、共沉淀法制得电池正极材料前驱体，通过固相高温煅烧重新合成新的电极材料。在乳酸酸浸的过程中，与还原性强的抗坏血酸相比，其在体系中使用了还原剂双氧水，但相比于其他有机酸浸出中双氧水的使用量，乳酸浸出过程使用了更少量的双氧水，这也从另一方面证实了乳酸是一种具有还原功能的有机酸。

3.2.3　沉淀功能有机酸

沉淀功能有机酸主要是指正极材料在有机酸浸出过程中，金属离子与有机基团生成沉淀物，从而促进有价金属浸出和提高回收效率的一种有机酸。较为常见的沉淀功能有机酸为草酸、生物质酸、胡萝卜酸等。因为草酸可以和过渡性金属离子生成草酸盐沉淀，与锂生成的草酸锂可以溶于水，通过此方法也可以实现锂和过渡性金属的高效选择性分离。

草酸（$H_2C_2O_4$）又名乙二酸，生物体的一种代谢产物，广泛分布于植物、动物和真菌体中。草酸根有很强的配合作用，是植物源食品中另一类金属螯合剂，能与许多金属形成溶于水的络合物。早期的实验证实草酸确实可以与钴酸锂发生反应，生成草酸钴沉淀和草酸锂的溶液[27]，然而对于草酸的酸浸过程及其与其他过渡金属离子的相互作用以及沉淀物的进一步利用尚无系统和深入的研究。

北京理工大学课题组翟龙宇、李丽等选用草酸为浸取剂，对退役三元材料和磷酸铁锂进行了研究[28]。如图 3-17 所示，整个回收的流程简单易操作，锂以离子形态进入浸出液中，过滤得到不溶性残渣。得到的残渣通过 TG-DSC 分析可知，残渣热解规律符合 $FeC_2O_4 \cdot 2H_2O$ 的热解行为，因此，可以通过草酸酸浸达到选择性回收的效果，在整个回收过程中锂的提取率可达 98%左右。通过简单分离后，得到的产物可以作为新电极材料原材料，从而得到一个闭环回收的绿色化回收体系。

张笑笑、李丽等[29,30]以草酸为浸出剂，研究其与钴、镍和锰的沉淀反应，通过设计正交实验和单因素实验，确定各因素（包括反应温度、反应时间、草酸浓度和固液比）对金属离子的浸取率的影响程度。正交实验结果显示，草酸浸出过程中影响浸出的顺序是固液比 > 草酸浓度 > 浸出时间 > 浸出温度，且生成的草酸镍、草酸钴和草酸锰三种沉淀基本都难溶于草酸，同时由于草酸具有较强的还原性，因此使用草酸处理退役电极材料时，可以不用双氧水和硫代硫酸钠等还原剂，

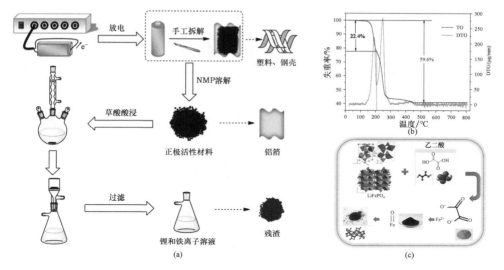

图 3-17　草酸酸浸过程示意图[28]

使整个处理过程变得简单。草酸在浸出过程中可能发生的化学转化为反应式（3-22）和式（3-23），浸出后得到草酸盐共沉淀和锂的草酸盐溶液。

$$LiNi_{1/3}Co_{1/3}Mn_{1/3}O_2 + 2H_2C_2O_4 \longrightarrow Li^+ + HC_2O_4^- + 1/3NiC_2O_4 + 1/3CoC_2O_4 + 1/3MnC_2O_4 + 2H_2O \qquad (3-22)$$

$$LiNi_{1/3}Co_{1/3}Mn_{1/3}O_2 + 2HC_2O_4^- \longrightarrow Li^+ + C_2O_4^- + 1/3NiC_2O_4 + 1/3CoC_2O_4 + 1/3MnC_2O_4 + 2H_2O \qquad (3-23)$$

在草酸浸出过程中，草酸在固液界面反应活性较强，因此，浸取率在一定范围内会随着草酸浓度的增大而增加。当草酸的量继续增加时，会阻塞产物的扩散通道，致使反应产物向溶液本体扩散的阻力变大，导致生成物在固体表面的堆积，致使反应不能继续进行，致使浸取率降低。

对于反应得到的浸取液和沉淀物的处理，使用化学沉淀法加入饱和碳酸钠溶液，将反应得到的草酸锂浸取液沉淀为碳酸锂回收，而草酸盐沉淀可以进一步通过固相烧结法合成新的正极材料。不同于螯合功能的有机酸和还原功能的有机酸，沉淀功能的有机酸得到的产物为有价金属的沉淀物，而且沉淀功能有机酸浸出相对于其他有机酸，反应较为复杂。

3.2.4　其他有机酸

不同于功能分明的螯合功能、还原功能及沉淀功能的有机酸，一般有机酸在浸出过程中，其反应机理为多种功能联用，因此将其归纳为其他有机酸。除了上述报道的几种有机酸外，还有许多有机酸也被用于退役锂离子电池电极材料的回收利用，如马来酸、乙酸、三氯乙酸、酒石酸、氨基乙酸、亚氨基二乙酸、甲酸、苯磺酸等。

从基团结构上来说，乙酸和马来酸都有羧基，羧基可以作为配体形成络合物，但乙酸只有一个羧基，而马来酸具有类似柠檬酸基团的羧基，可以作为螯合剂使用，因此在浸出过程中，马来酸对锂离子电池中金属离子的浸出效果比乙酸强（图 3-18）。

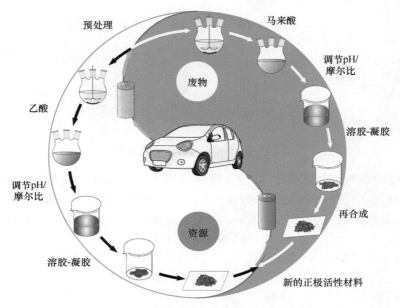

图 3-18　基于乙酸和马来酸为浸出剂的锂离子电池回收技术路线[31]

为了深入研究乙酸和马来酸在浸出过程的反应机制，北京理工大学课题组卞轶凡、李丽等从宏观和微观角度对两种酸的浸出过程进行了详细分析[31]。宏观上主要从浸出过程中离子的浓度进行分析，实验结果表明，在最初几分钟内，浸出反应非常迅速，随后，反应达到相对稳定速度。图 3-19 为正极材料在酸浸过程中的形貌变化图，从图中可以看出，反应前正极材料微观形貌的颗粒是球形的，且由小颗粒团聚成大颗粒。酸浸 1 min 后，大颗粒变得疏松，一些颗粒破碎成小片。酸浸 3 min 后，颗粒变得更小，并且很明显，小颗粒开始满足"缩核模型"变化。在最初 3 min，反应过程包含了颗粒间黏结力的破坏过程，致使反应不能适用于缩核模型。因此，在马来酸的酸浸过程研究中，缩核模型的应用在反应开始 5 min 后。对于乙酸酸浸过程，颗粒变化情况与马来酸酸浸过程相类似。基于缩核模型的动力学方程式（3-24）和式（3-25），对马来酸和乙酸浸出过程中正极材料的变化做动力学分析。

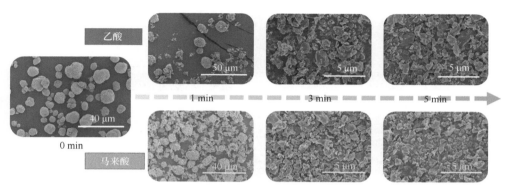

图 3-19　乙酸酸浸过程和马来酸酸浸过程反应 1min、3min、5min 后剩余固体的 SEM 图[31]

$$1-（1-X）^{1/3} = kt \tag{3-24}$$

$$1-2/3X-（1-X）^{2/3} = kt \tag{3-25}$$

式中，X——浸取率；

　　k——反应速率常数，通过对马来酸和乙酸酸浸过程的数据拟合。

　　如图 3-20、图 3-2 所示，进一步证明马来酸酸浸过程是扩散控制过程，乙酸浸出过程与马来酸一致，在反应 3 min 后，Li、Co、Ni、Mn 四种离子的反应为扩散控制反应，其在浸出过程中发生的转化如图 3-21 所示，整个酸浸过程中，颗粒经历了"疏松—破碎—缩核"的变化过程，颗粒首先在浸出剂的作用下发生松散的现象，其次大颗粒开始破碎成小颗粒，然后颗粒出现缩核效应，逐渐减小，最后完全反应。

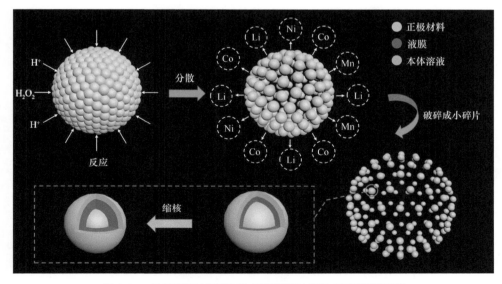

图 3-20　乙酸酸浸过程和马来酸酸浸过程的反应机理图[31]

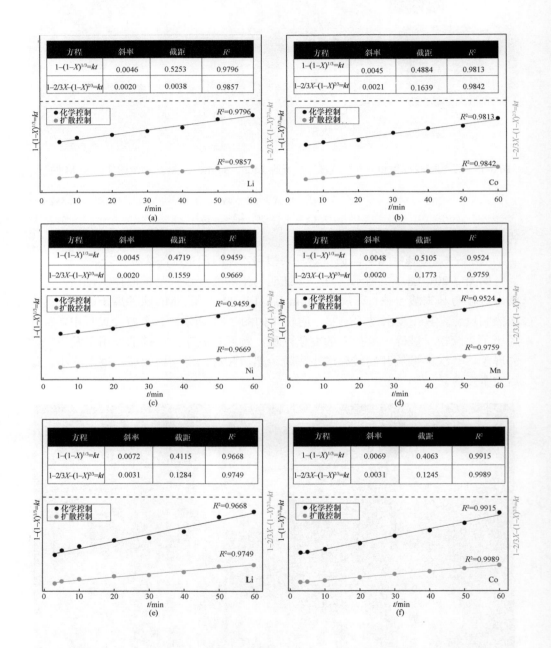

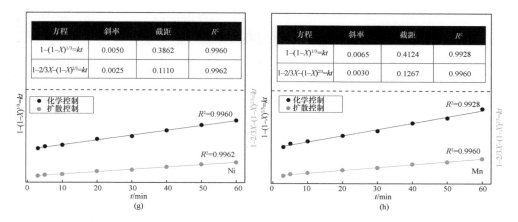

方程	斜率	截距	R^2
$1-(1-X)^{1/3}=kt$	0.0050	0.3862	0.9960
$1-2/3X-(1-X)^{2/3}=kt$	0.0025	0.1110	0.9962

方程	斜率	截距	R^2
$1-(1-X)^{1/3}=kt$	0.0065	0.4124	0.9928
$1-2/3X-(1-X)^{2/3}=kt$	0.0030	0.1267	0.9960

图 3-21　马来酸浸出过程中 Li（a）、Co（b）、Ni（c）、Mn（d）的动力学研究和乙酸浸出过程中 Li（e）、Co（f）、Ni（g）、Mn（h）的动力学研究[31]

三氯乙酸可以和正极材料中的过渡金属形成金属螯合物，且三氯乙酸的水解可以产生 H^+，从而为浸出环境提供酸性反应环境。虽然采用三氯乙酸可以将正极材料中的有价金属物质回收，但其浸出率相较其他有机酸较低，更为重要的是，三氯乙酸毒性较大，是一种致癌物质。因此，在应用于正极材料浸出剂时，不但会对环境造成威胁，而且对于操作者来说，给人身安全埋下了极大隐患。

相比于其他有机酸，酒石酸具有较强的酸性和还原性，但是其浸出效果并不是很好，除了以双氧水为还原剂外，也可以采用具有还原性的抗坏血酸为还原剂。研究表明，在钴酸锂浸出过程中，双氧水的浸出效果相对于抗坏血酸较好，抗坏血酸浸出效果较差可能与浸出过程中多种有机酸的螯合作用有关[32]。

当选用氨基乙酸为浸出剂时，其浸出效率与酒石酸和抗坏血酸的浸出效果类似，由于氨基乙酸对金属离子的螯合作用较弱，因此可以通过草酸沉淀法将有价过渡金属回收，相比于其他有机酸浸出剂，其在价格上可能不占优势，而且浸出率相对较低，进一步的研究还需继续进行。亚氨基二乙酸作为一种有急性毒性的有机物，一旦操作不当很容易对周围环境造成威胁，且其在浸出过程中废水的产生对环境也是一种破坏，因此，采用低毒无毒的有机酸为浸出剂，才是有机酸体系绿色高效回收技术的发展方向，虽然其浸出率相对较高，但如何消除因回收带来的潜在污染问题，仍值得进一步思考。

甲酸（CH_2O_2）俗名蚁酸，是最简单的羧酸，是一种强还原剂，能发生银镜反应。甲酸酸性很强，有腐蚀性，在自然界中存在于蜂类、某些蚁类和毛虫的分泌物中，是有机化工原料，也用作消毒剂和防腐剂。甲酸中一个氢原子和羧基直接相连，也可以视为是一个羟基甲醛。因此，甲酸同时具有酸和醛和性质，也具有一定的还原性。

由于其较强的酸性和一定的还原性，中国科学院过程工程研究所孙峙[33]以甲酸为浸出剂，提出了一种从锂离子电池阴极废料中回收碳酸锂的闭环工艺。如图 3-22 所示，当采用甲酸浓度为 2 mol/L、还原剂双氧水用量为 6 vol.%、固液比为 50 g/L、浸出温度为 60℃、浸出时间为 120 min 时，得到有价金属浸出液。然后加入 NaOH 和 NH₄OH 溶液，调节 pH 为 6.45，得到铝的氢氧化物沉淀，真空过滤后将 pH 进一步调整为 11，得到镍、钴、锰的氢氧化物共沉淀。滤余液被调整至中性加入饱和 Na₂CO₃ 可以得到 Li₂CO₃，然后与前驱体合成再生为新的电极材料。值得注意的是，在浸出过程中甲酸既可作浸出剂又可作还原剂，出于提高浸出效率的目的，加入还原剂双氧水，可以进一步提高浸出效率。经过闭环的回收再利用，在整个浸出过程中，Al、Li、Ni、Co、Mn 总的回收率分别为 95.46%、98.22%、99.96%、99.96%、99.95%。

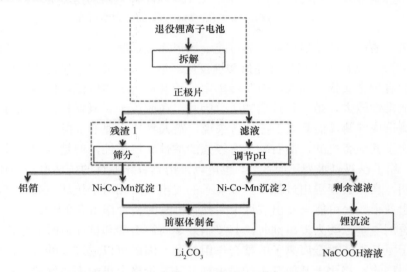

图 3-22　基于甲酸浸出的回收工艺流程图[33]

除了以上几种有机酸外，天然的生物质酸也受到了人们的关注，利用自然界中富含有机酸的生物质作为浸出剂，但其实质还是有机酸的浸出反应。目前报道最多的有机酸主要有柠檬酸、苹果酸、抗坏血酸、天冬氨酸、琥珀酸、乳酸、草酸、乙酸、马来酸、三氯乙酸、酒石酸、氨基乙酸、亚氨基二乙酸、甲酸和苯磺酸等，除了明确功能的三种功能有机酸浸出体系外，其他新型天然有机酸体系还需要积极研发，建立完善的有机酸回收体系（图 3-23）。

目前，人们对于有机酸的利用研究，除了使用单一的绿色环保可降解的有机酸外，还使用多种有机酸以提高浸出效率[34-37]，作为新型天然可降解有机酸回收体系来讲，浸出率不在首位，真正应该注意的是，有机浸出剂的绿色环保无污染

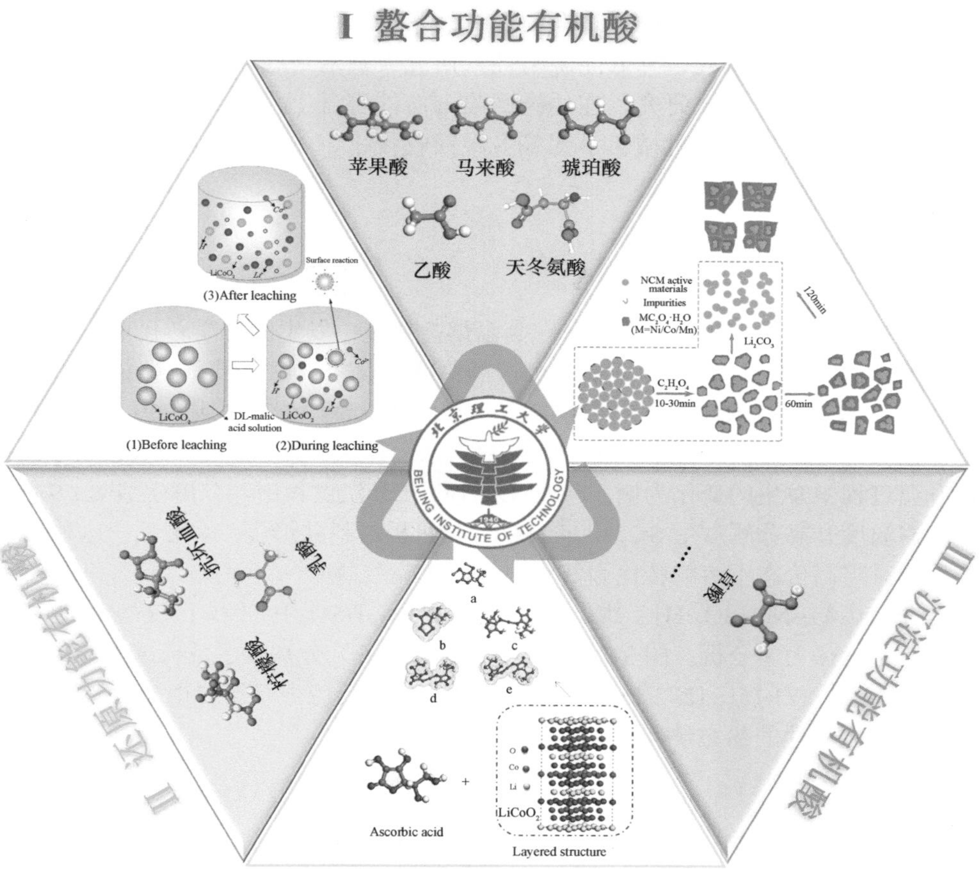

图 3-23　不同有机酸浸出体系[38]

特性。在满足绿色环保的基本要求下，积极探索新的天然有机酸浸出体系，以达到高效环保的目的。未来有机酸浸出体系的进一步发展，应将目光投至大自然中存量较大、成本较低的天然有机酸，结合生物信息、医学工程、仿生催化等交叉学科研究，积极探索大自然中绿色高效的天然有机酸体系，达到理论上的突破和技术上的创新。除此之外，还应完善现有有机酸浸出体系，构建浸出过程中有价金属富集、迁移、转化等内在机制，从而为实现绿色环保、短程高效、价格低廉的绿色有机酸回收技术体系提供技术和理论支撑。

3.3　高效复合联用技术

高效复合联用技术，即在传统废旧电池回收技术基础上，结合多种回收方法的优点而衍生出的新型回收技术。传统湿法和火法冶金回收技术，由于存在环境污染、能耗高等问题，已经逐渐与现有技术需求脱节，为了提高回收利用效率、缩短反应处理流程、降低能源消耗，研究人员对退役锂离子电池中有价金属的再利用进行了深入研究，在传统回收方法的基础上，发展了熔盐焙烧法、湿火法冶金复合技术、机械化学法等多种回收技术，本节就高效复合联用技术进行简要介绍。

3.3.1　熔盐焙烧法

熔盐焙烧法是指利用正极材料在高温熔盐环境中发生的化学转化反应，将高价态不溶的化合物，转化为低价态可溶的盐或氧化物。酸式硫酸盐（$Na_2S_2O_7$、$NaHSO_4$、$K_2S_2O_7$、$KHSO_4$）[39,40]在高温焙烧的情况下，可以生成 SO_3，锂离子电池正极材料在高温 SO_3 气氛下稳定性会降低，从而发生一系列演变。以 $NaHSO_4 \cdot H_2O$ 在升温过程中发生的变化为例，$NaHSO_4 \cdot H_2O$ 在升温过程中，分解生成 $Na_2S_2O_7$，并随着温度升高分解产生 SO_3 和 Na_2SO_4，与正极材料共焙烧，就可以在这种焙烧环境中，将高价态不溶物转化为低价态的可溶硫酸盐。

在 $LiCoO_2$-$NaHSO_4 \cdot H_2O$ 共焙烧体系中，对 $NaHSO_4 \cdot H_2O$ 和 $LiCoO_2$ 可能发生的反应进行热力学分析，图 3-24 的曲线（1）～（7）分别表示反应式（3-26）～式（3-32）在 273.15～1273.15 K 温度范围内，依据反应吉布斯自由能 $\Delta G^{\ominus}$ 和温度（T）的关系构建的热力学平衡图。

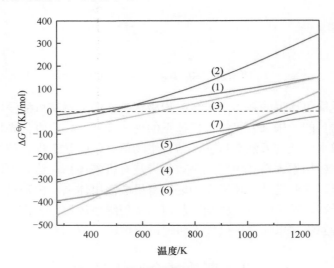

图 3-24　硫酸化焙烧实验流程图[41]

$$NaHSO_4 + H_2O \ (g) = NaHSO_4 \cdot H_2O \tag{3-26}$$
$$\Delta_r G_T^{\ominus} = -65.4688 + 0.16652T \ (kJ/mol) \ (273.15 \sim 1273.15 \ K)$$

$$Na_2S_2O_7+H_2O（g）\!=\!2NaHSO_4 \tag{3-27}$$
$$\Delta_rG^{\ominus}_T\!=\!-177.838+0.38574T（kJ/mol）（273.15\sim1273.15\ K）$$
$$Na_2SO_4+SO_3（g）\!=\!Na_2S_2O_7 \tag{3-28}$$
$$\Delta_rG^{\ominus}_T\!=\!-154.724+0.23694T（kJ/mol）（273.15\sim1273.15\ K）$$
$$2Li_2O+4CoO+O_2（g）\!=\!4LiCoO_2 \tag{3-29}$$
$$\Delta_rG^{\ominus}_T\!=\!-604.78+0.557T（kJ/mol）（273.15\sim1273.15\ K）$$
$$6CoO+O_2（g）\!=\!2Co_3O_4 \tag{3-30}$$
$$\Delta_rG^{\ominus}_T\!=\!-407.390+0.33709TT（kJ/mol）（273.15\sim1273.15\ K）$$
$$Li_2O+SO_3（g）\!=\!Li_2SO_4 \tag{3-31}$$
$$\Delta_rG^{\ominus}_T\!=\!-427.473+0.1476T（kJ/mol）（273.15\sim1273.15\ K）$$
$$CoO+SO_3（g）\!=\!CoSO_4 \tag{3-32}$$
$$\Delta_rG^{\ominus}_T\!=\!-249.146+0.18048T（kJ/mol）（273.15\sim1273.15\ K）$$

分析可知在 $LiCoO_2$-$NaHSO_4\cdot H_2O$ 焙烧体系中，与单一物质相应的升温焙烧相比，$LiCoO_2$ 和 $NaHSO_4\cdot H_2O$ 均表现出了明显不一样的热力学性质，$LiCoO_2$ 和 $NaHSO_4\cdot H_2O$ 在混合焙烧体系中的热力学稳定性显著降低，说明 $LiCoO_2$-$NaHSO_4\cdot H_2O$ 混合焙烧体系可以在低于单一焙烧体系的热力学平衡状态下进行物质的化学演变。研究表明，可以通过调节 $LiCoO_2$-$NaHSO_4\cdot H_2O$ 体系中 $NaHSO_4\cdot H_2O$ 的质量比例，控制体系中产生 SO_3 的分压，进而控制焙烧产物的物相，再依据焙烧产物性质不同，达到选择性分离 Li 和 Co 元素的目的。

通过对以计量化质量比为 1∶1.41 的 $LiCoO_2$-$NaHSO_4\cdot H_2O$ 体系在焙烧过程中进行原位焙烧分析发现，在高温 $NaHSO_4\cdot H_2O$ 分解形成的 SO_3 气氛下，$LiCoO_2$ 中—O—Co—O—层间的 Li^+ 开始脱出并生成 Li_2SO_4，导致了层状结构的不稳定性；正极材料转化生成的 Li_2SO_4 与 $NaHSO_4\cdot H_2O$ 分解形成的 Na_2SO_4 继续反应，生成双金属硫酸盐 $LiNa（SO_4）$；Li^+ 加快脱出，温度升高至 425℃，层状结构 $LiCoO_2$ 被完全破坏，并转变为尖晶石结构的 Co_3O_4。由于生成的 $LiNa（SO_4）$ 为水溶性，Co_3O_4 则不溶于水，因此可以利用其性质的差异实现选择性分离[41]。当硫酸盐混合比例增加时，所有的有价金属均以硫酸复式盐的形式存在。选择性回收 Li、Co 发生的化学转化为反应式（3-33）～式（3-35）。

$$4LiCoO_2+2xSO_3（g）+xO_2（g）\!=\!4Li_{（1-x）}CoO_2+2xLi_2SO_4 \tag{3-33}$$
$$Li_2SO_4+Na_2SO_4\!=\!2LiNa（SO_4） \tag{3-34}$$
$$12LiCoO_2+12NaHSO_4\cdot H_2O\!=\!12LiNa（SO_4）+4Co_3O_4+18H_2O+O_2（g） \tag{3-35}$$

与 $LiCoO_2$-$NaHSO_4\cdot H_2O$ 共焙烧情况类似，$LiNi_{1/3}Co_{1/3}Mn_{1/3}O_2$ 在共焙烧环境中，其层状结构中所发生的结构转变如图 3-25 所示。升温过程中 Li_2SO_4 的形成导致了层状结构稳定性的下降，层状结构开始破坏并分解为细小的颗粒。随着结构的破坏和崩塌，$LiNi_{1/3}Co_{1/3}Mn_{1/3}O_2$ 结构中的镍、钴、锰元素在 SO_3 气氛中优先生成相应的硫酸盐。然后与酸式盐分解形成的 Na_2SO_4 在高温作用下形成相应的双金属硫酸盐，温度进一步升高双金属硫酸盐开始相互转化，三元材料原有的层状结构就完全破坏[41]。

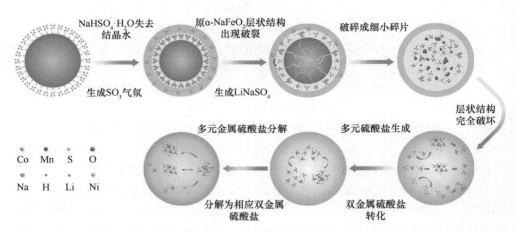

图 3-25 $LiNi_{1/3}Co_{1/3}Mn_{1/3}O_2$-$NaHSO_4 \cdot H_2O$ 体系在焙烧过程中的反应模型图[42]

除了采用硫酸复式盐辅助焙烧回收退役正极材料以外，Ren 等[43]以退役锂离子电池为原料，将电池破碎后直接与造渣剂铜渣共焙烧，从而将锂离子电池中有价金属提取回收。在高温熔炼过程中，电池材料中的石墨、铝箔、隔膜等为还原剂，可以将共焙烧体系中的有价金属以钴镍铜铁合金形式回收。在焙烧过程中，矿渣的物理化学性质，尤其是液相线（固态与液态的交叉点）的温度和黏度，是影响高温冶金效率的关键因素，铜渣中 FeO-SiO_2-Al_2O_3 体系在有价金属还原过程中起到了较好的分离作用，当 FeO-SiO_2-Al_2O_3 体系中 FeO 与 SiO_2 的质量比在 $0.58:1 \sim 1.03:1$ 时，炉渣的黏度较低，可以更好地实现分离。虽然可以利用此方法实现废渣和废正极材料的循环利用，但锂离子电池中的锂会流入炉渣中，从而造成锂的损失。此外，他们还利用富锰渣 MnO-SiO_2-Al_2O_3 体系对退役锂离子电池材料回收进行进一步研究[44]，将富锰渣与电池材料以一定比例混合焙烧后，将一定比例的二氧化硅粉末添加到熔池中对物质进行精炼，将含有矿渣和合金的熔体在石墨坩埚中自然冷却至室温，冷却后合金和炉渣可通过重力分离。

通常，利用高温还原技术回收正极材料的焙烧温度在 600℃以上，对设备、能耗的要求较高，且有价金属的回收率较低。通过与熔盐共同反应，可以降低正极材料的转化温度，还可以通过调节熔盐的量，达到选择性分离的效果，但是不可避免的是熔盐中的 Na、K 等元素会进入反应体系中。因此，后续对其转化生成的材料进行材料再利用时，如何除杂成为一个新的难题。此外，转化过程中熔盐和正极材料一次性反应量如何控制也应继续系统研究，大规模的熔盐焙烧法也应积极开展，以期发现在规模化处理退役锂离子电池正极材料过程中，可能出现的反应不彻底等问题。除此之外，焙烧过程中的相关动力学机制也应进一步深入研究。

解决硫酸盐焙烧法中后续处理问题，可以采用不含金属离子的反应试剂，如浓硫酸[45]和氯化铵[46]等。火法焙烧-湿法浸出联用技术主要是基于正极材料在火法焙烧下反应活性增大、化学稳定性降低的特性，通过相对较低的焙烧温度使正极材料发生转化，且采用不含 Na 和 K 等难以去除的熔盐，为后续材料的再合成提供了便利。

北京理工大学和中国科学院过程工程研究所林娇、孙峙等[45]基于硫元素相间转移原理，对锂离子电池正极废料选择性浸出。将预处理后的正极材料钴酸锂与浓硫酸均匀混合，样品在马弗炉中 120℃下干燥 720 min 后，将研磨后的干燥混合物放入石英坩埚中，并置于管式炉中进行焙烧。焙烧由两个阶段组成：第一阶段，将样品在空气气氛下升温至设定温度（即 775℃、800℃和 825℃）后，保温一段时间；第二阶段，将管式炉密封并抽至 100 Pa 的真空，在该条件下将材料恒温一段时间以确保完全反应，最后将产物通过低温水浸将有价金属进行回收和分离。

在焙烧过程中，分别系统研究了硫酸的用量、焙烧时间、焙烧温度对钴酸锂物相转变过程的影响。如图 3-26 所示，通过对不同硫酸添加量的焙烧产物 XRD 分析可知，H_2SO_4 的用量对 $LiCoO_2$ 的转化程度有显著影响。当焙烧时间少于 120 min 时，Co 不能完全转化为 Co_3O_4（Ⅱ，Ⅲ），导致焙烧产物物相中存在 CoO 的物相峰，Co 的不完全转化将导致后续分离和纯化获得混合的钴产物。当总焙烧时间延长至 120 min 或 180 min 时，Co 可以完全转化为 Co_3O_4（Ⅱ，Ⅲ）。随着焙烧温度的升高，可明显观察到焙烧料中剩余 $LiCoO_2$ 的量逐渐减少。然而，即使在 775℃温度下焙烧后，仍然残留少量 $LiCoO_2$ 和 $CoSO_4$ 的物相。当温度升高至 800℃时，这两种物质随着焙烧温度的升高均消失，因此选定的最佳焙烧温度为 800℃。

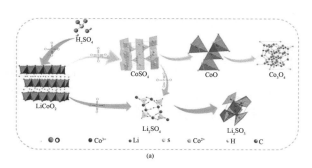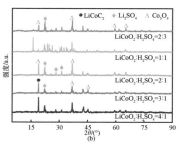

图 3-26　钴酸锂-硫酸焙烧体系的化学转化途径（a）和不同硫酸添加量的焙烧料的 XRD 图谱（b）[45]

在钴酸锂的硫酸化转化过程中，通过对反应过程的热力学及相关研究发现，如图 3-26 所示，室温下加入硫酸并均匀混合后，部分 $LiCoO_2$ 被破坏并转化为 Li_2SO_4 和含水硫酸钴。在随后的干燥过程中，硫酸钴失去结晶水并转化为无水硫酸钴。高温焙烧期间，$CoSO_4$ 与体系内残留的 $LiCoO_2$ 反应，并产生 CoO（Ⅱ）和 Li_2SO_4。不稳定的 CoO（Ⅱ）通过与原位产生的 O_2 反应生成尖晶石型 Co_3O_4（Ⅱ，Ⅲ）。由于硫酸锂和氧化钴存在明显的水溶性差异，可以在温和的温度下通过水浸回收得到 Li_2SO_4 滤液，而在过滤残留物中分离得到 Co_3O_4（Ⅱ，Ⅲ）。整个高温反应过程不产生有毒有害气体，环境友好；浸出过程没有用到酸或碱液，可以避免传统酸浸过程中产生的废液/固。相比于硫酸盐焙烧不引入杂质，硫酸焙烧方法可以较好地解决这一问题，但相对于硫酸盐焙烧其反应温度较高，如何在降低焙烧温度的前提下还能使焙烧体系中不引入其他反应杂质？

北京理工大学课题组范二莎等[46]首次采用氯化铵为焙烧添加剂，在较低温度下就实现了正极材料的回收。在铵盐焙烧过程中，Li 和 Co 由于 NH_4Cl 与 $LiCoO_2$ 反应释放出 HCl 和 NH_3 而转化成氯化物，这些氯盐易溶于水，可以通过水浸的方法进行提取回收。在焙烧过程中，系统研究了焙烧温度、时间、$LiCoO_2/NH_4Cl$ 质量比等反应参数对焙烧过程的影响。其反应流程如图 3-27（a）所示，经过与 NH_4Cl 共焙烧—水浸出—沉淀的回收技术路线，可将钴酸锂中有价金属回收。

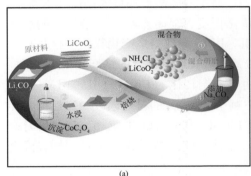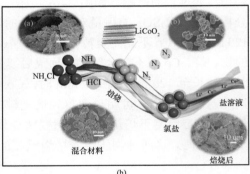

图 3-27　氯化铵-钴酸锂焙烧体系反应流程图（a）和氯化铵-钴酸锂焙烧体系反应机理图（b）[46]

据热力学分析，NH_4Cl 在 375.9℃以上便可以分解成 NH_3 和 HCl 气体，在温度较低的条件下则会重新结合形成小的氯化铵颗粒。在焙烧过程中，随着 $LiCoO_2/NH_4Cl$ 质量比例增加，Co 和 Li 的浸出率在不断增加，质量比为 1∶2 时，浸出率达到最高，随之出现缓慢下降的趋势。随着焙烧温度的增加，Co 和 Li 的浸出率不断增加，温度超过 350℃时，浸出率开始缓慢下降，这可能与高温下产物的继续分解有关。焙烧 20 min 后，Co 的浸出率已经达到最高。当采取最佳实验条件时，即温度 350℃、反应时间 20 min、$LiCoO_2/NH_4Cl$ 质量比 1∶2，Co 和

Li 的回收率均在 99% 以上。

通过对焙烧过程的研究发现,氯化铵分解产生的氯化氢气体是 LiCoO$_2$ 结构破坏的主要因素。在焙烧过程中,随着焙烧温度的升高,氯化铵分解产生的氯化氢使钴酸锂开始发生转化反应,Li 和 Co 从原来层状结构中转化为相应的氯化物,与此同时生成的 NH$_3$ 与 Cl$_2$ 继续反应生成的 HCl,提高了 Li 和 Co 的浸出效率。LiCoO$_2$ 在焙烧过程中的物相转变可以分为三个反应步骤,首先,当温度超过 200℃ 时,NH$_4$Cl 开始分解为气态产物 NH$_3$ 和 HCl。然后,HCl 与 LiCoO$_2$ 发生反应,促进 Li 和 Co 的释放。最后,生成的 Cl$_2$ 被 NH$_3$ 还原为 HCl,可以继续参与反应。钴酸锂中的 Li 和 Co 完全转化为相应的氯化物,溶于水后可以通过化学沉淀的方式,将有价金属以盐的形式回收。对 LiMn$_2$O$_4$、LiCo$_{1/3}$Mn$_{1/3}$Ni$_{1/3}$O$_2$ 等退役锂离子电池正极材料的处理,验证了该方法回收有价金属的普遍适用性。相比于硫酸化焙烧,其所需焙烧温度更低,实现了低温与高浸出效率的有机结合,符合高效复合技术的发展趋势,在转变过程中所涉及相关机理仍需进一步深入研究。

除了通过熔盐方式回收外,也可以利用褐煤、负极材料、废弃电池外壳和塑料用作还原剂,与废正极材料高温焙烧后,将其中的有价金属从不溶于水的高价态还原为低价态的可溶物,然后通过酸浸出的方式将有价金属回收。Hu 等[47]利用行星球磨机将褐煤与正极粉末均匀混合后,在氩气气氛的马弗炉中焙烧处理,焙烧结束后,用酸将焙烧产物浸出。实验结果表明,将正极材料与 19.9% 的褐煤混合均匀后,在焙烧温度为 650℃ 焙烧 3 h,正极材料主要以 Li$_2$CO$_3$、Ni、Co 和 MnO 形式存在,但碳酸锂在 20℃ 时的溶解度仅为 13.3 g/L,且溶解度随温度的升高而降低,所以采用碳酸水浸出法,将焙烧产物浸于水中后,通入 CO$_2$ 气体,焙烧产物中的碳酸锂可以转化为可溶性更强的 LiHCO$_3$,然后通过蒸发结晶得到碳酸锂结晶粉末,其转化机理为反应式(3-36)和式(3-37)。当液固比为 10:1 时,锂的回收率可达 84.7%。将分离出碳酸锂的滤渣溶于稀 H$_2$SO$_4$ 中,通过调节体系 pH 至 3.5 除去铁杂质,然后通过氟盐沉淀除去钙、镁等杂质。除杂后,先用萃取剂 D2EHPA 将锰萃取,后在不同 pH 下依次用萃取剂 PC88A 萃取镍和钴,最后使用蒸发结晶制备镍、钴和锰的硫酸盐晶体。

$$Li_2CO_3 + H_2O + CO_2 \longrightarrow 2LiHCO_3 \qquad (3\text{-}36)$$

$$2LiHCO_3 \longrightarrow Li_2CO_3 + H_2O + CO_2 \qquad (3\text{-}37)$$

李敦钫等[48]将活性炭与钴酸锂混合,研究其在高温环境下的物相演变,以及焙烧产物在硫酸溶液中的浸出研究。研究发现,混合物在升温至 500℃ 时,物相开始发生演变,产物中出现 CoO、Co$_3$O$_4$ 及未反应的 LiCoO$_2$。温度升高至 700℃ 时,产物开始出现烧结但物相仍与 600℃ 相同。将产物进行浸出研究发现,焙烧后的钴酸锂易溶于硫酸溶液中,四氧化三钴在硫酸中的溶解率低于钴酸锂,随着硫酸浓度升高四氧化三钴的溶解率也逐渐提升。将正极材料钴酸锂高温处理后,可以用硫酸将正极材料在较短时间内完全浸出。

除了采用添加铵盐助熔剂、硫酸复式盐、还原性添加剂外，采用退役锂离子电池中的负极材料为还原剂，也可以实现正极材料的回收再利用。单一的钴酸锂在 850℃以下是稳定的，当温度升高至 900℃以上时，可分解为 Li_2O、Co_3O_4、O_2，当钴酸锂与石墨混合焙烧后其分解温度会降低。Li 等[1]利用正极材料与负极材料共焙烧回收正极材料中的有价金属，对 $LiCoO_2$ 与石墨共焙烧体系进行热力学分析，钴酸锂分解过程中可能发生的化学转化为反应式（3-38）～式（3-46）。

$$4LiCoO_2 \longrightarrow 2Li_2O + 4CoO + O_2 \tag{3-38}$$
$$2C + O_2 \longrightarrow 2CO \tag{3-39}$$
$$C + O_2 \longrightarrow CO_2 \tag{3-40}$$
$$C + 2CoO \longrightarrow 2Co + CO_2 \tag{3-41}$$
$$CO + CoO \longrightarrow Co + CO_2 \tag{3-42}$$
$$CO_2 + 2Li_2O \longrightarrow Li_2CO_3 \tag{3-43}$$
$$4LiCoO_2 + 2C \longrightarrow 4Co + 2Li_2CO_3 + O_2 \tag{3-44}$$
$$2LiCoO_2 + 2C \longrightarrow 2Co + Li_2CO_3 + CO \tag{3-45}$$
$$4LiCoO_2 + 3C \longrightarrow 4Co + 2Li_2CO_3 + CO_2 \tag{3-46}$$

研究发现，$LiCoO_2$ 可以与 C 反应，生成金属 Co 和 Li_2CO_3。将混合的电极材料在 1000℃的情况下，采用无氧焙烧法焙烧 30 min，最后得到的产物是金属钴、碳酸锂和石墨。将焙烧产物浸于水后，可以将碳酸锂浸出，过滤后的物质经磁选可以将具有磁性的金属钴分离，最后得到石墨粉。但对于焙烧过程中各参数的优化需要进行进一步的研究。

除了使用负极材料石墨作为高温焙烧还原剂，锂离子电池中的铝集流体和铝壳也可以用作高温焙烧的还原剂。Wang 等[49]对正极材料钴酸锂与石墨和铝集流体两种高温还原机制进行了热力学研究，结果表明，在热力学上 $LiCoO_2$ 与金属 Al 的还原反应较 $LiCoO_2$-C 还原体系更容易发生。在高温还原焙烧过程中，$LiCoO_2$ 在集流体铝箔的还原作用下，将正极材料转化为 Li_2O、CoO 和 Al_2O_3，CoO 随焙烧温度继续升高被还原为金属 Co，Li_2O 则和 Al_2O_3 反应生成 $LiAlO_2$。钴酸锂在与铝集流体高温还原焙烧的过程中发生的化学转化为式（3-47）和式（3-48），Li 和 Co 分离回收的流程如图 3-28 所示。利用铝集流体为还原剂，对其在高温下的热力学分析和实验研究，证明此方法有很多优点，以此为思路，高温还原焙烧过程中不需要分离正极活性物质，也不用额外添加还原剂，将正极材料中的正极片直接高温还原热处理，即可将其有价金属回收利用。

$$6LiCoO_2 + 2Al \longrightarrow 3Li_2O + 6CoO + Al_2O_3 \tag{3-47}$$
$$Li_2O + Al_2O_3 \longrightarrow 2LiAlO_2 \tag{3-48}$$

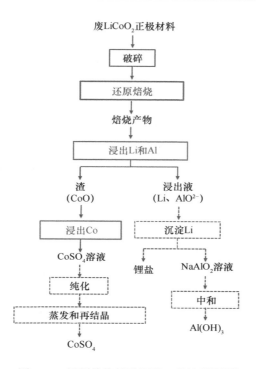

图 3-28　还原焙烧钴酸锂的工艺流程图[49]

也可以通过焙烧将反应物的活性增大后，在酸性或碱性溶液中进行浸出，Chen 等[50]以混合正极材料 $LiCoO_2$、$LiMn_2O_4$、$Li_{0.9}Ni_{0.5}Co_{0.5}O_{2-x}$ 为原料，探究了其在升温过程中的化学转化研究，温度升高至 550℃时，$LiCoO_2$ 正极材料部分分解形成 Co_3O_4，$LiMn_2O_4$ 部分转化为 $Li_4Mn_5O_{12}$，说明正极材料在升温过程中，原有的晶体结构发生了变化。将经过高温焙烧的电池原料于（NH_4）$_2SO_4$、（NH_4）$_2SO_3$ 溶液中浸出，混合材料在低（NH_4）$_2SO_4$ 浓度的浸出下，Li 和 Ni 的浸出效率也相对较高，而 Co 和 Mn 的浸出相对复杂。随着（NH_4）$_2SO_4$ 浓度的增加，Mn 的浸出效率先增加后减小，这是由于高浓度（NH_4）$_2SO_4$ 可以使溶液中的锰离子以硫酸复式盐的形式析出。

锰酸锂正极材料的湿-火法冶金技术联用在文献中没有过多的报道，但依据其在高温还原和湿法浸出的反应体系，可以设想，经过火法处理原尖晶石化合物，其结构在高温作用下逐渐崩塌，转化为四氧化三锰后继续还原生成氧化锰。此时，氧化锰可以在较低的酸浓度中被溶解，加入沉淀剂或反应剂可以得到锰的化合物。在火法破坏结构-湿法浸出过程中，恰当比例的火法焙烧可以破坏电极材料结构稳定性，使锰酸锂高温稳定性变差，从而以较低的焙烧温度将高价态产物还原。对于混合正极材料的湿法-火法复合技术现在研究也比较少，更多的是将混合正极材料用湿法浸出除杂后，加入过渡金属盐或其他物质，在高温下将有价金属重新合成制备出新的正极材料或其他附加值高的化合物。

对于退役锂离子电池正极材料来说，目前研究热点之一是湿法回收，但湿法回收在浸出过程中可能会产生大量的废水、废气，对环境构成威胁。火法冶金回收虽然高效、流程短，但其耗能高、有污染，这是限制其发展的主要因素。火法-湿法浸出联用技术可以使传统火法中损失的锂得到进一步回收，实现有价金属的全组分回收循环利用。随着我国大力提倡可持续发展，全面大力推进生态环境文明建设，在以环保为前提下，增加经济效益成为新的研究热点和驱动杠杆。如何将火法冶金和湿法冶金两种技术取长补短，进一步完善现有的回收利用体系成为亟待解决的问题。

深入系统研究锂离子电池正极材料在湿-火法复合联用回收技术的应用，将有助于电池回收体系的逐步完善。今后需要对焙烧过程和浸出过程中物相演变的内在驱动因素进行深入研究；对其在多相反应的复杂动力学方面深入探讨，并对焙烧过程中的物理和化学演变深入解析，进而了解正极材料中有价金属元素的动态分解与浸出机制，为工业化回收利用提供理论指导和技术支撑。

3.3.2　机械化学法

机械化学法，即采用施加机械能的方法，诱导退役锂离子电池正极材料晶体结构及物理化学性质发生变化，进一步诱发促进化学反应，从而转化为易浸出便于后续回收的物质。

1. 机械球磨法

北京理工大学课题组范二莎、李丽等[51]采用机械化学方法从退役 $LiFePO_4$ 锂离子电池中选择性回收锂和铁。将草酸粉末和 $LiFePO_4$ 共球磨，在机械球磨过程中通过对球磨速度、球磨时间、球料比进行分析，然后用去离子水浸出得到目标产物。结果表明，随着球磨速度的增加，Fe 和 Li 的浸出率开始增加，转速增加至 300 r/min 时，Fe 和 Li 的浸出率开始下降，从 350 r/min 开始 Li 的浸出率不断增加，Fe 的浸出率在一直下降，这是过高的转速使得铁的沉淀物发生了分解。随着球磨时间的延长，Fe 和 Li 的浸出率开始增加，球磨时间在 2 h 以上时，锂的浸出率达到最高。随着球料比的增加，铁的浸出率没有太大改变，锂的浸出率在缓慢增加，当球料比为 20 时，浸出率略微增加。当采用最佳的球磨反应条件，即转速 350 r/min、球磨时间 2 h、球料比为 20∶1 时，铁和锂的浸出率分别可达 94% 和 99%，废 $LiFePO_4$ 在此过程中发生的反应如下：

$$LiFePO_4 + 1/2H_2C_2O_4 \longrightarrow 1/2FeC_2O_4 + Li^+ + 1/2Fe^{2+} + PO_4^{3-} + H^+ \qquad (3\text{-}49)$$

　　$LiFePO_4$ 在机械化学球磨的过程中，其反应机理如图 3-29 所示，机械化学反应可以分为三个步骤：颗粒尺寸减小，化学键断裂，新化学键生成。在机械力作用下，颗粒尺寸减小，局部温度升高，促进了化学反应过程，从而使正极材料转化为相应的草酸盐。

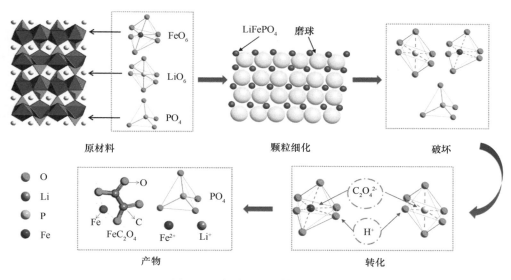

图 3-29　机械化学回收原理图[51]

　　依据图 3-30 中 Fe-H_2O 体系和 Li-P-H_2O 体系的 E-pH 图，通过添加 NaOH 调节体系中的 pH 可以调控离子赋存状态。添加 1 mol/L 的 NaOH 将 pH 调节为 4，此时可将体系中 Fe^{2+} 氧化至 Fe^{3+}，pH 调节为 8 时，体系中 Li 将以 Li_3PO_4 形式存在，回收剩余的磷酸盐离子溶液可通过 Mg 修饰的中碳微球（MCMB）吸附，从而控制污染。

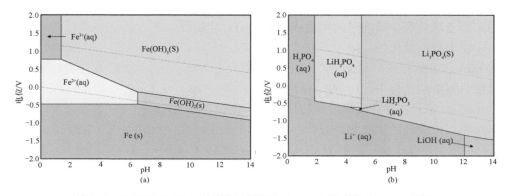

图 3-30　25℃下 Fe-H_2O 体系和 90℃下 Li-P-H_2O 体系的电位-pH 图[51]

除了使用草酸，北京理工大学课题组卞铁凡、李丽等还使用柠檬酸为机械预处理的助磨剂[52]，如图 3-31 所示，废 LiFePO₄ 与柠檬酸-H_2O_2 混合研磨后，将混合物溶解在去离子水中过滤，滤液在 60℃下搅拌蒸发，在浓缩液中加入 NaOH 溶液调节 pH 析出 $Fe(OH)_3$。沉淀过滤后在 95℃下加入饱和 Na_2CO_3 溶液，得到 Li_2CO_3 析出物，从而实现锂和铁的选择性回收。在实验过程中，加入 H_2O_2 助磨后，Li 的浸出率可达 99.35%，铁的浸出率仅为 3.86%，浸出过程中发生的化学转化反应如式（3-50）～式（3-52）所示。加入 H_2O 助磨后，锂和铁被一起浸出，经过水处理和过滤后，滤液中的铁和锂转化成柠檬酸盐，由于生成的 Li_3PO_4 溶于酸且几乎不溶于水，因此锂萃取效率随时间的增加而降低，而铁的萃取效率随时间的增加而增加。

$$2H_3Cit + 6LiFePO_4 + 3H_2O_2 \longrightarrow 2Li_3Cit + 6FePO_4 + 6H_2O \qquad (3-50)$$

$$3H_3Cit + 3LiFePO_4 \longrightarrow Li_3Cit + Fe_3(Cit)_2 + 3H_3PO_4 \qquad (3-51)$$

$$Li_3Cit + H_3PO_4 \longrightarrow H_3Cit + Li_3PO_4 \qquad (3-52)$$

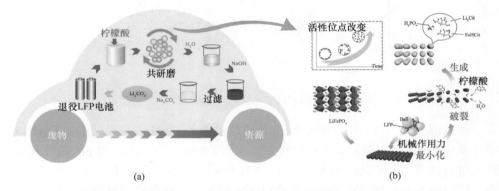

图 3-31　回收再利用流程图（a）和机械转化过程中的化学反应机理（b）[52]

Saeki 等使用机械化学的方式将活化后的正极材料用水浸出，采用行星球磨机与聚氯乙烯共磨，研磨过程中生成锂和钴的氯化物[53]。随后，将研磨后的产品在水中浸出提取氯化物。随着研磨的进行，Co 和 Li 的提取率都得到了提高。研磨30 min，Co 的浸出率达到 90%以上，Li 则接近 100%。单一的钴酸锂和与聚氯乙烯混合球磨的过程中，Li 的转移路径是不同的，单一 $LiCoO_2$ 在研磨过程中形成氧化锂（Li_2O），并在浸出过程转化为氢氧化锂（LiOH）。相反，当混合物经过研磨活化后形成锂的氯化物。在此研磨过程中发生的化学反应为式（3-53）。

$$LiCoO_2 + 3[CH_2CHCl]_n \longrightarrow LiCl + CoCl_2 + C_xH_yO_z \qquad (3-53)$$

Wang 等[54]也采用机械化学的方式，将正极材料活化后，以去离子水将锂和钴浸出，在 $LiCoO_2$ 与 EDTA 质量比 1∶4、转速为 600 r/min、球磨时间 4h、球料比为 80∶1 的最佳条件下，经球磨后 Li 和 Co 的浸出率分别为 99%和 98%。在机械活化的过程中，随着球料与钢罐壁的高速碰撞，正极材料晶粒逐渐变小，导致比表面积和能量迅速增加，$LiCoO_2$ 和 EDTA 的晶格发生晶格畸变和局部损伤，形成表面缺陷和高密度位错，导致内能增加，反应物活性增强，EDTA 的两个氮原子和四个羟基氧原子提供的孤对电子可以通过固-固反应进入 Co 和 Li 的空轨道，形成稳定的水溶性金属螯合物 Li-EDTA 和 Co-EDTA，从而将 Co 和 Li 浸出。

2. 同构取代法

除采用机械化学直接反应将正极材料转化为相应的金属盐以外，也可以利用同构取代原理，对正极材料进行回收再利用。将退役正极材料机械活化后，利用机械活化中产生的高温环境，使 Li/Na 的同构取代，实现锂的选择性浸出。Liu 等[55]提出了一种无酸添加选择性萃取 Li 的工艺，实现了 Na 对 $LiFePO_4$ 晶体中 Li 的同构取代，如图 3-32 所示。这种工艺采用 NaCl 作为机械力诱导固相反应的共磨剂。研究发现，机械力共研磨后实现了 Li/Na 的同构取代，这是因为 Na 和 Li 具有相似的外层电子排列和配位环境，因此可以通过机械力作用将 $LiFePO_4$ 中 Li 取代为 Na。对研磨后的正极粉末用水浸出后，以 Na_2CO_3 为沉淀剂，同时实现了 NaCl 的再生和 Li_2CO_3 的回收。这种回收利用方法新颖简单，但比较难以应对预处理过程中可能引入的杂质，无法进行进一步的提纯。Li/Na 的同构取代的化学转化途径为反应式（3-54）。

$$LiFePO_4 + NaCl \longrightarrow NaFePO_4 + LiCl \tag{3-54}$$

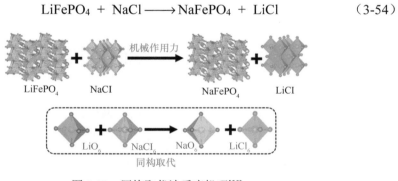

图 3-32 同构取代法反应机理[55]

3.3.3 其他回收技术

1. 直接氧化法

近年来有学者在研究 Li-Fe-P+H_2O 体系的 E-pH 图时，发现可以通过提高氧化电位的方法，采用氧化浸出选择性浸出锂。Jing 等[56]分析研究了 298.15～473.15 K 时 Li-Fe-P+H_2O 体系的 E-pH 图，其中体系温度为 298.15K 时 E-pH 图如图 3-33（a）

所示。由图可知，$LiFePO_4$ 在高温时的稳定区域面积较大，因此在一定的 pH 和氧化还原条件下，当适量的锂源、铁源和 PO_4^{3-} 源共存时，$LiFePO_4$ 为唯一的热力学稳定相，这为后续采用水热合成方法重新制备 $LiFePO_4$ 提供了理论依据。E-pH 图表明，在高氧化还原电位水溶液中，$LiFePO_4$ 会失去电子和 Li^+，而 Fe 以沉淀态 $FePO_4 \cdot 2H_2O$ 或 $Fe_3(PO_4)_2 \cdot 8H_2O$ 的赋存形式存在于浸出液中，即在中性 pH 条件下通过添加氧化剂，提高浸出环境的氧化还原电位，可以实现选择性分离。研究者通过实验证明了其可能性，当液固比为 5:1，H_2O_2 的浓度为 2.7 mol/L，浸出时间为 4 h 时，95.4% 的锂被浸出，仅有 0.05% 的铁被浸出。Jing 等还对湿法回收退役 $LiFePO_4$ 的几种路线进行了热力学分析，如图 3-33（b）所示，回收路线 Ⅰ 和 Ⅱ 可以同时实现锂、铁、磷酸盐的浸出，但都需要在浸出阶段消耗大量强酸来分解 $LiFePO_4$，再通过消耗大量的碱来调节浸出液的 pH 来实现选择性浸出，造成了巨大的资源消耗和环境风险。通过直接提高浸出体系中的氧化电位，可以以较短的反应路径实现正极材料相间转化，从而实现金属元素的短程高效回收。

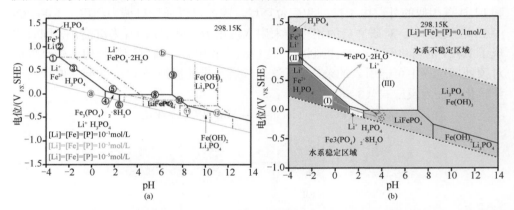

图 3-33   298.15 K 时 Li-Fe-P+H_2O 体系的 E-pH 图（a）和废 $LiFePO_4$ 湿法冶金回收路线（Ⅰ～Ⅲ）（b）[56]

基于提高氧化电位的法，Zhang 等[57] 利用氧化浸出方法，以过硫酸钠（$Na_2S_2O_8$）为氧化剂，从废 $LiFePO_4$ 电池正极材料废料中选择性回收锂。实验采用不同剂量的 $Na_2S_2O_8$ 在水溶液中进行氧化浸出，氧化浸出反应原理如式（3-55）所示。浸出结果表明，在优化条件下：1.05 倍理论 $Na_2S_2O_8$ 添加值、固液比 300 g/L、温度 25℃、反应时间 20 min，锂的浸出率可高达 99.9%，铁的浸出率仅为 0.048%。当氧化剂的剂量继续增加时，溶液会被酸化，使铁微量浸出，因此采用直接氧化浸出法可以得到选择性分离锂的目的。将浸出后的滤液和滤渣分离，滤渣主要为 $FePO_4$ 和铝箔，筛选后可得到 $FePO_4$，将滤液浓缩后直接加入沉淀剂 Na_2CO_3，通过蒸发结晶法可以制得纯度大于 99% 的 Li_2CO_3。

$$2LiFePO_4 + Na_2S_2O_8 \longrightarrow 2FePO_4 + Li_2SO_4 + Na_2SO_4 \qquad (3-55)$$

2. 活化浸出法

除了在浸出过程中使用超声波辅助处理等方法外，也可以使用预活化方法以提高正极废料的活性，预活化方法包括物理活化和化学活化，材料活化后可以降低反应的表观活化能，从而使浸出反应更容易进行，进而提高材料的浸出率。

Zhang 等[58]采用机械化学预活化的方法，将正极材料活化后，用无机酸 HNO_3 对其进行浸出反应。结果表明，在机械化学球磨时加入 Al_2O_3 粉末，可以降低正极材料的活化时间，在添加 Al_2O_3 粉末球磨的基础上，加入 1 mol/L 的 HNO_3 浸出剂，超过 90% 的 Co、Ni 和 Li 被浸出，但是在添加 Al_2O_3 粉末球磨浸出的样品中，发现黏结剂与 Al_2O_3 发生了反应，生成了氟化铝，会对后续分离纯化带来不利的影响。

Yang 等[59]将 EDTA-2Na 与 $LiFePO_4$ 以一定摩尔比球磨活化后，用稀硫酸将废 $LiFePO_4$ 中有价金属浸出。研究表明，在 H_3PO_4 为 0.6 mol/L、固液比为 50 g/L、浸出时间为 20 min 的优化条件下，铁以 $FePO_4·2H_2O$ 沉淀形式回收，其回收率为 97.67%，Li 回收率为 94.29%。从机械化学活化反应机理来看，正极材料 $LiFePO_4$ 的（311）晶面更容易被破坏并转变为无序状态，从而显著提高了浸出效率。整个体系回收过程中的反应机理如式（3-56）和式（3-57）所示：

$$4LiFePO_4 + 4H^+ + O_2 \longrightarrow 4Li^+ + 4Fe^{3+} + 4PO_4^{3-} + 2H_2O \qquad (3\text{-}56)$$
$$Fe^{3+} + PO_4^{3-} + 2H_2O \longrightarrow FePO_4·2H_2O \qquad (3\text{-}57)$$

3. 电化学法

利用电化学法，将正极材料在悬浮液或熔融盐中进行电解回收，该方法可以避免浸出过程中浸出剂和还原剂的加入。但实现能量消耗低和易操作性仍需要进一步工艺改进和技术攻关。如图 3-34 所示，Li 等将退役正极材料锰酸锂，置于石墨电极的阴极室中，电解液为硫酸和硫酸锰的混合溶液，在电化学的作用下，可以将阴极室中锰电解，最后迁移到阳极区，形成 MnO_2，然后对电解液中的锂进行提取[60]。虽然反应过程中得到产物的纯度较高，但是还存在能量消耗大、锂回收过程较为烦琐等问题。

4. 离子液体法

离子液体（ionic liquid），是指通常由有机阳离子和无机/有机阴离子构成，可以在室温或近室温状态下以液态的形式存在的一类新型液体。在离子液体中，由于其阴/阳离子高度的不对称性，使得其呈现出传统溶剂不具备的特殊物理化学性质，如：低熔点、高热稳定性及强溶解性等[61]，这些特殊的性质也为其作为退役锂离子电池正极材料的浸出剂提供了可能。低共熔溶剂（deep eutectic solvent，DES）是一种离子液体的类似物，通常由氢键供体和受体组合而成的两组分或三组分低共熔混合物,其物理化学性质与离子液体非常相似,对无机/有机化合物具有较强的溶解性。

利用低共熔溶剂强溶解性的特性,Tran 等[62]将废旧正极材料钴酸锂置于由氯化胆碱和乙二醇(MChCl∶MEG=1∶2)构成的低共熔溶剂进行浸出,钴和锂的浸出率可达 90%以上,且通过电沉积方法将钴提取后,还可以作为浸出剂循环使用。虽然其可以提取包括三元正极材料在内的多种正极材料的有价金属元素,但相对传统湿法浸出,其较高的处理温度和低的提取率也成为制约其发展的技术瓶颈(180℃,Li 和 Co 的浸出效率分别为 89.81%、50.30%)。Wang 等[63]通过循环伏安法筛选和优化了 DES 的设计,以 ChCl∶urea 为浸出剂,在 170/180℃、浸出 12h 的条件下,Li 和 Co 的浸出效率可达到 95%以上,但其较长的浸出时间和后续复杂的净化流程同样使得其在规模化的回收路线中不占据优势。

目前,从退役锂离子电池的回收技术发展态势来看,多技术复合联用已经成为当前新兴的研究趋势,同时也应注意多种技术联用应将各种技术的长处结合,不能为了单纯追求高的有价金属元素回收率,而给回收体系引入新的杂质或潜在污染物。新兴复合联用体系的建立,依赖于对传统回收体系的清晰认知,因此构建新回收利用体系的同时,也应注意不断完善传统回收工艺中的技术难点和关键环节。此外,如图 3-35 所示,现有退役锂离子电池工业化回收主要分为湿法冶金回收、火法冶金回收和湿-火法复合联用等三大技术体系。进一步将新型研发的回收技术转化为实实在在的工业化成果,增强产学研之间联系显得尤为重要。未来锂离子电池回收研究应从单元素的回收向高附加值产品的技术平台转化,技术研究应从实验室科研成果向产业化规模转化,而退役锂离子电池全组分、高值化、绿色化、简洁化工业回收技术也将为未来本领域的主要发展方向。

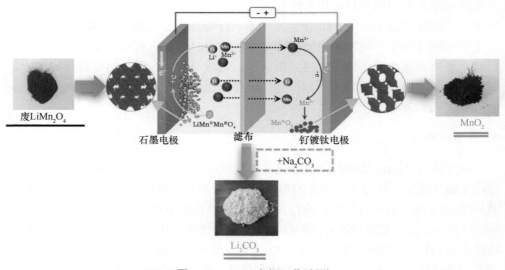

图 3-34   LMO 电解回收法[60]

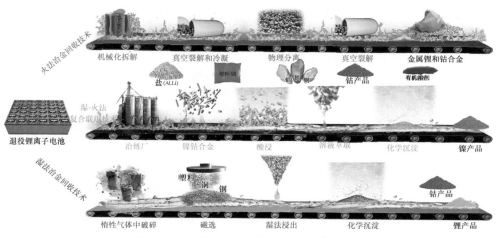

图 3-35　退役锂离子电池工业化回收路线[17]

国内外废旧锂离子电池回收的技术难点和痛点集中在系统深入研究短程高效且绿色环保的锂离子电池回收技术，以应对不断变化的大规模储能电池和新能源电动汽车动力电池回收需求，其科学问题源于国家重大需求和经济主战场，且具有鲜明的需求导向、问题导向和目标导向，特别是关注在阈值范围内控制杂质水平，保障修复再生电池材料综合性能，促使退役锂离子电池回收再利用基础研究成果走向应用。解决技术瓶颈背后的核心科学问题，有效实现退役锂离子电池的回收与资源化再生利用技术应用，真正实现锂离子电池的生产—使用—回收—再生整个过程的绿色化和可持续性发展，将为国内退役锂离子电池回收应用领域提供关键共性技术支撑。

参 考 文 献

[1] Li J, Wang G X, Xu Z M. Environmentally-friendly oxygen-free roasting/wet magnetic separation technology for in situ recycling cobalt, lithium carbonate and graphite from spent $LiCoO_2$/graphite lithium batteries[J]. Journal of Hazardous Materials, 2016, 302: 97-104.

[2] 杨利新. 三元和富锂正极材料的热力学性质计算模型研究[D]. 兰州理工大学, 2019.

[3] 王利. $LiCoO_2$ 在酸性焙烧环境中反应的热力学及影响因素研究[D]. 兰州理工大学, 2013.

[4] Schwitzgebel K, Lowell P S, Parson T B, et al. Estimation of heats of formation of binary oxides[J]. Journal of Chemical & Engineering Data, 1971, 16(4): 418-423.

[5] 马升平. 复合氧化物标准熵的加和计算法[J]. 有色金属(冶炼部分), 1987, (3): 58-59.

[6] Meshram P, Pandey B D, Mankhand T R. Hydrometallurgical processing of spent lithium ion batteries (LIBs) in the presence of a reducing agent with emphasis on kinetics of leaching[J]. Chemical Engineering Journal, 2015, 281: 418-427.

[7] Lv W G, Wang Z H, Cao H B, et al. A sustainable process for metal recycling from spent lithium-ion batteries using ammonium chloride[J]. Waste Management, 2018, 79: 545-553.

[8] 施丽华. 从废旧三元锂离子电池中回收有价金属的新工艺研究[J]. 有色金属(冶炼部分), 2018, (10): 77-80, 90.

[9] Wang J B, Chen M J, Chen H Y, et al. Leaching study of spent Li-ion batteries[J]. Procedia Environmental Sciences, 2012, 16: 443-450.

[10] Pagnanelli F, Moscardini E, Granata G, et al. Acid reducing leaching of cathodic powder from spent lithium ion batteries: glucose oxidative pathways and particle area evolution[J]. Journal of Industrial and Engineering Chemistry, 2014, 20(5): 3201-3207.

[11] Gao G L, Luo X M, Lou X Y, et al. Efficient sulfuric acid-Vitamin C leaching system: towards enhanced extraction of cobalt from spent lithium-ion batteries[J]. Journal of Material Cycles and Waste Management, 2019, 21(4): 942-949.

[12] 张艳敏, 林洁, 孙露敏. 有机化学[M]. 北京: 中国轻工业出版社, 2015.

[13] 胡久刚, 陈启元. 氨性溶液金属萃取与微观机理[M]. 长沙: 中南大学出版社, 2015.

[14] Li L, Chen R J, Sun F, et al. Preparation of $LiCoO_2$ films from spent lithium-ion batteries by a combined recycling process[J]. Hydrometallurgy, 2011, 108(3/4): 220-225.

[15] Li L, Zhang X X, Li M, et al. The recycling of spent lithium-ion batteries: a review of current processes and technologies[J]. Electrochemical Energy Reviews, 2018, 1(4): 461-482.

[16] Zhang X X, Li L, Fan E S, et al. Toward sustainable and systematic recycling of spent rechargeable batteries[J]. Chemical Society Reviews, 2018, 47(19): 7239-7302.

[17] Fan E S, Li L, Wang Z P, et al. Sustainable recycling technology for Li-ion batteries and beyond: challenges and future prospects[J]. Chemical Reviews, 2020, 120(14): 7020-7063.

[18] Li L, Ge J, Wu F, et al. Recovery of cobalt and lithium from spent lithium ion batteries using organic citric acid as leachant[J]. Journal of Hazardous Materials, 2010, 176(1-3): 288-293.

[19] 葛静. 废旧锂离子电池 $LiCoO_2$ 正极材料的再生研究[D]. 北京理工大学, 2010.

[20] Li L, Ge J, Chen R J, et al. Environmental friendly leaching reagent for cobalt and lithium recovery from spent lithium-ion batteries[J]. Waste Management, 2010, 30(12): 2615-2621.

[21] Li L, Dunn J B, Zhang X X, et al. Recovery of metals from spent lithium-ion batteries with organic acids as leaching reagents and environmental assessment[J]. Journal of Power Sources, 2013, 233: 180-189.

[22] 张笑笑. 废旧锂离子电池正极材料回收与资源化技术的研究[D]. 北京理工大学, 2011.

[23] Li L, Qu W J, Zhang X X, et al. Succinic acid-based leaching system: a sustainable process for recovery of valuable metals from spent Li-ion batteries[J]. Journal of Power Sources, 2015, 282: 544-551.

[24] Sayilgan E, Kukrer T, Yigit N O, et al. Acidic leaching and precipitation of zinc and manganese from spent battery powders using various reductants[J]. Journal of Hazardous Materials, 2009, 173(1/3): 137-143.

[25] Li L, Lu J, Ren Y, et al. Ascorbic-acid-assisted recovery of cobalt and lithium from spent Li-ion batteries[J]. Journal of Power Sources, 2012, 218: 21-27.

[26] Li L, Fan E S, Guan Y, et al. Sustainable recovery of cathode materials from spent lithium-ion batteries using lactic acid leaching system[J]. ACS Sustainable Chemistry & Engineering, 2017, 5(6): 5224-5233.

[27] Sun L, Qiu K Q. Organic oxalate as leachant and precipitant for the recovery of valuable metals from spent lithium-ion batteries[J]. Waste Management, 2012, 32(8): 1575-1582.

[28] Li L, Lu J, Zhai L Y, et al. A facile recovery process for cathodes from spent lithium iron phosphate batteries by using oxalic acid[J]. CSEE Journal of Power and Energy Systems, 2018, 4(2): 219-225.

[29] 张笑笑. 废旧锂离子电池的回收处理与资源化利用[D]. 北京理工大学, 2016.

[30] Zhang X, Bian Y F, Xu S W Y, et al. Innovative application of acid leaching to regenerate LiNi$_{1/3}$Co$_{1/3}$Mn$_{1/3}$O$_2$ cathodes from spent Lithium-ion batteries[J]. ACS Sustainable Chemistry & Engineering, 2018, 6(5): 5959-5968.

[31] Li L, Bian Y F, Zhang X X, et al. Economical recycling process for spent lithium-ion batteries and macro-and micro-scale mechanistic study[J]. Journal of Power Sources, 2018, 377: 70-79.

[32] He L P, Sun S Y, Mu Y Y, et al. Recovery of Lithium, nickel, cobalt, and manganese from spent Lithium-ion batteries using l -tartaric acid as a leachant[J]. ACS Sustainable Chemistry & Engineering, 2017, 5(1): 714-721.

[33] Gao W F, Zhang X H, Zheng X H, et al. Lithium carbonate recovery from cathode scrap of spent Lithium-ion battery: a closed-loop process[J]. Environmental Science and Technology, 2017, 51(3): 1662-1669.

[34] Nayaka G P, Manjanna J, Pai K V, et al. Recovery of valuable metal ions from the spent lithium-ion battery using aqueous mixture of mild organic acids as alternative to mineral acids[J]. Hydrometallurgy, 2015, 151: 73-77.

[35] Nayaka G P, Zhang Y J, Dong P, et al. Effective and environmentally friendly recycling process designed for LiCoO$_2$ cathode powders of spent Li-ion batteries using mixture of mild organic acids[J]. Waste Management, 2018, 78: 51-57.

[36] Park Y, Lim H, Moon J H, et al. High-yield one-pot recovery and characterization of nanostructured cobalt oxalate from spent lithium-ion batteries and successive Re-synthesis of LiCoO$_2$[J]. Metals, 2017, 7(8): 303.

[37] Fu Y P, He Y Q, Chen H C, et al. Effective leaching and extraction of valuable metals from electrode material of spent lithium-ion batteries using mixed organic acids leachant[J]. Journal of Industrial and Engineering Chemistry, 2019, 79: 154-162.

[38] 范二莎, 李丽, 林娇, 等. 低温熔融盐辅助高效回收废旧三元正极材料[J]. 储能科学与技术, 2020, (2): 1-10.

[39] Wang D H, Wen H, Chen H J, et al. Chemical evolution of LiCoO$_2$ and NaHSO$_4$·H$_2$O mixtures with different mixing ratios during roasting process[J]. Chemical Research in Chinese Universities, 2016, 32(4): 674-677.

[40] 王大辉, 王耀军, 陈怀敬, 等. LiCoO$_2$ 在酸性焙烧环境中元素赋存形式的演变规律及分布特征研究[J]. 稀有金属材料与工程, 2016, (6): 1500-1504.

[41] Wang D H, Zhang X D, Chen H J, et al. Separation of Li and Co from the active mass of spent Li-ion batteries by selective sulfating roasting with sodium bisulfate and water leaching[J]. Minerals Engineering, 2018, 126: 28-35.

[42] Zhang X D, Wang D H, Chen H J, et al. Chemistry evolution of LiNi$_{1/3}$Co$_{1/3}$Mn$_{1/3}$O$_2$-NaHSO$_4$·H$_2$O system during roasting[J]. Solid State Ionics, 2019, 339: 114983.

[43] Ren G X, Xiao S W, Xie M Q, et al. Recovery of valuable metals from spent lithium-ion batteries by smelting reduction process based on MnO-SiO$_2$-Al$_2$O$_3$ slag system[J]. Transactions of Nonferrous Metals Society of China, 2017, 27: 450-456.

[44] Xiao S W, Ren G X, Xie M Q, et al. Recovery of valuable metals from spent lithium-ion batteries by smelting reduction process based on MnO–SiO$_2$–Al$_2$O$_3$ slag system[J]. Journal of Sustainable Metallurgy, 2017, 3(4): 703-710.

[45] Lin J, Liu C W, Cao H B, et al. Environmentally benign process for selective recovery of valuable metals from spent lithium-ion batteries by using conventional sulfation roasting[J]. Green Chemistry, 2019, 21(21): 5904-5913.

[46] Fan E S, Li L, Lin J, et al. Low-temperature molten-salt-assisted recovery of valuable metals from spent lithium-ion batteries[J]. ACS Sustainable Chemistry & Engineering, 2019, 7(19): 16144-16150.

[47] Hu J T, Zhang J L, Li H X, et al. A promising approach for the recovery of high value-added metals from spent lithium-ion batteries[J]. Journal of Power Sources, 2017, 351: 192-199.

[48] 李敦钫, 王成彦, 尹飞, 等. 废锂离子电池钴酸锂的碳还原和硫酸溶解[J]. 有色金属, 2009, 61(3): 83-86.

[49] Wang W Q, Zhang Y C, Liu X G, et al. A simplified process for recovery of Li and Co from spent LiCoO₂ cathode using Al foil as the in situ reductant[J]. ACS Sustainable Chemistry & Engineering, 2019, 7(14): 12222-12230.

[50] Chen Y M, Liu N N, Hu F, et al. Thermal treatment and ammoniacal leaching for the recovery of valuable metals from spent lithium-ion batteries[J]. Waste Management, 2018, 75: 469-476.

[51] Fan E S, Li L, Zhang X X, et al. Selective recovery of Li and Fe from spent lithium-Ion batteries by an environmentally friendly mechanochemical approach[J]. ACS Sustainable Chemistry & Engineering, 2018, 6(8): 11029-11035.

[52] Li L, Bian Y F, Zhang X X, et al. A green and effective room-temperature recycling process of LiFePO₄ cathode materials for lithium-ion batteries[J]. Waste Management, 2019, 85: 437-444.

[53] Saeki S, Lee J, Zhang Q, et al. Co-grinding LiCoO₂ with PVC and water leaching of metal chlorides formed in ground product[J]. International Journal of Mineral Processing, 2004, 74(Suppl.): S373-S378.

[54] Wang M M, Zhang C C, Zhang F S. An environmental benign process for cobalt and lithium recovery from spent lithium-ion batteries by mechanochemical approach[J]. Waste Management, 2016, 51: 239-244.

[55] Liu K, Tan Q Y, Liu L L, et al. Acid-free and selective extraction of lithium from spent lithium iron phosphate batteries via a mechanochemically induced isomorphic substitution[J]. Environmental Science & Technology, 2019, 53(16): 9781-9788.

[56] Jing Q K, Zhang J L, Liu Y B, et al. E-pH diagrams for the Li-Fe-P-H₂O system from 298 to 473 K: thermodynamic analysis and application to the wet chemical processes of the LiFePO₄ cathode material[J]. The Journal of Physical Chemistry C, 2019, 123(23): 14207-14215.

[57] Zhang J L, Hu J T, Liu Y B, et al. Sustainable and facile method for the selective recovery of lithium from cathode scrap of spent LiFePO₄ batteries[J]. ACS Sustainable Chemistry & Engineering, 2019, 7(6): 5626-5631.

[58] Zhang Q W, Lu J, Saito F, et al. Room temperature acid extraction of Co from LiCo₀.₂Ni₀.₈O₂ scrap by a mechanochemical treatment[J]. Advanced Powder Technology, 2000, 11(3): 353-359.

[59] Yang Y X, Zheng X H, Cao H B, et al. A closed-loop process for selective metal recovery from spent lithium iron phosphate batteries through mechanochemical activation[J]. ACS Sustainable Chemistry & Engineering, 2017, 5(11): 9972-9980.

[60] Li Z, He L, Zhao Z W, et al. Recovery of lithium and manganese from scrap LiMn₂O₄ by slurry electrolysis[J]. ACS Sustainable Chemistry & Engineering, 2019, 7(19): 16738-16746.

[61] 张萌. 基于熔盐体系电解法和萃取法提取铈的研究[M]. 北京: 冶金工业出版社, 2019.

[62] Tran M K, Rodrigues M-T F, Kato K, et al. Deep eutectic solvents for cathode recycling of Li-ionbatteries[J]. Nature Energy, 2019, 4 (4): 339-345.

[63] Wang S B, Zhang Z T, Lu Z G, et al. A novel method for screening deep eutectic solvent to recycle the cathode of Li-ion batteries[J]. Green Chemistry, 2020, 22 (14): 4473-4482.

第4章　锂离子电池正极材料资源再生综合利用技术

锂离子电池正极材料资源再生综合利用是通过正极材料回收再生技术，将退役锂离子电池正极材料的回收产物或正极活性废料进行再设计、再加工、再合成、修复再生新材料的一种产物高值化的资源利用技术。与传统的回收再利用技术相比，资源综合利用技术可以通过技术优化、工艺优化、结构优化，以较低生产成本达到合成高附加值产物的目标。通过对现有技术的梳理，本章将从以下三个部分进行分析：锂离子电池前驱体及电极材料再生制备技术、资源高值化综合利用技术、电池材料短程修复技术，分别对应最终产物的三个状态，即新合成正极材料、高附加值其他材料、修复再生的电极材料。以这三种目标产物为切入点，分析三类典型的综合利用技术并总结和展望。

目前，利用退役锂离子电池回收处理技术得到的产物，重新添加电极材料中缺失的金属元素，运用合成电极材料工艺生成新的正极材料，以实现废料—产物的闭环回收链工艺技术受到了人们的广泛关注。但是在重新合成过程中，杂质进入电极材料的途径会比工业生产电极材料更加复杂，同时，冗长的工艺流程也制约着新材料的生产成本。因此，研究高值化的合成路线和短程修复技术是未来技术发展的新趋势。本章对现有资源化利用技术进行了归纳和梳理，同时也对未来可能的技术发展方向进行了展望，可为新型资源再生体系提供借鉴，最终为多层次、立体化的退役锂离子正极材料综合利用体系的构建提供技术支撑和理论指导。

4.1　锂离子电池前驱体及材料再生制备技术

锂离子电池前驱体及材料再生制备技术是指正极材料经湿法浸出/火法焙烧后，以回收浸出液或回收产物代替反应原材料，进行前驱体及电极材料的重新合成制备的技术。其中主要技术路线包括前驱体的合成及新材料的制备，对于锂离子电池正极材料来说，常用的合成方法主要包括高温固相合成法、水热合成法、溶胶凝胶法、电沉积再生法和共沉淀法等，针对不同正极材料合成目标，选用合适的技术手段来实现新材料的合成，因此，确定回收材料与技术手段的耦合关联方式显得尤为重要。

在前驱体及电极材料的合成过程中，引入杂质是不可避免的。如果直接以退役正极材料浸出液为合成新材料的原料[1]，浸出液中含有杂质对新合成电极材料的电化学性能会造成极大的影响。这主要是因为浸出液中存在的杂质会抑制共沉淀时前驱体的形成,尤其是铝杂质的存在会干扰煅烧过程,使前驱体颗粒不均匀,进而影响合成电极材料的电化学性能。因此,这类直接利用浸出溶液并适当添加定量锂、镍、钴、锰盐后所合成的正极材料,其电化学性能与商业化正极材料相比会明显降低。目前最佳方法是利用选择性浸出液,将所获得的镍、钴、锰化合物进行提纯后再进行合成制备,该方法可获得具有表面形貌均一和电化学性能良好的电极材料。

4.1.1　固相合成法

在退役锂离子电池正极材料资源化利用中,固相合成一般指的是高温固相合成,按照化学计量比,通过向回收产物中添加缺失的金属元素,利用高温作用将相互接触的反应物活化,通过原子或离子的扩散,制备新的正极材料。值得注意的是,为了使产物均一化,焙烧前反应物必须混合均匀,而且反应需要在高温下进行。此外,在固相合成过程中,有三种因素对焙烧产物的电化学性能影响较大,分别是反应物的接触面积、产物的成核速率及固相间离子的扩散速率。这些因素的限制使得反应物必须符合这些因素。因此,在电极材料合成之前,除了均匀的混合以外,还需保证原料的比表面和活性要高,这样才可能合成出具备良好形貌和优异性能的正极材料。

正极废料浸出液经化学除杂后,可以利用高温固相合成方法直接重新合成新的电极材料。三元材料相对于钴酸锂材料而言,在合成过程中对反应条件和煅烧气氛等要求比较严格。因此,三元材料在固相合成过程中不仅要控制各种金属盐的添加比例,还要控制合成过程中的各项反应参数。对于钴酸锂正极材料的固相合成再生方法,Nan 等[2]使用硫酸将钴酸锂浸出后,向浸出液中加入沉淀剂草酸铵溶液,形成钴的草酸盐沉淀后,加入 Acorga M5640 和 1 mol/L 的 Cyanex272 萃取溶液中的铜和钴,以碳酸锂沉积的形式回收锂。结果表明,90%左右的钴以草酸盐的形式沉积,杂质含量不超过 0.5%,在整个回收流程中 98%以上的铜和 97%以上的钴被回收。以回收的钴、锂化合物为原料,调整钴与锂的摩尔比为 1∶1,研磨均匀后的样品先在 600℃下焙烧 6 h,然后在 800℃下再次焙烧 10 h 后,合成出 $LiCoO_2$ 正极材料。

此外,也有一些关于三元材料固相合成再生材料的研究报道[3-5]。Yang 等[6]将混合正极材料 $LiCoO_2$、$LiMn_2O_4$ 和 $LiNi_xCo_yMn_{1-x-y}O_2$ 溶于硫酸-双氧水浸出体系,然后用 10%的萃取剂 E2DHPA,在 pH 为 4.8 下将杂质离子 Al^{3+}、Fe^{3+} 和 Cu^{2+}去除,后以固定摩尔比加入硫酸盐,加入氨水和氢氧化钠共沉淀制得前驱体后,以固态烧结法制备新的正极材料。再生三元正极材料如图 4-1 所示,其形貌规整,且在 EDXS 中未发现其他杂质。正极混合材料与单一电池正极材料回收路线基本一致，均为将电极材料溶于酸性介质后将有价金属元素分离回收。由于有价金属元素的进一步分离会给回收工艺带来额外的经济投入，研究者将目光纷纷投至了以前端回收浸出液为原料，有价金属元素无需分离，进行简单去除杂质后即可重新合成新的电极材料。Eric 等使用 4 mol/L 的硫酸为浸出剂，加入 10 mL 的 50%（质量分数）的双氧水为还原剂将三元材料浸出，在 65～70℃反应 2 h 后，添加氢氧化钠调节溶液 pH 至 6.45～6.5 后，得到镍、钴、锰的氢氧化物沉淀，依据比例添加镍、钴、锰的硫酸盐，在 pH 为 11 时得到镍钴锰的前驱体，然后以 1∶1.1 加入锂源碳酸锂，球磨 48 h 后在马弗炉空气气氛下 900℃焙烧 15 h 即得到正极材料[7]。

图 4-1　再生 LCO 的形貌及 EDXS 图谱[6]

　　相比于三元材料和钴酸锂的再合成利用，磷酸铁锂的固相合成也受到了研究人员的广泛关注[8-17]。废弃 LiFePO₄ 的回收技术路线如图 4-2 所示，将酸浸后的正极材料添加铁源、锂源和磷源后进行固相合成。

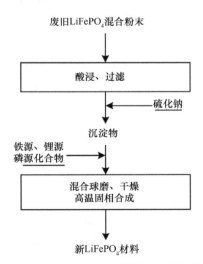

图 4-2　废弃 LiFePO₄ 的回收技术路线[9]

与传统的磷酸铁锂固相合成再生不同，Shin 等[8]将回收得到的 LiFePO₄ 粉末与碳源在 700℃下共焙烧 10 h，以确保粉末中所有的 Fe²⁺氧化为 Fe³⁺，然后将热处理后的材料溶于 6 mol/LHCl 溶液中，磁力搅拌 6 h 后，加入 6.25%的 NH₄OH 后调节 pH 至 5，即获得黄色的非晶态的 FePO₄·xH₂O 粉末。然后将其分散于 95℃的去离子水中，通过添加 5 mol/L 的 H₃PO₄ 溶液调节 pH 至 1.5，得到结晶态的 FePO₄·2H₂O，过滤、水洗后得到白色的 FePO₄·2H₂O 粉末。将计量化的 LiOH·H₂O 和 6%（质量分数）的碳源球磨以后，在氩氢混合（95%Ar/5%H₂）焙烧气氛下升温至 700℃并保温 8 h，即可得到修复后的 LiFePO₄ 正极材料。分步回收的 FePO₄·2H₂O，通过高温固相合成法得到新的 LiFePO₄ 正极材料，依次在 0.1 C、0.2C、0.5C 和 1C 倍率下进行充放电，其可逆放电比容量分别达到了 156.66 mA·h/g、154.58 mA·h/g、149.85 mA·h/g 和 139.03 mA·h/g，并在 1 C 倍率下循环 25 周后放电比容量保持率为 98.95%（图 4-3）。

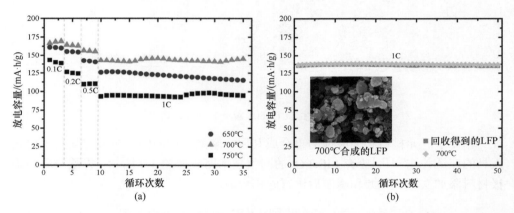

图 4-3　650℃、700℃和 750℃的倍率放电容量（a）及 700℃合成的 LFP 的容量循环效率（b）[8]

对再生电池材料进行精准调控，合成具有特殊结构的中间产物，从而改善再生正极材料的电化学性能。Zheng 等[10]提出了一种再生 LiFePO₄ 的新工艺。将预处理得到的退役正极材料，用硫酸溶解后加入 NH₄OH 溶液调节 pH 至 2，过滤干燥后得到非晶态水合 FePO₄，并通过添加不同表面活性剂研究对 FePO₄·2H₂O 形貌及性能的影响。为了得到 α-石英结构的 FePO₄，将得到的非晶态水合 FePO₄ 在 700℃下焙烧 5 h。向酸浸后的滤液中加入 Na₂CO₃，沉淀得到锂的化合物 Li₂CO₃。为了重新合成 LiFePO₄，将回收得到的 Li₂CO₃ 和 FePO₄ 以 Li、Fe、P 摩尔比为 1.05∶1∶1 的比例混合均匀，先后在 300℃保温 4 h 后，升温至 700℃保温 10 h，即可得到重新制备的 LiFePO₄ 材料，重新制备的 LiFePO₄ 的电化学性能与工业级产品相当。

退役磷酸铁锂正极材料直接修复技术，即将分离集流体后得到的失效 LiFePO₄，通过加入铁源、锂源和磷源等化合物，调节铁、锂和磷的化学计量比，在加入蔗糖后置于氩氢混合气氛中或直接在惰性气氛中 700℃下煅烧 9h，得到新的 LiFePO₄ 正极材料[12]。Pei 等[13]研究了利用退役锂离子电池回收材料制备新的 LiFePO₄，将预处理后得到的退役 LiFePO₄，加入 Li₂CO₃、Fe(NO₃)₃·9H₂O 和 NH₄H₂PO₄，调整 Li、Fe 和 P 的摩尔比为 1.05∶1∶1，与酸性磷酸盐混合均匀，置于马弗炉中在 600～800℃下，煅烧 10～20 h，得到新的 LiFePO₄ 材料。重新合成新的 LiFePO₄ 焙烧的最佳条件为在 N₂ 气氛下煅烧 10h，如图 4-4 所示。研究结果表明，该重新合成的 LiFePO₄ 为不规则颗粒，粒径 5～10 μm，分散性好，且表现出良好的电化学性能。

图 4-4　重新合成的 LiFePO₄ 的扫描电镜图[13]

也有学者通过再次焙烧以提高材料的电化学性能。杨秋菊等[15]采用高温固相合成法直接再生，将预处理得到的废弃 ICP-OES LiFePO₄ 粉末经 ICP 测试分析后，得到粉料中 Li⁺、Fe²⁺ 和 PO₄³⁻ 的含量。经碳酸锂、磷酸二氢铵、草酸亚铁调节 Li、Fe 和 P 的比例为 1.1∶1∶1 后进行混合均匀球磨，在氮氢混合气氛下进行一次焙烧，后升温至 700℃进行二次焙烧，即得到修复后的 LiFePO₄ 正极材料。研究结果表明，二次焙烧过程中，在空气中烧结除杂，会将混合前驱体物料中 Fe²⁺ 氧化为 Fe³⁺，从而导致二次焙烧后得到的新 LiFePO₄ 正极材料晶型发生变化，使得修复的 LiFePO₄ 正极材料电化学性能下降。因此，如何进一步优化固相合成条件，仍有待深入研究。

4.1.2　水热合成法

水热合成法是指在特制的密闭反应容器（高压釜）中，以水为主要反应介质，通过加热创造高温高压的反应环境，在超临界状态下，合成电极材料的方法。在水热合成过程中，高温可以促进晶核的快速形成，使粒子快速生长，形成小尺寸的纳米颗粒。水热合成法制备材料主要分为两个阶段：第一阶段，水解和氧化；

第二阶段，混合金属氧化物的中和。在亚临界和超临界水热条件下（温度，100～1000℃；压力，1 MPa～1 GPa），由于反应处于分子水平，反应活性提高，因而水热反应可以替代某些高温固相反应，制备出具有特殊形貌的电极材料。此外，由于反应是在密闭高压釜反应器内进行的，研究反应温度、体系压力、装满度等对反应有重要影响的反应参数具有重要意义。

　　Wang 等[18]利用回收得到的 Li_3PO_4 作为锂源，通过水热合成法重新合成新的 LFP 正极材料。将回收得到的 LFP/C 混合粉末，在 600℃下煅烧，确保 Fe^{2+} 完全氧化，这是因为氧化后的材料更容易溶解在 HCl 溶液中。将经过处理的正极材料粉末在 4 mol/L 的 HCl 溶液中浸出，然后添加 6 mol/L 的 $NH_3·H_2O$ 调节体系 pH 为 2 时可得到 Fe^{3+} 沉淀物 $FePO_4$。将 $FePO_4$ 过滤后调节滤液 pH 为 7，并添加沉淀剂 Na_3PO_4，即可得到 Li^+ 的沉淀物 Li_3PO_4。为了纯化 Li_3PO_4，将得到的 Li_3PO_4 溶解于 2 mol/L H_3PO_4 溶液中，调节 pH 为中性后用蒸馏水和乙醇对回收的 Li_3PO_4 进行多次洗涤，干燥后即可得到纯度较高的 Li_3PO_4。以摩尔比 1∶1 添加回收得到的 Li_3PO_4 和分析纯的 $FeSO_4·7H_2O$，经水热合成法即可得到合成的 LFP 正极材料。特别是在 200℃下，采用水热反应重新合成的 LFP/C，0.2C 时可逆放电容量为 157.2 mA·h/g，具有良好的倍率性能。如图 4-5 所示，合成后得到的 LFP 与商业化、废旧的 LFP 进行比较，再合成 LEP 的形貌和晶型结构均优于废旧 LFP，但明显比商业化的 LFP 较差，为了获得更好的电化学性能，Wang 等用 Bi_2S_3 对 LFP 进行了修饰，取得了不错的效果。

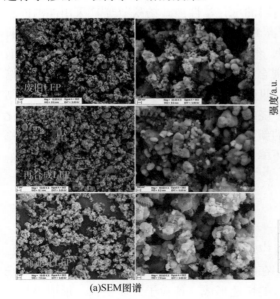

(a)SEM图谱　　　　　　　　　　(c)各元素含量

质量分数

样品	Li/%	Fe/%	P/%	C/%
废旧LFP	3.32	30.86	18.10	6.78
再合成LFP	3.95	31.25	18.47	6.67
商业化LFP	4.15	34.18	18.91	1.73

图 4-5　废旧 LFP、再合成的 LFP 与商业化的 LFP 的表征图谱[18]

水热合成法相比于固相合成法，其反应气氛无需调节，因此，在合成三元材料时有其独特的优点，而且水热合成，还可以有效调控产物的表面形貌，操作更为简洁。

4.1.3　溶胶凝胶法

溶胶凝胶法是为了解决高温固相合成法中反应物之间扩散慢和组分均匀性差的问题而产生的一种软化学方法[19]。在溶胶凝胶形成过程中，一般将有机或无机金属化合物的原材料在溶剂中分散，在溶液内发生水解/再聚合反应，进而形成溶胶凝胶，最后经过进一步干燥及热处理得到目标产物。

韩国循环回收利用研究中心的 Lee 和 Rhee[20]研究了利用退役锂离子电池正极材料酸浸后的溶液，采用溶胶凝胶方法合成新的 $LiCoO_2$ 正极材料，其酸浸过程采用了 HNO_3-H_2O_2 浸出体系，酸浸后向含有 Li 和 Co 的酸浸溶液中加入 $LiNO_3$，调节 Li 和 Co 的比例为 $1:1$，再加入一定量的柠檬酸螯合剂，混合均匀后蒸发至凝胶态，最后在 950℃高温煅烧 24 h，得到新的 $LiCoO_2$ 正极材料。再生 LCO 的 XRD 图谱及循环性能测试如图 4-6 所示，从 XRD 图谱中可以看出，产物中只有 $LiCoO_2$ 物相，无明显杂峰，且生成的正极材料晶型较好，通过对其进行电化学测试发现，其首周可逆充放电容量分别为 165 mA·h/g 和 154 mA·h/g，但是其循环性能较差。因此，合成过程中的杂质控制、技术路线、合成条件还需进一步的研究。

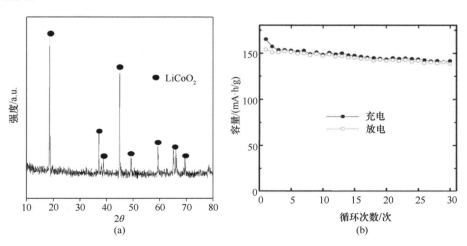

图 4-6　再生 LCO 的 XRD 图谱（a）及循环性能测试（b）[20]

北京理工大学课题组卞轶凡、李丽等[21]以混合电池材料 $LiCoO_2$、$LiMn_2O_4$、$LiCo_{1/3}Ni_{1/3}Mn_{1/3}O_2$ 为原料，以柠檬酸-双氧水浸出液为浸出体系，采用溶胶凝胶法将得到的酸浸溶液，重新合成新的 $LiNi_{1/3}Co_{1/3}Mn_{1/3}O_2$ 正极材料，浸取液中含有一定量来自预处理的 Al，而微量的 Al 掺杂可以提高材料的结构稳定性。掺杂 Al 进入正极材料主要是通过在溶胶凝胶合成过程中，调控酸浸溶液的 pH，进而控制溶液中 Al 的含量，找到最佳掺杂量以达到提升材料电化学性能的目的，使得 Al 以掺杂元素而不是杂质元素存在于新合成的再生材料中，将除杂问题转化为掺杂改性问题，进而提高材料的电化学性能。

基于柠檬酸与过渡金属离子（元素钴）摩尔比为 1∶1，加入锂、锰、钴、镍的乙酸盐调节 Mn^{2+}、Co^{2+} 和 Ni^{2+} 的摩尔比为 1∶1∶1，Li^+ 的含量过量 5%（由于锂的分子量较小，在烧结过程中容易挥发损失）。均匀混合后，用氨水调节溶液 pH 至 7，在磁力搅拌器上搅拌加快蒸发，温度设定在 80℃，待逐渐成为凝胶后，放入 80℃ 的干燥箱中烘 24 h，之后在 450℃ 下预烧结 5 h，研磨得到较细的颗粒，再在 900℃ 下烧结 12 h，最后研磨均匀得到三元正极材料 $LiNi_{1/3}Co_{1/3}Mn_{1/3}O_2$。如图 4-7 所示，溶胶凝胶法合成的颗粒主要为纳米小颗粒团聚在一起，颗粒尺寸<100 nm，纳米尺寸的颗粒可以保证材料与电解液有充分接触，减少锂离子脱嵌路径，进而可以改善材料的电化学性能。

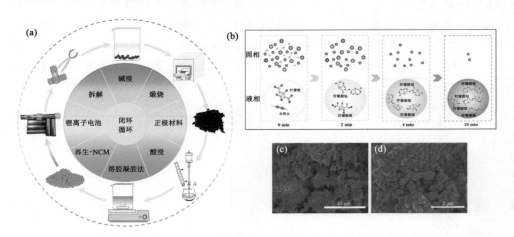

图 4-7　回收流程（a）、浸出机理（b）及重新合成的三元材料的扫描电镜图 [（c）和（d）][21]

微量 Al 离子掺杂进入再生材料的晶格结构，使得晶胞参数 a 和 c 发生了相应的变化，a 轴减小，c 轴增大。如图 4-8 所示，再生材料比新合成材料展现出了更好的放电容量、循环性能和倍率性能，在 0.2C 下循环 160 周后可逆放电容量保持为 140.7 mA·h/g，容量保持高达 93.9%，1C 倍率下经过 300 周的长循环后，可逆放电容量稳定在 113.2 mA·h/g，容量保持率为 75.4%，电化学性能的提高主要是由于微量 Al 离子的掺杂，其和氧的结合能更强，稳定了材料结构，增大了锂离子脱嵌的通道。由此可以看出，Al 掺杂对材料结构的稳定性有很积极的作用，较强的 Al—O 结合能在锂离子脱嵌过程中保持结构不变,抑制脱嵌过程中晶胞参数 *a* 和 *c* 的过度变化,同时维持锂的脱嵌电位。

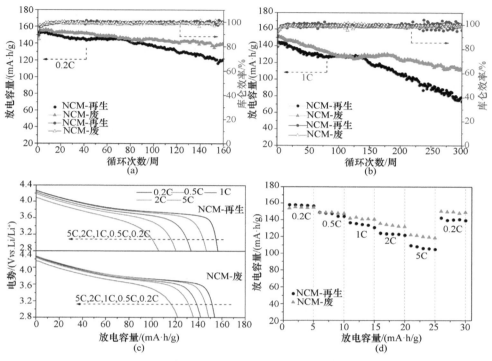

图 4-8　再生和废三元材料的电化学性能测试图[21]

以 D,L-苹果酸为浸出剂将废三元正极材料浸出后,Yao 等[22]采用 ICP-AES 对浸出液中的 Li、Ni、Co、Mn 的浓度进行了分析,以摩尔比为 1.05∶0.33∶0.33∶0.33 向浸出液添加相应的金属盐,调节体系 pH 为 8,在 80℃水浴温度下得到胶状混合物,干燥后于 400℃下焙烧 2h,然后升温至 650～950℃焙烧 2～8h 后,即得到 NCM 正极材料。

溶胶凝胶法的优点在于各组分可达原子级的均匀混合,产品化学均匀性好,纯度高,化学计量比可精确控制,热处理温度低且时间短,缺点是过程控制复杂,不易于大规模工业应用,目前主要用于实验室材料合成制备研究。

4.1.4　电沉积再生法

除固相合成法、水热合成法和溶胶凝胶法外,也可以采用电沉积法对有价金属元素进行资源循环利用。电沉积法是指在一定条件下,通过电化学沉积作用将富集液中贵金属离子还原为金属,沉积在阴极上回收有价金属的方法。

　　不同于常规处理方法，北京理工大学课题组孙凤、李丽等[23]提出了一种新的电沉积处理技术，建立了一种高效、产物纯度高、操作便利的电化学回收体系，可以直接将浸出液中的有价金属钴离子再生为电极材料。采用电化学法对退役锂离子电池浸出液中的有价金属进行回收处理，浸出液作为电解液，调整体系反应温度、电流密度、反应时间等条件，在阳极 Ni 片上制备出钴酸锂电极，其反应装置如图 4-9 所示。在适宜的反应条件下，在 Ni 片上可制备出均匀的黑褐色 $LiCoO_2$ 薄膜，薄膜用无水乙醇和去离子水清洗干燥后，即可得到再生的电极材料钴酸锂。

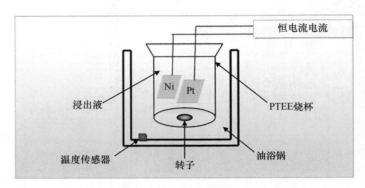

图 4-9　电化学技术再生钴酸锂的实验装置示意图[23]

　　依据 Tao 等[24]前期对电化学法制备 $LiCoO_2$ 薄膜的确切成膜研究，电化学法在基体 Ni 片上制备 $LiCoO_2$ 薄膜的成膜机制为反应式（4-1）～式（4-3）。如图 4-10 所示，孙凤[25]基于此原理，LiOH 溶液中的 $Co(OH)_2$ 在高浓度 OH^- 的作用下会溶解生成 $HCoO_2^-$，在电流的作用下，向正极 Ni 迁移，使得正极板附近 $HCoO_2^-$ 的浓度高于溶液原体系浓度，高浓度的 $HCoO_2^-$ 一方面会在正极板上形成 $Co(OH)_2$ 形式的沉积，同时在高浓度的 LiOH 溶液中会发生反应式（4-4），再生生成 $LiCoO_2$。

$$Co(OH)_2（suspending）\longrightarrow HCoO_2^- \longrightarrow CoOOH \longrightarrow LiCoO_2 \quad (4\text{-}1)$$

$$Co(OH)_2 + OH^- \longleftrightarrow HCoO_2^- + H_2O \quad (4\text{-}2)$$

$$HCoO_2^- \longrightarrow CoOOH + e \quad (4\text{-}3)$$

$$Li^+ + CoOOH \longrightarrow LiCoO_2 + H^+ \quad (4\text{-}4)$$

　　在电沉积再生钴酸锂的过程中，电流密度是电化学反应的驱动力，随着电流密度的增加，再生材料的结晶性下降，逐渐出现无定形态。而电流密度过小，合成反应受阻碍，将会有极少量的材料生成。反应温度对成膜也有重要的影响，温度过高，阳极反应速度快，使 $LiCoO_2$ 晶核形成速度过快，致使晶型择优取向生长

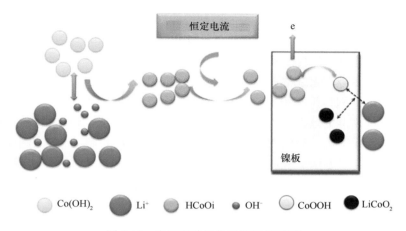

图 4-10　电沉积法再生钴酸锂机理[25]

受阻，沉积过程中吸附了过多的杂质和结晶水，出现一定的无定形态。而反应温度过低，电化学反应不能有效地进行，致使特征峰不明显，晶型结构不好，材料的电化学性能也受严重影响。此外，反应时间对成膜的影响也较明显。时间越长，沉积到基体上的薄膜越厚，会导致沉积到基体上的薄膜再被溶解，根据溶解-沉淀平衡，又被再次沉积到基体上，这一过程会破坏薄膜的趋向性，以致薄膜呈混乱状。

电沉积再生钴酸锂最适宜的电化学工艺条件是：在反应温度为 100℃条件下，控制电流密度为 1 mA/cm^2，反应时间为 20h。再生得到的钴酸锂的电化学性能如图 4-11 所示，再生后的 LiCoO$_2$，首次充电容量可以达到 138.8 mA·h/g 和 127.1 mA·h/g，充放电循环 30 周后，放电容量 113.1 mA·h/g，充放电效率有 96.5%，容量衰减小于 15%，表明再生后的 LiCoO$_2$ 材料有较好的电化学性能。实验证明，

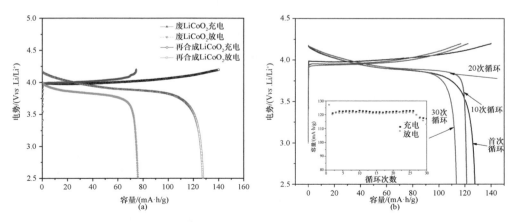

图 4-11　失效和再生钴酸锂首次充放电曲线（a）及再生钴酸锂电极的循环特性（0.1C）（b）[25]

通过电沉积再生钴酸锂对比于传统的固相合成和水热合成具有短程高效的特点，但关于提升电沉积再生钴酸锂的电化学性能仍需进一步探索和研究。

锂离子电池材料的再生技术，主要是利用电极材料的制备工艺，以正极材料回收浸出液为原料，通过常规的固相合成、水热合成等方法合成新的电极材料，也可以采用电沉积再生等方式进行电极材料再生，其工艺优缺点如表 4-1 所示。此外，正极材料再生技术也可以通过微波合成法、自蔓延燃烧合成法等锂离子电池正极材料合成工艺进行电极材料的再合成。但在电极材料再生过程中，也应该注意到常规的合成方法受浸出液中杂质的影响较大，需要经过提纯才能进行再合成。受原材料和合成工艺的限制，部分再生的正极材料电化学性能难以满足工业化的要求，而通过掺杂、涂覆等表面改性技术可以显著提升材料的电化学性能。因此，电池级前驱体和电极材料的再生技术还有待进一步完善和提高，材料再生过程中原子及离子的迁移富集规律也有待进一步研究。

表 4-1　锂离子电池前驱体及材料再生制备技术

合成方法	工艺细节	优点	缺点
固相合成法	利用回收得到的浸出液等产物为原料，添加相应缺失的金属元素后制备前驱体，制得的前驱体和锂源在高温作用下，通过原子或离子的扩散，反应物界面接触、反应、成核、晶体生长，从而得到新的再生的正极材料	具有合成工艺简单的优点	得到的产物组分均匀性控制较差，且在合成过程中，需要严格控制反应气氛和实验条件
溶胶凝胶法	将回收产物分散在溶剂中后，溶液内发生水解/再聚合反应，进而形成溶胶凝胶，最后经过进一步的干燥及热处理得到再合成的电极材料	溶胶凝胶法可以解决高温固相合成法中反应物之间扩散慢和组分均匀性差的缺点	溶胶凝胶法存在耗时长、流程较长等缺点
水热合成法	在特制的密闭反应容器（高压釜）中，以水为主要介质，通过加热创造超临界状态下（温度，100~1000℃；压力，1 MPa~1 GPa），进行合成反应，从而得到再合成的电极材料	该方法可以替代某些高温固相反应，制备出具有特殊形貌的电极材料	产物产量小
电沉积再生法	在一定的环境条件下，通过电流作用将有价金属富集液中贵金属离子进行还原，从而在阴极上得到再生的电极材料	电沉积再生法具有短程高效的特点	再生的实验条件需要严格控制

4.2　资源高值化综合利用技术

在退役的正极材料中，除了 LCO、NCM、NCA 等含有稀贵金属元素的正极材料回收再利用可获得较好的经济效益外，LFP 和 LMO 等材料回收仅可获得微薄的经济效益，甚至会出现亏损。为了提高回收退役锂离子电池的积极性，提高企业资源再利用过程的经济效益和保护生态环境可持续发展，构建高值化的综合利用技术显得尤为重要。锂离子电池正极材料的资源高值化综合利用技术主要包括材料的精细加工制备以及新型功能材料的合成。本节主要以高值化再加工技术为切入点，对现有技术体系进行梳理和归纳，并与退役锂离子电池正极材料回收利用技术进行联合，从而对未来废弃二次资源利用的新模式进行展望和提供可行的研究方向。

4.2.1　材料精细加工制备

材料的精细加工制备技术，是指锂离子电池正极材料回收处理后端，通过对材料再加工过程进一步的精准调控，从而制备含各种有价金属的高附加值产物或具有特殊形貌的目标产物（如超细镍粉和各种纳米晶），是一种具有较高的经济效益的增值化回收技术手段。Shin 等[26]将镍酸锂作为原料，用硫酸浸出后，添加 $N_2H_4 \cdot H_2O$ 为还原剂和 NaOH 沉淀剂，制得纳米级超细镍粉，其反应机制为式（4-5）～式（4-7）：

$$NiSO_4 + nN_2H_4 \longrightarrow [Ni(N_2H_4)_n]SO_4，\quad n = 2，3 \tag{4-5}$$

$$[Ni(N_2H_4)_n]SO_4 + 2NaOH \longrightarrow Ni(OH)_2 + nN_2H_4 + Na_2SO_4 \tag{4-6}$$

$$Ni(OH)_2 + N_2H_4 + H_2O \longrightarrow Ni + NH_3 + NH_4OH + O_2 \tag{4-7}$$

采用湿法冶金技术，以退役锂离子电池正极材料为原料，可合成具有特殊形貌的目标产物。如图 4-12 所示，Chen 等[27]采用退役正极材料钴酸锂为原料，合成了具有优异电化学性能的三维花朵状的 CoS。研究结果表明，在硫酸浓度为 1.2 mol/L、还原剂双氧水用量为 2 Vol%、固液比为 20 mL/g、浸出温度为 80℃、水浴浸出时间 90 min 等条件下，向浸出液中加入 NaOH 调节 pH 为 7，使用萃取剂 D2EHPA 将杂质过滤，然后添加 CH_4N_2S 在 180℃下水热反应 12 h，即可得到三维花状的 CoS，将钴的硫化物过滤后调节 pH，加入沉淀剂 Na_2CO_3，得到锂的碳酸盐沉淀。

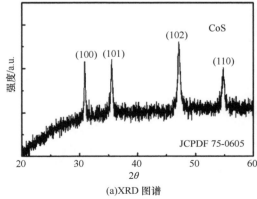

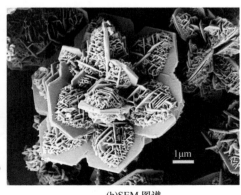

(a)XRD 图谱　　　　　　　　　　(b)SEM 图谱

图 4-12　三维花朵状的 CoS 的表征图谱[27]

除了以上处理手段，也可以通过电化学、优化浸出和焙烧工艺得到具有特殊形貌或尺寸的高附加值化工材料。获得附加值更高的回收产物，有必要探索不同处理条件下生成物的形貌演变规律和物理化学性能的变化，从而得到精细化产物与工艺流程的动态模型。对未来的精细化再加工路线的设计，应继续深入研究，追求更高附加值产物的工艺路线，并将回收处理技术与高值化再利用技术有机结合，尽可能简化缩短反应流程，从而获得更高的经济效益。

4.2.2 新型功能材料合成

相比于材料精细加工制备技术，新型功能材料合成具有更广阔的发展前景。利用火法冶金处理后的金属或合金产物，可以用作合金添加剂等，湿法浸出后的有价金属富集液可以依据不同的反应体系、晶体构型、特定用途制备不同功能的高附加值材料。因此，构建新型功能材料是未来退役锂离子电池正极材料资源化再生利用发展的重点。

北京理工大学刘芳、李丽等对退役锂离子电池正极材料锰酸锂进行酸浸处理后，制得具有吸附功能的 $\lambda\text{-MnO}_2$ 离子筛[28]。$\lambda\text{-MnO}_2$ 是目前综合性能最优良的离子筛之一，可以有效地从 Na^+、K^+、Ca^{2+}、Mg^{2+} 的含盐卤水中选择性吸附锂离子，还原生成具有尖晶石结构的锂锰氧化物，从而达到提取 Li 的目的。$\lambda\text{-MnO}_2$ 合成的工艺流程如图 4-13 所示，通过研究锰酸锂酸洗过程中固液比、浸出时间、盐酸浓度及超声辅助功率和浸出温度等因素，为 $\lambda\text{-MnO}_2$ 的制备优选最佳反应条件。同时，他们还系统研究了 CeO_2、Y_2O_3 对酸洗得到的 $\lambda\text{-MnO}_2$ 进行包覆，从而改善其吸附锂离子的能力。

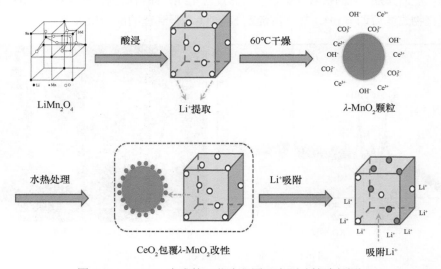

图 4-13 $\lambda\text{-MnO}_2$ 合成的工艺流程图及表面改性途径[28]

　　酸洗过程中，锂的洗脱率随盐酸浓度升高而略微增加，锰的溶损率则随盐酸浓度升高而快速增长，因此，盐酸浓度较高将不利于保持离子筛尖晶石结构的稳定性。在超声辅助浸出过程中，当超声波作用于液体时，强大的拉应力将液体"撕开"形成空洞，称为空化效应。因空化作用形成的小气泡会随周围介质的振动而不断运动、长大或突然破碎。破碎时周围液体突然冲入气泡而产生高温、高压，同时产生激波。这种极限环境可以促进非均相界面之间的搅动和相界面的更新，加速界面间的传质和传热过程，从而加快化学反应速率，进而使体系在较低温度下实现 Li 高效脱出。研究结果表明，离子筛制备的最佳反应条件为：固液比 1∶250，盐酸浓度 0.2 mol/L，在 40℃下超声振动 30 min，得到结晶优良的 λ-MnO_2。

　　关于具有吸附功能的 MnO_2，研究人员已针对不同结构的 MnO_2 进行了前期研究[29,30]。Yang 等[29]利用废 $LiMn_2O_4$ 正极材料为原料，制备了 λ、γ、β 三种类型的 MnO_2，并将其作为电化学电容器的电极材料。将预处理得到的 2.715 g MnO_2 与 40 mL 的 0.5 mol/L 硫酸溶液，在室温下磁力搅拌 3 h，过滤干燥后即得到 λ-MnO_2；将预处理得到的 2.715 g MnO_2，与 20 mL 的 1 mol/L 硫酸液，放入聚四氟乙烯内衬的不锈钢高压反应釜中，于 140℃下反应 24 h，过滤干燥后即得到 γ-MnO_2；将预处理得到的 2.715 g MnO_2，与 20 mL 的 1 mol/L 硫酸溶液，放入聚四氟乙烯内衬的不锈钢高压反应釜中在 160℃下反应 24 h，冷却至室温过滤干燥后即得到 β-MnO_2，由退役锰酸锂合成的不同晶型 MnO_2 的 XRD 图谱如 4-14 所示。

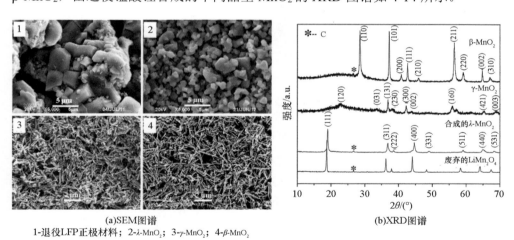

(a)SEM图谱
1-退役LFP正极材料；2-λ-MnO_2；3-γ-MnO_2；4-β-MnO_2

(b)XRD图谱

图 4-14　退役 $LiMn_2O_4$ 正极材料及不同晶型结构 MnO_2 的 SEM 和 XRD 图谱[29]

　　利用正极材料中有价金属除了合成功能型新材料外，还可以合成具有特殊结构的材料，如壳层结构的电化学催化剂等[31,32]。Assefi 等[31]以退役锂离子电池、废旧镍镉电池和液晶面板为原料，成功制备了核壳结构的纳米 Co_3O_4 和 NiO 催化剂。除此之外，Mao 等[32]利用退役锂离子电池正极材料合成了具中空微球结构的 Co₃O₄，并对其形貌和结构进行了微观表征，如图 4-15 所示。结果表明，通过简单水热合成制备得到的 Co₃O₄ 空心微球具有大量的介孔、较高的比电容和良好的稳定性，有利于制备高性能的超级电容器电极。而其优异的电化学性能是由其中空微结构、大比表面积和众多介孔的协同作用产生的。

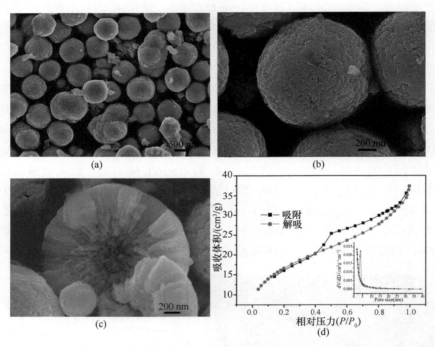

图 4-15　以 HNO₃ 浸出液为钴源，在 160℃ 18h 反应条件下得到 Co₃O₄ 的 SEM 图像和 N₂ 吸附等温线[32]

（a）～（c）SEM 图谱；（d）N₂ 吸附等温线

此外，还可以利用金属-有机框架材料（metal-organic frameworks，MOFs）构型设计新型功能材料，MOFs 材料及其衍生物可以作为未来退役锂离子电池有价金属的高附加值研究方向之一。常见的 MOFs 材料主要有骨架柔性的来瓦希尔骨架材料（materials of institute lavoisier，MIL）系列、材料稳定孔道规则的 MOF 系列、大表面积高热稳定性的 ZIF（zeolitic imidazolate framework）系列和具有特殊形貌及电催化活性的普鲁士蓝系列等。

退役锂离子电池的资源高值化综合利用，应该立足于当前本领域重要需求产物或新型高价值材料的研发。通过提升退役锂离子电池正极材料回收再利用技术，将回收得到的产物价值最大化，从而有效促进工业化回收行业的蓬勃发展。高值化再利用应与回收处理技术相衔接，设计短程、高效、高值化的回收技术路线，以国家需求和市场需求为目标，达到物尽其用的目标。此外，还应该注意在退役锂离子电池正极材料回收过程中，将全组分回收的概念进行普及。如何在回收体系中实现全组分高价值地回收利用，应继续深入研究。

4.3　电池材料短程修复技术

锂离子电池经过反复充放电后，其正极材料可能发生的物理化学变化主要包括微观结构相转变、锂析出、正极材料与集流体之间的黏结剂脱落等，因此，退役锂离子电池拆解得到的正极材料结构性质存在多样性和不一致性。针对不同失效原因，需采用相应的回收处理技术对其进行回收资源化再生，力争做到溯源分类、动态调控、分类处理，这对于降低资源回收成本和避免资源浪费具有重要意义。因此，构建电池安全-失效检测体系对于退役锂离子电池回收十分重要。将退役锂离子电池拆解分类后，结构程度变化不大或发生可逆变化的正极材料可以进行直接修复处理，而破坏程度较大或不满足直接修复工艺的正极材料，可以采用回收技术将其中有价金属材料回收。

材料短程修复技术是指利用物理或化学方法将层状结构、尖晶石结构或橄榄石结构未发生坍塌或结构变化可逆的正极材料，利用原位焙烧、电化学等短程修复技术进行元素补充，对正极材料晶体结构进行再修复，使正极材料恢复或达到原来电化学性能的一种技术。通常来说，锂离子电池性能衰减一般由正极材料锂缺失、负极 SEI 过度生长及正极材料和晶体结构变化引起的。对于锂缺失的正极材料，一般通过锂盐原位焙烧和电化学补锂法进行修复，由晶体结构变化导致性能衰减的修复，主要通过高温固相合成等方法进行修复。目前，关于锂离子电池正极材料直接修复再生技术及其相关机理研究仍有待完善和深入，积极探索具有原创性的技术路线进行材料短程修复具有重大意义。

4.3.1　高温原位修复

高温原位修复法，是将退役锂离子电池正极材料添加锂盐或其他化合物后，在高温焙烧的环境中，使锂离子通过颗粒接触，进入失效正极材料晶格位点，从而恢复正极材料电化学性能的一种方法。值得注意的是，在高温修复前，正极材料与锂盐必须混合均匀，反应物粒经大小合适，才有利于在焙烧过程中锂离子的扩散，进而获得修复效果较好的正极活性材料。

通常可通过直接补锂后，在高温条件下煅烧修复经过预处理的正极废料，合成再生的电极材料。Liu 等[33]将碳酸锂和废钴酸锂以摩尔比 1：1 混合均匀，在空气气氛环境中，于温度 850℃焙烧 12 h。合成的钴酸锂中不含 Co_3O_4 相，且有较好的电化学性能。Nie 等[34]将碳酸锂和废钴酸锂以摩尔比 1.05：1 进行混合，后于

900℃焙烧 12 h，得到电化学性能较好的电极材料。高温修复钴酸锂材料的作用机制是在高温作用下 Li^+ 可以与钴酸锂分解产生的 Co_3O_4 重新结合，形成新电极材料，也有可能是高温作用下 Li^+ 有效地占位补充缺锂状态的空位。Chen 等[35]研究预处理得到的正极材料粉末在升温过程中发生的一系列变化，首先是粉末中吸附水和结晶水蒸发，然后残留的黏结剂高温裂解、钴酸锂重新结晶并生成 Co_3O_4，最后残余石墨高温裂解，加入碳酸锂补锂后，生成的 Li^+ 可以与高温下生成的Co_3O_4继续反应生成新的钴酸锂，发生的化学转化为式（4-8）和式（4-9）。如图 4-16 所示，对不同补锂量焙烧后修复的正极材料进行电化学性能测试，结果表明，添加锂源再次合成的电极材料可以恢复正极材料的电化学性能，以最佳修复比例修复后，再生的正极材料首次可逆放电容量达 150.3 mA·h/g。

$$Li_{1-x}CoO_2 \longrightarrow (1-x)LiCoO_2 + x/3Co_3O_4 + x/3O_2 \tag{4-8}$$

$$Co_3O_4 + 3Li^+ + O_2 \longrightarrow 3LiCoO_2 \tag{4-9}$$

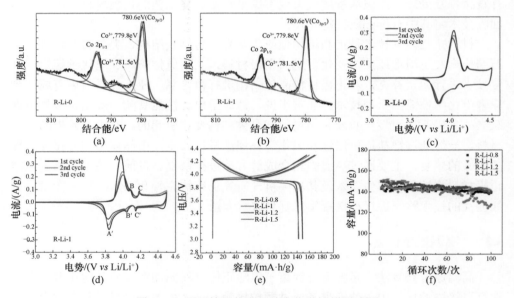

图 4-16　不同补锂状态下的电化学性能测试[35]

Lu 等[36]以退役锂离子电池钴酸锂为原料，采用高温原位修复工艺，将回收得到的正极材料和 Li_2CO_3 以摩尔比 1.05∶1，在 750℃焙烧环境下合成了 $LiCoO_2$。在回收过程中，$LiCoO_2$ 层状结构可能被破坏，低温热处理可以恢复 $LiCoO_2$ 原有的层状结构，但高温热处理会进一步破坏层结构，所以选择合适的热处理温度可以对 $LiCoO_2$ 层状结构进行修复，可以得到较好性能的电极材料[37]。

除此之外，也可以将预处理得到的正极废料添加锂源后，经水热或短暂热处理形成新的电极材料。Chen 等采用两种方法对循环放电后的正极材料进行修复处理，一种是采用水热-烧结法合成新正极电池材料；另一种是直接以废正极材料进行高温固相烧结[38]。将循环放电后的正极材料与 4 mol/L 的氢氧化锂（LiOH）溶液，或 1 mol/L 的 LiOH 和 1.5 mol/L Li_2SO_4 的混合溶液，在以聚四氟乙烯作内衬的高压釜中以水热法先合成正极材料前驱体后，再在 800℃下进行热处理 4 h。水热-烧结处理再生过程，可以提高材料结晶度和消除结构缺陷，不但材料中的锂含量能回复到原始水平，其表面的尖晶石和岩盐结构也能转变为层状结构，再生材料保留了其原有的形貌和尺寸分布。直接高温固相烧结法是指将定量的碳酸锂与循环后材料在空气和氧气两种气氛下进行高温 850℃煅烧 12h。研究结果表明，在氧气中进行直接烧结可以将 NCM 材料的表面结构都转变为层状结构，然而在空气中进行直接烧结后，具有高镍含量的 NCM523 颗粒表面仍存有岩盐相，并不能完全转变回层状结构。而对于 NCM111 正极材料，在氧气和空气中直接烧结的效果相同。

　　Song 等[39]采用焙烧-水热合成法制备了新的 $LiFePO_4$，首先将退役 $LiFePO_4$ 在空气气氛中，温度为 500℃的环境中焙烧 3 h，通过补偿 Li^+ 后经水热合成法修复处理得到新的 $LiFePO_4$ 正极材料，LFP 与石墨的失效与再生机制如图 4-17 所示，正极材料的失效主要是锂的缺失和部分晶体结构的破坏引起的。在前期煅烧过程中 $LiFePO_4$ 分解生成少量的 Li_3PO_4、Fe_2O_3 和 $FePO_4$，但在后续的水热过程中会重新合成 $LiFePO_4$。由于 $LiFePO_4$ 价格较为低廉，工业上的回收利用受到了经济因

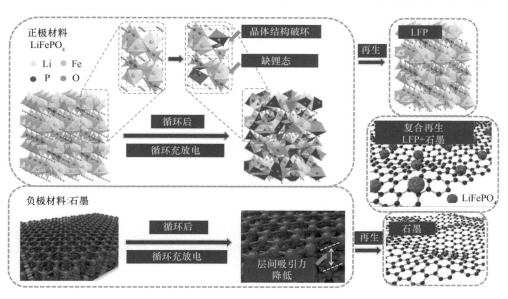

图 4-17　LFP 与石墨的失效与再生机制[39]

素的制约，如何以其为原料合成高附加值的产物是今后研究的热点之一，而利用多种技术体系联用降低生产成本也是其未来发展的关键。卞都成等[40,41]则通过补加不同摩尔量的 Li_2CO_3，得出了修复退役 $LiFePO_4$ 正极材料的技术路线，即向预处理后的正极废料中加入 10%的 Li_2CO_3 和 15%的葡萄糖，将乙醇作为分散剂，混合均匀球磨 2 h 后，在 N_2 气氛中先升温至 350℃保温 4 h，然后升温至 650℃保温9 h，最后得到修复再生的 $LiFePO_4$ 正极材料。结果表明，添加适量 Li_2CO_3，经高温固相合成修复后，可有效补充退役 $LiFePO_4$ 中因充放电而缺失的锂，从而也验证了退役 $LiFePO_4$ 锂电池的失效机制之一是 $LiFePO_4$ 中锂的缺失。

除了补充锂源进行高温修复，Song 等也尝试添加部分新的电极材料修复退役正极材料[42]，通过向废 $LiFePO_4$ 正极材料中掺入新 $LiFePO_4$ 来进行重新合成，实验证明当掺杂比例达到 3∶7 时，在 N_2 气氛下 700℃保温 8 h 得到的 $LiFePO_4$ 正极材料，在 0.1C 倍率下进行充放电，其可逆放电容量可达 144 mA·h/g，但其修复作用机制尚不清晰。

通过共晶熔融盐、机械活化-固态烧结等方式，可将缺锂态的正极材料直接再生利用。Shi 等[43]提出猜想，利用高浓度的 Li^+ 共晶熔融盐溶液，可以在不施加任何额外压力的情况下，有效地还原由于锂缺乏而失效的正极材料的电化学性能。以摩尔比为 2∶3 的 $LiNO_3$ 和 $LiOH$ 的锂盐混合物形成共晶熔融盐，其混合熔点可以低至 176℃。选用经多次充放电的 NCM523 正极材料为原材料，然后将共晶熔融盐和 NCM523 的混合物在常压下加热到 300℃，并保持 24 h，以便有足够的时间让 Li^+ 通过粒子扩散，从而使缺锂的正极晶体缺陷完全还原。实验证明，正极废料表面的层状盐相和岩盐相的变化是可以逆转的。利用共晶熔融盐可以有效地恢复材料的电化学性能。

在锂离子正极材料高温原位修复过程中，一般加入锂源为补充物质，在高温、高压、超/亚临界水等环境条件下将正极材料进行修复，修复后正极材料与退役正极材料相比，其电化学性有明显提升，但是相对于新电极材料而言，其电化学性能仍待进一步提升。

4.3.2　电化学补锂

电化学补锂，是指通过电化学反应使 Li^+ 嵌入正极材料中，一般是将正极材料与金属 Li 组成半电池，以富锂溶盐或金属锂为补锂剂，对正极材料中缺失的锂通过"充电"的方式进行补偿嵌锂，从而达到补锂的目的。这种方法比较简单，能够有效控制嵌入锂的量，适合在实验室中进行。

杨则恒等[44]研究认为，退役磷酸铁锂电池失效的主要原因是正极材料 $LiFePO_4$ 中锂元素的缺失，由于 $LiFePO_4$ 的结构稳定，退役 $LiFePO_4$ 电池正极材料

可以视为 Li_xFePO_4（$0 < x < 1$），经过电化学补锂后即可得到修复再生的 $LiFePO_4$ 正极材料。基于此思路，将经过循环充放电后的退役 $LiFePO_4$ 电池正极材料进行简单回收处理后，重新制成正极片，利用充放电过程，将负极金属锂片中的锂补充到 Li_xFePO_4 中。研究发现，相比于退役的 $LiFePO_4$，修复再生后的 $LiFePO_4$ 表现出了良好的电化学性能，在 0.1C 下首次放电比容量由 114 mA·h/g 提升至 133 mA·h/g，表明电化学补锂可以对退役 $LiFePO_4$ 进行修复再生。

电化学补锂相较于固态高温原位修复简单易操作，可以较好地控制补锂的量，适合在实验室中使用，但在电化学补锂过程中，其工艺条件参数调整受限，特别是难以修复一些结构破坏而导致电化学性能下降的正极材料，导致其在实际生产中实用价值较低。化学补锂方法在合成的过程中加入过量的锂源，造成了资源的浪费，且在再生过程中实验条件的控制比较复杂，但是由于其更加适应工业化的处理方式，因此其在规模化补锂的过程中更具有实用价值。随着智能化、万物互联时代的到来，通过数据共享和实时检测电池运行状态，精准易操作的电化学补锂法可能还会大放光彩。

4.3.3　其他直接修复技术

除了高温原位修复和电化学补锂之外，研究人员还通过简单的机械分选[45]和热处理技术[46-48]得到电极材料。与前两种修复技术相比，经过简单机械分选和热处理的电极材料含有过多杂质，难以满足对锂离子电池电化学性能的要求。因此，新型材料修复技术应该在避免杂质引入、缩减工艺流程、降低能耗的前提下，采用绿色可持续化、节约化、短程化的方式，发展新型的电池正极材料直接修复技术。

Wang 等[46]研究了从退役 $LiFePO_4$ 锂离子电池中再生正极材料，首先将正极片粉碎，通过筛分将正极粉末中的铝箔筛出，在 N_2 气氛下先于 300℃下焙烧 2 h，然后升温至 750℃保温 7 h，得到修复后的 $LiFePO_4$ 正极材料。结果表明，在 0.2C 放电倍率下，其放电比容量可达 150.99 mA·h/g，这是由于在热处理时碳将 $LiFePO_4$ 颗粒包覆形成了特殊导电结构，其反应原理如图 4-18 所示。此外，Xu 等[48]将循

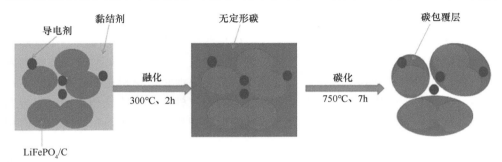

图 4-18　退役 $LiFePO_4$ 再生原理图[46]

环后的 $LiFePO_4$ 置于锂盐（LiOH）和柠檬酸的混合溶液中补锂后，经热处理（600℃/2h、N_2 气氛）得到再生的正极材料，在 0.5C 倍率循环 1000 周后，容量仍可高达 150 mA·h/g。在缺锂态正极材料的 Fe^{3+} 补锂迁移过程中，还原剂柠檬酸可以降低其静电排斥力，从而降低晶体结构补锂过程中的激活势垒。虽然通过这种方式降低了再生的热处理温度，但变长的处理工序及过程中可能存在杂质离子掺杂的问题及其规模化的处理工艺优化仍需进一步研究。

综上所述，锂离子电池正极材料直接修复技术是否可行，前提是对正极材料的品质有一定要求，如果正极材料在充放电过程中结构被严重破坏，直接修复对其电化学性能提升没有显著效果。因此，需要对正极材料进行分类分选，满足修复要求的可采用直接修复技术恢复其电化学性能。不满足修复要求的，利用之前所介绍的物理或化学方法对退役正极材料进行回收与资源再生综合利用。总体上，从简单高效、短程有序、环境友好等设计理念出发，利用自修复概念对锂离子电池的前端材料进行设计也是今后该领域重点研究方向之一。失效分析—回收处理—资源再生耦合关联图见图 4-19。

图 4-19   失效分析—回收处理—资源再生耦合关联图

从退役锂离子电池的失效机制出发，通过正极材料的回收利用，结合锂离子电池前驱体及材料再生制备技术、资源高值化综合利用技术、电池材料短程修复技术等资源再生综合利用技术，建立完善的耦合关联体系。以材料的失效机制为关联点，凭借材料的物质属性，决定退役锂离子电池正极材料是回收利用还是修复再生，同时依据生产目标的要求选择合适的回收处理技术体系和直接修复再生体系，从而构建全方位、立体化、多层次的退役锂离子电池正极材料的资源再利用体系。

锂离子电池全生命周期技术和工艺如图 4-20 所示。随着研究深入，新的回收技术与理论体系不断充实着全生命周期理论框架的构建。此外，在追求新型技术发展的同时，需要对工艺流程进行系统性梳理，构建动态的回收技术体系和耦合框架，为推动锂离子电池全生命周期资源综合利用体系提供技术保证和理论支持。

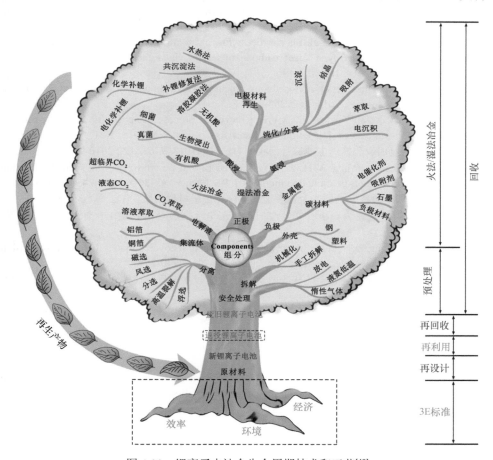

图 4-20　锂离子电池全生命周期技术和工艺[49]

参 考 文 献

[1] Krüger S, Hanisch C, Kwade A, et al. Effect of impurities caused by a recycling process on the electrochemical performance of LiNi$_{0.33}$Co$_{0.33}$Mn$_{0.33}$O$_2$[J]. Journal of Electroanalytical Chemistry, 2014, 726: 91-96.

[2] Nan J M, Han D M, Zuo X X. Recovery of metal values from spent lithium-ion batteries with chemical deposition and solvent extraction[J]. Journal of Power Sources, 2005, 152(1/2): 278-284.

[3] Zou H Y, Gratz E, Apelian D, et al. A novel method to recycle mixed cathode materials for lithium ion batteries[J]. Green Chemistry, 2013, 15(5): 1183-1191.

[4] Zheng R J, Wang W H, Dai Y K, et al. A closed-loop process for recycling $LiNi_xCo_yMn_{(1-x-y)}O_2$ from mixed cathode materials of lithium-ion batteries[J]. Green Energy and Environment, 2017, 2(1): 42-50.

[5] Zhang X H, Xie Y B, Cao H B, et al. A novel process for recycling and resynthesizing $LiNi_{1/3}Co_{1/3}Mn_{1/3}O_2$ from the cathode scraps intended for lithium-ion batteries[J]. Waste Management, 2014, 34(9): 1715-1724.

[6] Yang Y, Song S L, Jiang F, et al. Short process for regenerating Mn-rich cathode material with high voltage from mixed-type spent cathode materials via a facile approach[J]. Journal of Cleaner Production, 2018, 186: 123-130.

[7] Gratz E, Sa Q, Apelian D, et al. A closed loop process for recycling spent lithium ion batteries[J]. Journal of Power Sources, 2014, 262: 255-262.

[8] Shin E J, Kim S, Noh J K, et al. A green recycling process designed for $LiFePO_4$ cathode materials for Li-ion batteries[J]. Journal of Materials Chemistry A, 2015, 3(21): 11493-11502.

[9] 刘志远. 一种废旧磷酸铁锂电池综合回收的方法: CN101847763A[P], 2010-09-29.

[10] Zheng R J, Zhao L, Wang W H, et al. Optimized Li and Fe recovery from spent lithium-ion batteries: via a solution-precipitation method[J]. RSC Advances, 2016, 6(49): 43613-43625.

[11] 朱允广. 废旧磷酸铁锂的回收及过渡金属氧化物负极材料的研究[D]. 浙江大学, 2013.

[12] 潘英俊. 以磷酸铁锂为正极材料的废旧锂离子电池回收及再利用[D]. 哈尔滨工业大学, 2012.

[13] Pei F, Wu Y, Zhang W H, et al. Preparing $LiFePO_4$ using recovered materials from waste Li-ion battery[J]. Advanced Materials Research, 2013, 726-731: 2940-2944.

[14] 谢英豪, 余海军, 欧彦楠, 等. 从废旧动力电池中回收制备磷酸铁锂[J]. 电源技术, 2014, 38(12): 2239-2241, 2257.

[15] 杨秋菊, 赵世超, 王楠, 等. 废旧动力锂离子电池中磷酸铁锂的再生[J]. 电池, 2014, 44(1): 60-62.

[16] 陈永珍, 黎华玲, 宋文吉, 等. 废旧磷酸铁锂材料碳热还原固相再生方法[J]. 化工进展, 2018, 37(S1): 133-140.

[17] Shangguan E B, Wang Q, Wu C K, et al. Novel application of repaired $LiFePO_4$ as a candidate anode material for advanced alkaline rechargeable batteries[J]. ACS Sustainable Chemistry & Engineering, 2018, 6(10): 13312-13323.

[18] Wang X, Wang X Y, Zhang R, et al. Hydrothermal preparation and performance of $LiFePO_4$ by using Li_3PO_4 recovered from spent cathode scraps as Li source[J]. Waste Management, 2018, 78: 208-216.

[19] 王伟东, 仇卫华, 丁倩倩. 锂离子电池三元材料: 工艺技术及生产应用[M]. 北京: 化学工业出版社, 2015.

[20] Lee C K, Rhee K I. Preparation of $LiCoO_2$ from spent lithium-ion batteries[J]. Journal of Power Sources, 2002, 109(1): 17-21.

[21] Li L, Bian Y F, Zhang X X, et al. Process for recycling mixed-cathode materials from spent lithium-ion batteries and kinetics of leaching[J]. Waste Management, 2018, 71: 362-371.

[22] Yao L, Yao H S, Xi G X, et al. Recycling and synthesis of $LiNi_{1/3}Co_{1/3}Mn_{1/3}O_2$ from waste lithium ion batteries using d, l-malic acid[J]. RSC Advances, 2016, 6(22): 17947-17954.

[23] Li L, Chen R J, Sun F, et al. Preparation of $LiCoO_2$ films from spent lithium-ion batteries by a combined recycling process[J]. Hydrometallurgy, 2011, 108(3/4): 220-225.

[24] Tao Y, Zhu B J, Chen Z H. Studies on the morphologies of $LiCoO_2$ films prepared by soft solution processing[J]. Journal of Crystal Growth, 293(2): 382-386.

[25] 孙凤. 电化学法回收再生钴酸锂的研究[D]. 北京理工大学, 2010.

[26] Shin S M, Lee D W, Wang J P. Fabrication of nickel nanosized powder from $LiNiO_2$ from spent lithium-ion battery[J]. Metals, 2018, 8(1): 6.

[27] Chen H Y, Zhu X F, Chang Y, et al. 3D flower-like CoS hierarchitectures recycled from spent $LiCoO_2$ batteries and its application in electrochemical capacitor[J]. Materials Letters, 2018, 218: 40-43.

[28] Li L, Qu W J, Liu F, et al. Surface modification of spinel lambda-MnO_2 and its lithium adsorption properties from spent lithium ion batteries[J]. Applied Surface Science, 2014, 315: 59-65.

[29] Yang Z H, Mei Z S, Xu F F, et al. Different types of MnO_2 recovered from spent $LiMn_2O_4$ batteries and their application in electrochemical capacitors[J]. Journal of Materials Science, 2013, 48(6): 2512-2519.

[30] Natarajan S, Bajaj H C. Recovered materials from spent lithium-ion batteries (LIBs) as adsorbents for dye removal: equilibrium, kinetics and mechanism[J]. Journal of Environmental Chemical Engineering, 2016, 4(4): 4631-4643.

[31] Assefi M, Maroufi S, Yamauchi Y, et al. Core–shell nanocatalysts of Co_3O_4 and NiO shells from new (discarded) resources: sustainable recovery of cobalt and nickel from spent lithium-ion batteries, Ni–Cd batteries, and LCD panel[J]. ACS Sustainable Chemistry & Engineering, 2019, 7(23): 19005-19014.

[32] Mao Y Q, Shen X Y, Wu Z H, et al. Preparation of Co_3O_4 hollow microspheres by recycling spent lithium-ion batteries and their application in electrochemical supercapacitors[J]. Journal of Alloys and Compounds, 2019, 816: 152604.

[33] Liu Y J, Hu Q Y, Li X H, et al. Recycle and synthesis of $LiCoO_2$ from incisors bound of Li-ion batteries[J]. Transactions of Nonferrous Metals Society of China (English Edition), 2006, 16(4): 956-959.

[34] Nie H H, Xu L, Song D W, et al. $LiCoO_2$: recycling from spent batteries and regeneration with solid state synthesis[J]. Green Chemistry, 2015, 17(2): 1276-1280.

[35] Chen S, He T, Lu Y, et al. Renovation of $LiCoO_2$ with outstanding cycling stability by thermal treatment with Li_2CO_3 from spent Li-ion batteries[J]. Journal of Energy Storage, 2016, 8: 262-273.

[36] Lu M, Zhang H A, Wang B C, et al. The re-synthesis of $LiCoO_2$ from spent lithium ion batteries separated by vacuum-assisted heat-treating method[J]. International Journal of Electrochemical Science, 2013, 8(6): 8201-8209.

[37] Song D W, Wang X Q, Nie H H, et al. Heat treatment of $LiCoO_2$ recovered from cathode scraps with solvent method[J]. Journal of Power Sources, 2014, 249: 137-141.

[38] Shi Y, Chen G, Chen Z. Effective regeneration of $LiCoO_2$ from spent lithium-ion batteries: A direct approach towards high-performance active particles[J]. Green Chemistry, 2018, 20(4): 851-862.

[39] Song W, Liu J W, You L, et al. Re-synthesis of nano-structured $LiFePO_4$/graphene composite derived from spent lithium-ion battery for booming electric vehicle application[J]. Journal of Power Sources, 2019, 419: 192-202.

[40] 卞都成, 刘树林, 孙永辉, 等. 废旧 $LiFePO_4$ 正极材料的循环利用及电化学性能[J]. 硅酸盐学报, 2015, 43(11): 1511-1516.

[41] 卞都成, 刘树林, 田院. 固相补锂法再利用废旧 $LiFePO_4$ 正极材料及电化学性能[J]. 无机盐工业, 2016, 48(2): 71-74.

[42] Song X, Hu T, Liang C, et al. Direct regeneration of cathode materials from spent lithium iron phosphate batteries using a solid phase sintering method[J]. RSC Advances, 2017, 7(8): 4783-4790.

[43] Shi Y, Zhang M H, Meng Y S, et al. Ambient-pressure relithiation of degraded $Li_xNi_{0.5}Co_{0.2}Mn_{0.3}O_2$ ($0<x<1$) via eutectic solutions for direct regeneration of lithium-ion battery cathodes[J]. Advanced Energy Materials, 2019, 9(20): 1900454.

[44] 杨则恒, 张俊, 吴情, 等. 废旧锂离子电池正极材料 $LiFePO_4/C$ 的电化学修复再生[J]. 硅酸盐学报, 2013, 41(08): 1051-1056.

[45] 聂赫赫, 宋大卫, 宋继顺, 等. 废旧磷酸铁锂动力电池中正极材料回收及性能研究[C]. 第17届全国固态离子学学术会议暨新型能源材料与技术国际研讨会, 2014: 1.

[46] Wang L H, Jian L, Zhou H M, et al. Regeneration cathode material mixture from spent lithium iron phosphate batteries[J]. Journal of Materials Science Materials in Electronics, 2018, 29(11): 1-8.

[47] Li X L, Zhang J, Song D W, et al. Direct regeneration of recycled cathode material mixture from scrapped $LiFePO_4$ batteries[J]. Journal of Power Sources, 2017, 345: 78-84.

[48] Xu P P, Dai Q, Gao H P, et al. Efficient Dirent Recycling of Lithium-Ion Battery Cathodes by Targeted Healing[J]. Joule, 2020. (In Press)

[49] Zhang X X, Li L, Fan E S, et al. Toward sustainable and systematic recycling of spent rechargeable batteries [J]. Chemical Society Reviews, 2018, 47(19): 7239-7302.

第5章 锂离子电池负极材料回收
与资源化综合利用技术

5.1 引　言

锂离子电池自 20 世纪 90 年代大规模商业化以来，以其高比能量、轻便、高循环性且污染小等诸多优点，被广泛应用于移动电话、笔记本电脑和移动电源等消费类电子产品中。随着科技的进步，其在航空航天、军事、医疗等领域也发挥着极其重要的作用。目前，锂离子电池在新能源汽车领域以及大规模工业储能系统等新兴领域蓬勃发展[1]。随着世界范围内电子产品和电动汽车使用量的不断增加，锂离子电池的消耗量急剧增加，锂电池的产量也逐渐从 2005 年的 20.5 亿只增长为 2016 年的 58.6 亿只。对锂电池的预计报废量及市场空间进行了测算，关注在装机量位居前列的磷酸铁锂、三元锂电池。2018 年，磷酸铁锂电池安装量为 21.6 GW·h，三元锂电池安装量为 30.7 GW·h。预计到 2025 年，磷酸铁锂电池安装量为 24.2 GW·h，三元锂电池安装量为 448.4 GW·h。每年都有大量的锂离子电池退役。例如，2016 年全年生产的电动汽车的预期寿命为 9 年，那么到 2025 年，电动汽车产生的约 20.3 万 t 燃料桶将进入废物流。因此，电动汽车在不久的将来将成为废物池的主要来源之一[2]。

蓄电池的梯级使用将是这些退役电池的首要出路。然而，对于那些不能梯队使用的废旧电池，拆除后回收有价值的材料才是唯一的选择。废锂电池中含有大量的钴、镍、锰、锂等稀贵重金属和有机物，若不进行有效的回收处理，不仅会造成资源的严重浪费，还会因为其含有有害物质，如电解质而造成严重的环境污染。近年来，针对废锂电池正极材料的回收研究较多，且更多关注钴酸锂以及三元材料的分离与提纯。2015 年，《中共中央关于制定国民经济和社会发展第十三个五年规划的建议》提出全面节约和高效利用资源的战略部署。目前，电池回收领域主要是回收材料中的贵金属钴、铜以及锂盐等，回收率为材料总用量的 3%。这种低效率的回收利用方式，造成了极大的资源浪费，同时产生巨量的废弃物。今后将会有越来越多的锂电池失效报废需要进行回收处理。随着锂电池的产能飞速扩大，简单以圆柱电池来说，平均 45 g 的电池中约有 20%的石墨材料，有超过 5200 万 kg 的负极材料等待回收[3]。负极活性材料中含有高达 97%的石墨等碳材料，而 Li 残留物大部分保留在石墨晶格空隙和以 Li_2O、LiF、Li_2CO_3、$ROCO_2Li$、CH_3OLi 等形式存在于 SEI 组分中，在这些材料中，Li_2O、$ROCO_2Li$ 和 CH_3OLi 是水溶性的，而其他的几乎不溶于水。因此，对负极全组分进行回收和再利用是非常有意义的[4]。

5.2　锂离子电池负极材料回收技术

5.2.1　负极材料深度净化技术

由于锂离子电池组的组装复杂、电极材料多样，一个完整的废旧锂离子电池的回收通常需要两个典型的步骤：物理过程和化学过程。废旧的锂离子电池仍有剩余能量，可能导致回收过程中的火灾和爆炸[1]。因此，要对废旧锂离子电池在回收前进行放电处理。物理过程，包括前处理，如拆卸、破碎、筛分、磁选、洗涤、热预处理等，将锂离子电池进行拆解[5]。

锂离子电池由电池壳、正极、负极、有机隔膜和有机电解质组成。电池壳主要由不锈钢镀镍金属或塑料组成。正极由涂有活性材料的铝板制成。大多数商业锂离子电池的正极主要为锂钴氧化物（$LiCoO_2$），通常含有 90% 的 Li_2CoO_3、7%～8% 的乙炔黑和 3%～4% 的有机黏合剂。负极由涂有活性材料的铜板组成，活性材料主要含 90% 石墨、4%～5% 的乙炔黑和 6%～7% 的有机物。正极和负极的厚度为 0.18～0.20 mm，由 10 μm 隔板分开。根据锂离子电池的结构和组成，目前废旧锂离子电池处理的回收情况主要集中在从正极材料回收钴和锂，分离后剩余大量的负极石墨碳粉末长期未得到人们的重视[6]。

对负极活性材料的资源化利用开展研究，夏静等[7]采用 XRD、SEM、GC-MS、ICP-AES 等检测手段对废锂离子电池负极活性材料中石墨的结构、有机物的种类及锂、钴等金属的含量进行了测试分析。如图 5-1 所示，对废旧负极进行 XRD 衍射测试，结果表明，经历完整的电化学过程后，废锂离子电池负极活性材料仍为典型的六方的石墨结构，呈现出了石墨结构的典型 XRD 衍射峰。通过对废旧负极活性石墨材料的表面形貌进行 SEM 表征发现，石墨材料仍然是层状结构，充放电过程并没有破坏石墨的结构特性。但是，石墨颗粒表面并不光滑，可以看到被黏稠的物质包覆。结合负极物质的组成和特点，分析可知，该黏稠物质为有机胶黏剂聚偏氟乙烯、PVDF、有机电解质及增塑剂等。

此外，通过对负极活性材料中的金属元素进行 ICP-AES 分析（表 5-1 列出了废锂离子电池负极活性材料中含量最多的几种金属元素），发现废锂电池负极粉末中锂的含量高达 31.03 mg/g。废旧锂离子电池负极的石墨粉末所含组分不仅可以进行石墨的回收再利用，而且其中的锂含量相当于 12.8% 的 LiO_2。如今，为了生态和环境保护，锂的长期回收是非常重要的，其可作为重要的二次锂矿石资源。因此，对负极全组分进行回收和再利用具有非常重要的意义。

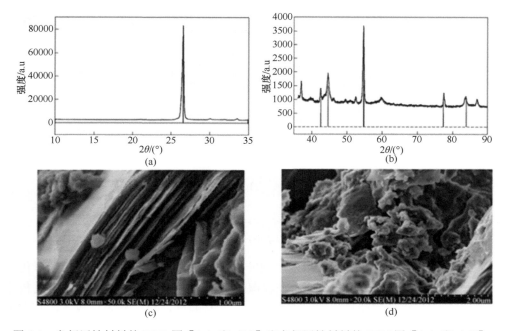

图 5-1　负极活性材料的 XRD 图〔（a）和（b）〕和负极活性材料的 SEM 图〔（c）和（d）〕

表 5-1　负极活性材料中主要的金属元素

金属	含量/（mg/g）
锂	31.03
铜	0.091
钴	0.42
铁	0.02

　　锂离子电池负极材料中还含有大量铜，基于铜和碳粉各自的不同特性，周旭等[8]采用如图 5-2 所示的锤振破碎、振动筛分与气流分选组合工艺对废锂电池负极组成材料进行分离与回收。首先，将负极样品放入破碎机中粉碎，取一定的待筛选分离的锂离子电池废旧负极加入如图 5-2 所示的实验装置进行气流分选，将废旧锂离子电池负极放置在流化床中；调节气体流速，依次使颗粒床层经固定床、床层松动、初始流态化直至充分流化而使金属与非金属颗粒相互分离，其中，轻组分被气流带出流化床，经旋风分离器进行收集，重组分则停留在流化床底部。此种装置可有效实现碳粉与铜箔间的相互剥离，基于颗粒间尺寸差和形状差的振动过筛，可使铜箔与碳粉得以初步分离。锤振剥离与筛分分离结果显示，铜与碳粉分别富集于粒径大于 0.250 mm 和粒径小于 0.125 mm 的粒级范围内，品位分别高达 92.4%和 96.6%，回收后的铜和碳粉可直接送下游企业回收利用。

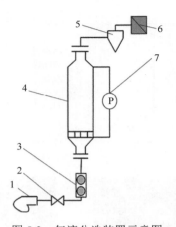

图 5-2　气流分选装置示意图

1-鼓风机；2-阀门；3-转子流量计；4-流化床；5-气旋；6-袋式过滤器；7-压降压力计

卢毅屏等[9]针对废旧锂离子电池中的集流体、活性物质、黏结剂的物理化学性质差异，分别使用高温焙烧法、物理擦洗法和稀酸浸出-搅拌擦洗法对分离集流体与活性物质进行了研究。发现纯铜箔不溶于稀硫酸，将废弃负极放入稀硫酸溶液中并和物理擦洗一同作用可以直接回收铜箔和石墨，此操作过程较其他工艺成本低，操作流程较短，操作简单。

5.2.2　负极材料选择性提锂技术

根据负极电极中锂含量高的分析结果，Guo 等[10]以盐酸为浸出剂，过氧化氢为还原剂，采用酸浸工艺从废锂电极中回收锂。主要的工作流程如图 5-3 所示。首先，使用放电后的废旧锂离子电池，以防止短路和规避自燃的危险。将它们手动拆卸分成不同的部分：正极、负极、有机隔膜和电池塑料外壳。借助刮刀和镊子，将负极和活性材料分离。将这些剥离下来的黑色活性材料置于炉中并在 500℃下煅烧 1h 以除去有机组分。然后，以盐酸为渗滤液，回收煅烧粉末材料中的锂。为提高浸出效率，以 H_2O_2 为还原剂进行还原浸出。浸出过程在恒温水浴中进行。将粉末样品放入烧杯中，然后依次加入盐酸和过氧化氢。反应结束后，通过真空过滤分离出液体和粉末残渣，进行进一步分析。重点研究了盐酸浓度、HCl-H_2O_2 体积比、固液比、时间和温度等因素对反应的影响。

锂在负极活性物质中的主要形式是 Li_2O、LiF、Li_2CO_3、$ROCO_2Li$ 和 CH_3OLi 等。由于其中一些是水溶性的，如 CH_3OLi、Li_2O 等，在实验中，仅在去离子水中，就可以得到高达 84%的锂浸出率。而另一些几乎不溶于水和嵌入在负极活性物质中的成分，如 $ROCO_2Li$、LiF，它们会在 HCl 溶液中发生分解反应。因此，负极材料与 HCl 溶液的浸出反应是一个多重过程：①锂盐的水解；②锂盐与 HCl

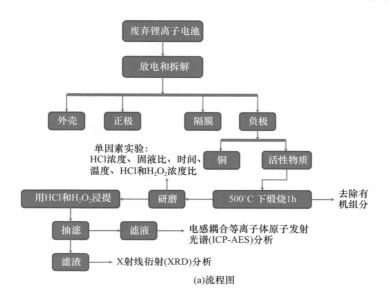

(a)流程图

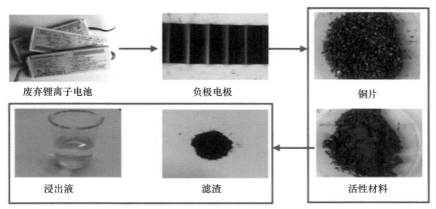

(b)实验过程图

图 5-3　废旧锂离子电池负极材料拆卸和回收过程

溶液的双分解反应。理论上，这两个步骤的浸出反应可以表示如下。

（1）锂盐的水解：

$$Li_2O + H_2O \longrightarrow 2LiOH \qquad (5\text{-}1)$$

$$ROCO_2Li + H_2O \longrightarrow LiOH + ROCOOH \qquad (5\text{-}2)$$

$$CH_3OLi + H_2O \longrightarrow LiOH + CH_3OH \qquad (5\text{-}3)$$

（2）锂盐与 HCl 溶液的双分解：

$$Li_2CO_3 + 2H^+ \longrightarrow 2Li^+ + H_2O + CO_2\uparrow \qquad (5\text{-}4)$$

$$Li_2O + 2H^+ \longrightarrow 2Li^+ + H_2O \qquad (5\text{-}5)$$

$$ROCO_2Li + H^+ \longrightarrow Li^+ + ROCOOH \qquad (5\text{-}6)$$

$$CH_3OLi + 2H^+ \longrightarrow 2Li^+ + CH_3OH \qquad (5\text{-}7)$$

$$LiF + H^+ \longrightarrow Li^+ + HF \qquad (5\text{-}8)$$

实验结果表明，过氧化氢对锂浸出过程影响不大。当浸出温度为80℃，浓度为3 mol/L 的盐酸，S/L 比为1∶50 g/mL，浸出90 min 时，金属锂浸出率可达99.4%（质量分数）。浸出后得到的石墨，也具有较好的结晶结构，后续可回收利用。

虽然盐酸对锂的浸提率可达到很高的水平，但是无机酸可能会有腐蚀设备产生二次污染的缺点。刘展鹏等[11]使用可生物降解的柠檬酸为浸提液对废锂电池负极石墨碳粉末中富含的金属锂进行了浸提研究，如图 5-4 所示。最终得出的结论为，在此体系下，废锂电池负极粉末中锂的浸提最佳条件为：柠檬酸浓度为 0.15 mol/L，S/L 为 1∶50（g/mL），反应温度为 90℃，反应时间为 40 min。

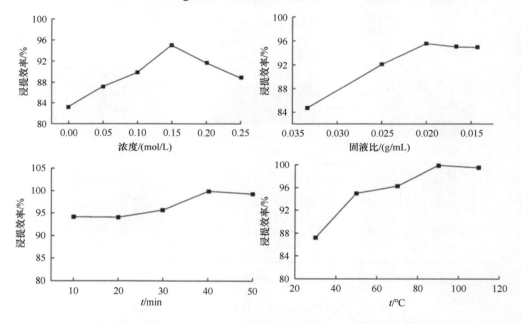

图 5-4　不同柠檬酸浓度、S/L 固液比、反应时间和反应温度对锂浸提效果的影响

以上分别对负极活性材料中的铜箔、锂金属等回收进行了研究，但是目前对废旧锂离子电池负极材料全组分回收的资料还较少。程前和张婧[12]对废旧锂离子电池负极片中的铜箔、石墨和浸出锂进行了综合回收试验。他们将强酸性的有机三氟乙酸作为溶剂，其具有极性强、易回收的特点，可同时浸出石墨和金属锂。此工作系统研究了此种有机酸对负极材料和铜箔的分离效果和对负极中锂的浸取效果。负极的分离和再生的流程如图 5-5 所示。首先将放电后的废旧锂离子电池拆分，将负极置于三氟乙酸溶液中，控制不同的酸溶液浓度、固液比（S/L）、浸

出时间和浸出温度等实验参数，使石墨和铜箔完全分离，分离后的铜箔表面干净光亮，其回收率可达 100%。筛选后将铜箔和剩余溶液分离，通过真空过滤分离浸出液和石墨粉。将浸出液蒸发浓缩后，调节溶液的 pH 为中性，向溶液中添加饱和氢氧化钠溶液，生成了蓝色絮状沉淀，此沉淀物为氢氧化铜。继续向去除了 Cu^{2+} 离子的溶液中添加饱和碳酸钠溶液，可以观察到生成了白色沉淀。图 5-6 为酸浸石白色沉淀的 XRD 和 SEM 表征，将此种白色沉淀的 XRD 谱图进行分析，发现

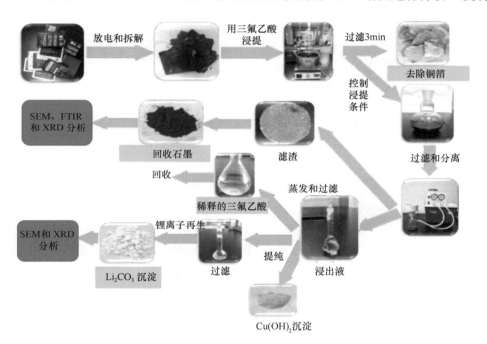

图 5-5　负极的分离和再生的流程图

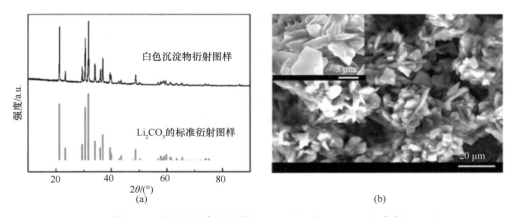

图 5-6　酸浸后白色沉淀的 XRD（a）和 SEM（b）表征

此种粉末为碳酸锂。SEM 形貌为典型的球形碳酸锂粉末。此外，经过三氟乙酸酸浸的石墨的回收率和纯度也得到了很大的提升。如图 5-7 所示，与直接从负极上刮除活性材料相比，刮下来的石墨表面不光滑，仍存在着一部分有机黏结剂等物质。而酸浸的石墨呈现了层状石墨的典型结构，而且表面光滑无杂质。酸浸石墨的回收率可达 96.3%。

图 5-7　直接刮除负极活性材料后的铜箔实物图（a）和经酸浸后的铜箔实物图（b）及刮层石墨（c）和酸浸石墨（d）的 SEM 图

　　Yang 等[13]先经两段煅烧得到废石墨，经酸浸得到石墨浸出残渣和浸出液。锂、铜、铝在 1.5 mol/L HCl、60 min、S/L = 100 g/L 酸浸条件下浸入浸出液中，得到纯度较高的再生石墨。再采用碳酸盐沉淀法回收浸出液中的锂，回收的碳酸锂纯度在 99% 以上。对废石墨的 TG-DSC 图谱进行了分析。结果表明，当温度达到 400℃左右时，电解质挥发，黏结剂羧基化分解。因此，在 400℃氩气氛保护下处理 1h，石墨与铜箔分离，铜箔直接回收。分离石墨在 500℃的马弗炉中进一步处理 1h，空气气氛使石墨中金属铜变成氧化铜。5g 石墨在 1 mL 盐酸和 4% 过氧化氢溶液中在 80℃条件下静置 2h，干燥，过滤，得到再生石墨。采用电感耦合等离子体发射光谱仪（ICP-OES）对浸出液进行测定。废石墨中锂、铝、铜的质量分数分别为 0.47%、0.33%、0.59%。在回收锂之前，通过调节 pH，净化去除铜和铝。浸出液 100 mL 放入 250 mL 的圆底烧瓶中，将浓度为 2 mol/L 的氢氧化钠溶液滴入溶液中，室温磁搅拌（100 r/min），在一定的 pH 下将反应得到固体液体混合物过滤分离。在滤液中加入碳酸钠溶液，磁性搅拌（300 r/min），反应温度保持在 80℃。沉淀物先进行过滤用蒸馏水洗净氯离子和钠离子，然后在 80℃真空中干燥，得到纯度较高的碳酸锂。回收流程如图 5-8 所示。

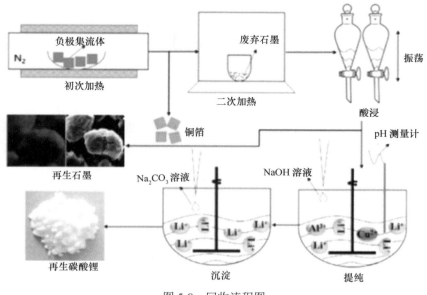

图 5-8　回收流程图

5.3　锂离子电池负极材料资源化再利用技术

近年来，废弃电池的回收利用都是以正极中金属材料的回收为主，关于废旧电池中负极碳材料回收与利用方面的研究报道还很少。随着资源的匮乏，生产成本的增加，碳粉作为生产领域中常见的原材料，具有广泛的应用价值。因此，废旧电池中的负极石墨的回收再利用问题不容忽视。目前应用广泛的电池湿法回收中，电池通过浸提分离锰、钴、锌等金属，可以得到大量的碳粉副产物。此种碳粉中 Mn、Pb、Zn 等有害金属含量均低于 0.01%，含有的微量 Fe、Al、Cu、Li（均低于 0.03%）为后期材料表面修饰和功能化设计提供了便利条件，而且不会溶出有害物质。此外，废旧大型电池中的多孔碳负极材料，碳量较大，材料较多，成分较纯，其巨大的比表面积和优良的结构等为石墨材料在众多领域中的重新应用提供了良好的条件，不仅可以应用于锂离子电池中，作为重新再生的负极，又可作为电容器材料、空气电极等，同时也可以应用到环境污染治理领域，作为水污染处理的新型吸附剂材料。石墨材料本身可通过进一步加工改性提纯，制备成广泛应用的石墨粉及新型材料石墨烯等。锂离子电池负极石墨的应用，既能降低原料成本，为新材料合成带来更高的经济效益，同时能够实现废弃电池材料的资源化回收，达到可持续发展的目标。将从以下几个方面对负极石墨的资源化回收再利用进行阐述。

5.3.1   再生锂离子电池负极材料

由于废弃锂离子电池数量的快速增长，回收负极材料经过有效的再生后再利用，形成一个全封闭式循环，可以带来可观的经济效益，实现锂离子动力电池产业的可持续发展。回收锂离子电池负极材料用于新的锂电池制造有几个潜在的优势。首先，它可以作为石墨材料源，且这些材料已经用添加剂预处理过，这不仅减少了对新来源的寻找，也避免了对原始石墨材料的预处理。其次，分离出的石墨材料已经在上一次使用过程中形成了一层钝化层，即固态电解质界面（SEI），它有助于锂离子的传导。众所周知，SEI 将电池中存在的一些锂离子合并到自身中，导致这些离子失去电活性，并导致第一周循环容量的损失。通过使用回收锂离子电池中的石墨，第一次的循环损失可以通过已经含有 SEI 层的石墨来降低。实验也表明，当石墨组装成一个电池时，允许负极本身作为部分锂源，石墨可以预锂化。如果预锂化程度足够，电池的首周循环可以显示出比输入更大的输出电容，从而节省了初始能量成本。

为了更好地模拟各种回收过程以便于实际应用，Sabisch 等[14]选择了完全释放且容量退化到初始容量 20%以下的废锂电池。图 5-9 为实验室环境下负极材料回收和纽扣电池制造工艺流程图。在这些使用过的电池中，实际锂化程度、负极的组成和负极的降解程度可看作未知的，以此来确保原始石墨负极（VG）与未知循环历史的负极材料（RAM）的比较，这样更能代表真实的回收场景。在完全放电的情况下，预计石墨只有最小的预锂化，这主要是由于石墨晶格中存在不活泼的锂。测试的电池电压为 2～3 V，在保证负极锂化的前提下，可以达到最大的安全性（与低压电池一起工作，使实验过程更安全）。由于氧可以与石墨中的锂发生反应，破坏 SEI 层，或者与六氟化磷锂（$LiPF_6$）发生反应，生成氟化氢（HF），需要在不存在任何水和氧的情况下小心地拆解锂电池。实验在手套箱内操作，使用二氧化硅干燥剂来去除水分。因为实验使用的锂电池常常是废旧电子产品，需要用碳酸二甲酯（DMC）和 n-甲基-2-吡咯烷酮（NMP）彻底清洗负极材料。用 DMC洗涤，可以最大限度地去除剩余的电解质。当将负极重新制备成新的锂电池电极时，将使用新的电解质。采用 NMP 去除聚合物黏结剂，分离出电池活性炭。从负极材料中取出的聚合物黏合剂的数量是未知的，因此只能粗略估计出活性负极的重量。冲洗完后，将材料放在手套箱中，在氮气气氛中干燥。

用于此实验中的原始石墨（VG）负极的基本配比为 89%石墨、3%乙炔黑（有助于传导的碳添加剂）和 8%的聚偏氟乙烯（黏结剂）。假设 RAM 通过洗涤后保

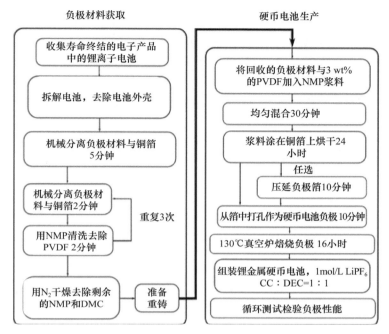

图 5-9 实验室环境下负极材料回收和纽扣电池制造工艺流程图

留了所有乙炔黑和大部分 PVDF，那么使用 RAM 时，仅需要添加 3%的 PVDF。将负极浇铸在 10 μm 厚的铜箔上，干燥并在空气中压延，使其厚度为 80 μm。接下来将制备的负极在真空烘箱中于 130℃干燥 16h，除去负极中残留的水、溶剂和氧气。干燥后，将负极组装成扣式锂半电池。除了压延之外，该过程完全在惰性气体中进行，以消除氧与预锂化的石墨发生反应的可能性。实验使用锂金属正极纽扣电池测试 RAM 和 VG 负极，确保它们可以在相同的纽扣电池体系中并排比较。向 1 mol/L 的 $LiPF_6$ 中加入 1∶1 的 EC∶DEC（碳酸乙酯∶碳酸二乙酯）电解质溶液作为电解质。实验时，首先在非常低的电流下对电池进行循环测试。初始放电在 C/20 的恒定电流下达到 20 mV。电压保持在 20 mV，直到电流达到 C/40。充电阶段在 C/20 时为 1.4 V。在 C/10 恒定电流至 20 mV 下进行另外 20 个循环，保持电流达到 C/20。放电周期为 C/20，恒定电流周期至 1.4 V。

由于 VG 的基质中没有嵌入锂，初始电压应大约为 3 V。从图 5-10（a）可以发现，使用 VG 负极的电池的初始电压如预期值 3.086 V。此电压正对应于具有非常小内部阻抗的无锂负极。从图 5-10（a）和（b）中的初始电压可以看出，存在的 1.2 V 初始电压表示在其内部存在预存储的锂。使用 Maccor 软件计算电容值时需要将通过电池的电流乘以电流流过的时间，施加的电流通常为 C/40，与负极的质量有关。观察图 5-10（a）中 VG 的初始循环电压曲线，可以看出，电压从 3 V

下降到 1.2 V 需要大约 5 s。表明 RAM 单元中的预锂化程度远小于总容量的 1%。由此可以看出，预锂化的程度对 RAM 负极初始容量的影响并不大。但值得注意的是，初始容量损失并没有受到 RAM 的影响，从图 5-10（c）看到总容量与 VG 电池相当，由于 VG 和 RAM 单元的组装和循环过程是相同的，但 RAM 的来源基本上是未知的，这一事实表明了这种回收和再利用方法具有很高的稳定性。

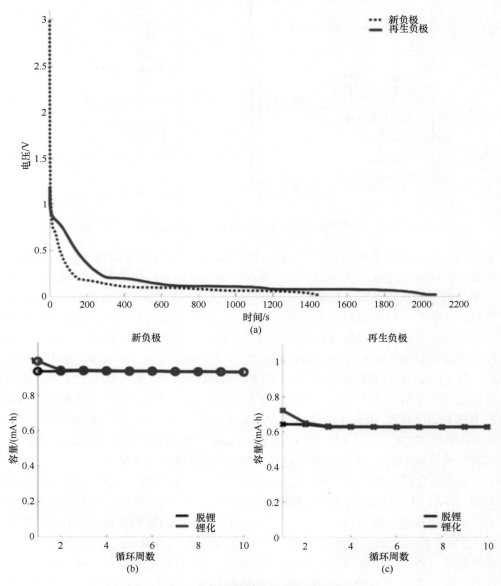

图 5-10　VG 负极和 RAM 负极电化学性能对比

图 5-11 显示了 VG 和两组不同 RAM 扫描电子显微镜（SEM）图像。从图中可以清楚地看到，各种负极显示出显著不同的形态，但这都不会影响电池的整体循环行为。这表明即使 RAM 来自不同的废锂电池，含有不同的活性炭材料，实验再处理后仍然可以表现出相同的循环行为。SEM 图像揭示的一个特征是 VG 通常由更小的碎片组成，使得整个负极具有差别更小的形貌。

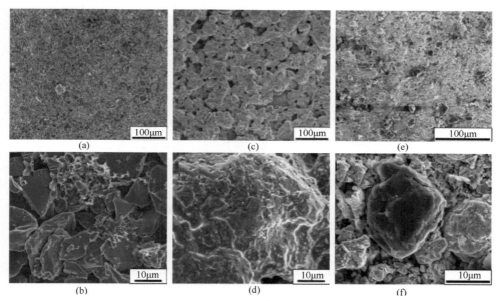

图 5-11　VG（a）（b）和两组不同 RAM（c）（d）（e）（f）扫描电子显微镜图像

在证明了回收重复利用废锂电池的负极材料的可行性后，研究将该工艺扩展到工业规模应用上。图 5-12 显示了可能的工业规模负极材料回收工艺。由于负极材料与铜的黏附性很低，负极材料很容易通过机械装置以非常小的力从铜基板上移除，使用类似于超声波仪或振动台的机械通过搅拌铜基板从分离的负极中获取 RAM。由于锂电池主要以 18650 电池出售，在工业规模上易于去除钢壳。剩余过程显示了工业过程中所需的基本步骤以及安全的拆解锂电所需的步骤。这个过程很容易扩大到工业水平。

此外，Zhang 等[15]采用自制小型模型线（图 5-13），从废弃的锂离子电池中回收负极材料，通过两个步骤对回收的负极材料进行再生。首先，将回收的负极材料在空气中进行热处理，去除导电剂、黏合剂和增稠剂。其次，对被热解的碳进行进一步处理以制备负极材料。试验结果表明，再生负极材料的各项技术指标均优于同类型的中档石墨，部分技术指标甚至接近未使用的石墨，完全满足了锂离子电池负极材料的再利用要求。此外，该再生过程不使用任何有毒试剂，也不产生任何有害废物，是一个完全绿色的过程。

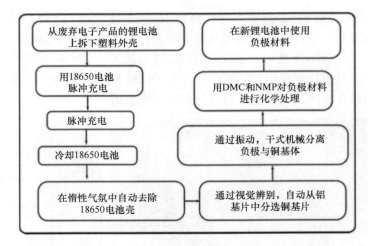

图 5-12　可能的工业规模负极材料回收工艺

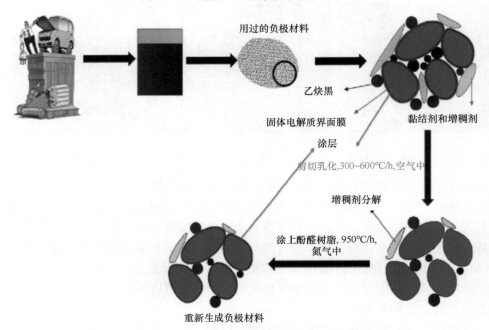

图 5-13　废锂电池负极材料回收过程图

这个再生过程有两个关键步骤：其一是有效去除再生负极材料中残留的导电剂乙炔黑（AB）、黏结剂 SBR、增稠剂 CMC 和固体电解质界面膜（SEI）。为此，回收的负极材料需要在 H_2SO_4 和 H_2O_2 溶液中剪切乳化，并经过离心洗涤干燥后在 $300\sim600℃$ 的空气中热处理 1h，用去离子水清洗后再烘干。回收的负极材料为石墨（含镀层和 SEI 层）、乙炔黑（AB）、黏结剂 SBR、增稠剂 CMC 的混合物，简称 RAM。负极材料在 300～600℃热处理 1h 后，分别标记为"H-300、H-400、H-500、H-600"。其二是用酚醛树脂的热解碳进行有效的涂覆（图 5-13）。这是因为石墨表面的涂层在空气中热处理时也会烧坏，所以热处理后的负极材料需要重新涂层。典型的涂装工艺为：将 10 g 热处理负极材料（H-300、H-400、H-500、H-600）分散于 20 mL 酚醛树脂乙醇溶液中（酚醛树脂浓度为 5.88%，质量分数），搅拌 5h，过滤干燥。其次，负极材料在 120℃下固化 1h，然后在 950℃氮气气氛下烧结 1h。最后，对负极材料进行研磨和筛选。从酚醛树脂中提取的热解碳在包覆负极材料中的理论包覆量为 6.88%，质量分数。涂覆后的负极材料分别为"C-H-300、C-H-400、C-H-500、C-H-600"。热重分析结果表明，在 580℃和 600℃之间，未使用过的石墨（UG）和乙炔黑（AB）相对稳定，CMC 和 SBR 分别在 250℃和 350℃开始分解，在 380℃和 530℃下可以完全分解。此外，考虑回收负极材料（RAM）在高温热处理温度下的失重量过大，回收负极材料的热处理温度选择在 300～600℃。SBR 和 CMC 在高温热处理温度下可以完全分解，但水洗后仍有少量 CMC 热解产物。同时，为了进一步验证热处理负极材料和再生负极材料中是否存在其他残留物，对 H-600 和 C-H-600 进行 ICP-OES 元素分析，并与 UG 进行比较。结果表明，H-600 为石墨、残余 AB 和少量 CMC 热解产物的混合物，C-H-600 为石墨（带涂层）、残余 AB 和少量 CMC 热解产物的混合物。

图 5-14 为负极材料的 XRD 图谱，含有 AB、SBR 和 CMC 的 RAM 的峰值强度（002）相对较低。热处理后，负极材料（002）的峰值强度高于 RAM，且随着热处理温度的升高而逐渐增大。这证实了 AB、SBR、CMC 含量逐渐减少。但 H-600 的（002）峰值强度仍低于 UG，说明仍有少量残渣（AB 和 CMC 热解产物）存在。图 5-14 中，再生负极材料的 XRD 图谱显示了相似的大角化趋势，但是由于酚醛树脂的热解碳涂层，再生负极材料的（002）峰值强度均低于热处理负极材料。

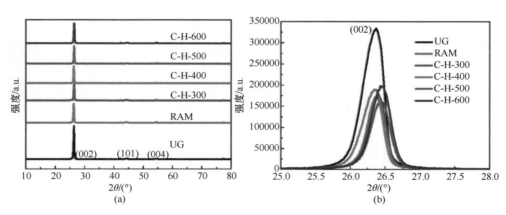

图 5-14 负极材料的 XRD 图谱

（b）是（a）的局部放大

在 H-600 和 C-H-600 的拉曼光谱（图 5-15）中，检测到两个明显的特征峰，1360 cm^{-1} 处的 D 波段为有序石墨碳的 sp^2 特征峰，1580 cm^{-1} 处的 G 波段为石墨碳的平面拉伸振动。D 带和 G 带强度比通常用来表征碳材料表面的无序程度。观察到 C-H-600 的 D 带和 G 带的强度比（0.8110）远高于 H-600（0.4593），进一步说明了 H-600 颗粒表面包裹着非晶态热解碳层。H-600 中石墨薄片表面观察到非晶状热解碳，表明表面涂层在空气中热处理后已经烧坏。在 C-H-600 中，石墨薄片表面存在酚醛树脂的非晶态热解碳，与许多无序纳米线相似，非晶态热解碳在石墨薄片之间形成连续的导电网络，从而提高了导电性能。与 H-600 相比，C-H-600 中石墨的平面晶格间距（002）明显增大。

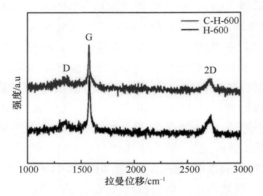

图 5-15   H-600 和 C-H-600 的拉曼光谱

此外，石墨颗粒表面经过热处理后会发生形态变化。随着热处理温度的升高，团聚现象和残渣逐渐减少，甚至消失，说明热处理对残余 AB、SBR、CMC 的去除效果良好。再生负极材料也有类似的变化趋势（图 5-16）。与涂覆前相应的热处理负极材料相比，再生负极材料的表面更加光滑平整。

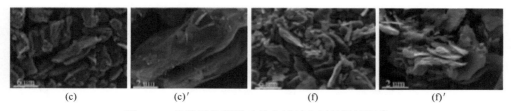

| (c) | (c)' | (f) | (f)' |

图 5-16　负极回收利用时各个材料电子显微镜图像
（a）VG；（b）RAM；（c）C-H-300；（d）C-H-400；（e）C-H-500；（f）C-H-600

表 5-2 列出了样品相应的比表面积数据。与 UG 相比，由于存在高比表面积的 AB，RAM 的比表面积增加到 1.752 m²/g。特别是 CMC 在 C-H-500 中大部分分解为热解产物，最大比表面积为 11.473 m²/g。此外，由于 AB 在热处理过程中加速氧化，C-H-600 的比表面积较 C-H-500 略有下降。但 C-H-600 的比表面积仍大于 UG，说明仍有残余 AB 和少量 CMC 热解产物存在。

表 5-2　再生负极的比表面积及密度

再生负极材料	比表面积/（m²/g）	振实密度/（g/cm³）
UG	0.871	1.05
RAM	1.752	0.72
C-H-300	1.846	1.00
C-H-400	2.732	1.02
C-H-500	11.473	1.03
C-H-600	10.240	1.03

酚醛树脂分解后，在石墨表面形成热解碳层，能有效地修复石墨表面的裂缝和缺陷，使石墨表面形貌更光滑。同时，酚醛树脂在熔化过程中熔融到石墨表面的微孔中，覆盖石墨表面的角部，形成圆弧过渡结构，增加石墨的球形度，从而提高再生负极材料的密度。C-H-600 的密度已经超过具有相同类型的中间石墨的水平且满足再利用要求。由于残留物（AB 和 CMC 热解产物）的存在和多次循环后石墨结构的恶化，RAM 显示出较差的初始充电容量和库仑效率。经过热处理和涂层后，再生负极材料的初始充电容量和库仑效率得到改善。虽然 C-H-600 的初始充电容量和库仑效率仍然低于 UG，但远高于相同类型的中端石墨。此外，由于变质石墨的再石墨化，采用较高的烧结温度可以进一步提高 C-H-600 的初始容量和库仑效率。

图 5-17（c）为再生负极材料的循环性能曲线。由于石墨结构的恶化，在 RAM 中观察到一个较长的活化过程。而 RAM 的比容量低是由石墨含量低引起的。从 C-H-300 到 C-H-600 再生负极材料均表现出良好的循环性能。其中，C-H-600 的充电容量最高，为 342.9 mA·h/g，50 周循环后的容量保持率为 98.76%，低于 UG，但远高于同类型的负极材料。

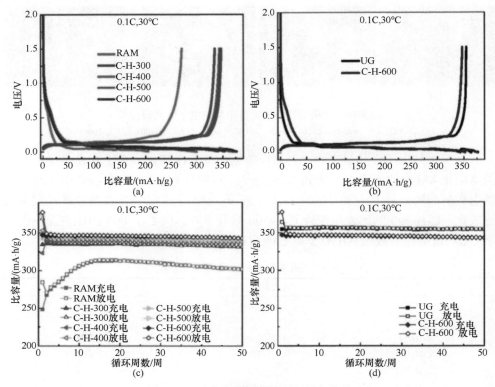

图 5-17　再生负极材料的循环性能曲线

倍率性能也是锂离子电池负极材料的一项重要技术指标。通常认为废旧锂离子电池再生石墨层结构经过多次循环后会受到严重破坏，锂离子的快速插层和脱层通道被堵塞，导致性能恶化。C-H-600 的倍率性能并没有显著降低（图 5-18），因此，C-H-600 的倍率性能能够满足使用需求。

上述实验中，大部分 AB 和所有 SBR、CMC 经过热处理和涂覆后都被除去，因此，再生负极材料为石墨（带涂层）、残余 AB 和少量 CMC 热解产物的混合物。此外，研究者为了进一步验证残渣（AB、CMC 热解产物）对再生负极材料是否有电化学作用，对 UG 和 C-H-600 电极进行循环伏安测试（CV），结果表明，C-H-600 电极的 CV 曲线与 UG 电极的 CV 曲线吻合较好。在 0.7 V 时可以观察到一个小峰，但在随后的循环中消失，这与电解质的不可逆还原和 SEI 层的形成相对应，说明剩余 SEI 层已经被除去。没有观察到其他峰，表明残留物不参与充电/放电反应，并避免负电化学效应。再生负极材料 C-H-600 的各项技术指标均超过了同类型中档石墨，部分技术指标甚至达到了未使用石墨的水平，完全满足了再利用要求。该研究为废旧锂离子电池环保高效再生负极材料的开发开辟了新的领域，具有重要的经济和社会价值。

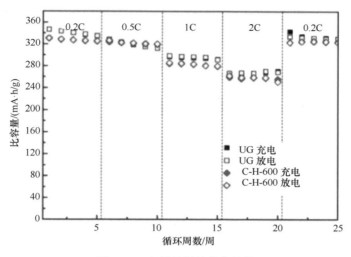

图 5-18　负极材料的倍率性能

5.3.2　再生超级电容器电极材料

Natarajan 等[16]从废锂离子电池中合成了还原氧化石墨烯（rGO），并将此种合成 rGO 应用到了超级电容器中（图 5-19）。石墨烯及其衍生物因其高电导 ［5000 W/（m·K）］、优异的比表面积（2600 m^2/g）和较强的机械强度而被认为是一种优良的材料，特别是对于超级电容器而言[17]。超级电容器或电化学电容器因其具有较高的比容量、比能量、较长的循环寿命、更高的充放电效率而备受关注。根据超级电容器的充放电机理，超级电容器可分为双电层电容器（EDLCs）和赝电容器[18]。EDLCs 通过在电极-电解质界面形成薄的双层而存储能量，而赝电容器则通过可逆氧化还原法拉第反应存储能量，比 EDLCs 具有更高的比容量和能量密度[19]。

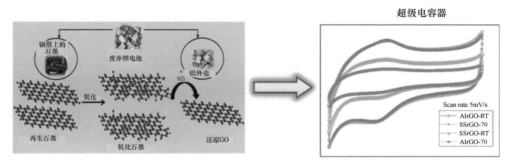

图 5-19　rGO 合成路线图和超级电容器性能图

目前，发展了许多合成还原氧化石墨烯（rGO）的方法，包括热还原[20]、电子束还原[21]、化学气相沉积[22]、电弧放电[23]和外延生长[24]。这些方法中，以溶液为基础合成氧化石墨烯是批量生产的最佳方法[25]。此外，化学方法还采用一水肼、二甲基肼、对苯二酚、硫酰氯、硼氢化钠等化学试剂作为还原剂[26]。上述方法都需要昂贵的、对环境有害的化学品，并且需要复杂的合成条件。而通过用石墨和废旧金属外壳［铝（Al）和不锈钢（SS）等］作为前驱体在盐酸（HCl）存在下制备还原氧化石墨烯（rGO）是更加环保的方式。研究人员以氧化石墨烯（GO）为原料，在室温（RT）和 70℃下制备了 4 套 rGO，合成样品分别标记为 SSrGo-RT、SSrGo-70、AlrGo-RT 和 AlrGo-70，并对合成材料的结构、形貌、比表面积和多孔性质进行了研究，对其应用在超级电容器中的性能进行了检验[16]。

使用回收的石墨（RGR）通过改进的 Hummer 方法合成氧化石墨，并将其剥离以获得氧化石墨烯（GO）。在室温（RT）和 70℃，HCl 存在下，回收的金属外壳（Al、SS）作为还原剂还原 GO。具体的制备流程如下：

实验中使用的废旧锂离子电池（LIB）是从印度古吉拉特邦 Bhavnagar 当地市场收集的。废锂离子被浸泡在 NaCl 溶液中 24h，在拆卸组件之前将电池放电。通常，移动电话中使用的 LIB 的外部容器（金属外壳）是铝（Al）或不锈钢（SS）组装的。锂离子电池的内部部分由正极、负极、电解质和隔膜组成。正极由涂覆在铝箔上的不同成分的金属氧化物组成。负极为沉积在铜箔上的石墨浆，锂离子电池中的隔膜是聚烯烃（PP 或 PE）。对负极进行的具体操作为从铜箔中收集石墨，在 700℃下煅烧 3h，去除黏结剂并回收石墨。用电感耦合等离子体发射光谱法（ICP-OES）测量金属壳中金属离子的总浓度。表 5-3 为废金属壳中各种金属的组成。

表 5-3   废金属壳中各种金属的组成

铝		不锈钢	
元素	含量/（mg/g）	元素	含量/（mg/g）
铝	496	铁	548
锰	102	铬	123.3
铁	4.4	锰	80.8
铜	0.8	铜	12.7
钼	0.09	镍	7.5

采用改进的 Hummer 法从废 LIB 中回收石墨，合成氧化石墨。将 4 g 石墨粉（平均粒径为 100 μm，比表面积为 21.6 m^2/g，密度为 0.74 g/cm^3）和 16 g $KMnO_4$ 加入 200 mL 浓硫酸中，并置于冰浴中，搅拌 2h，该混合物用 600 mL 蒸馏水进一步稀释。加入 40 mL 30%的双氧水，以减少残留的 $KMnO_4$。然后用 5% HCl 溶液离心洗涤，再用大量蒸馏水反复洗涤，直至滤液的 pH 达到~7。最后，在 60℃下干燥 24h，在水中超声 1h，去除合成的氧化石墨，制得 GO。

用金属外壳对 GO 进行还原的方法如下：10 mL HCl（35%，质量分数）和 1 g

铝（Al）或不锈钢（SS）金属壳分别添加到 50 mL 1 mg/mL 的 Go 分散体中。在室温下持续还原 6h，为了探究温度的影响，在 70℃下重复相同的实验步骤，得到的 rGO 分散液用二醇洗涤。用 HCl 去除多余的金属颗粒，整个还原过程如图 5-20 所示。接下来，用蒸馏水中和，在烘箱中干燥 12h，室温下制备的样品分别表示为 AlrGo-RT 和 SSrGo-RT。在 70℃下进行的相同实验分别表示为 AlrGo-70 和 SSrGo-70，并用于进一步的研究。其主要的反应原理为：加入 HCl 后，铝箔中的铝和不锈钢中的铁，会与 H⁺发生反应并产生 Al^{3+}和 Fe^{2+}离子。这些金属阳离子通过其表面上存在的负电荷吸附在 GO 表面上，导致 GO 在酸性介质中的氧部分减少。因为 Al^{3+}/Al 和 Fe^{2+}/Fe 对 SHE 的标准还原电位分别为–1.66 V 和–0.44 V。在 pH 约为 4 的溶液中，GO 还原的电极电位相对于 Ag/AgCl 约为–0.9 V，可以对 GO 进行还原。

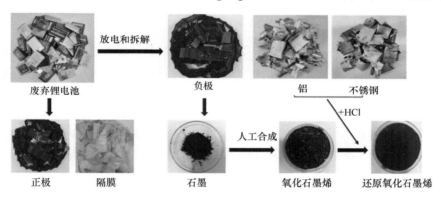

图 5-20　利用废锂回收材料合成 rGO 的工艺流程

工作电极的制作过程如下：使用 N-甲基-2-吡咯烷酮（NMP）为溶剂，将活性物质（rGO）、导电材料（乙炔黑）和黏结剂（聚偏氟乙烯（PVDF））按 80∶15∶5 的比例配制合适的浆料，在面积为 1 cm×1 cm 的炭布上涂覆 1.6 mg 的活性物质，并在 100℃下干燥 12h。

如图 5-21 所示，废旧 LIB 中废金属壳还原 GO 的过程通过 UV-Vis 光谱进行表征。Go 在 $\lambda=234$ nm 处呈现芳香族 C ═ C 吸收带的 π-π*跃迁，由于 Go 中 C ═ O 键的 n-π*跃迁，在 303 nm 处出现弱峰跃迁。在 70℃和室温还原后，AlrGo-70、SSrGo-70、AlrGo-RT 和 SSrGo-RT 的 234 nm 波段分别移动到 264 nm、295 nm、260 nm 和 259 nm，这证实了 π-电子密度的增加。这种红移现象已被用作还原 GO 的主要特征。同样，在 XRD 表征中可以看到，回收的石墨在 26.6°处具有强烈的（002）衍射峰。氧化后，石墨粉末的特征衍射峰（26.7°）消失，观察到对应于 GO 的平面（001）的 2θ 值为 11.5°的附加峰。在石墨烯（001）平面上，GO 和所有 rGO 均在 43°处出现了一个强度较低的峰值。这些 X 射线衍射结果表明，从废 LIBs 中回收的组分（Al 和 SS）在盐酸存在下能够还原氧化石墨烯。

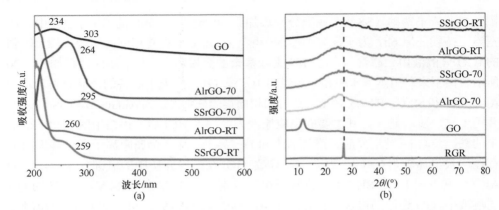

图 5-21　GO、AlrGo-70、SSrGo-70、AlrGo-RT 和 SSrGo-RT 的紫外-可见光谱（a）和
XRD 衍射图谱（b）

对制备的材料进行了 TEM 表征，图 5-22（a）显示其石墨性质为大的深色厚片。对于 GO［图 5-22（b）］，观察到彼此缠结的波状丝质形态的透明片。图 5-22（c）所示的 AlrGO-70 的高分辨率 TEM 图像中可见，晶面间距约为 0.33 nm，对应于菱形晶体石墨烯的（111）面。图 5-22（d）中 SSrGO-70 的相邻石墨烯层之间的间隔约 0.34 nm。另外，AlrGO-RT 的 HRTEM 图像与 AlrGO-70 和 SSrGO-70 相比，SSrGO-RT［图 5-22（e）和（f）］显示出较小的结晶度，层间距离为 0.35 nm。

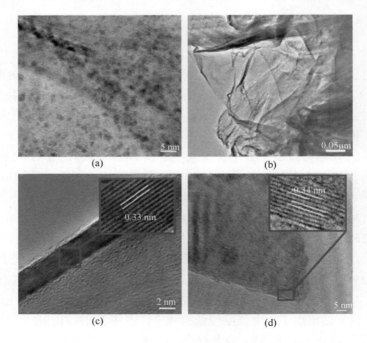

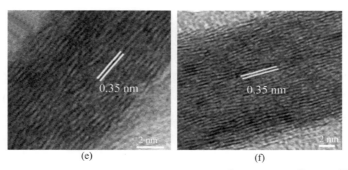

图 5-22　GO、AlrGo-70、SSrGo-70、AlrGo-RT 和 SSrGo-RT 的 TEM 图表征

对制备的不同材料进行了电化学阻抗测试、CV 和 GCD 曲线测试，见图 5-23。样品展现了 rGO 材料典型的电化学特征。如电压范围为−0.4～0.5 V、扫描速率为 5 mV/s 的四组 rGO 样品的 CV 曲线中，所有 rGO 样品均显示氧化还原性质，氧化还原峰均在−0.1 V 左右。如图 5-23（d）所示，四个电极的非线性行为证实了 rGO 材料以及电化学双层电容（EDLC）的氧化还原性质。此外，AlrGO-RT 电极显示出最优的充放电性能，这与之前观察到的 CV 剖面性能的最高比电容成正比。

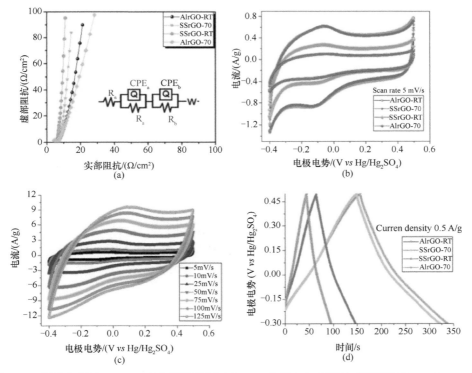

图 5-23　四种电极的 Nyquist 电化学阻抗图（a）、CV 曲线（b）、不同扫描速度下（5～125 mV/s）的 CV 曲线（c）及在 0.5 A/g 时的 GCD 曲线（d）

最终，如图 5-24 所示，将四种制备的材料应用在超级电容器中，在制备的 rGO 样品中，由于 AlrGo 具有较高的比表面积和介孔性质，电流密度为 0.5 A/g 时，具有较高的比容量，为 112 F/g。此外，它还在 25 A/g 的电流密度下显示出 20000 次循环的高循环稳定性。这些结果意味着从废锂离子电池中合成的这种 rGO 可成为下一代高性能超级电容器的备选材料。此外，此种方法合成的 rGO 可以实现废物大规模再生，并可进一步扩展到其他碳基材料的合成应用中。

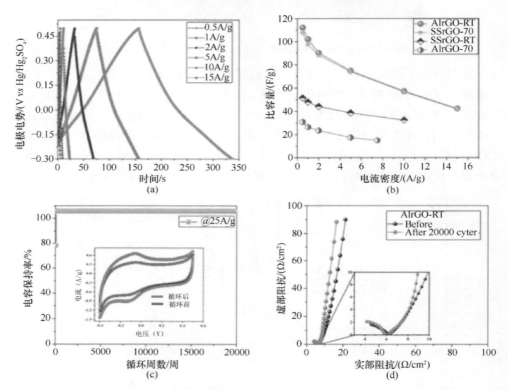

图 5-24 （a）AlrGO-RT 电极在不同电流密度下的 GCD 曲线；（b）AlrGO-RT、SSrGO-70、SSrGO-RT 和 AlrGO-70 电极的比电容与电流密度的关系；（c）AlrGO-RT 电极在 25 A/g 下进行 20000 周循环的耐久性测试最终 CV 曲线（循环前后）；（d）循环之前和之后的 AlrGO-RT 电极的 EIS 研究（奈奎斯特图）

5.3.3   再生环境吸附及功能材料

1. 用作污水除磷吸附剂

石墨是锂离子电池负极的主要构件，由于其较纯的组分和稳定的碳结构，废石墨的回收再利用受到了极大的关注。废弃电池中的碳负极具有碳量大、数量多、成分较纯等优点，为制备新型吸附剂提供了有利条件。采用废弃材料制备碳吸附剂不仅环保，也有利于经济发展。

磷过度排放导致了严重的水体富营养化，目前已经成为不可忽视的环境问题之一。然而，对能够高效去除磷的吸附剂的研究开发却是落后的。目前，市政和工业废水的除磷技术主要分为化学、生物和物理等处理方法。近年来锂离子电池的广泛使用不可避免地产生了大量的废旧电池，其回收再利用已经引起了世界各国的广泛关注，但大部分的研究都是以正极金属元素的回收为主要目标。系统研究废弃电池中负极碳材料回收利用方面的报道还很少。废锂离子电池中的碳材料具有数量大、比表面积大、多孔结构、表面官能团富集、矿物成分丰富等优点，为新型吸附剂的制备提供了有利条件，是制备除磷吸附剂的优秀原材料[27]。

张艳等[28]首次报道了使用废旧锂离子电池负极材料中的废旧石墨来制备富镁碳吸附剂。使用废旧电池中的碳渣，通过功能化设计，在碳基质表面添加镁纳米晶体，已成功制备成能够高效去除污水中磷元素的吸附剂。

实验使用商业化圆柱形 18650 废旧电池负极为原材料。在拆除电池钢壳之前，为了避免短路和电池自燃，对电池进行了放电处理。之后，将电池拆开并把正负极手动展开分离。将负极材料浸泡在 80℃的 N-甲基吡咯烷酮（NMP）中 4h，分离铜箔和负极碳材料石墨。N-甲基吡咯烷酮可以多次使用。将混合液过滤，用去离子水多次清洗，在 80℃烘箱中烘干移除 NMP 和其他杂质，最后得到负极材料（即石墨），并标记为 C。将 3.5 g C 按 C∶Mg 为 1∶0.3 的质量比加入硝酸镁溶液中，并于 50℃下快速搅拌 4h 使之充分混合，然后在 80℃烘箱中烘干；将烘干后的混合物置于石英管式气氛炉中在氮气氛围下于 600℃加热 1h（升温速率 10℃/min）。样品取出后用去离子水反复抽滤洗涤。离心后的块状膏体置于 80℃鼓风烘箱中，干燥后研磨成粉末即得到吸附剂样品，将得到的样品密封保存并命名为 Mg-C。在碳基质表面生成纳米级别的镁晶体，得到一种新型含镁纳米晶体的碳材料。整个实验过程制备及机理如图 5-25 所示[29]。

如表 5-4 所示，从废旧电池中回收得到的 C 含碳量高达 87.18%，而且金属含量很低，只含有微量的 Na、Ca、Cu 和 Li，其中少量的 Cu（0.939%）和 Li（0.021%）很可能是来自废旧锂离子电池负极的铜箔和正极材料。与 C 的高碳量相比，Mg 改性过的 C 的含碳量降为 53.57%，质量分数，镁含量增加为 18.13%，表明镁成功地嵌入到 C 基质中。由于镁的嵌入，Mg-C 中 C、N、S、Cu、Li 和 Ca 的含量均低于其在样品 C 中含量。在 C 和 Mg-C 中均没有检测到其他重金属元素，如 Fe、Zn、Co、Ni、Pb 和 Mn，因此不会带来二次污染，也不会对磷的吸附造成影响。

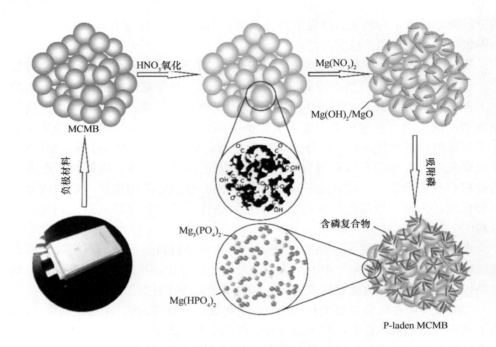

图 5-25   镁纳米晶体的碳材料

表 5-4   C 和 Mg-C 的元素组成   （单位：%）

样品	质量百分比													
	C	H	N	S	K	Na	Ca	Mg	Fe	Zn	Mn	Co	Cu	Li
C	87.18	0.811	0.10	0.07	0.004	0.002	0.023	—				—	0.939	0.021
Mg-C	53.57	1.874	0.04	0.04				18.13	—			—	0.930	0.010

C 和 Mg-C 复合物的拉曼光谱和红外光谱如图 5-26 所示，主要的两个特征峰 1349 cm^{-1} 和 1578 cm^{-1} 分别是碳原子晶体的 D 峰和 G 峰。其中，D 峰代表的是无定形碳，存在于碳原子晶格缺陷和碳的官能团（—OH、—C—O、—COOH、—C—C）中，G 峰代表的是碳原子 sp^2 杂化的面内伸缩振动。C 和 Mg-C 的 G 峰强度很高主要是锂离子电池负极的石墨的结构特性。而 Mg-C 的 I_D/I_G（即 D 峰和 G 峰的强度比）为 0.29，高于 C 的 I_D/I_G（0.14），表明在镁改性之后，无定形碳、碳原子晶体缺陷和官能团增多，这些官能团有利于对磷酸根的吸附。而 C 和 Mg-C 样品的红外光谱图检测到了多种峰，表明样品的复杂性。Mg-C 去磷过程中磷酸根也可以和官能团发生反应，这些丰富的官能团有利于进一步促进磷吸附，如 3445 cm^{-1} 和 1644 cm^{-1} 处的峰值分别对应水分子的伸缩和弯曲振动；1401 cm^{-1} 和 1090 cm^{-1} 则归因于 O—H 的弯曲振动和 C—O 键的伸缩振动。对 Mg-C 样品来说，3697 cm^{-1}

和 463 cm^{-1} 处尖锐的强峰分别表示氢氧化镁中氢氧根的反对称伸缩振动和 Mg-O 的伸缩振动。这个结果表明在镁改性之后 Mg-C 中形成了 Mg(OH)$_2$。

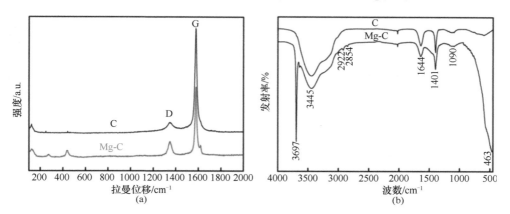

图 5-26　C 和 Mg-C 复合物的拉曼光谱（a）和红外光谱（b）

对 C 和 Mg-C 材料进行 XRD 分析，如图 5-27 所示，与 C 的晶体结构相比，回收的 C 经过镁溶液浸泡后形成了结晶度良好的 Mg(OH)$_2$ 纳米颗粒。Mg-C 中 Mg(OH)$_2$ 晶体颗粒尺寸经过谢乐公式计算约为（18.4 ± 4.0）nm。

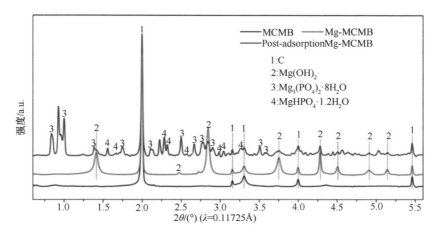

图 5-27　C、Mg-C 和吸附后 Mg-C 的 XRD 图

通过对吸附磷后 Mg-C 复合物的形貌进行表征，从图 5-28 可以看出，经过镁改性之后，碳微球表面覆盖满了平均厚度为 15.6 nm 的纳米片 [图 5-28（a）和（b）]。而且 Mg-C 碳微球的平均粒径由 C 的 24 μm 增加到 28.5 μm。SEM 图 [图 5-28（d）和（e）] 中碳表面出现了大量的纳米针状物，相同部位的 EDX 图 [图 5-28（f）] 证明这些纳米片是 Mg-P 化合物。SEM、EDX 结果和 XRD 分析结果一致，表明

碳表面成功地吸附了磷，且新形成化学键是该吸附过程的主要机理。Mg-C 的 EDX 光谱图［图 5-28（c）］表明这些纳米片主要是镁化合物。Mg-C 和 C 相比，出现镁峰，氧峰增高，碳峰降低。这进一步证明了碳基质表面主要是 $Mg(OH)_2$ 颗粒。图 5-28（g）表明回收 C 的形态是多孔碳基质中混合了一些颗粒形的充放电循环副产品。而 C 样品被镁溶液处理过后，出现了纳米针状的 $Mg(OH)_2$［图 5-28（h）］，吸附磷后的 TEM 图［图 5-28（i）］捕捉到了单个晶体颗粒，经分析是沿着[110] 纵轴的 $Mg_3(PO_4)_2(H_2O)_8$。因此，TEM 结果也有力地证明了回收的负极碳制备的新型吸附剂对磷的高效吸附。

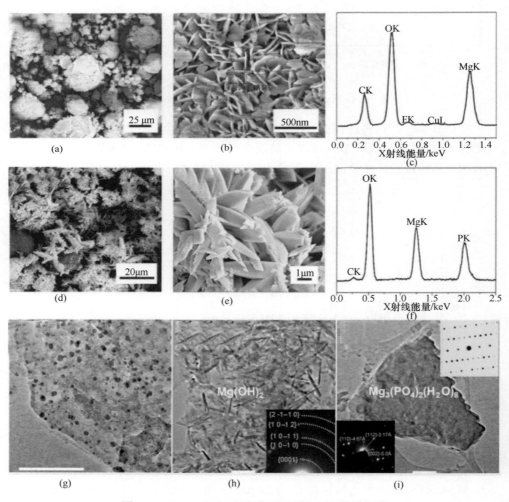

图 5-28　Mg-MCMB 复合物吸附后电子显微镜图像

Mg-C 的 XPS 光谱图［图 5-29（a）和（b）］表明在碳表面检测到很强的镁信

号，而 Mg 2p 峰可以分为 49.1 eV 和 51.4 eV 两个峰，分别代表 Mg(OH)$_2$ 和 Li 1s 光谱重叠峰。以上多种物化性能测量，证明纳米尺寸的 Mg(OH)$_2$ 已经成功地嵌入到回收碳中，其对磷去除将会起到至关重要的作用。在吸附后 Mg-C 样品 XPS 分析中检测到 P 信号 ［图 5-29（c）和（d）］。从图 5-29（c）中 Mg 2p 分解图中可以发现，49.1 eV 的峰与 Mg—OH 相关。51.1 eV 和 52.4 eV 处的峰则是代表 Mg$_3$(PO$_4$)$_2$ 和 MgHPO$_4$。另外，在 P 2p 光谱图中，出现了 Mg$_3$(PO$_4$)$_2$ 和 MgHPO$_4$ 的 2p 3/2 光谱峰。Mg 2p 和 P 2p 光谱不但证明了 Mg$_3$(PO$_4$)$_2$ 和 MgHPO$_4$ 的存在，而且揭示在吸附后 Mg-C 中还存在大量的 Mg(OH)$_2$，表明吸附剂成功地去除了磷，而且有能力从溶液中吸附更多的磷酸根。因此，吸附实验和吸附后材料性能表征证实从废旧锂离子电池负极回收制备的 Mg-C 对磷的去除主要机理是 Mg-P 沉淀的生成。该结果和报道的金属氢氧化物吸附磷机理研究结果一致。

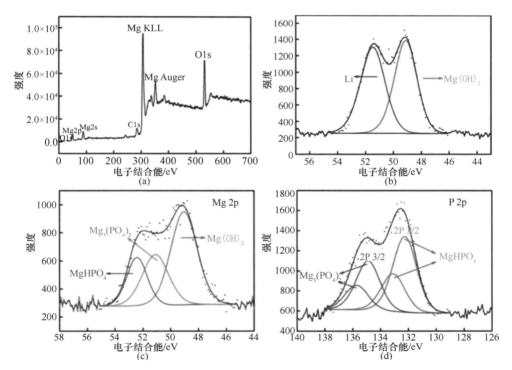

图 5-29　Mg-C 复合物的 XPS 光谱图（a）和 Mg 2p 的 XPS 光谱（b）及吸附后 Mg-C Mg 2p（c）和 P 2p（d）部分的 XPS 光谱

为了探究吸附剂的实际应用，该研究还讨论了共存离子对磷吸附效果的影响以及吸附剂的解吸和再生。从图 5-30（a）可以看到，在这五种干扰离子中，HCO$_3^-$ 的存在几乎对磷的吸附量没有影响。Cl$^-$ 和 NO$_3^-$ 稍微降低了磷的吸附量，分别降低 10.9%和 12.9%，表明磷酸根和这两种离子之间的竞争比较弱。而溶液中 SO_4^{2-} 的存在使磷吸附量降低了 22.3%，表明与单价离子相比，二价离子有更强的竞争性。CO_3^{2-} 使磷吸附量降低为 5 mg/g，这个结果经过显著性水平为 0.05 的单方差分析，具有统计学意义（$P=0.003$）。磷吸附量的急剧降低可能是因为形成的碳酸镁沉淀覆盖了吸附剂表面的吸附位点，这进一步支持了镁在控制 Mg-C 样品对磷沉淀吸附过程中所起的关键作用。因此，在实际的废水处理过程中，应先去除废水中的碳酸根离子（除空气中 CO_2 之外），再加入 Mg-C 吸附剂除磷。除了优异的吸附能力，Mg-C 的稳定性也是评价吸附剂工业可行性的另外一个重要因素。吸附剂的解吸和再生研究如图 5-30（b）所示，解吸和重复利用实验循环进行了 8 次。吸附剂的再生研究采用的初始磷浓度是 50 mg P/L，这是因为市政污水中典型的磷浓度一般低于 50 mg P/L。Mg-C 对磷的吸附能力随着循环次数的增加而逐渐降低，但在 8 次循环后仍保持了一个比较好的磷吸附能力。在第 2 次循环时，磷吸附能力降低为 45.45 mg/g，保留了最初能力的 89.3%。在 7 次循环之后，磷吸附能力保持在约为 20 mg/g。这个结果表明 Mg-C 吸附磷是不完全可逆的，这可能是因为磷和镁之间形成的强化学键。而且在连续的循环周期中，吸附剂表面的 $Mg(OH)_2$ 纳米颗粒可能逐渐被消耗，活性位点也慢慢饱和。这些结果表明 Mg-C 吸附剂在废水处理的磷去除应用中有很大的潜力，因为它表现了较好的再生能力和极低的成本。吸附剂原材料来源于废旧锂离子电池，低成本使得吸附剂可能不需要重复再生。

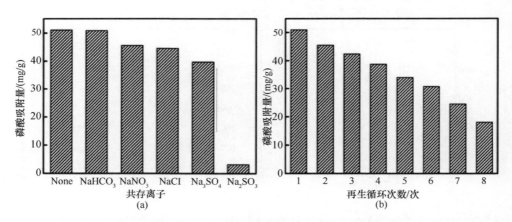

图 5-30　共存阴离子对 Mg-C 吸附磷的影响和 Mg-C 的吸附循环再生

近年来，越来越多的吸附剂用于去除水溶液中的磷，包括活性炭、矿渣、飞灰、白云石和氧化尾矿。为了阐明 Mg-C 对水溶液磷的去除能力，表 5-5 列举了各种吸附剂对磷的吸附容量。大部分文献中报道的碳基质和其他商业化吸附剂的磷吸附量均很低，普遍低于 20 mg/g。而来源于甘蔗渣的生物炭展现了吸附量大于

100 mg/g 的磷吸附能力。2011 年，Yao 等[30]通过在碳基质中掺杂纳米级别 MgO 颗粒制备了黑炭材料，研究发现这种材料对水中的磷有很强的亲和力，最大吸附容量高于 100 mg/g。而张艳等[28]研究制备的 Mg-C 吸附剂对磷吸附能力高达 588.4 mg/g，是目前报道过的最大吸附量之一。在以前的研究基础上，发现 C 本身对溶液中的磷几乎没有吸附能力。尽管用 Mg(OH)$_2$/MgO 改性碳基质能够极大地增强吸附剂的磷去除能力，但直接应用 Mg(OH)$_2$/MgO 处理实际废水是不适合或者无效的，因为 Mg(OH)$_2$/MgO 作为吸附剂很难从废水中分离，而且它们的磷

表 5-5 　 文献中不同吸附剂的磷吸附能力对比

吸附剂	最大吸附能力/（mg/g）	吸附剂配比/（g/L）	pH	参考文献
椰壳活性炭	7.74	4	6.0	[31]
罗望子果壳活性炭	4.98	6	6.0±0.2	[32]
中孔氧化镁微球	75.13	0.4	5.0	[33]
MgAl-LDH/棉木生物炭	410	2	5.2	[34]
Thalia dealbata 生物炭	4.96	4	7.0	[35]
磁性氧化铁	15.41	0.6	6.0	[36]
生物质炭	15.11	1.0	6.0	[37]
磁铁矿	27.15	1.0	7.0±0.3	[38]
铁浸渍椰壳纤维	70.92	2	3.0	[39]
富含镁的番茄叶生物炭	116.6	2	5.2	[40]
铁铝锰三金属氧化物	55.73	0.1	6.8	[41]
镧活化橡木木屑生物炭	142.7	2	5.6	[42]
AlOOH/生物炭复合材料	135.04	2	6.0	[43]
纳米双金属铁氧体 CuFe$_2$O$_4$	41.31	0.6	2.64	[44]
氢氧化镧掺杂的活性炭	15.3	2.5	5.5	[45]
非晶氧化锆	99.01	0.1	6.2	[46]
磁性橙皮生物炭	3.8	6.25	—	[47]
纳米结构的 Fe-Cu 二元氧化物	39.8	0.2	5.0±0.1	[48]
明矾石	118	10	5.0	[49]
花生壳生物炭	7.57	2	7.0±0.1	[50]
锆加载的橙色废料	174.68	1.67	7.0	[51]
铁负载皮肤分裂废物	72.00	1	7.0	[52]
磨粉转炉渣	60.7	10	7.0-7.2	[53]
铁-镁-镧复合材料	415.2	0.2	6.0	[54]
Fe-Zr 二元氧化物	41.83	1	4.0	[55]
装载 La（III）-Ce（III）-Fe（III）的橙色废料	42.70	1.67	7.5	[56]
甘蔗渣生物炭	133.09	2	7.0	[57]
Mg-C	588.4	2	5.2	此研究

去除能力相对较低。此外，经过 Mg-C 吸附之后，溶液中的有害金属包括 Mn、Co、Ni、Cu、Li、Pb、Cd 和 Cr 浓度都低于检测限。Mg-C 的浸出毒性在安全标准内，不会导致二次水污染。因此，Mg-C 是一种高效低成本的吸附剂，在实际的废水处理应用中具有很大的潜力。

张艳等[28]的研究针对目前电池行业发展过程中出现的废弃物产量大、环境污染严重等问题，使用废旧锂离子电池中贵金属浸提后的炭渣为原材料，将其回收后经过氧化性酸预处理活化后，通过化学沉降或浸渍等多种方法，在碳基质表面生成纳米级别的镁晶体，制备成一种新型含镁纳米晶体的碳材料，并用于污水中除磷吸附剂。既能实现废旧电池碳材料的资源化回收，降低对环境的损害，同时能降低吸附剂材料的制备成本，为新材料合成带来更高的经济效益。

2. 重金属吸附剂

随着工业化的快速发展，很多行业都产生大量含重金属污水，这是引起重金属污染的主要原因。重金属污染对生态环境和人类都具有很大的危害。重金属不能自然降解，会在生物体中富集，对人体具有毒性和致癌性。因此，工业污水在排放前一定要去除其中的重金属离子。吸附法去除污水中重金属操作简单、成本低、高效快速，目前在处理重金属的方法中最具研究价值。吸附法研究的焦点是低成本高效吸附剂的研究。

赵托等[58]使用废旧锂离子电池负极，回收其中的碳材料制备重金属吸附剂。首先，用 60℃的酸性高锰酸钾溶液对回收的碳材料进行改性处理，在其表面负载 MnO_2 微粒，制成吸附剂 MnO_2-AG。然后，对 AG 和 MnO_2-AG 进行比表面积测定、元素含量分析、X 射线衍射（XRD）表征、热重分析（TGA）、扫描电镜（SEM）和能量色散光谱分析（EDX），一系列分析结果表明制得的 MnO_2-AG 表面负载了一层均匀的 MnO_2 微粒。初步的对比吸附试验证明，改性极大地提高了 AG 对 Pb（Ⅱ）、Cd（Ⅱ）和 Ag（Ⅰ）的去除率。之后，探究了重金属离子初始浓度、吸附接触时间和溶液初始 pH 对 MnO_2-AG 吸附重金属性能的影响。结果表明，MnO_2-AG 对三种重金属的最大吸附量分别为 92.35 mg/g、23.25 mg/g 和 62.7 mg/g。最后，对 MnO_2-AG 吸附 Pb（Ⅱ）、Cd（Ⅱ）和 Ag（Ⅰ）后的材料进行了 XRD、红外光谱（FTIR）表征，结果表明吸附的主要机理为材料表面的 Mn-OH 与重金属离子发生离子交换。

主要回收和制备的过程为：首先将电池负极浸泡在去离子水中 1h 后，分离碳粉和铜箔，用去离子水冲洗即可完全回收碳粉。然后，在鼓风烘箱 80℃干燥碳粉和去离子水的混合物，得到干燥碳粉。最后，将碳粉置于管式气氛炉中氮气氛下 600℃煅烧 1h，升温速率 10℃/min。煅烧过程中去除碳粉表面的黏结剂和其他有机物杂质。得到的产物为人工石墨（AG）粉末。

吸附剂 MnO_2-AG 元素分析检测的元素包括 C、H、S、N 和一些常见的金属元素，结果如表 5-6 所示。由表中数据可知，MnO_2-AG 含有的主要元素为 C，占材料质量的 79.02%，其他元素的含量都很少（≤1.33%）。检测出的主要金属元素为 Mn，占材料质量的 1.33%，这些 Mn 元素来自于负载在 MnO_2-AG 表面的 MnO_2 颗粒。根据 Mn 元素质量比重可以估算出吸附剂表面负载 MnO_2 颗粒质量比为 2.1%。其他金属（K、Ca、Li、Pb 和 Zn）占质量比为 1.57%。吸附剂 MnO_2-AG 吸附重金属溶液后，对吸附后的溶液进行金属元素分析。常见的有毒重金属元素如 C_O、Ni、Pb、Cd、Ag 和 Cr 等，含量都很低（≤0.03%）或者低于最低的检测限。由表 5-6 数据可知，吸附剂表面成功负载了 MnO_2 颗粒，吸附剂在水溶液的使用过程中不会对水体产生二次污染。

表 5-6　MnO_2-AG 的元素分析结果和吸附后溶液中金属元素分析

样品	C	H	S	N	Mn	K	Ca
MnO_2-AG/（质量%）[a]	79.02	0.45	0.10	0.04	1.33	0.93	0.33
吸附后溶液/（mg/L）	[c]	—	—	—	0.03	2.53	
样品	Li	Pb	Zn	Ag	Cr	Co	Ni
MnO_2-AG/（质量%）	0.12	0.16	0.03	[b]	—	—	—
吸附后溶液/（mg/L）	0.14						

a 质量比重。
b 浓度低于 0.01%。
c 未检测。

通过对 AG 和 MnO_2-AG 进行物理化学性质表征，对其相结构、表面微观结构、元素和官能团进行了分析。如图 5-31 所示，图（a）展示的为高放大倍数的 AG 图像，改性前材料表面相对平滑。图（b）是低放大倍数的 MnO_2-AG 图像，材料呈现为形状不规则表面粗糙的颗粒，这些特征是原始材料 AG 的原始属性。图（c）展示的是 MnO_2-AG 的高放大倍数图像，材料表面有无数的小颗粒，与改性前相比表面的粗糙度明显提高。为了进一步确定 MnO_2-AG 表面颗粒的组成，对其进行了能量色散 X 射线荧光光谱表征。与图（c）对应位置的 EDX 图 [图 5-31（d）] 对比，MnO_2-AG 表面的主要元素为 C、O 和 Mn，摩尔比重分别为 81.45%、14.85% 和 3.14%，而且三种元素的分布非常均匀。由此可以证明，图 5-31（c）中观察到的颗粒即为吸附剂 MnO_2-AG 表面均匀负载的 MnO_2 颗粒。另外，Mn 和 O 的摩尔比为 0.21，小于 MnO_2 中 Mn 和 O 的摩尔比 0.5，大量的氧元素存在表明吸附剂表面还含有丰富的含氧官能团。因此，在 MnO_2-AG 去除重金属的过程中，表面的含氧官能团和负载的 MnO_2 颗粒都可能作为吸附位点吸附重金属离子。

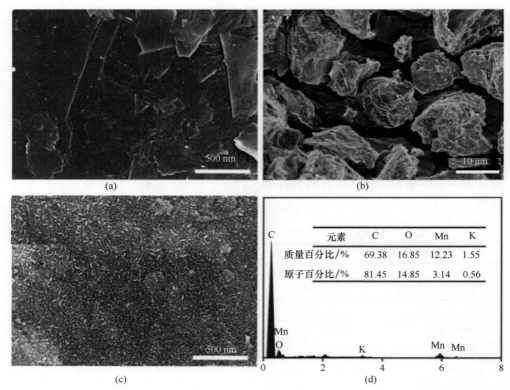

图 5-31   AG（a）和 MnO$_2$-AG［（b）和（c）］的 SEM 图及 MnO$_2$-AG 对应的 EDX 数据

赵托等[58]对 MnO$_2$-AG 吸附 Pb（Ⅱ）、Cd（Ⅱ）和 Ag（Ⅰ）后的相结构、表面官能团进行了分析，图 5-32 展示了 AG、MnO$_2$-AG 吸附重金属前后的红外光谱分析谱线。首先，在 AG 的红外光谱图中，在 3430 cm^{-1} 附近较宽的透过峰代表吸附在表面的水分子和羟基官能团的伸缩振动。在 2350 cm^{-1} 和 667 cm^{-1} 处出现的透过峰表示有吸附在 AG 表面的 CO$_2$ 分子。在 1640 cm^{-1}、1400 cm^{-1} 和 1090 cm^{-1} 处出现的透过峰分别代表 C═O 键的伸缩振动、C—H 键的弯曲振动和 C—O 伸缩振动。改性后的吸附剂 MnO$_2$-AG 红外光谱没有明显的变化，考虑负载在表面的 MnO$_2$ 颗粒，参考之前的研究报道，在 1090 cm^{-1} 处的透过峰除了和 C—O 伸缩振动有关外，也代表了 Mn—O 键，即存在 Mn 和—OH 的结合。总之，红外分析的结果表明，吸附剂 MnO$_2$-AG 的表面存在丰富的含氧官能团，有利于重金属离子的吸附去除。这个结果也和其 EDX 分析中表面较高的 O 元素摩尔比相符合。其次，MnO$_2$-AG 吸附 Pb（Ⅱ）、Cd（Ⅱ）和 Ag（Ⅰ）后的红外光谱结果也在图 5-32 中列出。与吸附前的 MnO$_2$-AG 相比，发生的主要变化为在 3430 cm^{-1} 和 1090 cm^{-1} 处，分别代表 O—H 键伸缩振动的峰和 Mn—O 键的峰移动到 3440 cm^{-1} 和 1080 cm^{-1} 处。根据现有的 MnO$_2$ 复合材料吸附剂的报道，这两个峰的位置移动代表吸附过程中，吸附剂表面的—OH 和重金属离子发生了离子交换。这两处和羟基相关的峰位置变化可能是吸附后材料表面形成羟基和重金属离子的络合物，形成了—O—Pb、—O—Cd、—O—Ag 等新键。使用 XRD 等探测手段，探究吸附剂 MnO₂-AG 对 Pb（Ⅱ）、Cd（Ⅱ）和 Ag（Ⅰ）的吸附机理，吸附后的材料对应的 XRD 结果如图 5-32（b）所示。吸附后的材料中都没有出现新的结构，表明吸附重金属离子后吸附剂表面没有形成晶体结构，对重金属的去除不是化学沉淀起作用。推测 MnO₂-AG 对 Pb（Ⅱ）、Cd（Ⅱ）和 Ag（Ⅰ）的吸附机理为材料表面的 Mn-OH 与重金属离子发生离子交换的化学吸附。

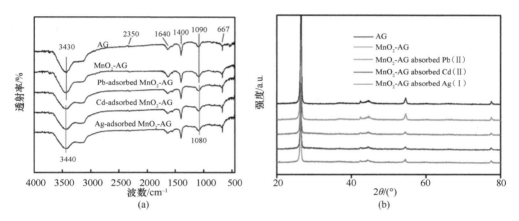

图 5-32 MnO₂-AG 吸附 Pb（Ⅱ）、Cd（Ⅱ）和 Ag（Ⅰ）后的红外光谱（a）和 XRD 光谱（b）

AG 和 MnO₂-AG 对 Pb（Ⅱ）、Cd（Ⅱ）和 Ag（Ⅰ）去除率对比实验结果如图 5-33 所示。改性后的吸附剂对三种重金属离子的去除率有显著的提高。改性前的 AG 对 Pb（Ⅱ）、Cd（Ⅱ）和 Ag（Ⅰ）的去除率分别为 37.3%、1.5% 和 22.8%。改性后得到的吸附剂 MnO₂-AG 对 Pb（Ⅱ）、Cd（Ⅱ）和 Ag（Ⅰ）的去除率分别

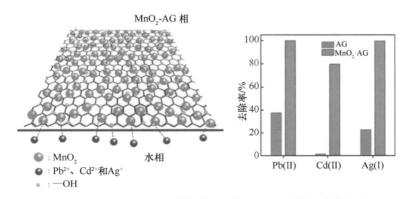

图 5-33 MnO₂ 改性后碳材料的吸附机理和重金属吸附去除率

提高为 99.9%、79.7% 和 99.8%，分别是改性前的 2.7 倍、53.1 倍和 4.4 倍。从实验结果可以得知，AG 表面负载 MnO_2 颗粒可以极大地提高其对水溶液中 Pb（Ⅱ）、Cd（Ⅱ）和 Ag（Ⅰ）三种重金属的去除能力。根据红外光谱表征结果，改性前 AG 表面的羟基主要为与碳表面相连的 C—OH，改性后 MnO_2-AG 表面的羟基为与 MnO_2 颗粒相连的 Mn—OH 和与碳表面相连的 C—OH 两种。结合改性后材料对三种重金属离子去除率显著提高，可以推测改性后吸附剂对三种重金属的吸附作用主要是由于 MnO_2-AG 表面的 Mn—OH 与重金属离子结合[59]。

表 5-7 为不同吸附剂对重金属离子最大吸附量的对比，表中列举了一些最新的重金属吸附剂的最大吸附量，MnO_2-AG 对三种重金属的最大吸附量高于很多吸附剂的文献报道。因此，MnO_2-AG 具有作为处理含 Pb（Ⅱ）、Cd（Ⅱ）和 Ag（Ⅰ）污水的高效吸附剂的潜力。

表 5-7　不同吸附剂对重金属离子最大吸附量的对比

被吸附剂	吸附剂	吸附能力/（mg/g）	参考文献
Ag（Ⅰ）	斜发沸石	33.2	[60]
	多孔珍珠岩	8.46	[61]
	MG 斜发沸石	22.57	[62]
	稻壳	1.62	[63]
	MnO_2-AG	67.80	此研究
Cd（Ⅱ）	芒草	11.4	[64]
	锰氧化物矿物质	6.8	[65]
	壳聚糖	1.84	[66]
	壳聚糖	6.07	[67]
	纤维素	21.4	[68]
	MnO_2-AG	29.49	此研究
Pb（Ⅱ）	咖啡渣活性炭	63.29	[69]
	聚苯乙烯-氧化铝活性炭	22.47	[70]
	壳聚糖改性生物炭	14.3	[71]
	BPB	47.1	[72]
	Mn-BC	55.56	[73]
	MnO_2-AG	99.88	此研究

研究使用废旧锂离子电池负极为原材料，回收人工石墨粉（AG）并通过在其表面负载 MnO_2 微粒制得一种高效低成本的重金属吸附剂 MnO_2-AG。如图 5-33 所示，一系列的表征实验表明在 AG 表面成功地负载了一层均匀的无定形 MnO_2 微粒，MnO_2 微粒约占 MnO_2-AG 质量的 2.1%。AG 和 MnO_2-AG 对 Pb（Ⅱ）、Cd（Ⅱ）和 Ag（Ⅰ）吸附实验表明，改性后的吸附剂对三种重金属离子的去除率有显著的提高。MnO_2-AG 作为一种低成本、环境友好、高效快速且使用 pH 范围广的 Pb（Ⅱ）、Cd（Ⅱ）和 Ag（Ⅰ）污水吸附剂，在实际的重金属污水处理中具有

很好的应用前景。

3. 电-芬顿系统

目前，许多研究都集中在利用石墨作为阴极对含有持久性污染物的水体进行修复。其中，电-芬顿（electro-Fenton）作为一种先进的氧化技术，因其简单、高效的污染物修复方法而受到广泛关注。这一过程包括：首先，通过阴极上 O_2 的二电子还原连续地产生 H_2O_2。然后，H_2O_2 被亚铁离子（Fe^{2+}）活化产生羟基自由基，这是废水中有机污染物最强的氧化剂之一（图 5-34）。一般来说，降解效率很大程度上取决于 H_2O_2 的产率，而 H_2O_2 的产率在很大程度上取决于阴极材料的性能。在石墨、石墨毡、碳纳米管、活性炭纤维（ACF）、网状玻璃体碳（RVC）、碳聚四氟乙烯（PTFE）等非均质电-芬顿体系中，各种碳质电极都容易实现 H_2O_2 的高产。Cao 等[74]利用废锂电池的负极废料，在电-芬顿系统中实现了废锂电池中石墨的高效回收再利用。实验重点研究了不同回收工艺在电-芬顿系统中对负极废粉再利用时起到的作用，包括负极原粉（RP）、酸浸（AL）、酸碱浸（AAL）残粉。结果表明，不同的浸出工艺会使负极粉的官能团发生变化，这对后续体系的重复使用具有重要影响。电化学表征结果表明，由于氧（O_2）具有高活性双电子还原能力，AAL 具有比 RP 和 AL 更高的过氧化氢选择性和产率。当负极粉在体系中重复使用时，AL 电极在 70 min 内可去除 100%双酚 A（BPA），在 240 min 可去除 87.4% COD，降解效率最高，可能与 AL 中羧基含量（35.83%）高于 AAL（7%）有关。因此，溶液中的部分铁离子可以吸附在 AL 阴极表面，形成部分不均匀的铁氧化还原。研究还对 AL 电极的可重用性进行了评价。低电流密度的 AL 阴极经过 10 次循环使用后，仍能保持 100%的 BPA 去除率。与传统阴极材料相比，该材料具有较高的可重用性和环境友好性，为固体废物和废水中污染物的协同治理提供了一种有潜力的新途径。

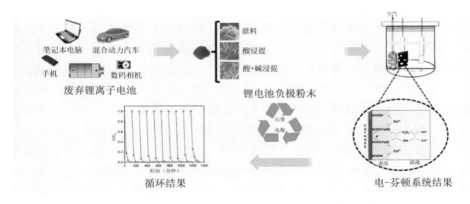

图 5-34　电-芬顿系统中废石墨的高效回收再利用

Natarajan 等[75]成功地从废弃锂电池负极中回收了废石墨合成氧化石墨（GO）以及混合金属氧化物 $LiMn_2O_4$（MO），用于从水溶液中去除阴离子刚果红（CR）和阳离子亚甲基蓝（MB）。此外，还回收了高纯度的废铝箔、铜箔和塑料等废 LIB 的其他成分。根据 Langmuir 模型，GO 对刚果红的最大吸附容量为 134.2 mg/g，而 MB 可被完全吸附，最高可达 1000mg/L。MO 对 CR 和 MB 的吸附容量分别为 7.31 mg/g 和 4.03 mg/g。热力学分析表明，染料在 GO 和 MO 吸附剂上的吸附在热力学上是可行的，属于自发的吸热过程。因此，来自废锂电池制备的吸附材料可以是商业吸附剂的优良替代品。

4. 石墨粉回收利用制作石墨烯和氧化石墨烯

Zhang 等[76]比较了湿法破碎和干法破碎对手机废锂电池回收过程中电池材料（包括石墨）损失的影响。湿法破碎涉及使用带水流的叶片破碎机，这将导致细石墨粉末溶解到水中从而失去活性负极材料。由于湿法破碎时水流的存在，破碎后的负极可以迅速通过破碎机的筛孔。细粉与水一起穿过网格，无法及时从铜箔中解放出来，导致石墨不能完全留在网格上而被浪费。而采用干法筛分细颗粒，石墨电极材料可以选择性地从铜箔分离，破碎石墨粉末。但是因为都有更细的颗粒，所以需要更长时间。两种方法破碎产物比较表明，湿法破碎产物中活性电极材料（$LiCoO_2$、石墨）的细小颗粒由于黏结剂的存在而保持了原有的聚合条件。虽然在干式破碎中石墨、$LiCoO_2$ 等电极材料从铜箔、铝箔中析出的时间较长，但干式破碎可以充分发挥选择性破碎的作用。电极材料如 $LiCoO_2$、石墨等可以从铝箔、铜箔中完全脱落，以较少杂质的细馏分和疏松的结构富集，这为后续回收创造了良好的条件。这项工作表明在未来的回收过程中可以使用干破碎法从废弃锂电池负极中回收石墨。

石墨烯是所有石墨形式的碳材料的基本构件，可以应用在能量存储装置、小型电子产品、太阳能电池、复合材料、印刷电子产品、多相催化剂等多个领域。在过去 10 年中，石墨烯的生产取得了显著进展。然而，氧化和还原/脱氧过程引入的残余氧官能团和大量缺陷破坏了理想的 sp^2 网络，并显著降低了其电子和机械性能。同时，由于化学气相沉积（CVD）是制造高质量和大表面积石墨烯的最有前途的方法，但单晶石墨烯复杂的生长过程造成石墨烯制造具有较高的成本，阻碍了其大规模应用。Chen 等[77]发现使用过的锂离子电池中的碳负极材料可能是一种廉价且理想的候选材料，可以高效生产高质量的石墨烯（图 5-35）。为了测试这个想法，Chen 等研究了在表面活性剂、水溶液和溶剂混合物中使负极石墨（UAG）直接液体剥离制备石墨烯。结果表明，所用负极石墨的剥离效率相对于天然石墨增加了 3～11 倍，最高质量产率为 40%，质量分数。其尺寸超过 1mm，厚度小于 1.5nm，优于 60%的原石墨烯制品的尺寸。更重要的是，这种技术与贵金属回收过程相结合，可以为废旧电池提供环保、高效和高附加值的回收技术。

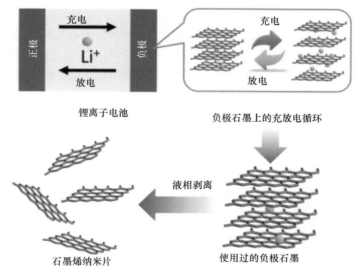

图 5-35　使用废弃锂电池负极制备石墨烯的示意图

图 5-36 X 射线衍射（XRD）分析结果表明，UAG 虽然强度相对较低，但与天然石墨形态相同。与天然石墨相比，UAG 归一化（002）峰具有较低的角度（插图），说明层间距略有增加。由布拉格方程计算 UAG 和石墨粉的层间距离分别为 0.338 nm 和 0.335 nm。值得注意的是，范德瓦尔斯晶体层间距离的增加意味着层间力的减小，可以促进随后的剥落过程。

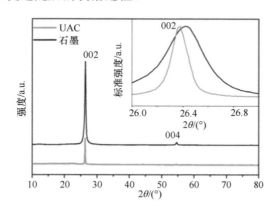

图 5-36　UAG（黑线）和石墨（灰线）的 XRD 图谱

为了比较大块 UAG 和天然石墨在 6 mm 胆酸钠水溶液中的剥落效果，实验提出了一种有效的剥落层状范德瓦尔斯晶体的方法。研究发现，UAG 制得的石墨烯分散体离心后的浓度远远高于石墨，这种差异可以用肉眼清楚地识别出来，尤其是在稀释后的分散体中，如图 5-37（a）所示。这种浓度差异在 45 vol%乙醇水溶液中进一步扩大（浓度差异 10 倍）。但 UAG 和石墨制分散体的浓度都显著下降。紫外可见吸收光谱显示，UAG 和石墨分散体的吸收峰出现在 268 nm 处，表明石墨烯片内的电子共轭被保留。通过真空干燥法测量 UAG 制备的石墨烯分散体的浓度为 0.8 mg/mL，对应于 40%（质量分数）的产率（10 倍的统计数据）。该值是石墨制分散体的 3 倍，并且远高于之前文献报道的结果。

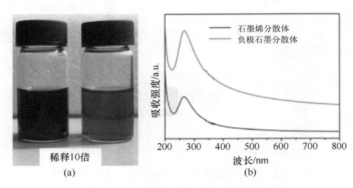

图 5-37　色散图和紫外可见吸收光谱

　　拉曼光谱可以用于量化石墨烯缺陷。如图 5-38 所示，UAG 的拉曼光谱的特征是缺陷诱导 D 波段（1337 cm^{-1}）、G 波段（1583 cm^{-1}）和 2D 波段（2684 cm^{-1}）。可以通过 D 波段与 G 波段的强度比，I_D/I_G 来量化缺陷水平。对于 UAG，I_D/I_G 为 0.54，明显高于原始石墨，表明一些缺陷的引入是电池充放电循环所导致的。然而，由于缺陷和边缘的增加，I_D/I_G 值仅略微增加至 0.68，该值仍远低于化学还原石墨烯的值，并且与 LPE 剥离的石墨烯片相当。值得注意的是，在中等温度下退火，I_D/I_G 的比率可显著降低至 0.33（在 250℃退火）和 0.14（在 500℃退火）。另外，2D 带的形状表示石墨烯片中的层数，与 UAG 粉末相比，剥离分散体的 2D

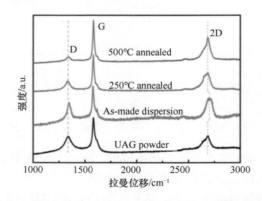

图 5-38　废锂负极制备石墨烯实验中不同材料的拉曼图谱

带变得对称且形状清晰，这意味着石墨烯纳米片的片层数<5 层，此结果与 AFM 和 TEM 数据很好地吻合。2D 带的蓝色可能是由吸附的表面活性剂引入导致的局部应变引起的。另外，在沉积的退火中容易观察到 2D 带的形状明显变化，表明石墨烯片的重新堆叠。

　　使用 XPS 进行进一步的表征。如图 5-39 所示，UAG 粉末中的氧百分比为 7%，而剥落的石墨烯和沉积退火后的石墨烯的氧含量（500℃）分别为 9% 和 3%。在相应的高分辨率 C 1s 光谱［图 5-39（b）～（d）］中，284.5 eV 处明显的特征峰代表石墨碳。此外，图像显示了三个小峰，分别对应于 285.6 eV 的 C—O 键、287 eV 的 C=O 键和 289 eV 的 O=C—O 键。拉曼结果显示，适当的退火处理，可以减少这些官能团。

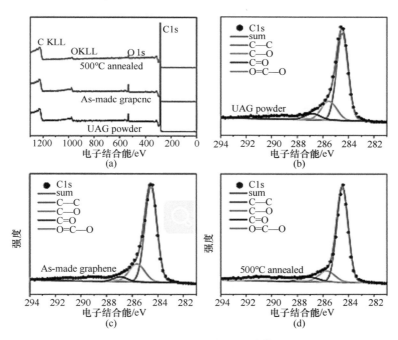

图 5-39　UAG 的 XPS 图谱

　　Moradi 和 Botte[78]针对石墨粉的回收利用，提出以下步骤：①拆下电极盖，取出石墨电极片，用有机溶剂（如 DMC）清洗，除去电极表面收集的残留电解质。②干燥电极，使溶剂蒸发。干燥温度最好是 85～100℃。③将上一步干燥的石墨电极在超声振动下浸泡在盐酸溶液中，使石墨与铜箔完全分离。④通过离心、冲洗、干燥等方法将石墨粉从酸性溶液中分离出来。⑤从干粉中筛分、抛光并制备负极材料，将其插入新电池中。虽然与石墨相比，实际使用过的电池中石墨负极的老化和损坏程度更高，但此方法可以将锂电池中石墨负极回收再利用。

　　如图 5-40 所示，Zhang 等[79]经研究发现在充放电过程中锂离子插层和脱层会引起晶格膨胀，破坏了范德华键，削弱了夹层石墨的黏结强度。由于石墨烯和氧化石墨烯的制备是为了打破化学键，分离石墨烯层，电池循环可以看作是一个负极石墨烯的预制步骤，从而提高石墨烯及其衍生物的产率。

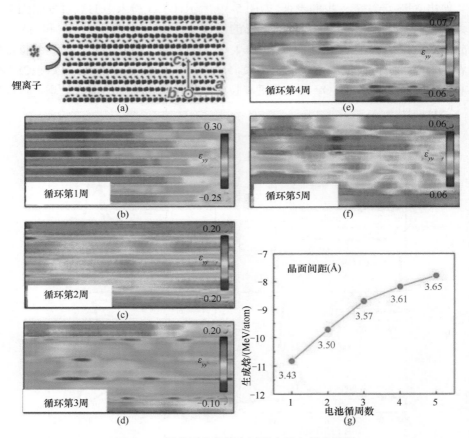

图 5-40　锂离子在充放电过程中引起晶格膨胀

　　为了验证这一假设，首先用简化的 Hummers 方法制备氧化石墨烯。如图 5-41 所示，与原始石墨制备的氧化石墨烯相比，废旧电池负极石墨制备的氧化石墨烯具有优异的均匀性和电化学性能。图（a）为进一步简化 Hummers 法制备氧化石墨烯的数码照片，该方法中石墨在 40℃下与氧化剂反应 6h，就可得到具有较好均匀性的氧化石墨烯。由图（b）可见，在离心和稀释后，原始石墨制得的氧化石墨烯表现出明显的聚集，而负极石墨制得的氧化石墨烯保持均匀和分散。图（c）为厚度 0.87 nm 的单层氧化石墨烯薄片的典型原子力显微镜（AFM）图像，图像表明氧化石墨烯片大多为单层。图（d）为 TEM 成像显示，氧化石墨烯呈薄片状和褶皱状。图（e）中的 HRTEM 结果显示，产物没有显示出长程的结晶顺序，缺乏长程有序晶体结构，这表明负极石墨制备的氧化石墨烯氧化程度较高。

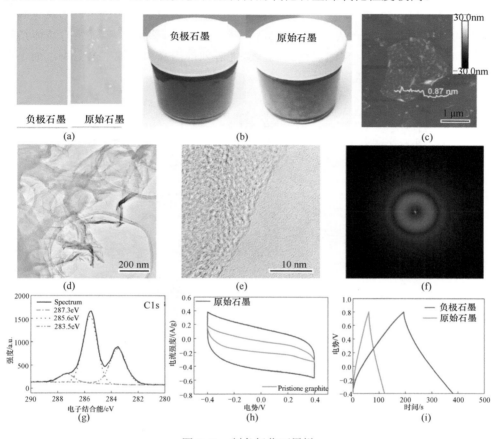

图 5-41　制备氧化石墨烯

另外，通过剪切混合制备得到的石墨烯，锂化辅助预膨胀使石墨烯产率提高了 4 倍。如图 5-42（a）所示，剪切混合后得到的石墨烯悬浮液均呈黑色。静置 4h 后，原始石墨制得的石墨烯悬浮液呈聚集沉积状态，而负极石墨制得的石墨烯悬浮液仍呈黑色。48h 后从原始石墨中提取的石墨悬浮液分离成干净的上部液体和黑色粉末底部。相比之下，从负极石墨得到的悬浮体仍然是黑色的，只有少量分离。石墨烯的产率可以通过石墨烯在液体中的重量来计算。具体来说，从上层液体中取出 5 mL 悬浮液。从原始石墨中提取的石墨烯在 48h 后仅为 0.09～0.12 g，相当于 6%～8% 的石墨烯产率。相反，负极石墨的石墨烯产率为 35%～46%，是原始石墨的 4 倍。

石墨烯产率的提高主要有两个原因：①电池循环引起的栅格膨胀削弱了石墨

层之间的键合，导致石墨层剥落效率提高；②由 XPS 证明，负极石墨制得的石墨烯薄片被含氧官能团附着，会阻止其聚集。

TEM［图 5-42（b）］图显示，负极石墨制备的石墨烯薄而透明。与氧化石墨烯不同，通过剪切混合从负极和原始石墨中得到的石墨烯具有完整的晶体结构［图 5-42（c）］。此外，电池循环预制步骤能有效地提高剪切混合的效率，而不会破坏石墨烯片的晶体结构。

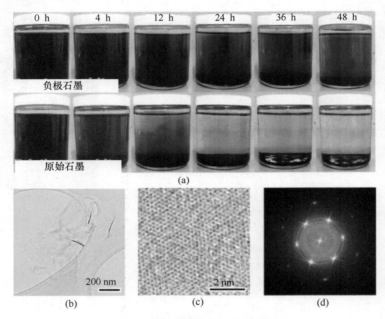

图 5-42　通过剪切混合制备石墨烯

上文介绍了从废锂离子电池正极中提取出镍、钴和锰及比例可控的锂盐。浸出过程的第一步，H_2SO_4 搅拌破碎的正极和负极。搅拌后，正极溶解到酸中，而负极（石墨粉）作为废物沉积除去。此外，高浓度酸搅拌使石墨膨胀。如果负极石墨在酸处理下进一步膨胀，剪切混合生产效率有望显著提高［图 5-43（a）］。这提供了负极回收和石墨烯生产的无缝集成，实现了锂离子电池的完全回收。酸处理后负极石墨是薄而透明的［图 5-43（b）］，表明范德瓦耳斯力被削弱。对酸处理负极石墨的近距离观察显示，石墨烯层呈不规则的堆叠［图 5-43（c）］，具有多晶结构特征［图 5-43（d）］。

图 5-44（a）为酸处理负极石墨制备石墨烯悬浮液的照片。硫酸处理负极石墨制备的石墨烯在 48h 后的液体为 1.26 g 和 0.95 g。120h 后，对应于 83.7% 和 63.3%。石墨烯产率是未经处理的负极石墨的 2 倍和原始石墨的 10 倍（图 5-44）。图 5-44（b）AFM 图为制备石墨烯薄片的高度剖面。成像显示，获得的石墨烯薄片大多很

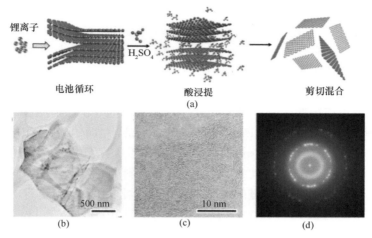

图 5-43　负极石墨在酸处理下进一步膨胀

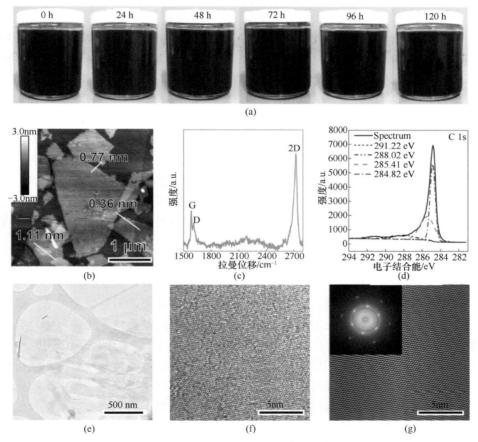

图 5-44　用酸处理阳极石墨制备石墨烯

薄。图 5-44（c）为制备石墨烯的拉曼光谱。图谱表明，存在晶体结构完整的单层石墨烯。图 5-44（d）为石墨烯的 XPS C 1s 谱。XPS 谱表明存在 C—（O，N）键（285.41 eV）、羰基（288.02 eV）和 C—F 键（291.22 eV）。这些功能基团进一步阻止了石墨烯薄片的聚集。图 5-44（e）为经酸处理负极石墨制得的石墨烯薄片的 TEM 图像。经过 H_2SO_4 处理的负极石墨烯薄而柔韧。图 5-44（f）为高分辨率的 HRTEM 透射电镜图像。图 5-44（g）为负极石墨烯的卷积晶格图像，如图所示没有明显的缺陷，说明酸处理只破坏了范德瓦尔斯键。由于 H_2SO_4 浓度比 Hummer 方法中酸的浓度低得多，对 sp^2 键的影响很小。因此，石墨烯的制造可以应用于目前的电池回收流水线中，其中用于溶解正极材料的 H_2SO_4，可以同时移除不溶性负极石墨。在不破坏 sp^2 键的情况下，酸处理可以使石墨晶格进一步膨胀，从而将石墨烯的产率提高到 83.7%（是原始石墨粉的 10 倍）。

5.4   总结与展望

随着纯电动车和混合动力车的发展，预计 2020 年底中国锂离子电池市场规模将达到 170.55 GW·h，未来 4 年复合增长超过 25%。锂离子电池的回收和再利用将成为人们必须要面对的严峻课题。石墨作为新型电极材料，由于其嵌锂性能高、循环稳定性强，在锂离子二次电池中得到了广泛的研究和使用。自 2009 年以来，由于 LIB 产量的急剧增长，全球对高质量石墨的需求量也急速增高。基于 Roskill Global 商品市场报告，片状石墨的年需求量以每年 10%～12% 的速度增长[78]。中国、加拿大和马达加斯加是全球片状石墨的主要供应商。对石墨资源匮乏的美国来说，鳞片状石墨作为生产锂离子电池必要的材料之一（美国国家计划其未来将成为电动汽车的主要制造国），石墨的供应已成为美国的一个重要问题。由于美国 100% 依赖于从其他国家和地区进口片状石墨，电池原材料成本巨幅加大，导致全球鳞片石墨的市场价格也上涨了 1 倍以上。

为节约原始石墨资源，研究人员将研究方向转向了废旧锂离子电池负极石墨材料的回收和资源化再利用上。废旧锂离子电池的高效、低成本回收处理已成为我国电池行业发展的瓶颈。最大限度地提高回收利用率，避免资源浪费，机遇与挑战并存。因此，探究废旧锂离子电池的石墨负极回收与资源化再利用具有重要意义。石墨作为锂电池的负极，其含量至少是锂的 11 倍。废旧锂离子电池负极石墨通过回收与资源化再利用不仅可以制备石墨、石墨烯等新型碳材料，还可以将石墨衍生为多种功能化碳材料用于环境治理及作为二次电池中的碳电极和催化剂等。今后废旧锂离子电池回收和再利用技术将朝着对电池全组分（包括负极、电解液）进行回收处理的方向发展，以有效降低成本，减少二次污染，提高电池回收率。

参 考 文 献

[1]　Huang B, Pan Z, Su X. Recycling of lithium-ion batteries: recent advances and perspectives[J]. Journal of Power Sources, 2018, 399: 274-286.

[2]　Winslow K M, Laux S J, Townsend T G. A review on the growing concern and potential management strategies of waste lithium-ion batteries[J]. Resources Conservation and Recycling, 2018, 129: 263-277.

[3]　Lv W, Wang Z, Cao H. A critical review and analysis on the recycling of spent lithium-ion batteries[J]. ACS Sustainable Chemistry & Engineering, 2018, 6(2): 1504-1521.

[4]　Ordoñez J, Gago E J, Girard A. Processes and technologies for the recycling and recovery of spent lithium-ion batteries[J]. Renewable and Sustainable Energy Reviews, 2016, 60: 195-205.

[5]　Zeng X, Li J, Liu L. Solving spent lithium-ion battery problems in China: opportunities and challenges[J]. Renewable and Sustainable Energy Reviews, 2015, 52: 1759-1767.

[6]　Liu C, Lin J, Cao H. Recycling of spent lithium-ion batteries in view of lithium recovery: a critical review[J]. Journal of Cleaner Production, 2019, 228: 801-813.

[7]　夏静, 张哲鸣, 贺文智, 等. 废锂离子电池负极活性材料的分析测试[J]. 化工进展, 2013, 32(11): 2783-2786.

[8]　周旭, 朱曙光, 次西拉姆. 废锂离子电池负极材料的机械分离与回收[J]. 中国有色金属学报, 2011, 21(12): 3082-3086.

[9]　卢毅屏, 夏自发, 冯其明. 废锂离子电池中集流体与活性物质的分离[J]. 中国有色金属学报, 2007, (6): 997-1001.

[10]　Guo Y, Li F, Zhu H. Leaching lithium from the anode electrode materials of spent lithium-ion batteries by hydrochloric acid (HCl)[J]. Waste Manag, 2016, 51: 227-233.

[11]　刘展鹏, 郭扬, 贺文智. 废锂电池负极活性材料中锂的浸提研究[J]. 环境科学与技术, 2015, 38(S2): 93-95, 99.

[12]　程前, 张婧. 废锂电池负极全组分绿色回收与再生[J]. 材料导报, 2018, 32(20): 3667-3672.

[13]　Yang Y, Song S, Lei S. A process for combination of recycling lithium and regenerating graphite from spent lithium-ion battery[J]. Waste Management, 85:529-537.

[14]　Sabisch J E C, Anapolsky A, Liu G. Evaluation of using pre-lithiated graphite from recycled Li-ion batteries for new LiB anodes[J]. Resources Conservation and Recycling, 2018, 129: 129-134.

[15]　Zhang J, Li X, Song D. Effective regeneration of anode material recycled from scrapped Li-ion batteries[J]. Journal of Power Sources, 2018, 390: 38-44.

[16]　Natarajan S, Ede S R, Bajaj H C. Environmental benign synthesis of reduced graphene oxide (rGO) from spent lithium-ion batteries (LIBs) graphite and its application in supercapacitor[J]. Colloids & Surfaces A Physicochemical & Engineering Aspects, 2018, 543: S0927775718300670.

[17]　Ping X, Junmo K, Jae-Boong C. Laminated ultrathin chemical vapor deposition graphene films based stretchable and transparent high-rate supercapacitor[J]. Acs Nano, 2014, 8(9): 9437-9445.

[18]　Hegde G, Divyashree A. Activated carbon nanospheres derived from bio-waste materials for supercapacitor applications-a review[J]. Rsc Advances, 2015, 5(107): 88339-88352.

[19]　Kotz R, Carlen M. Principles and applications of electrochemical capacitors[J]. Electrochimica Acta, 2000, 45(15): 2483-2498.

[20]　Xia J, Chen F, Li J. Measurement of the quantum capacitance of graphene[J]. Nature

Nanotechnology, 2009, 4(8): 505-509.

[21] Chen L, Xu Z, Li J, et al. Reduction and disorder in graphene oxide induced by electron-beam irradiation[J]. Materials Letters, 2011, 65(8): 1229-1230.

[22] Miller J R, Outlaw R A, Holloway B C. Graphene double-layer capacitor with ac line-filtering performance[J]. Science, 2010, 329(5999): 1637-1639.

[23] Shen B, Ding J, Yan X B. Influence of different buffer gases on synthesis of few-layered graphene by arc discharge method[J]. Applied Surface Science, 2012, 258(10): 4523-4531.

[24] Huang Q, Kim J J, Ali G. Width-tunable graphene nanoribbons on a SiC substrate with a controlled step height[J]. Advanced Materials, 2013, 25(8): 1144-1148.

[25] Rajagopalan B, Jin S C. Reduced chemically modified graphene oxide for supercapacitor electrode[J]. Nanoscale Research Letters, 2014, 9(1): 535-545.

[26] Dan L, Müller M B, Scott G. Processable aqueous dispersions of graphene nanosheets[J]. Nature Nanotechnology, 2008, 3(2): 101-105.

[27] Xu J, Thomas H R, Francis R W. A review of processes and technologies for the recycling of lithium-ion secondary batteries[J]. Journal of Power Sources, 2008, 177(2): 512-527.

[28] Zhang Y, Guo X, Yao Y. Mg-enriched engineered carbon from lithium-ion battery anode for phosphate removal[J]. ACS Appl Mater Interfaces, 2016, 8(5): 2905-2909.

[29] Zhang Y, Guo X, Wu F. Mesocarbon microbead carbon-supported magnesium hydroxide nanoparticles: turning spent Li-ion battery anode into a highly efficient phosphate adsorbent for wastewater treatment[J]. ACS Appl Mater Interfaces, 2016, 8(33): 21315-21325.

[30] Yao Y, Gao B, Inyang M. Biochar derived from anaerobically digested sugar beet tailings: characterization and phosphate removal potential[J]. Bioresour Technol, 2011, 102(10): 6273-6278.

[31] Kumar P, Sudha S, Chand S. Phosphate removal from aqueous solution using coir-pith activated carbon[J]. Separation Science and Technology, 2010, 45(10): 1463-1470.

[32] Bhargava D S, Sheldarkar S B. Use of tnsac in phosphate adsorption studies and relationships - literature, experimental methodology, justification and effects of process variables[J]. Water Research, 1993, 27(2): 303-312.

[33] Zhou J, Yang S, Yu J. Facile fabrication of mesoporous MgO microspheres and their enhanced adsorption performance for phosphate from aqueous solutions[J]. Colloids and Surfaces a-Physicochemical and Engineering Aspects, 2011, 379(1/3): 102-108.

[34] Zhang M, Gao B, Yao Y. Phosphate removal ability of biochar/MgAl-LDH ultra-fine composites prepared by liquid-phase deposition[J]. Chemosphere, 2013, 92(8): 1042-1047.

[35] Zeng Z, Zhang S D, Li T Q. Sorption of ammonium and phosphate from aqueous solution by biochar derived from phytoremediation plants[J]. Journal of Zhejiang University-Science B, 2013, 14(12): 1152-1161.

[36] Yoon S Y, Lee C G, Park J A. Kinetic equilibrium and thermodynamic studies for phosphate adsorption to magnetic iron oxide nanoparticles[J]. Chemical Engineering Journal, 2014, 236: 341-347.

[37] Peng F, He P W, Luo Y. Adsorption of phosphate by biomass char deriving from fast pyrolysis of biomass waste[J]. Clean-Soil Air Water, 2012, 40(5): 493-498.

[38] de Vicente I, Merino-Martos A, Cruz-Pizarro L. On the use of magnetic nano and microparticles for lake restoration[J]. J Hazard Mater, 2010, 181(1/3): 375-381.

[39] Krishnan K A, Haridas A. Removal of phosphate from aqueous solutions and sewage using natural and surface modified coir pith[J]. Journal of Hazardous Materials, 2008, 152(2): 527-535.

[40] Yao Y, Gao B, Chen J. Engineered biochar reclaiming phosphate from aqueous solutions: mechanisms and potential application as a slow-release fertilizer[J]. Environmental Science & Technology, 2013, 47(15): 8700-8708.

[41] Lǚ J, Liu H, Liu R, et al. Adsorptive removal of phosphate by a nanostructured Fe–Al–Mn trimetal oxide adsorbent[J]. Powder Technology, 2013, 233: 146-154.

[42] Wang Z, Guo H, Shen F. Biochar produced from oak sawdust by Lanthanum (La)-involved pyrolysis for adsorption of ammonium (NH_4^+), nitrate (NO_3^-), and phosphate (PO_4^{3-})[J]. Chemosphere, 2015, 119: 646-653.

[43] Zhang M, Gao B. Removal of arsenic, methylene blue, and phosphate by biochar/AlOOH nanocomposite[J]. Chemical Engineering Journal, 2013, 226: 286-292.

[44] Tu Y J, You C F. Phosphorus adsorption onto green synthesized nano-bimetal ferrites: equilibrium kinetic and thermodynamic investigation[J]. Chemical Engineering Journal, 2014, 251: 285-292.

[45] Zhang L, Zhou Q, Liu J. Phosphate adsorption on lanthanum hydroxide-doped activated carbon fiber[J]. Chemical Engineering Journal, 2012, 185: 160-167.

[46] Su Y, Cui H, Li Q. Strong adsorption of phosphate by amorphous zirconium oxide nanoparticles[J]. Water Research, 2013, 47(14): 5018-5026.

[47] Chen B, Chen Z, Lv S. A novel magnetic biochar efficiently sorbs organic pollutants and phosphate[J]. Bioresource Technology, 2011, 102(2): 716-723.

[48] Li G, Gao S, Zhang G. Enhanced adsorption of phosphate from aqueous solution by nanostructured iron(III)-copper(II) binary oxides[J]. Chemical Engineering Journal, 2014, 235: 124-131.

[49] Ozacar M. Adsorption of phosphate from aqueous solution onto alunite[J]. Chemosphere, 2003, 51(4): 321-327.

[50] Jung K W, Hwang M J, Ahn K H. Kinetic study on phosphate removal from aqueous solution by biochar derived from peanut shell as renewable adsorptive media[J]. International Journal of Environmental Science and Technology, 2015, 12(10): 3363-3372.

[51] Biswas B K, Inoue K, Ghimire K N. Removal and recovery of phosphorus from water by means of adsorption onto orange waste gel loaded with zirconium[J]. Bioresource Technology, 2008, 99(18): 8685-8690.

[52] Huang X, Liao X, Shi B. Adsorption removal of phosphate in industrial wastewater by using metal-loaded skin split waste[J]. J Hazard Mater, 2009, 166(2/3): 1261-1265.

[53] Xue Y, Hou H, Zhu S. Characteristics and mechanisms of phosphate adsorption onto basic oxygen furnace slag[J]. Journal of Hazardous Materials, 2009, 162(2-3): 973-980.

[54] Yu Y, Chen J P. Key factors for optimum performance in phosphate removal from contaminated water by a Fe-Mg-La tri-metal composite sorbent[J]. Journal of Colloid and Interface Science, 2015, 445: 303-311.

[55] Long F, Gong J L, Zeng G M. Removal of phosphate from aqueous solution by magnetic Fe–Zr binary oxide[J]. Chemical Engineering Journal, 2011, 171(2): 448-455.

[56] Biswas B K, Inoue K, Ghimire K N. The adsorption of phosphate from an aquatic environment using metal-loaded orange waste[J]. J Colloid Interface Sci, 2007, 312(2): 214-223.

[57] Yao Y, Gao B, Inyang M. Removal of phosphate from aqueous solution by biochar derived from anaerobically digested sugar beet tailings[J]. J Hazard Mater, 2011, 190(1/3): 501-507.

[58] Zhao T, Yao Y, Wang M. Preparation of MnO_2-modified graphite sorbents from spent Li-ion batteries for the treatment of water contaminated by lead cadmium and silver[J]. ACS Appl Mater Interfaces, 2017, 9(30): 25369-25376.

[59] Wang H, Gao B, Wang S. Removal of Pb(II), Cu(II), and Cd(II) from aqueous solutions by biochar derived from KMnO$_4$ treated hickory wood[J]. Bioresour Technol, 2015, 197: 356-362.

[60] Akgül M, Karabakan A, Acar O. Removal of silver (I) from aqueous solutions with clinoptilolite (Ag-clinoptilolite-33. 2)[J]. Microporous and Mesoporous Materials, 2006, 94(1/3): 99-104.

[61] Ghassabzadeh H, Mohadespour A, Torab-Mostaedi M. Adsorption of Ag, Cu and Hg from aqueous solutions using expanded perlite[J]. J Hazard Mater, 2010, 177(1/3): 950-955.

[62] Coruh S, Elevli S, Senel G. Adsorption of silver from aqueous solution onto fly ash and phosphogypsum using full factorial design[J]. Environmental Progress & Sustainable Energy, 2011, 30(4): 609-619.

[63] Zafar S, Khalid N, Mirza M L. Potential of rice husk for the decontamination of silver ions from aqueous media[J]. Separation Science And Technology, 2012, 47(12): 1793-1801.

[64] Kim W K, Shim T, Kim Y S. Characterization of cadmium removal from aqueous solution by biochar produced from a giant Miscanthus at different pyrolytic temperatures[J]. Bioresour Technol, 2013, 138: 266-270.

[65] Sönmezay A, ÖNcel M S, BektaŞ N. Adsorption of lead and cadmium ions from aqueous solutions using manganoxide minerals[J]. Transactions of Nonferrous Metals Society of China, 2012, 22(12): 3131-3139.

[66] Heidari A, Younesi H, Mehraban Z. Selective adsorption of Pb(II), Cd(II), and Ni(II) ions from aqueous solution using chitosan-MAA nanoparticles[J]. Int J Biol Macromol, 2013, 61: 251-263.

[67] Rangel-Mendez J R, Monroy-Zepeda R, Leyva-Ramos E. Chitosan selectivity for removing cadmium (II), copper (II), and lead (II) from aqueous phase: pH and organic matter effect[J]. J Hazard Mater, 2009, 162(1): 503-511.

[68] Zheng L, Zhu C, Dang Z. Preparation of cellulose derived from corn stalk and its application for cadmium ion adsorption from aqueous solution[J]. Carbohydr Polym, 2012, 90(2): 1008-1015.

[69] Boudrahem F, Soualah A, Aissani-Benissad F. Pb(II) and Cd(II) removal from aqueous solutions using activated carbon developed from coffee residue activated with phosphoric acid and zinc chloride[J]. Journal of Chemical and Engineering Data, 2011, 56(5): 1946-1955.

[70] Rao R A K, Ikram S, Ahmad J. Adsorption of Pb(II) on a composite material prepared from polystyrene-alumina and activated carbon: kinetic and thermodynamic studies[J]. Journal of the Iranian Chemical Society, 2011, 8(4): 931-943.

[71] Zhou Y, Gao B, Zimmerman A R. Sorption of heavy metals on chitosan-modified biochars and its biological effects[J]. Chemical Engineering Journal, 2013, 231: 512-518.

[72] Wang S, Gao B, Li Y. Manganese oxide-modified biochars: preparation, characterization, and sorption of arsenate and lead[J]. Bioresour Technol, 2015, 181: 13-17.

[73] Wang Y, Wang X, Wang X. Adsorption of Pb(II) in aqueous solutions by bamboo charcoal modified with KMnO$_4$ via microwave irradiation[J]. Colloids and Surfaces A: Physicochemical and Engineering Aspects, 2012, 414: 1-8.

[74] Cao Z, Zheng X, Cao H. Efficient reuse of anode scrap from lithium-ion batteries as cathode for pollutant degradation in electro-Fenton process: role of different recovery processes[J]. Chemical Engineering Journal, 2018, 337: 256-264.

[75] Natarajan S, Bajaj H C. Recovered materials from spent lithium-ion batteries (LIBs) as adsorbents for dye removal: Equilibrium, kinetics and mechanism[J]. Journal of Environmental

Chemical Engineering, 2016: 4631-4643.

[76] Zhang T, He Y, Ge L. Characteristics of wet and dry crushing methods in the recycling process of spent lithium-ion batteries[J]. Journal of Power Sources, 2013, 240(31): 766-771.

[77] Chen X, Zhu Y, Peng W. Direct exfoliation of the anode graphite of used Li-ion batteries into few-layer graphene sheets: a green and high yield route to high-quality graphene preparation[J]. Journal of Materials Chemistry A, 2017, 5(12): 5880-5885.

[78] Moradi B, Botte G G. Recycling of graphite anodes for the next generation of lithium ion batteries[J]. Journal of Applied Electrochemistry, 2015, 46(2): 123-148.

[79] Zhang Y, Song N, He J. Lithiation-aided conversion of end-of-life lithium-ion battery anodes to high-quality graphene and graphene oxide[J]. Nano Letters, 2019, 19(1): 512-519.

第6章　锂离子电池电解液回收与无害化技术

自20世纪90年代锂离子电池（LIBs）被索尼公司成功商业化以来，LIBs已成为消费性电子产品中最主要的储能器件。它具有工作电压低、能量密度高、寿命长、自放电低等优点，比其他商用储能设备具有更高的便携性[1]。如今，随着微处理器技术的快速发展和不断升级，消费性电子产品更新周期已大大缩短，导致LIBs的产量增加。此外，近年来，随着具有更高能量密度和功率输出的新型电极材料的发展，LIBs已经应用在了纯电动或混合动力汽车中，动力电池的全球消费量随着电动汽车需求的不断增长而急剧增加。根据工业和信息化部统计，我国已成为世界第一大新能源汽车产销国。截至2017年底，累计推广新能源汽车180多万辆，装配动力蓄电池约86.9 GW·h。2018年后新能源汽车动力蓄电池进入规模化退役阶段，预计2020年底累计将超过20万t（24.6 GW·h），如果按70%可用于梯次利用计算，大约有累计6万t电池需要进行报废处理[2]。因而在LIBs的生命周期结束以后，将会有大量的废旧LIBs产生。可以预见，如果未能对废旧电池进行适当的处理和回收，一旦发生泄漏，电池中的重金属离子和电解液将会污染附近的大气、土壤和水体[3]。从循环经济和可持续发展的角度来看，这也会造成资源的巨大浪费。美国已经把废旧LIBs视为具有易燃、腐蚀和有毒的电子垃圾，已不能为其贴上"绿色电池"的标签[4]。其中，电解液回收是闭环废旧LIBs回收的最后一步，也是极为重要的一步（闭环回收基本上是一个生产过程，在这个过程中，消费后的废物被收集、回收，并用于制造新产品）。

通常，LIBs由正极、负极、隔膜、电解液、外壳和集流体组成。目前，商业化的正极材料为各种类型的含锂氧化物和磷酸盐，如$LiCoO_2$、$LiMn_2O_4$、$LiFePO_4$、三元材料（NCM）等，负极一般为石墨，隔膜材料选择聚丙烯（PP）或者聚乙烯（PE），电解液由锂盐与有机溶剂组成。LIBs成本构成如图6-1所示[5]，其中，正极材料和隔膜在成本中所占比例最大，分别达到全部成本的33%和30%。相比之下，负极材料所占的成本比例较小，约为10%；电解液所占成本比例约为12%。目前更多关注的是贵金属的回收，包括正极活性材料中的钴、镍以及集流体中铜箔和铝箔。电解液的回收技术难度较大、成本较高，常被忽视并被以各种可能的方式处理掉。因此，若能对LIBs电解液进行回收再利用，不但在一定程度上能够降低LIBs的生产成本，而且能够使废旧资源得到回收再利用。

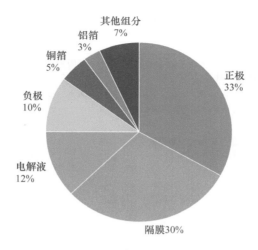

图 6-1　锂离子电池成本

6.1　锂离子电池电解液的组成和危害

6.1.1　电解液的组成

目前在各种商用 LIBs 系统中，有机液态电解液仍为主要的电解液材料。LIBs 电解液一般由三部分组成：①电解质锂盐，如六氟砷酸锂（$LiAsF_6$）、高氯酸锂（$LiClO_4$）、四氟硼酸锂（$LiBF_4$）和六氟磷酸锂（$LiPF_6$）；②有机溶剂，广泛使用的有醚类、酯类和碳酸酯类等，如二甲氧基乙烷（DME）、碳酸丙烯酯（PC）、碳酸乙烯酯（EC）和碳酸二乙酯（DEC）；③添加剂，主要可改善固体电解质相界面（SEI）膜性能、改善电解液低温性能、热稳定性、安全性、循环稳定性和提高电导率等，如碳酸亚乙烯酯（VC）、氟代碳酸乙烯酯（FEC）等。

6.1.2　电解液的危害

电解质锂盐进入环境中，可发生水解、分解和燃烧等化学反应，产生含氟、含砷和含磷化合物，造成氟、砷和磷污染。有机溶剂经过水解、燃烧和分解等化学反应，会生成甲醛、甲醇、乙醛、乙醇和甲酸等小分子有机物。这些物质易溶于水，可造成水源污染，导致人体伤害。电解液各组分可能引发的污染和危害列于表 6-1 中[3]。

表 6-1　电解液各组分及其危害

类型	物质	物理和化学性质	危害
锂盐	LiAsF$_6$	易潮解，易溶于水，与酸反应可产生有毒气体 HF、砷化物等	对眼睛、皮肤，特别是对肺部有侵蚀作用；对水生生物毒性极大，可对水体造成长期污染
	LiClO$_4$	易潮解，易溶于水、乙醇、丙酮、乙醚等，在 450℃时迅速分解为氯化锂和氧气	高度易燃，与易燃物接触容易引发火灾；对眼睛、皮肤，特别是对呼吸系统有刺激性；吸入或吞食有害
	LiBF$_4$	易潮解，易与玻璃、酸和强碱反应或与酸反应释放 HF 有毒气体	高度易燃，与酸接触释放有毒气体；对眼睛、皮肤，特别是对呼吸系统有刺激性；吸入、吞食和皮肤接触有毒
	LiPF$_6$	潮解性强，易溶于水，还溶于低浓度甲醇、乙醇、丙醇、碳酸酯等有机溶剂；暴露空气中或加热时分解	在空气中由于水蒸气的作用而迅速分解，放出 PF$_5$ 而产生白色烟雾；对眼睛、皮肤，特别是对肺部有侵蚀作用
溶剂	DME	能与水、醇混溶，溶于烃类溶剂；有强烈醚样气味；遇明火、高温、氧化剂易燃；燃烧产生刺激性烟雾	可损害生育能力，影响胎儿健康；高度易燃；可能生成爆炸性的过氧化物；吸入有害
	PC	与乙醚、丙酮、苯、氯仿、乙酸乙酯等混溶，溶于水和四氯化碳；遇明火、高温、强氧化剂可燃	低毒，可灼伤眼睛
	EC	易溶于水及有机溶剂；与酸、碱、强氧化剂、还原剂发生反应	对呼吸系统和皮肤有刺激作用；存在严重损害眼睛的风险
	DEC	微有刺激性气味；不溶于水，溶于醇、醚等有机溶剂；与酸、碱、强氧化剂、还原剂发生反应	吸入、皮肤接触及吞食有毒；对眼睛、呼吸系统和皮肤有刺激性；易燃

6.2　锂离子电池电解液回收技术

前面章节详细介绍了 LIBs 的回收技术，可以分为火法、湿法和生物法等。但是在火法和湿法的处理过程中，若不考虑电解液的回收处理问题，会给生产带来极大的安全隐患，还会产生严重的环境污染。火法处理时将废旧 LIBs 于高温中焙烧，电解液中的有机溶剂挥发或燃烧分解为水汽和二氧化碳排放，LiPF$_6$ 在空气中加热，会迅速分解出 PF$_5$ 气体，最终形成含氟烟气和烟尘向外排放。因此，回收体系必须同时具有粉尘和气体过滤系统以减少污染，但成本会增加[6]。湿法是利用碱性溶液溶解集流体铝箔或酸性溶液溶解正极活性物质，在这个过程中电解液中的锂盐会在酸性或碱性溶剂中分解，从而达到消除的目的。但是在湿法处理时，LiPF$_6$ 分解后的产物 HF 和 PF$_5$ 极易在碱性溶液中生成可溶性氟化物，造成水体氟污染，最后直接或者间接进入人体[7]。而排放的含氟气体（HF）与水分（包括皮肤组织）接触时，HF 气体会立即转化为氢氟酸，不仅对电池回收设施具有很强的腐蚀性，而且对人体也有严重危害[8]。

现阶段，针对废旧 LIBs 电解液的回收方法主要有真空蒸馏法、碱液吸收法、物理法和萃取法。

6.2.1 真空蒸馏法

真空蒸馏法利用电解液中的有机溶剂在真空条件下易蒸发的特点，使电解液中的锂盐与有机溶剂有效分离，最后再回收利用。

周立山等[9]通过减压真空蒸馏分离得到电解液中的有机溶剂，经过精馏纯化后回收再利用，同时得到六氟磷酸锂。具体流程如图 6-2 所示。步骤如下：

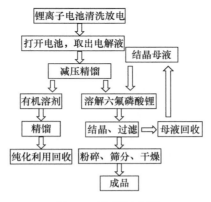

图 6-2　流程示意图

（1）将收集的各种 LIBs，包括钴酸锂电池、磷酸亚铁锂电池、锰酸锂电池、三元材料电池以及在 LIBs 生产制造过程中产生的不符合使用标准的残次品 LIBs 都清洁干净，使用前将 LIBs 充分放电。

（2）把电池和准备好的料罐一起放入干燥间或惰性气体保护的手套箱中；将电池打开，将其中的电解液小心取出放入料罐中；干燥间水分在 1%～2%；手套箱中所使用的惰性气体包括高纯氮气、高纯氦气、高纯氖气、高纯氩气，其水分含量在 1～100 ppm，用于保护电解液，防止其发生水解反应和氧化反应。

（3）高真空减压精馏分离得到电解液所含有机溶剂；使用有机溶剂洗涤电池，采用高真空精馏技术处理回收的六氟磷酸锂溶液，以有效防止六氟磷酸锂的分解副反应。精馏操作的条件：真空度 0～20 kPa，温度在 20～120℃，采用连续精馏或者间歇精馏方法操作；回收有机溶剂碳酸乙烯酯、碳酸丙烯酯、碳酸二甲酯、碳酸二乙酯、碳酸甲乙酯、四氢呋喃中的一种或几种混合物。

（4）将得到的固体六氟磷酸锂物料加入六氟磷酸锂溶解釜中，加入氟化氢溶液溶解回收六氟磷酸锂。在氟化氢溶液中溶解六氟磷酸锂粗品时的温度在 20～30℃。

（5）将该溶液过滤后放入结晶釜进行结晶提纯，温度在–80～10℃，结晶时间在 4～48h。

（6）筛分、干燥，干燥操作过程的温度在 40～140℃，干燥时间在 4～48h，最后得到六氟磷酸锂产品。

赵煜娟等[10]设计了一种进行废旧硬壳动力 LIBs 电解液回收的装置，如图 6-3 所示。首先利用真空泵系统将电池内部流动的电解液从防爆阀口抽取出来，再利用进液系统将难挥发性的清洗液注入电池内，静置一段时间后，重复进行以上步骤几次，可回收大部分电解液。具体步骤：

（1）关闭第二电磁阀 12，打开真空泵和第一电磁阀 2，对真空罐抽真空到一定压力，然后依次打开减压阀 5、阀门 8、第三电磁阀 9，真空系统开始工作，抽取电池内部液体，液体回流到储液罐 6，真空保持一定时间后，关闭第三电磁阀 9、阀门 8、减压阀 5。

（2）打开离心泵 13，然后依次打开第二电磁阀 12、第三电磁阀 9，进液系统开始工作，通过离心泵将置换液打入电池内部，通过流量计控制加入流量，加入一定量的置换液后，关闭第三电磁阀 9 和第二电磁阀 12，静置一定时间。

（3）重复步骤（1）的真空系统工作、进液系统工作，即可置换出电池内部电解液。如此重复 2～3 次，可以带出大部分的挥发性电解质和溶剂。经过此种前处理过程，在拆解电池时对人体和环境有危害的气体就会减少很多。抽取的电解液可以经过蒸馏等方法加以循环利用，加入清洗液的量可以通过流量计和电磁阀控制。

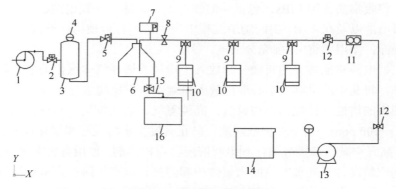

图 6-3　电解液置换装置图

1-真空泵；2-第一电磁阀；3-真空罐；4-压力表；5-减压阀；6-密封储液罐；7-压力表；8-阀门；9-第三电磁阀；10-电池（动力硬壳）；11-流量计；12-第二电磁阀；13-离心泵；14-置换液罐；15-阀门；16-密封转移容器

真空蒸馏法的优点是工艺过程简单、实用，易于控制且清洁环保，实现了经济效益与环境社会效益的紧密结合。但是，该工艺过程需要较高的精密度，过程较烦琐，能耗大。

6.2.2　碱液吸收法

碱液吸收法通常是将预处理后的电解液与碱液混合，利用它们之间产生的化学反应，生成稳定的氟盐与锂盐，通过一系列后续方法将电解液进行无害化处理，最后再回收利用。

崔宏祥等[11]提出一种废旧 LIBs 电解液的无害化处理工艺，其实验装置流程如图 6-4 所示。该装置由分拣机、料斗、低温处理器、密闭剪切式破碎机、一级反应罐、二级反应罐和三级反应罐、凝聚池和喷淋塔组成，并通过管道串联连接；分拣后的废旧 LIBs 经液氮低温预处理后通过料斗进入密闭剪切式破碎机，然后依次通过一级反应罐、二级反应罐、三级反应罐、凝聚池和喷淋塔选择氢氧化钙溶液作为吸收液对电解液进行三级碱化处理，再经过水喷淋无害化处理后排放。

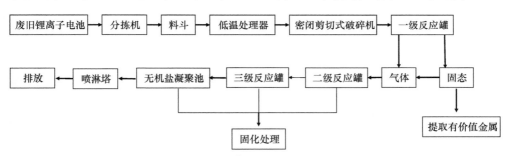

图 6-4　电解液无害化处理装置流程示意图

按如下步骤实施：

（1）将废 LIBs 在常温下进行分拣、经液氮低温冷却后，在密闭环境中破碎成 $1\sim2~cm^2$ 的块状物。

（2）将块状物放入重量比为水：$Ca(OH)_2$ =20：1 的 $Ca(OH)_2$ 溶液中进行一级碱化处理，搅拌 30～60 min，静置后进行固液分离，分离后的固体进行进一步处理回收，液体进入二级碱化反应罐，气体则通入二级碱化反应罐液体内进行二级碱化处理，气体碱化处理重复进行三次。这一过程中发生的化学反应如下：

$$LiPF_6 \longrightarrow LiF+PF_5 \tag{6-1}$$

$$PF_5 +H_2O \longrightarrow 2HF+POF_3 \tag{6-2}$$

$$2HF+Ca(OH)_2 \longrightarrow CaF_2 +2H_2O \tag{6-3}$$

（3）三级碱化处理后的液体排入凝聚池，通过加入无机盐凝聚剂明矾进一步沉淀。

（4）经三级碱化处理后的尾气，通过水喷淋进行无害化处理后排放。

这种装置设计简单，操作简便易行，无害化处理效果好，且碱性溶剂可经过调配重复使用，既环保又经济，容易实施且有良好的经济效益。

赵煜娟等[10]采用氢氧化钠和氢氧化钙水溶液对废旧 LIBs 电解液进行碱液吸收，最终形成氟化钙沉淀和氢氧化锂溶液。利用电解液中两个主要成分碳酸二甲酯（DMC）和碳酸乙烯酯（EC）的低熔点特性（熔点分别为：4℃，35～38℃），在低温下二者变为固体；同时电芯在低温时会收缩，电芯极片之间的空间变大，冷冻后电解液会掉出，避开了六氟磷酸锂在空气中或遇到水和水蒸气会分解产生有毒气体，因为低温下湿度会很小，同时六氟磷酸锂也会变为固体颗粒。这样就达到了对拆开后电池电解液的收集并减少其危害的目的。在电解液蒸馏过程中向蒸馏液体中加入水，可以加速六氟磷酸锂的分解，产生 HF 和 PF_5 气体并在尾气吸收装置中被碱液吸收，避免了对人和环境造成危害。具体步骤如下：

（1）将电池放电至 0 V。

（2）用机械方法打开电池外壳。

（3）在手套箱中迅速将电芯取出，将电芯放入液氮中冷冻，在液氮中冷冻 10～20 min。

（4）用夹具将电芯从液氮中取出，略作抖动；然后将电芯密封放置在密封箱体内或回暖后进行材料分离和回收处理。

（5）将步骤（3）液氮中得到的电解液冰块状颗粒收集，放入蒸馏烧瓶中；通过加热蒸馏装置将变为液体的电解液于 95～120℃进行蒸馏，蒸馏装置加尾气吸收装置。

（6）在步骤（5）中不再有馏分流出后，向蒸馏装置中加入水作催化剂，继续加热至烧瓶内不再有白色雾状产生。

（7）待体系降温后将剩余馏分加入含有 $Ca(OH)_2$ 的水溶液中，进行沉淀处理。得到的沉淀为 CaF_2 和少量 LiF。

由于产生的有毒气体 HF 和 PF_5 等被尾气吸收液吸收，电解液中的锂留在剩余馏分中以 LiF 形式存在，又因为 CaF_2 的溶度积要远大于 LiF，所以在这个体系中最终会形成 CaF_2 沉淀和 LiOH 溶液，达到无害化的目的。反应方程式如下：

$$LiPF_6 \Longrightarrow LiF\downarrow + PF_5 \tag{6-4}$$

$$PF_5 + H_2O \Longrightarrow HF + PF_3O \tag{6-5}$$

$$3NaOH + PF_3O \Longrightarrow Na_3PO_4 + 3HF \tag{6-6}$$

$$NaOH + HF \Longrightarrow NaF + H_2O \tag{6-7}$$

$$2HF + Ca(OH)_2 \Longrightarrow CaF_2\downarrow + 2H_2O\downarrow \tag{6-8}$$

$$2LiF + Ca(OH)_2 \Longrightarrow CaF_2\downarrow + 2LiOH \tag{6-9}$$

百田邦堯和松尾健太郎[12]提出了一种处理含有六氟磷酸锂或四氟硼酸锂电解液的方法。他们用一种基本组成为含氟碱金属或氟化铵的试剂，将 MF（M 是

Na、K、Rb、Cs 或者 NH_4）加入到含有六氟磷酸锂或者四氟硼酸锂的有机溶剂中。然后将得到的混合溶液进行蒸馏或蒸发除去有机溶剂。这样使热学和化学性质不稳定的六氟磷酸锂或者四氟硼酸锂转化为热学和化学性质稳定的六氟磷酸盐或四氟硼酸盐和氟化锂。McLaughlin 等[13]用液氮冷冻对废旧电池预处理，再用碱液吸收的方法回收电解液。具体过程是：用液氮在−195.6℃下冷却电池，目的是使电池中活性物质的反应活性降低并且使电解液凝固，然后在该温度下将电池粉碎，再向粉末材料中加入氢氧化锂溶液，使之与电解液反应，最后生成稳定的锂盐溶液，经过对锂盐溶液进一步的浓缩提纯，可获得较高纯度的氢氧化锂或碳酸锂。

碱液吸收法的过程可控，高效安全，但是由于锂盐在溶液中分解后产生的氟化氢、五氟化磷等易在碱液中生成可溶性氟化物，会造成水体氟污染。

6.2.3　物理法

物理法是通过简单的物理方法将废旧 LIBs 中的电解液提取出来，再进行后期的回收利用。

严红[14]报道了一种利用超高速离心法将电解液与 LIBs 进行固液分离并回收电解液的方法。具体操作步骤为：

（1）将收集到的废旧 LIBs 进行分类筛选，舍弃破损的不符合要求的残次品。

（2）将筛选后的电池清理并清洗干净，在 80℃低温烘干，使其含水量小于0.5%。

（3）烘干后的电池在惰性气体保护下将外壳打开，打开的部位为电池的两端端盖，使电池内的电解液流出，并进行收集。

（4）将残留有电解液的电池装入密封的容器内，在惰性气体保护下，采用高速离心法将残留电解液进行分离并回收；离心机的转速为 21000 r/min。

（5）采用有机溶剂对步骤（4）得到的电池进行清洗，再次在惰性气体保护下采用高速离心法分离，并回收液体。

（6）将步骤（3）、（4）、（5）收集到的液体混合，得到废旧 LIBs 回收电解液。

（7）将步骤（1）的残次品集中在一起，在氮气保护下采用机械方式将电池沿中部切割成两部分，收集电解液，然后将电池用溶剂进行清洗，将清洗液和收集到的电解液混合并过滤，去除杂质，采用萃取、精馏进行分离。

该方法不仅工艺简单、投入资金少，而且清理比较干净，高效环保；回收后的产品可以进行二次利用，节省了能源。

另外，在李荐等[15]的报道中也采用了类似的方法，他们采用电芯先粉碎再离心的方式获取电解液，通过成分分析，补加锂盐和有机溶剂，制成 LIBs 常用的电解液返回到锂电池行业。具体方法如下：

（1）收集废旧 LIBs，将废旧锂电池的残余电量释放完全，清洗除去电池表面杂质，在湿度＜30%条件下烘干后进行解剖，将电池电芯打碎，离心分离得到废电解液，再加入碳酸乙烯酯（EC）、碳酸二甲酯（DMC）、碳酸二乙酯（DEC）和碳酸甲乙酯（EMC）各 10 g，采用逆流洗涤方式重复 3 次，收集洗涤液。

（2）将收集的洗涤液浓缩，把蒸馏得到的溶剂继续作为洗涤剂使用，浓缩后洗涤液与废电解液混合回收，得到混合废电解液。

（3）将步骤（2）得到的混合废电解液进行过滤，加入 1/10 重量比的活性炭吸附 5 h 进行脱色。

（4）将步骤（3）脱色后得到的混合废电解液加入 1/10 重量比的分子筛，在常温下脱水 24 h。

（5）将步骤（4）脱水后得到的废电解液进行成分分析，补充锂盐和有机溶剂，制成 LIBs 电解液。该电解液组成为 EC∶DMC∶DEC∶EMC=1∶1∶1∶1（重量比），$LiPF_6$ 浓度为 l mol/L。

日本三菱公布的专利提到将电池冷却至电解液凝固点以下，然后拆解粉碎电池，最后分离获得粉碎体中的电解液[16]。该工艺通过冷冻降低了电池活性，从而降低了电池在拆解过程中易发生分解和燃烧的风险，但是该工艺对设备要求高，而且能耗大。

赖延清等[17]提出在负压下利用高温气体将电解液从电池中吹出，然后将气体冷凝后收集，其回收流程如图 6-5 所示。

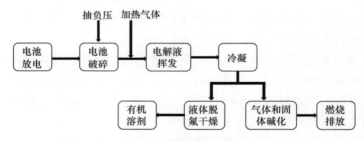

图 6-5　电解液绿色回收流程示意图

主要步骤包括：

（1）将废旧 LIBs 进行短路放电，在 40～100 kPa 负压条件下拆解破碎，得到破碎物。

（2）破碎物经 90～280℃的热气流吹扫，热气流的吹扫速率为 0.3～10 m/s；吹扫后的气流再经冷凝处理，得到固液混合物和冷凝尾气，其中，热气流的气体组分为空气、氮气、氩气、二氧化碳、水蒸气中的至少一种。固体与冷凝尾气经 $Ca(OH)_2$ 溶液处理，回收氟化物，处理后的气流进行燃烧排放。

（3）固液混合物分离得到的液体经脱氟干燥剂处理，得到有机溶剂，其中，脱氟干燥剂为氧化铝、五氧化二磷、硅胶、氧化钙中的至少一种。

该方法在负压环境下拆解后再协同配合上文所述的热气流的吹扫，实现了废旧 LIBs 的安全拆解和电解液的高效、绿色回收；兼顾了拆解和加热电解液两个过程，具体为：一方面，避免了拆解过程中含氟物质挥发至外界、电池粉碎粉末散落至外部空间，对人体和环境安全具有保障；另一方面，有利于在加热电解液时加快负压空间内气流流通速度，使电解液快速挥发。另外，稳定的热气流吹扫可使挥发的气体有具体的流通方向，方便后续的气体收集冷凝，进而有利于电解液的绿色回收。

Zhong 等[18]利用热解法回收废旧磷酸铁锂电池，利用电解液易挥发的特点来回收电解液，实验流程如图 6-6 所示。

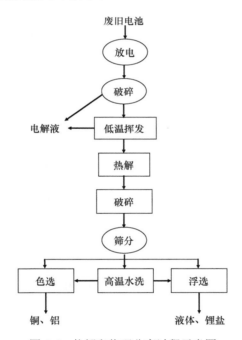

图 6-6　热解和物理分离过程示意图

为了保证回收过程的安全，回收前必须进行放电过程。考虑稳定性、经济性以及可操作性，实验步骤如下：

（1）将电池放置在 5%氯化钠溶液中使电池放电完全，然后将电池破碎，在这个过程中通过对破碎机的一系列改造，收集破碎过程中漏出的电解液。

（2）将破碎后的电池放置在管式炉中加热到 120℃，以 0.5 L/min 的速度向管中加入高纯氮气以提供气氛保护。挥发出的有机电解液用冷凝管冷凝，最后用氢氧化钠溶液洗涤尾气，低温挥发结果如图 6-7 所示，结果表明，100min 后电解液的回收率可达到 99.91%。溶解在有机溶剂中的锂电电解质盐（LiPF₆）在挥发过程后通过热解进行处理。

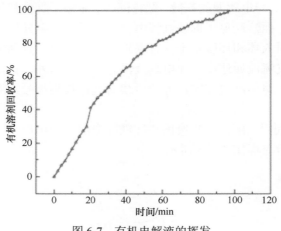

图 6-7　有机电解液的挥发

（3）检测有机溶剂和 LiPF₆ 的含量，通过选择电极法检测 F 的含量，用 F 的含量计算 LiPF₆ 的含量。结果表明，电解质中有机溶剂的含量约为 43%，LiPF₆ 的含量约为 57%。

（4）在氮气气氛下于 550℃热解。众所周知，有机溶剂易于挥发，而 LiPF₆ 可以分解成 LiF 和 PF₅，它们可以在 180℃以上的氮气气氛下通过热解与水反应生成 HF 和 H₃PO₄。因此，120℃的低温挥发可以用于回收有机电解质，550℃的热解用于 LiPF₆ 的无害化处理。热解后，最终残留物中含有微量有害元素氟化物（0.067%），实现了 LiPF₆ 的无害化处理。

物理方法收集的电解液可经过蒸馏等手段加以循环利用，处理方式简单，易于操作，但电池中电解液量少，且大部分吸附在电池的正负极片和隔膜上，收集较为困难，回收成本高，难以商业化，且电解液易挥发，遇水会发生反应，易燃烧，容易对环境造成污染。

6.2.4　萃取法

萃取法是通过加入合适的萃取剂，将电池中的电解液转移到萃取剂中，根据萃取后的产物溶液中不同的组分有不同的沸点，进一步蒸馏或分馏，分别收集萃取剂和电解液的过程。根据萃取剂的不同，可将萃取法进一步分为传统的有机溶剂萃取法和超临界流体萃取法。

吕小三等[19]以废旧 LG ICR18650S2LIBs 为研究对象，使用合适的溶剂，如乙醇、氯仿、丙酮和二氯甲烷等传统有机溶剂，作为萃取剂，萃取电芯碎片中的电解液并实现分离，实验流程如图 6-8 所示。

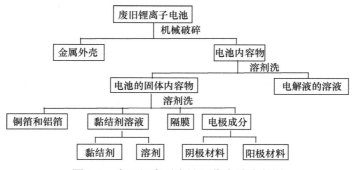

图 6-8　废旧锂离子电池回收实验流程图

具体做法是，将废旧电池彻底放电后在惰性干燥的气氛中拆解电池壳，取出电芯，切成 1~2 cm 的方形碎片。将电芯碎片投入极性有机溶剂中漂洗。他们设计的反应器内部是一个布满小孔的夹套，这样在漂洗的过程中剥离下的粉末可通过小孔落到夹套下方，不再返混。漂洗结束后，得到含有电解液的溶液，经过减压抽滤、常压蒸馏后得到的有机溶剂可循环使用，而残留在蒸馏瓶中的液体就是电解液。电解液经过进一步提纯，如通过填充满碱性阴离子树脂的固定床吸附柱，除去微量水解形成的酸性杂质后，调节浓度，使产物具有一定的电导率，可以满足工业上 LIBs 生产的要求。回收得到的电解液经过适当的处理可用于 LIBs 再生产。

童东革等[20]采用了不同的溶剂来回收废旧电池中的电解液。主要研究了碳酸丙烯酯（PC）、碳酸二乙酯（DEC）和二甲醚（DME）3 种溶剂对废旧电池电解液的脱出效率（即一定时间内电解质脱出进入一定体积溶剂中的质量，通过一定时间内一定体积溶剂质量增加来测定），图 6-9 是不同溶剂对电解质的脱出效率。

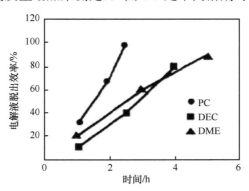

图 6-9　不同溶剂对电解质的脱出效率

　　具体做法如下：为了避免发生火灾和爆炸，在液氮保护下，将电池切开，取出活性物质。将活性物质分别置于 PC、DEC、DME 溶剂中浸泡一段时间，浸出电解液，在惰性气体中过滤分离。由图 6-9 可知，PC 的脱出速率最大，2h 后可将电解液完全脱出，可能是因为相对介电常数较大的 PC 更有利于锂盐的溶解。因此，他们将 PC 作为 LIBs 回收过程中的溶剂来回收电解质，PC 可回收并重复利用。对回收后的六氟磷酸锂提纯可将其重新用于电池中。

　　日本三菱在 2014 年也报道过类似的方法。他们直接将碳酸酯类清洗溶剂注入电池中来提取电解液。在收集的电解液与清洗溶剂中加入水或无机酸分解六氟磷酸锂产生氟化氢，加热减压使氟化氢蒸发，通过碱液后被吸收反应转化为氟化钙沉淀，溶液可以通过蒸馏提纯回收溶剂。溶剂清洗后的废旧电池内部残余电解液更少，使后续的正负极回收处理更安全，而且产生的氟化钙还可回收再利用。

　　Bankole 和 Lei[21]提出了一种制备六氟硅酸锂的替代方法。他们以 LIBs 为原料，在手工或机械拆解 LIBs 后将电解质溶液萃取到有机溶剂如乙醇或异丁醇中，最后在玻璃器皿反应器中蒸馏得到该化合物。具体实验过程：将 LIBs 拆解，切成片，用乙醇浸泡 3 h 后萃取得到含有六氟磷酸锂、碳酸二甲酯和碳酸乙烯酯电解液的混合物，实验流程如图 6-10 所示。除去电极材料和隔膜，然后用真空泵过滤，得到溶剂和锂盐的混合溶液。使用乙醇作为萃取剂在玻璃器皿中以 79℃左右的温度蒸馏，留下油状液体和白色晶体的混合物。为了便于操作和比较溶剂对化合物的影响，用二氯甲烷、丙酮亚硝酸盐处理得到的晶体，然后加热除去使用的溶剂。在乙醇萃取剂中，玻璃器皿中的硅与六氟磷酸锂中的磷发生了交换反应。六氟硅酸锂是由乙醇、六氟磷酸锂、电解质溶剂和玻璃硅酸盐的混合物按照所提出的化学方程式同时发生分解和置换反应形成的。六氟磷酸锂首先分解，因为它具有水解不稳定性，容易自发分解为 LiF 和 PF_5。在非质子溶剂中，PF_6 阴离子处于平衡状态：

$$\text{LiPF}_6 \Longrightarrow \text{LiF}\downarrow + \text{PF}_5 \tag{6-10}$$

　　PF_5 与 $LiPF_6$ 易与微量水，特别是来自乙醇萃取剂中的微量水分反应，另外，六氟磷酸锂在 70℃下开始分解，化学方程式如下：

$$\text{PF}_5 + \text{H}_2\text{O} \Longrightarrow \text{HF} + \text{PF}_3\text{O} \tag{6-11}$$

$$\text{LiPF}_6 + \text{H}_2\text{O} \Longrightarrow \text{LiF} + \text{PF}_3\text{O} + 2\text{HF} \tag{6-12}$$

$$\text{LiPF}_6 \Longrightarrow \text{LiF} + \text{PF}_5 \tag{6-13}$$

　　硅与六氟磷酸锂中的磷的交换反应如下：

$$2\text{LiPF}_6 + \text{SiO}_2 + 6\text{H}_2\text{O} \Longrightarrow \text{Li}_2\text{SiF}_6 + 2\text{H}_3\text{PO}_4 + 6\text{HF} \tag{6-14}$$

　　结果表明，LIBs 电解液可作为原料，通过蒸馏等工艺，经济有效地用于制备六氟硅酸锂。此研究首次实现了六氟磷酸锂向有用化合物如六氟硅酸锂的创新转化。

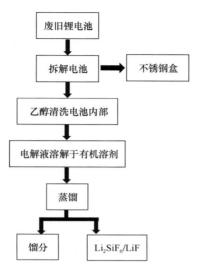

图 6-10　电解液提取与六氟硅酸锂的合成实验流程图

　　超临界流体萃取法是一种利用超临界流体密度与溶解能力的关系进行分离的技术。超临界态是指物质的压力和温度同时高于相应的临界压力和临界温度时所达到的状态[22]。临界压力（P_c）与临界温度（T_c）是指流体蒸汽压曲线的终点，如图 6-11 所示。当物质的压力和温度到达其超临界点后，物质的气、液两相界面逐渐模糊，最终成为一体，得到超临界流体。因此，超临界流体此时所处的压力和温度都高于临界值。在超临界流体的状态下，即使在一定范围内调节流体的密度，流体也不会发生相变。实际上，只需控制流体的压力和温度即可较大幅度地控制流体的热力学性质和传递性能的变化。从气态向超临界态转变的过程中，流体两相的过渡非常平缓，使超临界流体的密度与液体相差无几，其黏度类似于气体，因而超临界流体具备了气、液两种状态的特点，被视为理想的萃取剂。因此，所有基于气、液和液、液分离的模型和应用都可以用超临界流体萃取实现，并且有代替传统的有机溶剂成为新型溶媒的趋势，如溶剂萃取、吸附、脱附、精馏、提馏和蒸馏[23]。

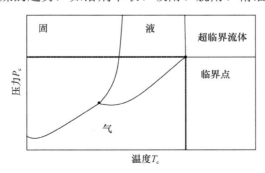

图 6-11　物质的压力和温度的曲线关系

　　超临界萃取剂为非质子性无水溶剂，在目前的超临界流体系统中，最常用的萃取剂是二氧化碳。二氧化碳相比于其他的萃取剂具有适中的临界压力（73.8 atm）、低的临界温度（31.1℃）。在超临界状态下，二氧化碳对低极性物质具有较大的溶解能力，而且可以避免溶剂杂质进入电解液。二氧化碳的挥发性高，容易从萃取物中分离出来，可完全回收再利用，不排放有害溶剂废弃物，大大简化了萃取产物的纯化过程。重要的是，在超临界萃取操作中，二氧化碳对热敏感锂盐六氟磷酸锂没有影响，还可以有效地防止六氟磷酸锂的分解，最大限度地保留了电解液功能性组分和防止挥发性有机溶剂的扩散[24]。

　　使用超临界二氧化碳把目标物质从固体基质中萃取分离是超临界二氧化碳萃取技术的重要应用之一。通过改变超临界二氧化碳的压力和温度可以有效地调整目标物质在超临界二氧化碳中的溶解度。由于超临界二氧化碳的可压缩性较强，增加超临界二氧化碳的压力即可提高其密度，从而加大溶质-溶剂间的相互作用，使溶剂更均匀地与固体基质混合以及更有效地穿透固体基质上的毛细孔洞，从而溶解其中的溶质[25]。超临界二氧化碳的温度与黏度的关系曲线如图 6-12 所示。

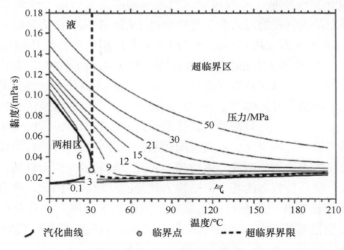

图 6-12　超临界二氧化碳的温度与黏度的关系曲线

　　在二氧化碳的临界点附近，细小的压力或温度改变即可引起二氧化碳密度的剧烈变化，从而影响溶质在超临界二氧化碳中的溶解性[26]。实际操作中，超临界二氧化碳萃取的过程按顺序可以分为三个步骤：

　　（1）通过调整超临界二氧化碳的压力和温度，使其获得对溶质的最大溶解能力，此时溶质从固体基质中溶解进入超临界相并达到平衡状态，形成超临界二氧化碳负载相。

　　（2）持续通入超临界二氧化碳将溶质从固体基质中不断脱附进二氧化碳中，

同时使负载相不断进入收集釜。

（3）在收集釜中通过调整二氧化碳的压力或温度降低其溶解能力使溶质析出，将二氧化碳恢复成气体状态，实现溶质与二氧化碳的分离。

不同溶质在超临界二氧化碳中的溶解度不同，同一溶质在不同压力和温度下在超临界二氧化碳中的溶解度也不同，与溶质的分子量、极性和极性官能团的数量密切相关，使该萃取分离过程具有高度的可操作性和选择性。超临界二氧化碳对溶质溶解规律总结如下[27]：

（1）萃取压力<10 MPa 时适合挥发油类、烃类、酯类、醚类、环氧化合物等亲脂性和低沸点物质的萃取。

（2）萃取压力>40 MPa 时才有可能萃取糖类、氨基酸类等具有较强极性的物质。

（3）具有较强极性基团（如—OH、—COOH）的物质不易被萃取，其中苯的衍生物中若具有三个羟基的化合物（如三羟基苯甲酸、间苯三酚）不能被萃取。

（4）相对分子质量（>300）越大的物质越不易被萃取，如蛋白质、树脂等不能被萃取。

超临界二氧化碳萃取的方式可分为动态萃取和静态萃取两种：

（1）动态萃取法即二氧化碳不断注入萃取釜的同时将溶解了溶质的超临界二氧化碳流体以一定的流量排出，使样品基体中的目标溶质的浓度不断减小的萃取方法，该方法具有简单、快速的优点，尤其适合从多孔基体中分离具有高溶解度的物质（多孔基体利于超临界二氧化碳扩散）。但是，二氧化碳在无法循环利用的情况下消耗量较大。

（2）静态萃取法即二氧化碳在萃取釜中达到超临界态后，静置一段时间，使超临界二氧化碳渗透基体与溶质充分接触，待溶质大部分溶解后排空收集的方法，该方法适于萃取不易与基体分离的溶质或在超临界二氧化碳中溶解度不大的溶质，以及基体致密不利于超临界二氧化碳扩散的样品，因此萃取时间会比较长。实际操作中，往往将两种方法结合，先采用静态萃取法，待溶质充分溶解后再采用动态萃取法，尽量减少溶质在样品基体中的残留，提高萃取效率。研究人员已经利用超临界二氧化碳萃取技术从废旧 LIBs 中回收电解液，实验大体流程如图 6-13 所示。

Sloop[28]的一项专利中阐明了通过超临界二氧化碳和其他一些超临界流体去除废旧 LIBs 中的电解液的方法。将电池放置在装置中，向反应釜中加入萃取剂，调整萃取容器内流体的温度和压力，使其达到超临界状态，电解质暴露于超临界状态的流体中并由其萃取。所有超临界流体都被转移到一个收集容器中，在这个容器中，流体的温度和压力恢复到原来的状态，最终得到电解质。

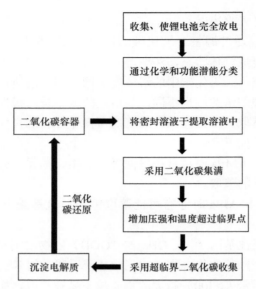

图 6-13   超临界萃取电解液实验流程示意图

Liu 等[29]采用超临界二氧化碳萃取法从废 LIBs 中分离了有机碳酸盐基电解质。采用响应面法对提取工艺参数进行优化，并且在经济允许的操作范围内获得了较好的提取率。此外，该研究从电解质组分的一致性和完整性方面评价了超临界二氧化碳萃取对电解质回收的影响。

每次萃取实验均在氩气手套箱中进行，其中电解液被吸附在 LIBs 隔膜中，并被密封在萃取容器中，手套箱内湿度和氧气均低于 1 ppm。氩气手套箱被转移到 Spe-ed SCF Prime 超临界二氧化碳萃取系统进行电解液萃取，流程如图 6-14 所示。

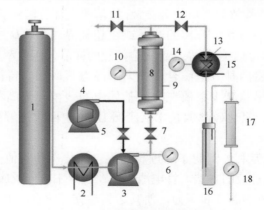

图 6-14   超临界萃取电解液流程示意图

1-二氧化碳气瓶；2-低温循环水泵；3-高压气动泵；4-空压机；5-萃取釜压力调节阀；6-萃取釜压力表；7-进气阀；
8-萃取釜；9-釜加热套；10-萃取釜温度计；11-紧急降压阀；12-出气阀；13-流量调节阀；14-流量阀温度计；
15-流量阀加热套；16-收集釜；17-洗气装置；18-流量计

为了研究萃取压力、温度以及时间对萃取效率的影响，他们设计了一系列的实验：压力为 15~35 MPa，温度设置为 40~50℃，萃取时间为 45~75min。将提取物收集到样品罐中，控制流率为 4.0 L/min，收集到的样品密封保存在手套箱中。萃取率计算公式如下：

$$Y = (Mads - Mres) / (Mads - Msep) \times 100\% \tag{6-15}$$

式中，Y——萃取率；

Msep——分离器的质量；

Mads——吸附电解质的分离器的质量；

Mres——萃取残渣的质量。

实验优化基于 Box-Behnken 设计的响应面法设计最优实验条件。采用多元回归方法对设计实验的最高电解质产率响应值进行多元回归，得到多项式方程的数学模型参数估计，计算公式如下：

$$Y = \beta_0 + \sum_{j=1}^{n} \beta_j X_j + \sum_{j=1}^{n} \beta_{jj} X_{j^2} + \sum_{i=1}^{j-1} \sum_{j=1}^{n} \beta_{ij} X_i X_j + \varepsilon \tag{6-16}$$

式中，Y——响应数值（萃取率）；

β_0——模型常系数；

β_j、β_{jj} 和 β_{ij}——线性、二次和相互作用系数；

X_i 和 X_j——自变量；

ε——随机误差；

n——实验研究的因子数。使用 Design Expert 8.0.6 软件对数据进行回归和图形化分析，最后得到如下计算公式：

$$Y = 87.61 + 2.11X_1 + 0.81X_2 + 0.92X_3 - 0.23X_1X_3 + 0.31X_2X_3 - 2.22X_1^2 - 0.52X_3^2 \tag{6-17}$$

式中，X_1、X_2、X_3——自变量压力（MPa）、温度（℃）、时间（min），共设计了 15 种实验方案，结果如表 6-2 所示，Box-Behnken 设计实验结果的方差分析（ANOVA）如表 6-3 所示。模型的拟合度可以通过决定系数（R^2）进行检验，决定系数为 0.9944，说明该模型能够充分反映所选参数之间的真实关系。Lack of Fit 的 p 值>0.05 表明，模型方程对于预测任意变量组合下的产量都是合适的。

表 6-2　Box-Behnken 设计及结果

实验	自变量			响应（Y）/%
	X_1（压力）/MPa	X_2（温度）/℃	X_3（时间）/min	
1	15（-1）	50（+1）	60（0）	83.98
2	25（0）	40（-1）	75（+1）	86.71
3	25（0）	45（0）	75（+1）	87.96

实验	自变量			响应（Y）/%
	X_1（压力）/MPa	X_2（温度）/℃	X_3（时间）/min	
4	15（−1）	45（0）	60（0）	84.17
5	25（0）	40（−1）	75（+1）	85.69
6	25（0）	45（0）	45（−1）	87.53
7	25（0）	50（+1）	60（+1）	88.98
8	15（−1）	40（−1）	75（+1）	82.24
9	35（+1）	40（−1）	60（0）	86.84
10	35（+1）	50（+1）	60（0）	88.26
11	35（+1）	45（0）	45（−1）	86.13
12	35（+1）	45（0）	75（+1）	87.72
13	15（−1）	45（0）	45（−1）	81.66
14	25（0）	45（0）	60（0）	87.55
15	25（0）	50（+1）	45（−1）	86.74

表 6-3   Box-Behnken 设计实验结果的方差分析（ANOVA）

来源	平方和	df	均方	F 值	P 值 概率>F
模型	67.11	7	9.59	176.42	<0.0001
X_1	35.70	1	35.70	656.93	<0.0001
X_2	5.25	1	35.70	656.93	<0.0001
X_3	6.77	1	6.77	124.60	<0.0001
$X_1 X_3$	0.21	1	0.21	3.89	0.0891
$X_2 X_3$	0.37	1	0.37	6.85	0.0346
X_1^2	18.32	1	18.32	337.07	<0.0001
X_3^2	1.01	1	1.01	18.54	0.0035
剩余值	0.38	7	0.054		
失拟	0.26	5	0.053	0.89	0.6040
纯误差	0.12	2	0.059		
总离差	67.49	2	0.059		
调整的 R^2	0.9887				
R^2	0.9944				

一般认为，溶质在超临界流体中的溶解度随流体密度的增大而增大（恒温条件下）。该研究中，压力对电解质组成的影响表明，在一定的萃取时间内，萃取率随压力的增大而显著提高。这一结果是可预测的，高萃取压力会导致更高的流体密度，这可以改善电解质组成的溶解度。超临界流体萃取过程中温度的变化影响了 LIBs 分离器中电解质的流体密度和挥发性。通过提高温度，电解质组成的挥发

性呈上升趋势，而超临界流体密度呈下降趋势。在研究温度范围内，由于电解质组成的挥发性增强，提高温度可以稳步提高电解质的提取率。实际上，以最少的投入获得所需的输出是最经济的生产模式。

基于多项式回归模型，研究发现获得较高萃取率的最佳实验条件是 23.4 Mpa、40℃和 45 min。在这些条件下，预测萃取率为 85.22%，实验测得的真实萃取率为 85.07% ± 0.36%，该结果与预测值吻合，验证了响应模型能够反映预期的优化。另外，组分分析结果表明，超临界二氧化碳萃取过程中，电解液中有机溶剂的含量基本保持不变。电解液是一种混合物，利用超临界二氧化碳可以选择性地将混合物提取成单个组分，这是纯化和再利用的最佳选择，也是下一步电解质回收研究的目标。

Mu 等[30]在该方法的基础上详细地研究了不同实验条件下电解液的回收率，并且提出了优化模型，最后萃取的回收率可达 90%以上。先将经过前期处理的废旧锂电池中带有正负极的集流体及隔膜全部转入超临界萃取装置中，调节超临界二氧化碳流体的温度为 26～52℃，压力为 6.5～18 MPa。经过一定时间和固定溶液流量下，可以萃取得到有机溶剂、锂盐以及添加剂，具体实验流程如图 6-15 所示。

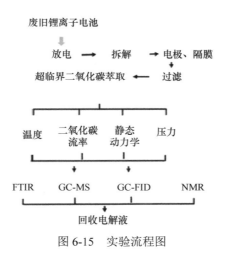

图 6-15　实验流程图

此外，他们建立了这种环境友好的电解质回收模型，并完成了工艺参数的优化。研究结果表明，萃取压力是影响电解液的萃取主要因素。优化后的二次模型对于同时提取电解液也是有效的，并且能够更为有效地利用时间和试剂，避免使用有机溶剂。最后，应用多种检测技术来评估得到的提取物，如 GC-MS、GC-FID、FITR 和 NMR。GC-FID 定量分析有助于实现萃取过程的定向控制，并通过 ^{19}F 和 ^{31}P 光谱检测研究了六氟磷酸根（PF_6^-）、氟离子（F^-）和二氟磷酸根（$PO_2F_2^-$）的降解途径。从实验结果得出，对于组分复杂、热敏导电盐的 LIBs 电解液，推荐采用低压低温的超临界萃取处理。在环保和可操作的条件下，超临界二氧化碳萃取技术对废旧 LIBs 电解液在工业上的回收与再利用是有潜力的。

　　另外，他们在前面的回收装置基础上又设计出了一种由超临界二氧化碳萃取剂、树脂、分子筛净化和其他补充组分组成的回收废旧 LIBs 电解液的方法，如图 6-16 所示[31]。

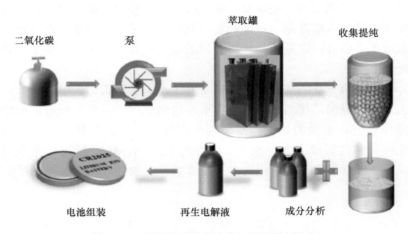

图 6-16　废旧锂离子电池电解液回收原理图

　　图 6-16 为废旧锂电池电解液回收原理图，因为大部分的电解液均被吸附在隔膜和活性物质中，所以废旧 LIBs 中游离的电解液较少。具体的萃取过程如下：每次萃取实验中，首先将放电的电池拆解，装入浸出容器，然后放入充满氩气的手套箱中，于套箱中的水分和氧气浓度均小于 1 ppm。接下来将萃取容器转移到超临界二氧化碳萃取系统进行电解液萃取。在连接萃取罐后，将萃取系统的温度和压力设置为 40℃和 15 MPa，实验开始于一个静态萃取步骤，大约 10 min，其次是 20 min 的动态萃取，恒定流速设置为 2.0 L/min。最后将提取液低温保存在样品瓶中。采集的样品在分析前，密封好并保存在手套箱中。

　　由于电解质对氢氟酸和水含量的敏感性，提取物用 Amberlite IRA-67 弱碱性阴离子交换树脂脱酸并用活化的 4Å 锂取代分子筛脱水。将阴离子交换树脂在 80℃下真空干燥 4 h，然后与提取物接触 24 h 以除去氢氟酸。将萃取物倒入装有活化的 4Å 锂取代分子筛的密闭容器中 12 h。过滤后，将提取物密封并在分析前储存在手套箱中。

　　通过分析，采用此种方法，萃取率可达 85% 左右。不同阶段电解液的颜色对比度如图 6-17 所示。从图中发现，中间三个样品经提取纯化后颜色略呈黄色，但仍澄清。虽然回收的电解液与工业电解液之间存在色差，但回收的电解液在评价电解液过程中仍能达到色度标准。在评价电解质过程中用 0.01 mol/L 氢氧化钾溶液在乙醇溶液中进行电位滴定测定氢氟酸的浓度，用卡尔·费休库仑滴定法控制水的含量。如果回收的电解液与对照样品的组成相同，回收结果会更加合理。进一步地，通过 GC-MS、ICP-OES、NMR 等手段对其进行了定量分析。根据商业电解液（TC-E216#）的配方，用电池级碳酸盐溶剂和锂盐补充到提纯后的电解液中，得到再生电解液，然后在相同的条件下评价它们的性能。

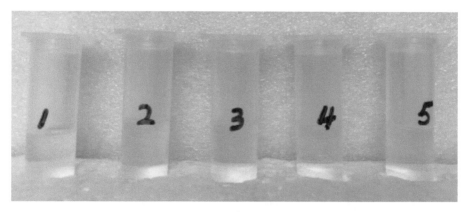

图 6-17　不同阶段电解液的颜色对比
1-拆解后的电解液；2-萃取后的电解液；3-纯化后的电解液；4-再生电解液；5-商业电解液

将实验得到的再生电解液进行电化学性能测试，包括电导率、活化能、电化学窗口以及在 Li/LiCoO$_2$ 电池中的电池性能测试。再生电解液的离子电导率（σ）对于电池的整体性能有着至关重要的作用。鉴于此，在 10～50℃的范围内，电解质的离子电导率被确定为温度的函数 [图 6-18（c）]。通过交流阻抗图来计算离子电导率，如图 6-18（a）和（b）所示。本体阻抗（R_b）的数值是阻抗图位于高频处在实轴上的截距，电导率计算公式如下：

$$\sigma = l/A\,R_b \tag{6-18}$$

式中，A——电极的面积；

　　　l——电极之间的距离。计算得到再生电解液在 293.15 K 时离子电导率为 0.19 mS/cm，与商业电解液（0.25 mS/cm）非常相似，且随温度升高而增大。

离子电导率的温度可以由阿伦尼乌斯方程计算得到：

$$\sigma = A\,\exp\,(E_a/R_T) \tag{6-19}$$

式中，A——前置指数；

　　　E_a——表观活化能。再生电解液的 E_a 计算值为 4.53 kJ/mol，与商用电解液的活化能（5.01 kJ/mol）非常接近。两种电解质的离子电导率和活化能在数量上相近，说明在回收的电解质中加入适量的导电盐是合适的。

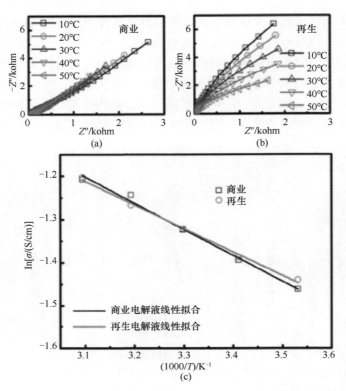

图 6-18　商业（a）和再生（b）电解质在 10℃、20℃、30℃、40℃和 50℃时的交流阻抗图及两种电解液在不同温度下的离子电导率的 Arrhenius 图（c）

　　电化学稳定窗口是指在电化学氧化还原反应中不发生溶剂或导电盐的电化学分解的电位范围。电化学稳定窗口的测定通常由选定电解液中惰性电极的线性扫描伏安法（LSV）决定。阳极高电位区电流的开始被认为是由与电极相关的分解过程引起的，这个开始电位被认为是电解液稳定区的上限。这个电势是由高压区电势轴上电流外推的线性截距决定的。商业电解液和再生电解液的 LSV 结果如图 6-19 所示。

　　可以看出，两种电解液的稳定窗口均为 5.4 V vs Li/Li$^+$，但再生电解液在 3.5 V 左右开始阳极电流非常小，并逐渐增大，直到 5.4 V 时急剧增大。这说明该电位区再生电解液部分组分分解缓慢，再生电解液的电化学稳定性低于工业电解液。然而，对于 LiCoO$_2$、LiNiO$_2$ 和 LiMn$_2$O$_4$ 等电极对来说，该再生电解液的电化学稳定性已经足够。

　　将所得的电解液用于以 LiCoO$_2$ 为正极、锂金属为负极的扣式电池。当电流密度为 0.2 C 时，图 6-20 显示了再生和商业电解液的充放电曲线。图中显示，两种电解液充放电曲线的特点很相似，再生电解液显示出良好的电化学性能，接近于商业电解质。用再生电解液组装的电池在 0.2 C 下的放电容量为 115 mA·h/g，低于商业电解质（141 mA·h/g）。

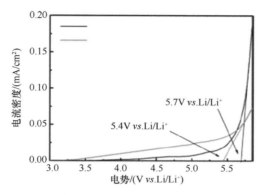

图 6-19　商业和再生电解液的线性扫描伏安图

铝电极作为工作电极三电极体系，扫描率为 1 mV/s

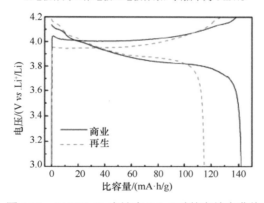

图 6-20　Li/LiCoO$_2$ 电池在 0.2 C 时的充放电曲线

图 6-21 为 0.2℃时采用商业电解液和再生电解液电池的循环性能与库仑效率图，从图中可以看出，再生电解质的电池在 0.2 C 下循环 100 周后的可逆容量仍高于 77 mA·h/g，容量保持率为 66%（图 6-21），略低于商业电解质的电池性能（循环 100 周后保持在 120 mA·h/g，容量保持率为 85%）。而且，再生电解液的电池平均库仑效率（96.2%）接近于商业电解液（99.1%），表明在生电解液组装的电池中，锂离子在嵌入/脱嵌的动力学过程中具有很高的可逆性。从图 6-21 还可以看出，随着循环次数的增加，商业电解液和再生电解液的容量均有所下降，但再生电解液从第 50 周左右开始，充放电容量明显下降。除文献报道的 LiCoO$_2$ 正极的固有缺陷外，溶剂分解可能是容量衰减的重要原因。其中，HPO$_2$F$_2$ 的存在可以进一步水解生成氢氟酸、磷酸和氟代磷酸盐。特别是氢氟酸会导致正极活性物质的分解。因此，电池的循环寿命和容量保持能力有限。

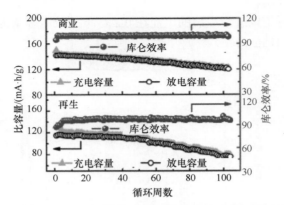

图 6-21   0.2 C 时商业和再生电解液电池的循环性能与库仑效率

萃取法有效地实现了电解质盐和有机溶剂资源的回收利用,优化了资源配置,防止了热敏物质的降解和逸散,促进了资源的二次利用,工艺简单高效。选择有机溶剂作为萃取剂既要考虑萃取的效率,又要考虑萃取剂是否易与电解液分离,否则会在电解液的回收过程中引入新的杂质,增加回收成本,给环境带来新的污染。而二氧化碳是不燃、无毒而且廉价的物质,适用于电解液的回收。但是,超临界二氧化碳萃取法目前仅仅处于实验室研究阶段,还没有进入工业化生产阶段,未来其将会是废旧 LIBs 电解液回收的研究方向之一。

6.2.5   其他方法

He 等[32]开发了一种从金属箔中剥离电极材料并同时回收电解质的新工艺。他们研制了一种特殊的复合水状剥离剂,即剥离浸提液(AEES)。用 AEES 水溶液对溶解铝箔过程进行精确优化控制,从铝箔上剥离正极材料。采用溶解负极、黏结剂、替代有机溶剂回收电解液和沉淀稳定的 $LiPF_6$ 等工艺对负极石墨与铜箔进行分离。最后分析了电极材料分离和电解液回收的效率,并对回收成本进行了评价。结果表明,此工艺可以从电极和分离器中提取碳酸乙烯(EC)和碳酸丙烯(PC),经蒸馏回收。可以从 EC 和 PC 中析出 $LiPF_6$。应用此方法,电解液、铝箔、铜箔和电极材料的回收率分别为 95.6%、99.0%、100% 和近 100%。该工艺的主要优点是不使用强酸或强碱,电极材料采用片状回收。而且有效地避免了杂质渗入电极材料,在工业应用上能够做到环境友好。

电极材料分离实验装置如图 6-22 所示,首先通过放电装置,将 24 个串联的电池在 2h 内同步放电。放电后,将电池从顶部切开,从开口中拉出隔膜,把电池分为正极板、负极板、隔膜、壳体和凸耳。为了避免电解液水解物对金属箔和正极材料的腐蚀,减少电解液的挥发,需要将隔膜转移到 AEES 中。然后将正极板和负极板分别转移到旋转筛中,并将旋转筛浸入溶液中。旋转筛的作用为可以防止电极板堆积，并过滤掉脱落的电极材料。由于石墨和正极材料在脱落过程中会破碎，因此很容易被旋转筛筛除掉。待涂层材料从金属箔上完全脱落后，电解质会发生溶解，然后从水箱中收集小尺寸的石墨和正极材料并烘干。分离过程完成后，将溶液混合并转移至旋转蒸发冷凝器中。通过蒸馏从水溶液中回收电解质中的有机物。此时，$NaPF_6$ 和锂盐作为沉淀物保留在有机物中，并通过过滤进行回收。

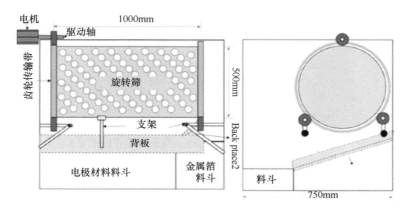

图 6-22　电极材料分离实验装置

电解液溶解率由式（6-20）计算。

$$D = M_i/M_e \times 100\% \qquad (6\text{-}20)$$

式中，M_e——电解液总质量；

　　　M_i——电解液溶解质量。

正极板、负极板和隔膜分别浸泡在由碳酸乙烯（EC）、碳酸丙烯（PC）和 $LiPF_6$ 组成的电解液中，正极板、负极板和隔膜中的电解质含量分别为 4.79%、4.71% 和 0.07%。EC 和 PC 暴露于大气中容易挥发，$LiPF_6$ 容易水解成 HF，对环境和人体健康造成危害。由于电解液是水溶性的，其沸点（242～248℃）远高于水，因此，在分离电极材料的过程中，电解液可以通过溶解和蒸馏同时回收。如图 6-23 所示，电解质的溶解过程可以分为两个阶段：第一阶段，溶解速度非常快，近 90% 的电解质在 3min 内被溶解，其快速溶解可能是电极或隔膜表面的电解质所致。第二阶段，是一个非常缓慢的过程，因为这部分电解质停留在电极材料和分离器的孔隙中，如图 6-23（b）和（c）所示，多孔结构阻碍了电解质在孔中的扩散。约 10% 的电解质在此阶段继续溶解。蒸馏后的 25 min 内电解质几乎完全溶解，蒸馏水中残留有 4.4% 的 EC 和 PC 其中有机混合物的回收率为 95.6%。此过程中凝结水可重复利用。由于在连续的生产过程中，水中的有机物可以在下一次蒸馏过程中回收，因此有机物的整体回收效率有可能高于实验结果。对回收的 EC 和 PC 混合物进行精馏，得到纯 EC 和 PC。

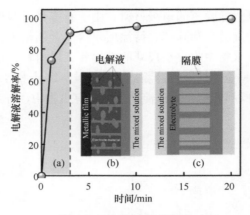

图 6-23   电解液回收效率

此工艺可有效回收六氟磷酸钠由于 $LiPF_6$ 溶于 EC 和 PC 的混合物中,因此从电解液中分离 $LiPF_6$ 非常困难。此外,废旧电池中 $LiPF_6$ 的比例很小(<1%),因此有必要工业生产中存储回收的 $LiPF_6$。但是,由于 Li^+ 与其他碱金属离子相比,和 PF_6 盐的结合较弱,在潮湿的空气或水中,$LiPF_6$ 极易水解,这不仅会造成 $LiPF_6$ 的损失,还会对环境和工人健康造成危害。因此,将 $LiPF_6$ 转化为一种不溶性和更稳定的形式至关重要。在此实验中,在正极材料分离过程中,通过化学反应对 $LiPF_6$ 进行脱溶稳定。反应过程中,锂盐从溶液中析出,推动了反应的进行。通过反应,将 $LiPF_6$ 转化为稳定的 $NaPF_6$ 和 Li 盐,以保证储存过程对环境友好和安全。此外,由于 $NaPF_6$ 和 Li 盐在 EC 和 PC 的混合物中不溶,因此在有机混合物中蒸发后呈现为白色沉积物(图 6-24)。

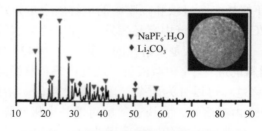

图 6-24   回收六氟磷酸钠和碳酸钠的 XRD

和电解液分解并挥发排出有毒气体的传统回收工艺相比,此加工工艺将电解液分成碳酸亚乙酯(EC)和碳酸丙酯(PC)的有机混合物以及 $NaPF_6$ 和 Li 盐的盐混合物来回收。由于该工艺在水中运行,电解液完全溶解,可以达到废气零排放。此外,由于该过程中使用的水经蒸馏再利用,废水的排放量也为零。因此整个过程是对环境友好的。如果将此回收工艺投入在一个规模扩大的回收工厂中,回收废旧电池的成本，包括劳动力成本、能源投入、折旧和材料，估计约为 25.41 美元/t，那么回收 $LiFePO_4$ 和三元电池的收入估计分别为 699.14 美元/t 和 1064.80 美元/t，能够获得可观的收益。

除了上述的回收方法，也有其他的方法被研究人员提出，如 Sun 和 Qiu[33]利用真空热解法在热解系统中将废旧 LIBs 中的电解液与电池分离，实验条件为温度 600℃，真空蒸发时间为 30min，残余气体压力 1.0 kPa。红外分析热解产物表明其主要组分是氟碳有机物。虽然，大多数含氟化合物可以富集和回收。但是，此方法用到的有机溶剂萃取过程会引入溶剂杂质，不仅使分离过程复杂化，而且易带来新污染物，还需要进一步优化。

6.3　总结与展望

随着电子消费市场以及新能源汽车行业的迅速发展，人们对锂离子电池（LIBs）性能的要求越来越高。电解液作为正负极之间传递锂离子的载体，对电池容量、循环性能、安全性、寿命等有十分重要的影响。因此，电解液的组成也随着锂电池的要求在发生变化。

在锂盐方面，研究人员正积极寻找性能更好、更稳定的 $LiPF_6$ 替代锂盐。从目前研究结果来看，双氟磺酰亚胺锂（LiFSI）最有希望取代 $LiPF_6$，相比 $LiPF_6$，其具有更好的稳定性和更高的锂离子迁移数[34]。在电解液有机溶剂方面，目前单一溶剂已经无法满足电池性能的要求，混合溶剂以及新型溶剂的开发将成为未来的发展方向，如氟代碳酸酯、离子液体等正被广泛应用于锂电池电解液中。另外，电解液添加剂的研究也在逐步发展中。

从 LIBs 电解液的未来发展趋势来看，电解液的回收已经不单单局限于单纯碳酸酯溶剂和 $LiPF_6$ 的回收。各类混合溶剂和新型溶剂的使用使电解液溶剂更复杂，各组分物化性质差异更显著，一些常规方法或许已经很难满足需要。此外，混合锂盐的使用同样使回收锂盐变得更加困难。新型锂盐具有更好的稳定性，使锂盐以原化合物形态回收的可能性大大增加，无论从环保还是经济性考虑，这都将是电解液回收的新要求和新方向。锂电添加剂虽然用量很少，但是如果可以将其从废旧电解液中回收，将为锂电池电解液回收工艺锦上添花[2]。

废旧 LIBs 以及电解液回收任重而道远，回收利用要向着低成本、高回收、二次污染小的方向发展，最大限度地提高回收利用率，避免资源浪费。现阶段废旧锂电池电解液回收方法较少，回收利用率较低，难以大型工业化，且容易造成二次污染。未来将朝着探索新的回收技术、提高回收率、形成废旧电池一体化整体回收的方向发展。这有利于促进我国锂电池产业健康持续发展，对于加快绿色发展、建设生态文明和美丽中国具有重要意义[2]。

参 考 文 献

[1] 吴越, 裴锋, 贾路路, 等. 废旧锂离子电池中有价金属的回收技术进展[J]. 稀有金属, 2013, 37(2): 320-329.

[2] 张勇耀, 项文勤, 赵卫娟. 废旧锂离子电池电解液回收研究[J]. 浙江化工, 2018, 49(8): 12-15.

[3] 刘元龙, 戴长松, 贾铮. 废旧锂离子电池电解液的处理技术[J]. 电池, 2014, 44(2): 124-126.

[4] Meador W R, The pecos project[J]. Journal of Power Sources, 1995, 57(1-2): 37-40.

[5] 卢牡丹. 锂电池企业的采购管理研究[D]. 北京交通大学, 2011.

[6] 温丰源, 刘海霞, 李霞. 废旧锂离子电池材料中电解液的回收处理方法[J]. 河南化工, 2016, 33(8): 12-14.

[7] 张笑笑, 王莺莺, 刘媛. 废旧锂离子电池回收处理技术与资源化再生技术进展[J]. 化工进展, 2016, 35(12): 4026-4032.

[8] Ayoob S, Gupta A K. Fluoride in drinking water: a review on the status and stress effects[J]. Critical Reviews in Environmental Science & Technology, 2006, 36(6): 433-487.

[9] 周立山, 刘红光, 叶学海, 等. 一种回收废旧锂离子电池电解液的方法: CN201110427431.2[P], 2012.

[10] 赵煜娟, 孙玉成, 纪常伟. 一种废旧硬壳动力锂离子电池电解液置换装置及置换方法: CN201410069333.X[P], 2014.

[11] 崔宏祥, 王志远, 徐宁, 等. 一种废旧锂离子电池电解液的无害化处理工艺及装置: CN101397175[P], 2009.

[12] 百田邦堯, 松尾健太郎. 六フッ化リン酸リチウムまたは四フッ化ホウ酸リチウムを含有する有機溶液の処理方法, 1999.

[13] McLaughlin W A, Adams C A, Terry S. (Villa Park, CA), Li reclamation process. 1999.

[14] 严红. 废旧锂离子电池电解液的回收方法: CN 201310290286[P], 2013.

[15] 李荐, 何帅, 周宏明. 一种废旧锂离子电池电解液回收方法: CN104600392A[P], 2015.

[16] 谷井忠明, 都築鋭, 市瀬順. 非水性溶剂体系电池的处理方法: JPH, 11167936A[P], 1998.

[17] 赖延清, 张治安, 闫霄林, 等. 一种废旧锂离子电池电解液回收方法: CN201710115795.4[P], 2017.

[18] Zhong X, Liu W, Han J. Pyrolysis and physical separation for the recovery of spent $LiFePO_4$ batteries[J]. Waste Management, 2019, 89(APR.): 83-93.

[19] 吕小三, 雷立旭, 余小文. 一种废旧锂离子电池成分分离的方法[J]. 电池, 2007, 37(1): 79-80.

[20] 童东革, 赖琼钰, 吉晓洋. 废旧锂离子电池正极材料钴酸锂的回收[J]. 化工学报, 2005, 56(10): 1967-1970.

[21] Bankole O E, Lei L. Silicon exchange effects of glassware on the recovery of $LiPF_6$: alternative route to preparation of Li_2Sif_6</SUB[J]. Journal of Solid Waste Technology & Management, 2014, 39(4): 254-259.

[22] Brunner G. Gas extraction: An introduction to fundamentals of supercritical fluids and the application to separation processes[M]. Springer Science & Business Media, 2013.

[23] McHugh M, Krukonis V. Supercritical fluid extraction: Principles and practice[M]. Elsevier, 2013.

[24]　Brennecke J F, Eckert C A. Phase equilibria for supercritical fluid process design[J]. AIChE Journal, 1989, 35(9).

[25]　Bachu S. CO_2 storage in geological media: Role, means, status and barriers to deployment[J]. Progress in Energy & Combustion ence, 2008, 34(2): 254-273.

[26]　King M B, Kassim K, Bott T R. Mass transfer into near-critical extractants[J]. Fluid Phase Equilibria, 1983, 10(2-3): 249-260.

[27]　陈维枢. 超临界流体萃取的原理和应用[M]. 北京: 化学工业出版社, 1998.

[28]　Sloop S E. Patent No: US7. 198.865B2[P], 2007.

[29]　Liu Y, Mu D, Zheng R. Supercritical CO_2 extraction of organic carbonate-based electrolytes of lithium-ion batteries[J]. RSC Advances, 2014, 4(97): 54525-54531.

[30]　Mu D, Liu Y, Li R. Transcritical CO_2 extraction of electrolytes for lithium-ion batteries: optimization of the recycling process and quality–quantity variation[J]. New Journal of Chemistry, 2017, 41(15): 7177-7185.

[31]　Liu Y, Mu D, Li R H. Purification and characterization of reclaimed electrolytes from spent lithium-ion batteries[J]. Journal of Physical Chemistry C, 2017, 121(8): 4181-4187.

[32]　He K, Zhang Z Y, Alai L. A green process for exfoliating electrode materials and simultaneously extracting electrolyte from spent lithium-ion batteries[J]. Journal of Hazardous Materials, 2019, 375: 43-51.

[33]　Sun L, Qiu K. Vacuum pyrolysis and hydrometallurgical process for the recovery of valuable metals from spent lithium-ion batteries[J]. Journal of Hazardous Materials, 2011, 194: 378-384.

[34]　Han H B, Zhou S S, Zhang D J. Lithium bis(fluorosulfonyl)imide (LiFSI) as conducting salt for nonaqueous liquid electrolytes for lithium-ion batteries: Physicochemical and electrochemical properties[J]. Journal of Power Sources, 2011, 196(7): 3623-3632.

第 7 章　锂离子电池全生命周期环境足迹评价

7.1　环境足迹理论体系与评价方法

7.1.1　生命周期评价的基本方法

对产品层面的研究，碳足迹、水足迹和生态足迹的计算方法中均有生命周期评价（life cycle assessment，LCA）法。由于生命周期评价法是应用最广泛的计算方法，同时为了更加快捷简便地评价锂离子电池的足迹家族，本书将基于 LCA 基础评价锂离子电池。

LCA 思想最早出现于 20 世纪中后期。LCA 的概念最早是在 1990 年国际环境毒理学与环境化学学会（Society of Environmental Toxicology and Chemistry，SETAC）主办会议提出的。生命周期评价的定义是：生命周期评价是对产品、过程和活动过程中的环境影响进行客观评价，它是通过对物质和能源的使用和环境排放量的识别和量化来实现的。本书的目的是总结和评估一个产品、过程或活动在其生命周期中对环境的潜在影响。

1997 年国际标准化组织推出 ISO14040 标准，其中对产品生命周期评价做了如图 7-1 所示的描述，它的基本结构包括四个组成部分：①目的与范围定义；②清单分析；③影响评价；④结果解释。

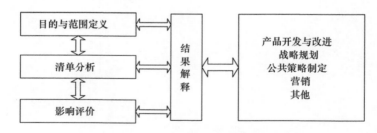

图 7-1　ISO14040 生命周期评价框架

1. 目的与范围定义

目的与范围定义是生命周期评价的首要步骤，它是 LCA 评价过程中的最关键部分。毫无疑问，只有在这一步中搞清楚自己的研究目标，选取准确的研究对象，确定合适的研究范围，才能为后面的步骤打下基础。否则一旦选择错误，就会对后面的结果产生很大的影响。目的的定义主要包括：预期的应用意图和开展研究的原因、目标受众。范围的定义要求我们完成：功能、功能单元和基准流，初始系统边界，数据质量要求，报告和鉴定性评审。

2. 清单分析

清单分析是指收集各个生产过程中的数据，并与研究对象的功能单位进行关联，主要可分为以下四个步骤：第一步是数据收集，包括各个过程中能源以及原材料的消耗，排放进入水体、大气以及土壤中的污染物，不同类型的土地占用，等等。第二步是将数据与功能单位相关联，即所有收集得到数据的量化都要依据一定量输出产品的量或其他单位形式进行统一（如 1kg 材料、一辆汽车或者 1km 距离等）。第三步是针对不同类型的排放和资源消耗数据按照工艺流程进行整合。第四步是数据评估，即对数据的质量和有效性进行评估，如数据的灵敏度分析。ISO14041 清单分析主要包括如下 4 个步骤。

（1）数据准备。在一个真实的 LCA 研究中，数据收集对结果的效用是最重要的，而且数据收集是研究中消耗最大的部分。为了能有效地利用资源，准备工作必须仔细进行。数据收集准备工作的主要内容包括：确定收集数据的单元过程，定义数据文件的要求及格式，确定从哪个数据源收集数据等。

（2）数据收集。这一步骤须在上一步骤之后马上进行，因为这是最为耗时的一步。从实践中得知应该在第一步进行的同时不断记录数据。这种方法能够提高质量，保证数据透明度和可更改性，且可以减少时间和精力。这也使得收集来的数据可以应用于新的 LCA 研究等。每个单元过程可以避免重复计算或空白。

（3）计算。需要不断地对数据进行审定，以确定收集的数据是否具有代表性以及是否适用于它描述的过程系统。此过程的方法是使用质量/能量守恒，将相似的数据进行对比，找到处理丢失数据和数据空白的方法。数据需要关联至一个单元过程，为每个单元过程分配一个基准流并且归一该流的数据便可达到目的。数据应该确保功能单位的统一性，若不统一需要对功能单位的数据进行归一化。最后要将数据进行合并，即从清单中得到结果。来自相同数据类型、相同物质、不同单元过程的数据被合并以得到整个系统的价值总和。敏感性分析可以揭示是否需要改进一些数据或研究范围。

（4）分配。分配就是将公共流划分到不同部分的过程。很少有工业过程只有一个单一的输出，因此，应找出与其他产品系统共享的过程。材料、能量流以及相关环境释放应分配到不同产品输出中。如果存在产品的再利用或再循环，则会出现更多的问题。输入与输出将会被其他产品系统共享，并且要密切注意再生材料的物理性质是否改变。产品系统可以是闭环或开环，其中再生材料可应用于它们之前相同应用程序的系统称为闭环系统。

3. 影响评价

影响评价的目的在于使清单分析中的数据变得更易于理解和比较，使其更易与人类健康、资源的可利用性以及自然环境相关联。一般来说，这是整个评价体系最为重要和困难的阶段。评价哪些影响、评价的详尽程度和采用的方法是各不相同的。

在 LCA 的这一部分，所有调查的输入与输出均与它们的环境影响有关，并且评价了此影响。它们的结果就是一份生命周期影响评价概要，可以选择性地进行归一化、分类或者权重处理。

重要的是只有当一个人认定它是问题时，这个问题才会存在。因此，影响评价绝不会是完全客观的。其中 ISO14042 的环境影响评价包括以下三个必要步骤：

（1）第一步是影响类型、类型参数和特征模型的选择。在选择过程中记录下客观选择是很重要的。实际情况中，此选择是参照影响评价方法的选择进行的，如 EPS、EDIP 和 EI99，此时影响类型的选择等已经完成。

（2）第二步是将 LCI 结果划分到所选的影响类型中，即对其进行分类。这项任务事实上也是指影响评价方法的选择。

（3）第三步是各类型参数结果的计算。这部分的计算实际上是将 LCI 结果乘以特征化因子。计算的结果改变了每个类型指标的影响。这些因子都是基于某种物质在某类型指标上的影响有多大的科学论断的相当的因子。

完成以上三步骤的结果就是一份生命周期影响评价文件，也就是衡量每个影响类型或类别参数结果对该过程系统有着多大的环境影响，实现过程如图 7-2 所示。这是影响评价的必备要素部分。

4. 结果解释

生命周期解释对上述步骤的结果进行了总结和归纳，包括假设、方法和存在的问题，并在此基础上，根据库存分析相关的产品信息的影响评价中获得的数据，可以找出产品的薄弱环节，并提出合理的建议。它需要分析主要的环境影响类型，环境影响的结果是否合理，以及数据的完整性、准确性，结果可能会波动的范围，最后形成结论，解释局限性，提出更加环境友好的改进意见，判断改进的潜力，尽可能用最易于理解的语言来阐述最终评估结果。生命周期解释是一个有系统步骤地去确定、检验资格、验证以及验证 LCA 前三个步骤的结果。生命周期解释形成了分析、结论、建议和报告，所有资料都以文档化形式被管理记录。

不同相关方的角色和责任都需要被描述和考虑。如果已经进行了鉴定性评审，这些结果也应被描述。此外，与委托方之间的交流也是此阶段的一个重要部分。

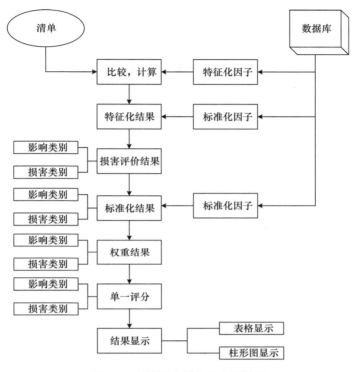

图 7-2　环境影响评价的实现过程

7.1.2　环境足迹和足迹家族评价体系

1. 环境足迹和足迹家族概述

在过去几十年里，我们已经见证了地球上的环境问题从局部某地转移到全球范围内。这一显著变化的发生与自然界资本存量的下降和生态系统的不可逆息息相关[1]。在这样的环境压力下我们需要一个集成系统来监测人类对环境造成的影响。不同种类的影响可以用一系列适合的指标来表征。而足迹类指标有潜力通过提供一个更全面的环境复杂性描述来组成这一系列完整的系统。

足迹的概念源自生态足迹，于 20 世纪 90 年代被正式引入科学界[2]，在之后20 年的时间内，不同的足迹指标接踵而成并与生态足迹指标构成互补，如表征产品二氧化碳排放当量的碳足迹、水足迹、能源足迹和土地足迹等。这些足迹指标共同构成了足迹家族和环境足迹的评价体系[3]（图 7-3）。鉴于目前已有的足迹指标类型还主要局限在环境领域，所涉及的环境影响来源一般包括资源消费和废弃物排放（如碳足迹、氮足迹、硫足迹、灰水足迹）两大类。

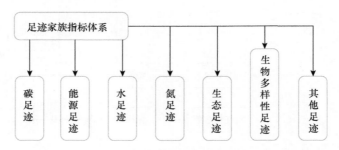

图 7-3　环境足迹和足迹家族指标体系

方恺认为足迹家族是一个庞大的系统，它包含很多的足迹，每一类足迹都代表着一种指标，这些指标可以用来评价人类活动在资源消耗和废弃物排放方面的环境影响[4]。足迹家族的组成可能会因所涉及的影响类别的相关性而有所不同[5]。原则上，任何两个或两个以上的足迹指标可以看作是一个家族的足迹，每一个都是单维足迹。从国外一些权威期刊对各足迹进行检索，可以发现生态、能源、碳和水足迹被列为现有文献中最重要的足迹指标。这主要是因为它们与世界上对人类的四大威胁密切相关：食品安全、能源安全、气候安全和水安全。由于在电池领域生态足迹和能源足迹存在一定的重合，我们对足迹家族指标做了一个筛选，选用碳足迹、水足迹和生态足迹组合作为评价电池的指标。

2. 碳足迹

碳足迹在过去几年里已经变得非常流行，引起了科学界广泛的讨论。它被定义为某项活动直接或者间接造成的二氧化碳排放当量[6]或者某一过程、某一产品整个生命周期的温室气体（greenhouse gases，GHG）排放总量。人们普遍认为 LCA 是计算碳足迹的一个有用的工具，尤其在产品层面。一些标准如 PAS 2050 和 ISO14067 已经或正建立在生命周期的基础上。

3. 水足迹

水足迹是另一个正在蓬勃发展的指标，近年来已经在世界范围内得到普及。它被定义为在一个给定的区域内个人和群体因生产和服务所消耗的虚拟水含量[7]。大多数情况下一个产品的实际含水量，可能比虚拟水含量要少得多[8]。水足迹可以被称为一种类似能量的体现，即 "embodied water"。

4. 生态足迹

生态足迹被认为是一种有效的"交流"工具，它可以让公众对生产和消费所造成的环境影响有更加深刻的认识。生态足迹最初被定义为某个特定的活动来供给生态生产性土地和水的量度，这个特定的活动是指资源消耗和产生二氧化碳[9]。现在它被定义为在现有技术和资源管理水平上衡量人类活动对生物圈的需求。生态足迹计算，建立在六个生态系统为人类服务的基础上，它是一个基本的综合指标。

7.1.3　锂电池环境性分析及环境足迹评价

1. 国内研究现状

对于电池环境性分析来说，国内学者对此领域的研究已经有了一定的进展，如黄带弟等针对锂离子电池的活性物质氧化钴的评价[10]；葛亚军等建立的废二次电池生命周期评估方法[11]。作者选择研究了四类废二次电池，以此为对象评估它们在整个生命周期内的环境影响，指标化为慢性公众健康。标准化结果表明，废旧镍镉电池对公众的影响最大，主要原因是其镉元素含量较高，其次是废铅酸电池、锂离子电池和镍氢电池。

就采用生命周期评价法评价环境影响方面，我国的研究主要集中在几点产品回收及其资源化方面。唐涛等[12]系统地研究了废旧家电的绿色模块化设计技术。刘红旗和陈世兴讨论了产品绿色度的评价模型和评价方法，提出了评价的基准、标准、综合评价和决策方法，并建立了绿色产品评价体系[13]。方芳等[14]对全生命周期评估方法做了详细的研究，提出了 3E 评估模型，并以燃料乙醇为例，对其经济性、能量消耗和环境影响进行了较详细的分析。绿色制造过程环境影响评估方法，已被刘飞和曹华军等深度研究[15]。将绿色度的概念引入作为评价产品绿色特性的综合指标，向东等提出了基于产品选择的产品绿色度生命周期评价方法，采用模糊聚类方法成功地实现了产品绿色度评价，这是基于公理化设计的评价方法，也是一种操作性较强的生命周期评价方法[16]。

在国内，足迹家族的研究是一项比较新的内容，很多足迹类指标均没有研究，如氮足迹、生物多样性足迹等。尽管关于对整体足迹家族的研究在我国处于起步阶段，但在碳足迹、水足迹和生态足迹这些单一足迹类指标上，我国的一些专家和学者有较为深入的研究。王聪等[17]以二次电池产业链为研究对象，找寻在电池产业循环过程中影响碳足迹的因素，得出企业减少碳排放量的方法。徐长春等[18]用生命周期评价的方法利用实例计算产品的水足迹，通过足迹的数值分析评价了农产品生产对水资源的影响。戚瑞等在水足迹理论的基础上评价了区域水资源利用的情况，这些都为计算电池产品的水足迹提供了很好的实例参考[19]。杨开忠等[20]介绍了生态足迹的理论框架和计算方法，为生态足迹研究提供了理论基础。

2. 国外研究现状

在对电池的环境性评价方面，Lankey 和 McMichael[21]曾经对一次电池和二次电池进行过生命周期评价，并将两种电池进行对比分析，结果显示，如果二次电池取代一次电池，资源消耗和污染物排放将从实质上大量减少，因此，二次电池比一次电池更具环境友好性。

国外由于对足迹家族的研究起步较早，已建立了比较健全的理论体系。术语"足迹家族"就是由他们首先提出的，之后围绕这个概念开展了一系列的工作，其中最具有里程碑意义的一项工作是欧盟开展的欧盟第七框架计划工程，足迹家族的碳足迹、水足迹和生态足迹与多区域环境的投入产出模型相结合，这是一项很有创新突破特性的工程[22]。

Onat 使用碳足迹和能源足迹指标比较了传统汽车、混合动力汽车和插电式混合动力汽车，并提出了一个评估和分析方法来判别哪一种汽车更优异[23]。Niccolucci 等[24]根据产品的环境特性开发了一种以综合的足迹指标为基础的评价方法。Herva 等[25]综合分析了一系列足迹指标，并指明对企业来说，生态足迹和碳足迹是最引人注目、最有价值的指标。Galli 等[26]比较了欧盟和其他国家的足迹，分析了这些国家如何依赖进口资源以及依赖性达到什么程度，并基于这种比较探索了国家制定政策的背后含义。Liobikienė 和 Dagiliūtė 研究了欧盟内经济变动与碳足迹变化之间的关系，建议欧盟在可持续消费和生产政策措施方面应更加注重消费层面[27]。马达加斯加中部小型农场的碳足迹研究表明[28]，农业生态实践一体化是一种能显著缓解温室气体增长的好办法。

正如这些研究报告所述，足迹家族中的各足迹指标值可以用来表征环境影响。作为一种新型研究方向，环境足迹和足迹家族已经广泛应用于许多评估中，而不仅仅用来评估二次电池。上述这些关于足迹系列的研究，使人们更方便、更全面地评价了材料对环境的影响[29]。

7.1.4　锂离子电池环境足迹软件平台设计

LCA 是一个复杂的过程，数据采集和计算的工作量非常大。如果我们仅仅依靠手工工作来实现 LCA 几乎是不可能的。本节简要介绍了 LCA 开发技术的研究成果，并对现有主流 LCA 软件进行了相应的介绍。

在 LCA 的评价研究方面，Ciroth[30]阐明了一种新型软件——Open LCA。它由很多独立的功能模块构成，且其中不少模块可以单独工作。Beaufort 和 Stahel[31]研发了一种软件用于对瓦楞包装纸板行业进行生命周期评价。该软件不需要大量的数据采集，也不需要解决上下游流程之间的数据连接问题，用户只需要了解基本的 LCA 知识即可操作。Botero 等[32]阐述了一个合适的区域生命周期评价和环境绩效评估工具——Apeironpro，尤其在哥伦比亚地区，它可以生成适合于该区域的流程和服务的列表，如电能生产、运输和废气处理。

　　Lee 等[33]已开发了关于建筑系统的生命周期评价软件——SUSB-LCA。指出现有的生命周期评价软件一般适用于消费品的评价，消费品的生命周期比较短，建筑的生命周期很长，因此，应重新考虑相应的生命周期阶段。此软件对建设初期的原材料、能耗和运输方式进行了建模。指出单一方法难以评价建筑物的环境影响，应采用工业相关分析方法进行评价。Ong 等[34]阐述了一种半定量化的 LCA 工具——PLCAT。他们介绍了一种用于打印机产品的半定量生命周期评估软件，它为评估复杂产品的生命周期影响提供了一种快速而简单的方法。

　　Singh 和 Bakshi[35]已经开发出一种定量评价生态资源在 LCA、生态 LCA 中的作用的工具——Eco-LCA。该软件是基于 1997 年美国经济投入产出模型而开发的。经济社会也对环境的可持续发展有非常重要的影响，人们需要深入审视经济社会发展对生态环境的依赖性。Dong[36]等描述了一种用于机电产品的绿色设计生命周期的软件评估工具——GPLCD。基于现有的 LCA 方法和 LCA 分析工具，RDEF0 方法建立了 LCA 工具的功能模型。为了解决产品生命周期的数据管理问题，产品配置管理也被集成于 GPLCD 中。

　　除了文献中提到的 LCA 软件，SimaPro 和 GaBi 软件是目前较为常用的商业 LCA 软件。Rice 等比较了欧洲 12 种 LCA 软件，结果表明，这些软件的基本功能是相同的，但它们的评价方法、计算速度、通用性和数据组织方式各不相同。从用户的角度考虑，这些软件一开始接触时，会感觉难以下手开展应用，只有在阅读相关说明和指导手册，并亲身动手实践几次之后才能搞清楚软件的工作原理和流程。

7.2　锂离子电池足迹家族生命周期评价及应用

7.2.1　目标范围与定义

　　本书将环境足迹和足迹家族这一概念应用到电池领域来表征电池的环境影响。这是因为，首先，环境足迹和足迹家族的研究是现今一大新兴热点，也是一种表征环境影响的新颖形式。其次，目前国内对二次电池的环境影响方面的研究较少，人们大多把关注的重点放在了电池性能上，忽视了电池的环境负担也是一种间接的"电池性能"。因此，作者将重点研究电池的环境影响评价，详细分析影响电池环境性能的因素，以便在电池的研发中给出相应的建议。

　　按照选定的计算机辅助程序 SimaPro 软件，运用生命周期评价法分别分析不同锂电池正极材料的三类环境足迹，分别是碳足迹、水足迹、生态足迹。在足迹家族的众多足迹中，选择这三种环境足迹对电池进行评价，是因为电池的整个生命周期过程中主要产生了这三种足迹，而能源足迹与生态足迹存在一定的重合。这三种足迹分别表征电池的碳耗、水耗和能耗的大小。

锂电池的性能主要受正极材料的影响，电池产生的环境影响也主要来自正极材料，因此本书评价对象为电池正极材料。研究中所涉及的八种二次电池正极材料分别为镍氢电池、$LiFePO_4/C$、$LiFe_{0.98}Mn_{0.02}PO_4/C$、$FeF_3（H_2O）_3/C$、$Li_{1.2}Ni_{0.2}Mn_{0.6}O_2$、$LiNi_{1/3}Co_{1/3}Mn_{1/3}O_2$、$LiNi_{0.8}Co_{0.2}O_2/C$ 和 $NaFePO_4/C$。由于数据获取的难易程度不同以及锂离子电池是主要的研究热点，选取了一种镍氢电池，一种典型的钠离子电池和六种锂离子电池[一些是相对典型的锂离子电池如 $LiFePO_4/C$，还有一个比较新型的锂电池如 $FeF_3(H_2O)_3/C$]进行评价分析，比较相同的前提条件下不同种类二次电池的环境影响。

其中，这些电池以及相应的电池组装 $LiFePO_4/C$、$LiFe_{0.98}Mn_{0.02}PO_4/C$、$FeF_3(H_2O)_3/C$、$Li_{1.2}Ni_{0.2}Mn_{0.6}O_2$、$LiNi_{1/3}Co_{1/3}Mn_{1/3}O_2$ 和 $NaFePO_4/C$，均在北京理工大学环境科学与工程北京市重点实验室中进行与完成，之后还对其分别进行了循环次数变化情况的测试，镍氢电池和 $LiNi_{0.8}Co_{0.2}O_2/C$ 电池数据来自相关文献的搜集与整理。将电池合成物质的数据与 SimaPro 软件里的相应清单对应并录入，便可得到不同电池材料的足迹数值。本章将按照图 7-4 所示步骤进行评价。

通过选择八种不同的二次电池材料（一种镍氢电池、六种锂离子电池、一种钠离子电池），计算出它们的各类足迹指标，综合比较分析它们的足迹数值，为今后绿色二次电池的环境评价工作开辟新的思路。本次评价的功能单元均为 1kg，即合成 1kg 电池正极材料所产生的环境负担。研究中涉及的八种二次电池材料的生命周期过程即产品的系统边界。由于锂离子和钠离子电池的相关数据来自北京理工大学的实验室，而非实际工厂的生产过程，无法定义地理边界等。考虑时间以及经费的有限性和数据的可获取性，研究主要从组成二次电池的元素/化合物层面对八种二次电池正极材料进行足迹家族评价。

7.2.2　评价对象清单分析

清单分析：由于从实验室中获得的原始数据无法直接录入 SimaPro 软件进行清单分析，本节将对原始数据进行适当的处理，使其适用于软件并达到清单分析的要求，最后将列出八种电池正极材料的清单，以便向软件中输入被评价电池材料的各组分含量，从而得到各类足迹数值。

1. 镍氢电池

从相关文献中获得的镍氢电池成分原始数据如表 7-1 所示。

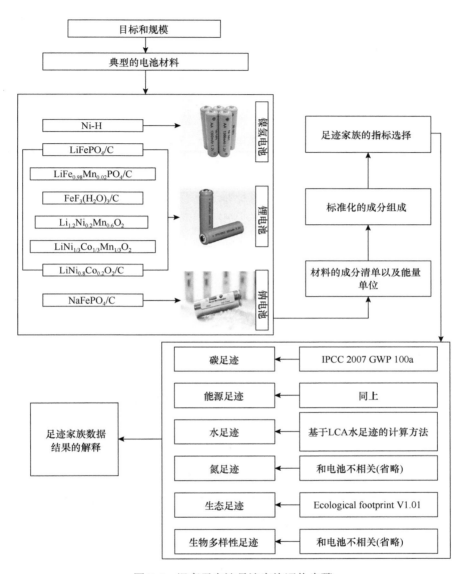

图 7-4　锂离子电池足迹家族评价步骤

表 7-1　镍氢电池成分原始数据

原料	质量/kg
镧	0.03852
羰基镍	1.0937
镁	0.6848
氢氧化钠	0.8631

　　为了方便录入软件和计算，从电池正极材料元素层面进行分析。将上面原始数据进行相应处理转化为元素质量形式，具体处理过程如下（以锂元素为例）：

$$m_{(Na)} = \frac{m_{(NaOH)}}{M_{(NaOH)}} \times M_{(Na)} = \frac{0.8631kg}{40} \times 22.990 = 0.4961kg \tag{7-1}$$

　　同理可得其余电池成分的计算结果，如表 7-2 所示。

表 7-2　镍氢电池成分（元素）

原料	质量/kg	百分比/%
镧	0.0385	1.9
镍	0.7404	35.9
镁	0.0685	3.3
钠	0.4963	24.0
氧	0.4966	24.1
氢	0.0216	1.0
碳	0.2018	9.8

2. LiFePO$_4$/C 电池

　　从实验室中得到的 LiFePO$_4$/C 电池成分原始数据如表 7-3 所示。

表 7-3　LiFePO$_4$/C 电池成分原始数据

原料	质量/kg
LiOH·H$_2$O	0.255
FeC$_2$O$_4$·2H$_2$O	1.09
NH$_4$H$_2$PO$_4$	0.697
蔗糖	0.01

　　与上小节中的计算方法相同，将上面原始数据进行相应处理转化为元素质量形式，具体处理过程如下（以锂元素为例）：

$$m_{(Li)} = \frac{m_{(LiOH·H_2O)}}{M_{(LiOH·H_2O)}} \times M_{(Li)} = \frac{0.255kg}{41.941} \times 6.941 = 0.0422kg \tag{7-2}$$

　　同理可得其余电池成分的计算结果，如表 7-4 所示。

表 7-4　LiFePO$_4$/C 电池成分（元素）

原料	质量/kg	百分比/%
锂	0.0422	2.3
铁	0.3391	18.1
碳	0.1453	7.8

续表

原料	质量/kg	百分比/%
氧	1.0669	57.2
氮	0.0848	4.6
磷	0.1879	10.0

从表 7-3 中不难看出，蔗糖在电池组分中所占比例微小（在电池组分中所占百分比仅为 0.466%）。由于软件中未考虑蔗糖，故在后面的分析中将其忽略。

3. LiFe$_{0.98}$Mn$_{0.02}$PO$_4$/C 电池

从实验室中得到的 LiFe$_{0.98}$Mn$_{0.02}$PO$_4$/C 电池成分原始数据如表 7-5 所示。

表 7-5　LiFe$_{0.98}$Mn$_{0.02}$PO$_4$/C 电池成分原始数据

原料	质量/kg
LiOH·H$_2$O	0.255
FeC$_2$O$_4$·2H$_2$O	1.09
NH$_4$H$_2$PO$_4$	0.697
蔗糖	0.01
(CHCOO)$_2$Mn	0.021

相比于上小节中的电池，LiFe$_{0.98}$Mn$_{0.02}$PO$_4$/C 电池的原始数据仅仅比它多了 0.021kg 的(CHCOO)$_2$Mn，与上述计算方法相同，将上面原始数据进行相应处理转化为元素质量形式，具体处理过程如下（以锰元素为例）：

$$m_{(Mn)} = \frac{m_{[(CHCOO)_2Mn]}}{M_{[(CHCOO)_2Mn]}} \times M_{(Mn)} = \frac{0.021kg}{169} \times 55 = 0.0068kg \quad (7-3)$$

同理可得其余电池成分的计算结果，如表 7-6 所示。

表 7-6　LiFe$_{0.98}$Mn$_{0.02}$PO$_4$/C 电池成分（元素）

原料	质量/kg	百分比/%
锂	0.0422	2.2
铁	0.3391	20.0
碳	0.1513	8.0
氧	1.0748	57.0
氮	0.0848	4.5
磷	0.1879	10.0
锰	0.0068	0.3

从表 7-5 中不难看出蔗糖在电池组分中所占比例微小（在电池组分中所占百

分比仅为 0.462%）。由于 SimaPro 软件中未考虑蔗糖，故在后面的软件分析中将其忽略。

4. $FeF_3(H_2O)_3/C$ 电池

从实验室中得到的 $FeF_3(H_2O)_3/C$ 电池成分原始数据如表 7-7 所示。

表 7-7　$FeF_3(H_2O)_3/C$ 电池成分原始数据

原料	质量/kg
$Fe(OH)_3$	0.545
HF	0.51
H_2O	0.765
炭黑	0.15

本书中为了方便录入软件和计算，从锂离子电池元素层面进行分析。将上面原始数据进行相应处理转化为元素质量形式，具体处理过程如下（以铁元素为例）：

$$m_{(Fe)} = \frac{m_{[Fe(OH)_3]}}{M_{[Fe(OH)_3]}} \times M_{(Fe)} = \frac{0.545kg}{107} \times 56 = 0.2852kg \tag{7-4}$$

同理可得其余电池成分的计算结果，如表 7-8 所示。

表 7-8　$FeF_3(H_2O)_3/C$ 电池成分（元素）

原料	质量/kg	百分比/%
铁	0.2852	15.5
氧	0.9245	50.1
碳	0.15	8.1
氟	0.4845	26.3

将上面处理后的数据输入辅助软件 SimaPro 中，将会得到详细清单，选取适当的计算方法，软件会计算出相应的足迹数值。

5. $Li_{1.2}Ni_{0.2}Mn_{0.6}O_2/C$ 电池

从实验室中得到的 $Li_{1.2}Ni_{0.2}Mn_{0.6}O_2/C$ 电池成分原始数据如表 7-9 所示。

表 7-9　$Li_{1.2}Ni_{0.2}Mn_{0.6}O_2/C$ 电池成分原始数据

原料	质量/kg
$LiCO_3$	0.922
$NiSO_4$	0.356
$MnSO_4$	1.041

为了方便录入软件和计算，从锂离子电池元素层面进行分析。将上面原始数据进行相应处理转化为元素质量形式，具体处理过程如下（以镍元素为例）：

$$m_{(Ni)} = \frac{m_{(NiSO_4)}}{M_{(NiSO_4)}} \times M_{(Ni)} = \frac{0.356 kg}{154.756} \times 58.6934 = 0.1350 (kg) \qquad (7-5)$$

同理可得其余电池成分的计算结果，如表 7-10 所示。

表 7-10　$Li_{1.2}Ni_{0.2}Mn_{0.6}O_2/C$ 电池成分（元素）

原料	质量/kg	百分比/%
锂	0.0591	2.6
镍	0.1349	6.0
锰	0.3788	16.7
碳	0.1655	7.3
氧	1.2374	54.7
硫	0.2878	12.7

将上面处理后的数据输入辅助软件 SimaPro 中，将会得到详细清单，选取适当的计算方法，软件会计算出相应的足迹数值。

6. $LiNi_{1/3}Co_{1/3}Mn_{1/3}O_2/C$ 电池

从实验室中得到的 $LiNi_{1/3}Co_{1/3}Mn_{1/3}O_2/C$ 电池成分原始数据如表 7-11 所示。

表 7-11　实验室 $LiNi_{1/3}Co_{1/3}Mn_{1/3}O_2/C$ 电池成分原始数据

原料	质量/kg
$Mn(NO_3)_2 \cdot 4H_2O$	0.863
$Ni(NO_3)_2 \cdot 6H_2O$	1.001
$Co(NO_3)_2 \cdot 6H_2O$	1.006
$LiOH \cdot H_2O$	0.434

同上面章节中对锂离子电池元素层面进行分析的步骤。将原始数据进行相应处理转化为元素质量形式，得到的电池成分计算结果如表 7-12 所示。

表 7-12　$LiNi_{1/3}Co_{1/3}Mn_{1/3}O_2/C$ 电池成分（元素）

原料	质量/kg	百分比/%
锰	0.1889	5.7
镍	0.2021	6.1
钴	0.2038	6.2
锂	0.0715	2.2
氮	0.2895	8.8
氢	0.1414	4.3
氧	2.2069	66.7

将上面处理后的数据输入辅助软件 SimaPro 中，会得到详细清单，选取适当的计算方法，软件会计算出相应的足迹数值。

7. $LiNi_{0.8}Co_{0.2}O_2/C$ 电池

从相关文献中得到的 $LiNi_{0.8}Co_{0.2}O_2/C$ 电池成分原始数据如表 7-13 所示。

表 7-13　$LiNi_{0.8}Co_{0.2}O_2/C$ 电池成分原始数据

原料	质量/kg
$Ni(NO_3)_2$	1.5066
$Co(NO_3)_2$	0.375
$LiOH·H_2O$	0.4287

同上面章节中对锂离子电池元素层面进行分析的步骤。将原始数据进行相应处理转化为元素质量形式，得到的电池成分计算结果如表 7-14 所示。

表 7-14　$LiNi_{0.8}Co_{0.2}O_2/C$ 电池成分（元素）

原料	质量/kg	百分比/%
锂	0.0706	3.1
镍	0.484	20.9
钴	0.1208	5.2
氮	0.2883	12.5
氢	0.0307	1.3
氧	1.3159	57.0

将上面处理后的数据输入辅助软件 SimaPro 中，将会得到详细清单，选取适当的计算方法，软件会计算出相应的足迹数值。

8. $NaFePO_4/C$ 电池

从相关文献中得到的 $NaFePO_4/C$ 电池成分原始数据如表 7-15 所示。

表 7-15　实验室 $NaFePO_4/C$ 电池成分原始数据

原料	质量/kg
$NaOH$	0.234
$FeC_2O_4·2H_2O$	1.041
$NH_4H_2PO_4$	0.677
蔗糖	0.01

同上面章节中对锂离子电池元素层面进行分析的步骤。将上面原始数据进行相应处理转化为元素质量形式，得到的电池成分计算结果如表 7-16 所示。

表 7-16　NaFePO₄/C 电池成分（元素）

原料	质量/kg	百分比/%
钠	0.1345	7.2
铁	0.3236	17.4
碳	0.1391	7.5
氮	0.0824	4.4
氧	0.9344	50.2
磷	0.1824	9.8
氢	0.0664	3.5

从表 7-15 不难看出蔗糖在电池组分中所占比例微小（在电池组分中所占百分比仅为 0.487%）。由于 SimaPro 软件中未考虑蔗糖，故在后面的软件分析中将其忽略。

将上面处理后的数据输入辅助软件 SimaPro 中，将会得到详细清单，选取适当的计算方法，软件会计算出相应的足迹数值。

为了更加方便地比较数据，将八种电池正极材料的标准化质量清单进行汇总，如表 7-17 所示。

7.2.3　环境足迹分析：碳足迹

在足迹计算的总体框架上，本书采用的是生命周期评价（LCA）的计算方法，但在不同的足迹计算中，根据实际情况以及 SimaPro 软件中提供的几类方法进行选择。

在碳足迹的计算中，本书将采用软件中提供的 IPCC 2007 GWP 100a 的计算方法，这是因为该方法是联合国政府间气候变化专门委员会编写的温室气体清单指南，在计算过程中考虑了温室气体的排放，结合 LCA 法更全面准确。该方法以 kg CO₂ eq 为基本单位，最终用具体数值表征电池的碳足迹。

该方法中锂离子电池的整个生命周期过程的影响类型为 IPCC GWP 100a，以合成 1kg 电池正极材料所产生的环境负担为准可以通过软件得到八种不同材料电池的碳足迹值，如表 7-18 所示。

分别对每一种电池正极材料的各组分碳足迹值进行汇总整理，得到各电池的碳足迹网络图，以便更加直观清晰地比较和分析。各电池正极材料碳足迹网络图如图 7-5～图 7-12 所示。

上面这些足迹网络图中，小框图内红色柱形条的高度以及红色箭头线条的粗细程度，代表着各组分碳足迹值与电池总碳足迹值的比重大小。红色柱形条高度越高，红色箭头线条越粗，则意味着该组分碳足迹值越高，占比越大；红色柱形

表 7-17　八种电池正极材料的标准化质量清单

（单位：kg）

材料组分	锂	钠	镍	钴	镧	铁	镁	碳	氮	氧	磷	锰	氟	氢	硫
Ni-H	—	0.7444	1.1106	—	0.0678	—	0.1027	0.3027	—	0.7449	—	—	—	0.0322	—
$LiFePO_4$	0.0422	—	—	—	—	0.3391	—	0.1453	0.0848	1.0669	0.1879	—	—	—	—
$LiFe_{0.98}Mn_{0.02}PO_4$	0.0422	—	—	—	—	0.3391	—	0.1513	0.0848	1.0748	0.1879	0.0068	—	—	—
$FeF_3(H_2O)_3$	—	—	—	—	—	0.2852	—	0.150	—	0.9245	—	—	0.4845	—	—
$Li_{1.2}Ni_{0.2}Mn_{0.6}O_2$	0.0591	—	0.1349	—	—	—	—	0.1655	—	1.2374	—	0.3788	—	—	0.2878
$LiNi_{1/3}Co_{1/3}Mn_{1/3}O_2$	0.0715	—	0.2021	0.2038	—	—	—	—	0.2895	2.2069	—	0.1889	—	0.1414	—
$LiNi_{0.8}Co_{0.2}O_2$	0.0706	—	0.484	0.1208	—	—	—	—	0.2883	1.3159	—	—	—	0.0307	—
$NaFePO_4$	—	0.1345	—	—	—	0.3236	—	0.1391	0.0824	0.9344	0.1824	—	—	0.0644	—

表 7-18　八种电池正极材料的各组分碳足迹值

（单位：kg CO$_2$ eq）

材料组分	Li	Na	Ni	Co	La	Fe	Mg	C	N	O	P	Mn	F	H	S	总计
Ni-MH、Ni-H	—	1.47	14.2	—	1.55	—	8.65	0.788	—	0.454	—	—	—	0.0713	—	27.1833
LiFePO$_4$/C	7.2	—	—	—	—	0.729	—	0.373	0.0501	0.651	2.41	—	—	—	—	11.4131
LiFe$_{0.98}$Mn$_{0.02}$PO$_4$/C	7.2	—	—	—	—	0.729	—	0.389	0.0501	0.656	2.41	0.0257	—	—	—	11.4598
FeF$_3$(H$_2$O)$_3$/C	—	—	—	—	—	0.613	—	0.385	—	0.564	—	—	7.15	—	—	8.712
Li$_{1.2}$Ni$_{0.2}$Mn$_{0.6}$O$_2$/C	16.2	—	1.73	—	—	—	—	0.425	—	0.755	—	1.43	—	—	0.2878	20.8278
LiNi$_{1/3}$Co$_{1/3}$Mn$_{1/3}$O$_2$/C	16.2	—	2.59	2.22	—	—	—	—	0.171	0.313	—	0.715	—	1.35	—	23.5590
LiNi$_{0.8}$Co$_{0.2}$O$_2$/C	12	—	6.2	1.32	—	—	—	—	0.169	0.799	—	—	—	0.067	—	20.5550
NaFePO$_4$/C	—	0.265	—	—	—	0.695	—	0.357	0.0487	0.57	2.34	—	—	0.0143	—	4.29

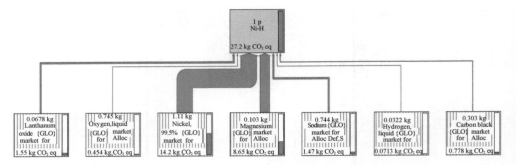

图 7-5　合成 1kg Ni-H 电池正极材料碳足迹网络图

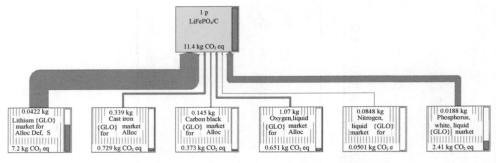

图 7-6　合成 1kg $LiFePO_4/C$ 电池正极材料碳足迹网络图

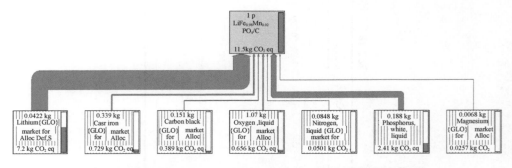

图 7-7　合成 1kg $LiFe_{0.98}Mn_{0.02}PO_4/C$ 电池正极材料碳足迹网络图

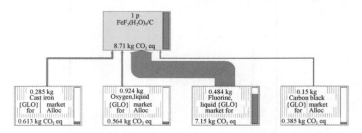

图 7-8　合成 1kg $FeF_3(H_2O)_3/C$ 电池正极材料碳足迹网络图

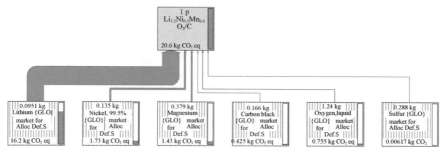

图 7-9　合成 1kg $Li_{1.2}Ni_{0.2}Mn_{0.6}O_2/C$ 电池正极材料碳足迹网络图

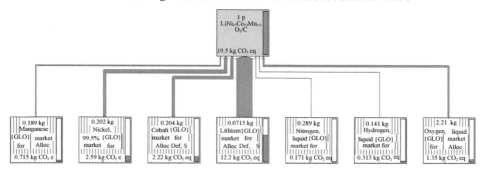

图 7-10　合成 1kg $LiNi_{1/3}Co_{1/3}Mn_{1/3}O_2/C$ 电池正极材料碳足迹网络图

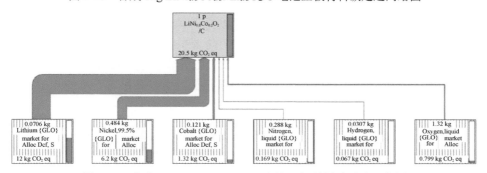

图 7-11　合成 1kg $LiNi_{0.8}Co_{0.2}O_2/C$ 电池正极材料碳足迹网络图

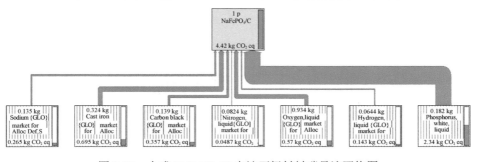

图 7-12　合成 $NaFePO_4/C$ 电池正极材料碳足迹网络图

条高度越小，红色箭头线条越细，代表着该组分碳足迹值越小，占比越小。从这8 幅图中，可以定量地看到在合成 1kg 电池正极材料的过程中，各元素组分产生的碳足迹值以及电池的总足迹值，也可以定性地看到哪一个组分产生的碳足迹值比重较大。

将八类电池材料进行综合比较，可以很明显地看到不同电池的碳足迹总值及各组分足迹占比。从表 7-18 可以看出，在合成 1kg 电池正极材料的前提下，得到的八类电池材料的碳足迹数值是不同的。$NaFePO_4/C$ 电池材料数值最小，Ni-H 电池材料数值最大。在六种锂离子电池材料中，$FeF_3(H_2O)_3/C$ 电池材料碳足迹值最小。综合来说，就是 Ni-MH 电池>Li 离子电池>Na 离子电池。

为了更加全面地比较分析，作各电池不同元素碳足迹比重比较饼图，如图 7-13 所示。观察比较图 7-5～图 7-12 并结合图 7-13 可以发现，并不是某种元素含量高，它产生的碳足迹数值就大，每一种元素都会对最终电池的碳足迹产生影响，但产生的影响大小是不同的。例如在 $LiFePO_4/C$ 电池中，锂元素占电池成分的 2.3%，却在产生的碳足迹中占到了 63.09%，并且在选用的五种包含锂元素的电池正极材料中，锂元素产生的碳足迹都是最大的。这就直接说明锂离子电池中所含的锂元素越多，产生的碳足迹也就越多，碳耗也就越大，产生的环境影响也就越多，与此相同的元素还有磷元素、镍元素和氟元素。而反观 $NaFePO_4/C$ 电池，钠元素占电池成分的7.2%，产生的碳足迹却仅占总足迹的 6.00%，说明电池钠元素含量与足迹值和环境影响呈负相关关系。再针对观察氧元素，可以看到其对碳足迹几乎没有贡献。比较$LiFe_{0.98}Mn_{0.02}PO_4/C$ 电池与 $LiFePO_4/C$ 电池，前者在成分中只是多掺杂了少量锰元素，发现最终两者的碳足迹数值差距不大，比较锰元素在电池成分中的含量以及最终贡献的碳足迹的含量，可以看出锰元素对碳足迹的贡献是极其微小的。

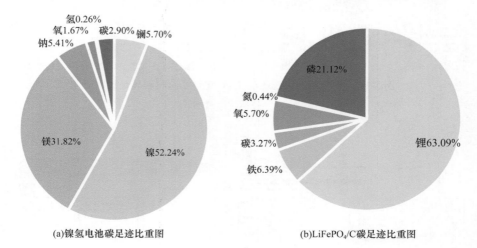

(a)镍氢电池碳足迹比重图   (b)$LiFePO_4/C$碳足迹比重图

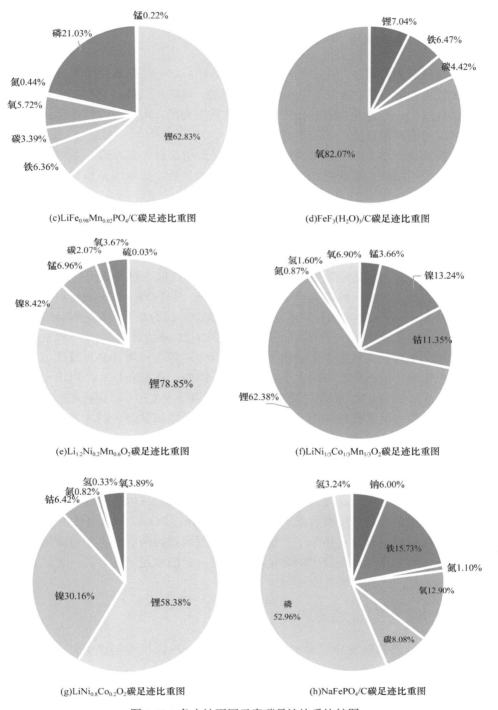

图 7-13　各电池不同元素碳足迹比重比较图

7.2.4　环境足迹分析：水足迹

在水足迹的计算中，由于各类方法大同小异，本书将在软件中选择一种计算结果比较直观的方法。该方法以 m^3 为基本单位，最终用具体数值表征电池的水足迹。以合成 1kg 电池正极材料所产生的环境负担为准，可以通过软件得到八种不同材料电池的水足迹值，如表 7-19 所示。

分别对每一种电池正极材料的各组分水足迹值进行汇总整理，可以得到各电池的水足迹网络图，以便更加直观清晰地比较和分析。各电池正极材料水足迹网络图如图 7-14～图 7-21 所示。

各电池不同元素水足迹比重比较图如图 7-22 所示。

将八类电池材料进行综合比较，可以很明显地看到不同电池的水足迹总值及各组分足迹占比。从表 7-19 可以看出，在合成 1kg 电池正极材料的前提下，得到的八类电池材料的水足迹数值是不同的。$NaFePO_4/C$ 电池材料数值最小，Ni-H 电池材料数值最大。在六种锂离子电池材料中，$FeF_3(H_2O)_3/C$ 电池材料水足迹值最小，$LiNi_{0.8}Co_{0.2}O_2/C$ 电池材料水足迹值数值最大。综合来看，就是 Ni-H 电池>Li 离子电池>Na 离子电池。观察比较图 7-14～图 7-21 并结合图 7-22 可以发现，并不是某种元素含量高，它产生的水足迹数值就大，每种元素都会对最终电池的水足迹产生影响，但产生的影响大小是不同的。例如，在 $LiFePO_4/C$ 电池中，锂元素占电池成分的 2.3%，却在产生的水足迹中占到了 63.56%，并且在选用的五种包含锂元素的电池正极材料中，锂元素产生的水足迹都是最大的。这就直接说明锂离子电池中所含的锂元素越多，产生的水足迹也就越多，水耗也就越大，产生的环境影响也就越多，与此相同的元素还有磷元素、镍元素和氟元素。而反观 $NaFePO_4/C$ 电池，钠元素占电池成分的 7.2%，产生的水足迹仅占总足迹的 5.98%，说明电池钠元素含量与足迹值和环境影响呈负相关关系。再针对观察氧元素，可以看到其对水足迹几乎没有贡献。比较 $LiFe_{0.98}Mn_{0.02}PO_4/C$ 电池与 $LiFePO_4/C$ 电池，前者在成分中只是多掺杂了少量锰元素，发现最终两者的水足迹数值差距不大，比较锰元素在电池成分中的含量以及最终贡献的水足迹的含量，可以看出锰元素对水足迹的贡献是极其微小的。

7.2.5　环境足迹分析：生态足迹

在生态足迹的计算中，软件只提供了一种方法，作者用该方法 Ecological footprint V1.01 来计算。在该方法中生态足迹的环境影响包括三个方面：二氧化碳排放、核能和土地占用，下文的计算中将三方面影响的生态足迹数值加和得到总的生态足迹数值。本方法以 m^2a 为单位，最终用具体数值表征电池的生态足迹。

表7-19　八种电池正极材料的各组分水足迹值

（单位：m³）

材料组分	Li	Na	Ni	Co	La	Fe	Mg	C	N	O	P	Mn	F	H	S	总计
Ni-H	—	1.8	164	—	1.02	—	2.88	0.08	—	0.867	—	—	—	0.0325	—	170.6795
$LiFePO_4/C$	11.7	—	—	—	—	0.358	—	0.0384	0.0955	1.24	3.59	—	—	—	—	17.0219
$LiFe_{0.98}Mn_{0.02}PO_4/C$	11.7	—	—	—	—	0.358	—	0.04	0.0955	1.25	3.59	0.386	—	—	—	17.4195
$FeF_3(H_2O)_3/C$	—	—	—	—	—	0.301	—	0.0396	—	1.08	—	—	12.2	—	—	13.6206
$Li_{1.2}Ni_{0.2}Mn_{0.6}O_2/C$	26.4	—	19.9	—	—	—	—	0.0437	—	1.44	—	21.5	—	—	0.00254	69.28624
$LiNi_{1/3}Co_{1/3}Mn_{1/3}O_2/C$	19.9	—	29.8	2.67	—	—	—	—	0.326	2.57	—	10.7	—	0.143	—	66.109
$LiNi_{0.8}Co_{0.2}O_2/C$	19.6	—	71.3	1.58	—	—	—	—	0.325	1.53	—	—	—	0.031	—	94.366
$NaFePO_4/C$	—	0.325	—	—	—	0.341	—	0.0368	0.0928	1.09	3.48	—	—	0.065	—	5.4306

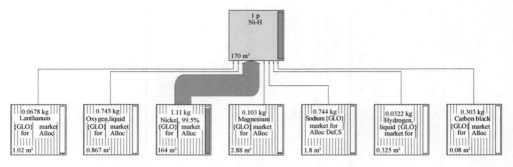

图 7-14　合成 1kg Ni-H 电池正极材料水足迹网络图

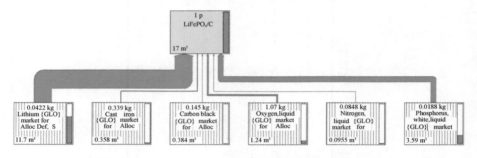

图 7-15　合成 1kg LiFePO$_4$/C 电池正极材料水足迹网络图

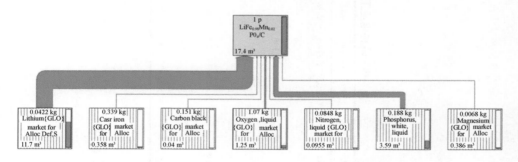

图 7-16　合成 1kg LiFe$_{0.98}$Mn$_{0.02}$PO$_4$/C 电池正极材料水足迹网络图

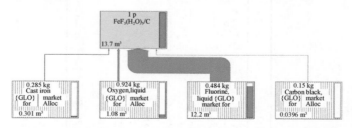

图 7-17　合成 1kg FeF$_3$(H$_2$O)$_3$/C 电池正极材料水足迹网络图

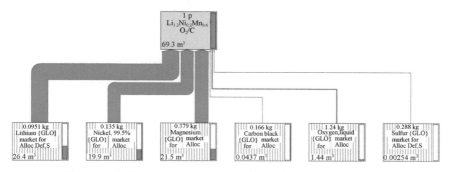

图 7-18　合成 1kg $Li_{1.2}Ni_{0.2}Mn_{0.6}O_2$ 电池正极材料水足迹网络图

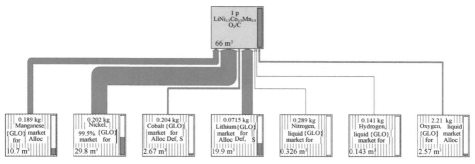

图 7-19　合成 1kg $LiNi_{1/3}Co_{1/3}Mn_{1/3}O_2$ 电池正极材料水足迹网络图

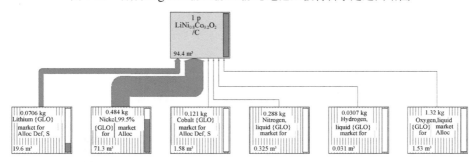

图 7-20　合成 1kg $LiNi_{0.8}Co_{0.2}O_2$ 电池正极材料水足迹网络图

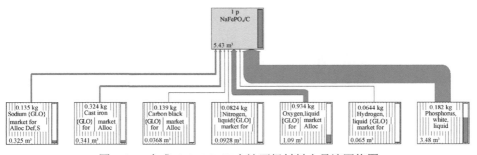

图 7-21　合成 $NaFePO_4/C$ 电池正极材料水足迹网络图

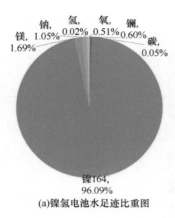

(a)镍氢电池水足迹比重图

(b)LiFePO₄/C水足迹比重图

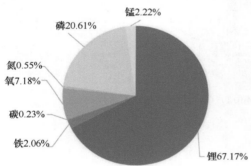

(c)LiFe$_{0.98}$Mn$_{0.02}$PO₄/C水足迹比重图

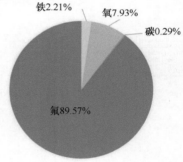

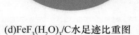

(d)FeF₃(H₂O)₃/C水足迹比重图

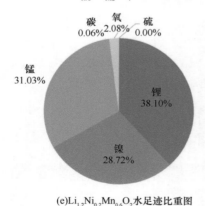

(e)Li$_{1.2}$Ni$_{0.2}$Mn$_{0.6}$O₂水足迹比重图

(f)LiNi$_{1/3}$Co$_{1/3}$Mn$_{1/3}$O₂水足迹比重图

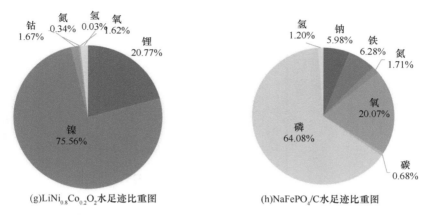

(g)LiNi$_{0.8}$Co$_{0.2}$O$_2$水足迹比重图　　　(h)NaFePO$_4$/C水足迹比重图

图 7-22　各电池不同元素水足迹比重比较图

以合成 1kg 电池正极材料为准，通过软件得到不同材料电池的生态足迹值，如表 7-20 所示。

分别对每一种电池正极材料的各组分生态足迹值进行汇总整理，可以得到各电池的生态足迹网络图，以便更加直观清晰地比较和分析。各电池正极材料生态足迹网络图如图 7-23～图 7-30 所示。

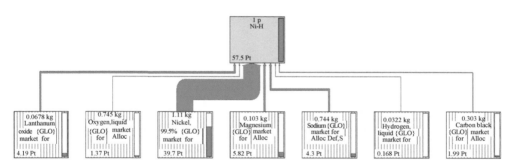

图 7-23　合成 1kg Ni-H 电池正极材料生态足迹网络图

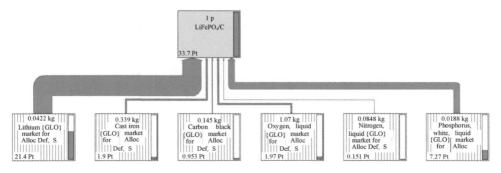

图 7-24　合成 1kg LiFePO₄/C 电池正极材料生态足迹网络图

表 7-20　八种电池正极材料的各组分生态足迹值

（单位：m²a）

材料组分	Li	Na	Ni	Co	La	Fe	Mg	C	N	O	P	Mn	F	H	S	总计
Ni-H	—	4.3	39.63	—	4.184	—	5.822	1.9893	—	1.3689	—	—	—	0.16739	—	57.46159
LiFePO$_4$/C	21.365	—	—	—	—	1.9033	—	0.95309	0.15157	1.9646	7.274	—	—	—	—	33.61156
LiFe$_{0.98}$Mn$_{0.02}$PO$_4$/C	21.365	—	—	—	—	1.9033	—	0.99267	0.151577	1.9778	7.274	0.07899	—	—	—	33.743337
FeF$_3$(H$_2$O)$_3$/C	—	—	—	—	—	1.5937	—	0.98354	—	1.7032	—	—	22.036	—	—	26.31644
Li$_{1.2}$Ni$_{0.2}$Mn$_{0.6}$O$_2$/C	48.218	—	4.822	—	—	—	—	1.086	—	2.2757	—	4.398	—	—	0.01721	60.81691
LiNi$_{1/3}$Co$_{1/3}$Mn$_{1/3}$O$_2$/C	36.26	—	7.216	6.41	—	—	—	—	0.5777	4.066	—	2.1881	—	0.7362	—	57.454
LiNi$_{0.8}$Co$_{0.2}$O$_2$/C	35.871	—	17.294	3.795	—	—	—	—	0.5146	2.709	—	—	—	0.1595	—	60.3431
NaFePO$_4$/C	—	0.7765	—	—	—	1.8077	—	0.91249	0.14672	1.7264	7.056	—	—	0.33578	—	12.76159

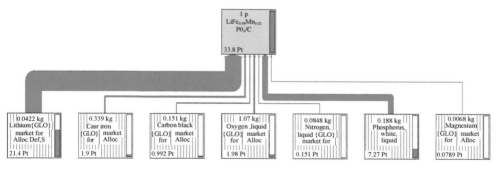

图 7-25　合成 1kg LiFe$_{0.98}$Mn$_{0.02}$PO$_4$/C 电池正极材料生态足迹网络图

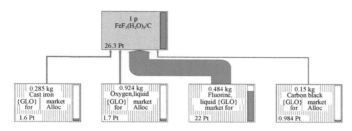

图 7-26　合成 1kg FeF$_3$(H$_2$O)$_3$/C 电池正极材料生态足迹网络图

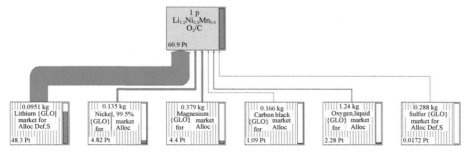

图 7-27　合成 1kg Li$_{1.2}$Ni$_{0.2}$Mn$_{0.6}$O$_2$ 电池正极材料生态足迹网络图

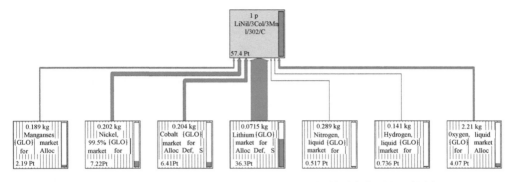

图 7-28　合成 1kg LiNi$_{1/3}$Co$_{1/3}$Mn$_{1/3}$O$_2$ 电池正极材料生态足迹网络图

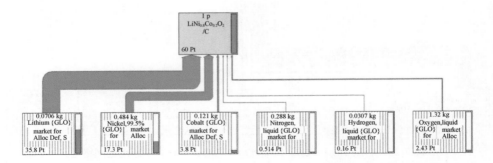

图 7-29　合成 1kg $LiNi_{0.8}Co_{0.2}O_2$ 电池正极材料生态足迹网络图

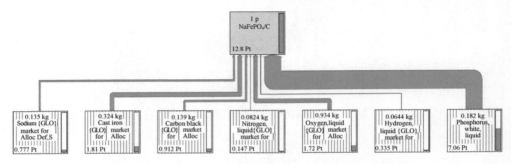

图 7-30　合成 1kg $NaFePO_4/C$ 电池正极材料生态足迹网络图

各电池不同元素生态足迹比重比较如图 7-31 所示。

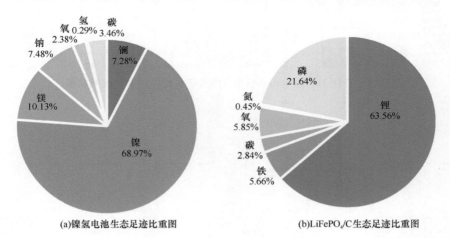

(a)镍氢电池生态足迹比重图　　　　　(b)LiFePO₄/C生态足迹比重图

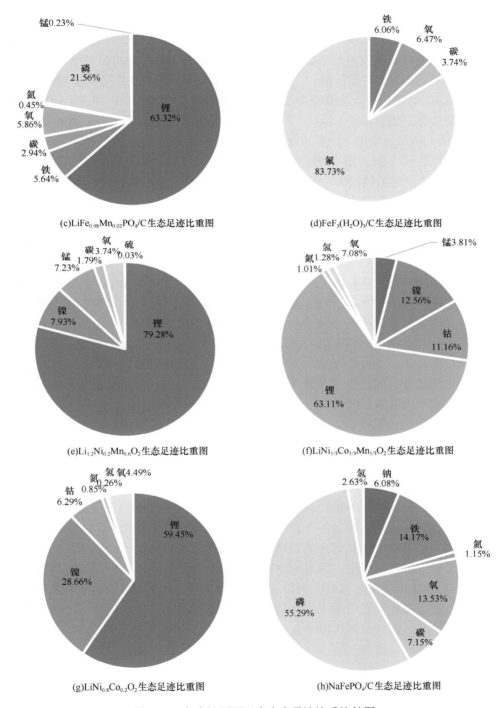

图 7-31　各电池不同元素生态足迹比重比较图

将八类电池材料进行综合比较，可以很明显地看到不同电池的生态足迹总值及各组分足迹占比。从表 7-20 可以看出，在合成 1kg 电池正极材料的前提下，得到的八类电池材料的生态足迹数值是不同的。$NaFePO_4/C$ 电池材料数值最小，$Li_{1.2}Ni_{0.2}Mn_{0.6}O_2/C$ 电池材料数值最大。而 $Li_{1.2}Ni_{0.2}Mn_{0.6}O_2/C$、Ni-H、$LiNi_{1/3}Co_{1/3}Mn_{1/3}O_2/C$、$LiNi_{0.8}Co_{0.2}O_2/C$ 四种电池数值较为接近。在六种锂离子电池材料中，$FeF_3(H_2O)_3/C$ 电池材料的生态足迹值最小。综合来看，就是部分 Li 离子电池（$Li_{1.2}Ni_{0.2}Mn_{0.6}O_2/$ C、$LiNi_{0.8}Co_{0.2}O_2/C$）>Ni-H 电池>部分 Li 离子电池>Na 离子电池。

观察比较图 7-23～图 7-30 并结合图 7-31 可以发现，并不是某种元素含量高，它产生的生态足迹数值就大，每一种元素都会对最终电池的生态足迹产生影响，但产生的影响大小是不同的。例如在 $LiFePO_4/C$ 电池中，锂元素占电池成分的 2.3%，却在产生的生态足迹中占到了 63.56%，并且在选用的五种包含锂元素的电池正极材料中，锂元素产生的生态足迹都是最大的。这就直接说明在锂离子电池中所含的锂元素越多，产生的生态足迹也越多，能耗也就越大，产生的环境影响也就越多，与此相同的元素还有磷元素、镍元素和氟元素。而反观 $NaFePO_4/C$ 电池，钠元素占电池成分的 7.2%，产生的生态足迹仅占总足迹的 6.08%，说明电池钠元素含量与足迹值和环境影响呈负相关关系。再针对观察氧元素，可以看到其对生态足迹几乎没有贡献。比较 $LiFe_{0.98}Mn_{0.02}PO_4/C$ 电池与 $LiFePO_4/C$ 电池，前者在成分中只是多掺杂了少量锰元素，发现最终两者的生态足迹数值差距不大，比较锰元素在电池成分中的含量以及最终贡献的生态足迹含量，可以看出锰元素对生态足迹的贡献是极其微小的。

7.2.6　综合分析评价

从前面的众多图中可以看到，Ni-H 电池材料几乎每一种足迹的数值都是最大的，产生的环境影响也是最大的。而 $NaFePO_4/C$ 电池材料每一种足迹的数值都是最小的，产生的环境影响也是最小的。综合每一种电池材料的三种足迹值，电池中锂、氟、镍和磷元素含量越高，电池产生的足迹数值也就越大，产生的环境影响也就越大。电池中钠元素含量越高，产生的电池足迹值越低，环境影响也就越小。比较分析可以总结出，镍氢电池由于镍元素含量较高，三种足迹值均偏大。镍元素对 Ni-H 电池足迹家族影响最深。而对锂离子电池来说，锂离子电池中锂元素对电池足迹家族的影响最深，含量越高环境影响越大。反观钠离子电池，若钠元素含量很高，则相对环境影响会偏低。

7.3　足迹家族计算的软件实现

前文中借助 SimaPro 软件计算了八种二次电池的足迹家族——碳足迹、水足迹和生态足迹。在这套二次电池评价体系中，需要计算相应的电池质量数据。假若优选电池种类不是八种，而是更为庞大的种类数量，评价体系的数据计算会显得较为复杂。为了使这一电池环境评价体系的应用更加简单方便，也为了能清晰明了地比较，定量表征合成 1kg 电池材料所产生的综合环境影响，使用 JAVA 语言编写了二次电池足迹家族计算系统。

7.3.1　软件系统介绍

　　二次电池足迹家族计算系统共包括六个功能模块，试验数据管理、创建新的实验、实验数据计算、用户角色登录、单位质量影响值及标准值管理、实验数据导出。

　　其中，试验数据管理功能主要是管理以往计算过的所有实验数据。创建新的实验功能，可以让使用者增加相应的实验，创建实验的名称以及所需的电池材料组分。实验数据计算功能是让使用者计算单个电池的数据，同时对多个电池进行标准化计算。用户角色登录是为了便于进入后台对背景数据进行修改和管理；对单位质量影响值管理时，可提前在系统预设置一些不同材料的初始值，后期使用者可以根据实际情况对数据进行更改；标准值管理是为了让使用者选择一个最理想的电池作为基准电池，其足迹值设为标准值。实验数据导出功能是为了将相应的实验结果导出成图片格式，进行保存。

　　总体来说，本系统是在输入多组二次电池正极材料单位质量足迹值的基础上，计算及存储各组材料碳、水和生态足迹值以及总的标准足迹值。数据计算是本系统的主要功能，由用户录入数据，按照预先制定的流程和方式计算得出材料足迹值。数据计算结果和录入的原始数据，与创建计算任务的人和时间一起被存入 MySql 数据库中，系统中提供了数据管理界面，以完成数据管理。为了统计各个材料的计算足迹值，实现实验室的统计保存，以及实验结果的导出功能，系统可以导入相应的电池组成及质量，选定相应的计算足迹的方法，最后生成相应的数据结果。

7.3.2　软件运行环境

　　软件以符合 J2EE 规范的 WAR 包形式发布，文件名为 material.war。软件运行环境如表 7-21 所示。

表 7-21　软件运行环境

软件	版本
CPU	2.3GHz 以上
内存	2G

续表

软件	版本
硬盘	80G
运行支持环境	JDK1.8
应用服务器	TOMCAT8.0
数据库	MySql5.0
浏览器	IE8.0 chrome
操作系统	WINDOW7

7.3.3 系统功能模块

1. 用户角色登录

访问该系统，需要打开浏览器输入网址，登录用户名和密码，点击"登录"按钮即可访问该系统。系统登录界面如图 7-32 所示。

图 7-32 系统登录界面图

2. 创建新的实验

用户可以增加新的实验，在系统页面上点击"新建"按钮，就可以弹出相应的新实验的界面，输入相应的电池名称、电池组成及质量，选定相应的计算足迹的方法（包括碳足迹和水足迹）。输入完成后，便可以进行相应的计算，如图 7-33 所示。

图 7-33　新建电池试验系统界面图

同时后台也可以对实验进行管理，进行电池组分和计算方法的添加和修改等操作，如图 7-34 和图 7-35 所示。

图 7-34　系统数据库电池材料管理图

3. 实验数据计算

创建完成相关的电池试验之后，选择对应的足迹计算方法，接着点击"计算"按钮，即可完成实验计算，得到相应的计算结果，如图 7-36 所示。

图 7-35　系统数据库计算方法管理图

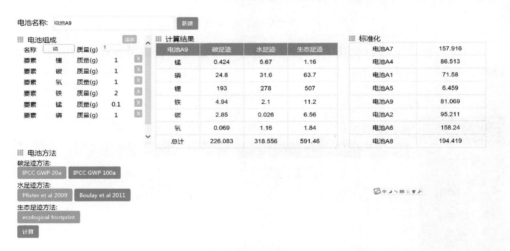

图 7-36　系统电池实验计算结果图

4. 试验数据管理

回到系统初始界面实验的相关数据会显示出来。从上面可以查看以往做过的所有的实验，如图 7-37 所示。

每一次计算的电池的三种足迹值大小可从柱形图中看出，也可从表中看出，均有精确到小数点后三位的准确计算数据。

若想要查看每次电池实验的详细数据信息，可以点击"电池管理"按钮，弹出界面如图 7-38 所示。"电池管理"按钮位置已在图 7-38 中用线圈标注出来。

二次电池足迹家族计算软件
首页 | 新建 | 电池管理 | 标准足迹 | 管理
电池足迹及列表
电池中的碳、水、生态足迹
碳足迹 水足迹 生态足迹
电池A5
碳足迹：16.869
水足迹：26.46
生态足迹：47.34
电池A1 电池A2 电池A3 电池A4 电池A5 电池A6 电池A7 电池A8
电池名称 碳足迹 水足迹 生态足迹
电池A1 198.456 281.366 522.78
电池A2 256.469 456.836 671.6

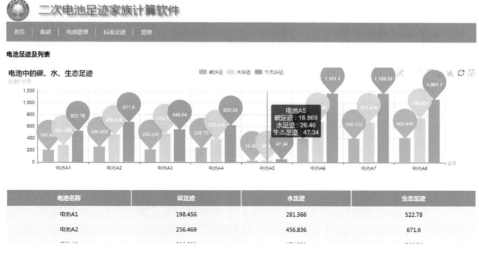

图 7-37　以往所有实验统计图

二次电池足迹家族计算软件
首页 | 新建 | 电池管理 | 标准足迹 | 管理
实验标准化列表
实验名称
每页条数 16 查询 添加
实验名称 标准值 标准化时间 操作
电池A1 71.58 2016-03-07 17:12 查看 元素组成 修改 删除
电池A2 95.211 2016-03-07 17:13 查看 元素组成 修改 删除
电池A4 86.513 2016-03-07 17:19 查看 元素组成 修改 删除
电池A5 6.459 2016-03-07 17:24 查看 元素组成 修改 删除
电池A6 158.24 2016-03-07 17:25 查看 元素组成 修改 删除
电池A7 157.916 2016-03-07 17:25 查看 元素组成 修改 删除
电池A8 194.419 2016-03-07 17:26 查看 元素组成 修改 删除

图 7-38　软件“电池管理”界面图

以电池 A1 为例，如果想要查看以往做过的实验中电池 A1 的数据，点击“查看”按钮即可，可看到电池不同材料的三种足迹图和该电池碳、水、生态足迹总值，如图 7-39 和图 7-40 所示。其中，不同颜色的柱形图对应不同的纵坐标轴。

这一子界面详细记录了电池 A1 中不同组分的碳足迹值、水足迹值和生态足迹值。同时也经过后台计算得到了电池 A1 的碳、水、生态总足迹值。数据均以表格形式和柱形图形式显示。

点击“元素组成”，可以看到电池所含不同组分不同足迹值所占的比重，如图 7-41 所示。此系统界面中数据均以表格形式和饼状图形式显示。点击“标准足迹”，可以看到所有经过实验的电池标准化足迹，如图 7-42 所示。

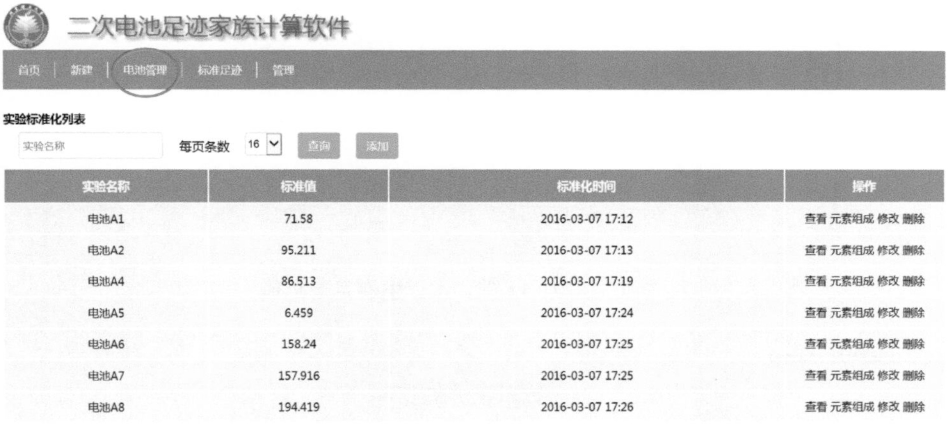

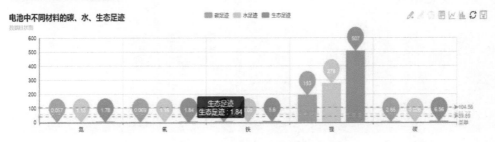

图 7-39　电池不同材料的三种足迹图

电池中的碳、水、生态总足迹

电池名称	碳足迹	水足迹足迹	生态足迹
氢	0.067	1.13	1.78
氧	0.069	1.16	1.84
铁	2.47	1.05	5.6
锂	193.0	278.0	507.0
碳	2.85	0.026	6.56
总计	198.456	281.366	522.78

图 7-40　电池 A1 碳、水、生态足迹总值

电池不同材料饼状图以及表格

电池材料	碳足迹	碳足迹百分比	水足迹	水足迹百分比	生态足迹	生态足迹百分比
氢	0.067	0.034	1.13	0.402		0.34
氧	0.069	0.035	1.16	0.412	1.84	0.352
铁	2.47	1.245	1.05	0.373	5.6	1.071
锂	193.0	97.251	278.0	98.804	507.0	96.982

图 7-41　电池 A1 所含不同组分不同足迹值所占的比重图

图 7-42　所有经过实验的电池标准化足迹图

　　由于使用的足迹家族评价二次电池足迹体系中，选用的三种碳足迹、水足迹和生态足迹单位并不相同，为了更直接地表现出合成某电池正极材料的环境影响程度，在编写此系统的过程中专门设置了一个模块对电池的三种足迹值进行标准化处理。选取现在最为常见的、使用范围最广的一种电池：磷酸铁锂电池的足迹值作为背景标准值，其他电池以此为准进行标准化，最终得到各电池的综合足迹值（默认三种足迹的权重比为 1∶1∶1）。而系统则以比较直观明显的数据表格和图形显示给用户。若想修改电池的背景值数据，系统的后台也有相应的数据管理界面。同样可以点击查看单个实验的详细信息，修改相应的实验名称。

5. 单位质量影响值及标准值管理

　　这一模块主要是针对不同的材料，初始化好相应的单位质量足迹值。也可以提前导入不同材料的初始值，进行添加和删除。同样可以查看不同的材料在不同方法下的单位质量足迹值，如图 7-43 所示。

　　选择一个最理想的电池作为基准电池，其足迹值设为标准值，可以对标准值进行修改和删除。可以添加新的方法下的标准值，同样也可以查询，如图 7-44 所示。

6. 实验数据导出

　　该功能主要是将相应的数据图导出。点击每一个柱形图或饼状图的右上角，便可以将图表导出。

图 7-43　系统数据库方法单位质量足迹值管理图

图 7-44　系统数据库标准值管理图

参 考 文 献

[1] Gills B K. Humanity at the crossroads: the globalization of environmental crisis[J]. Globalizations, 2005, 2(3): 283-291.

[2] Wackernagel M, Rees W E. Our Ecological Footprint: Reducing Human Impact on the Earth[M]. Philadelphia: New Society Publishers, 1996: 171-174.

[3] Fang K, Heijungs R, Snoo G R D. Theoretical exploration for the combination of the ecological, energy, carbon, and water footprints: overview of a footprint family[J]. Ecological Indicators, 2014, 36(1): 508-518.

[4] 方恺. 足迹家族: 概念、类型、理论框架与整合模式[J]. 生态学报, 2015, 35(6): 1647-1659.

[5]　Ridoutt B G, Stephan P. Towards an integrated family of footprint indicators[J]. Journal of Industrial Ecology, 2013, 17(3): 337-339.

[6]　Wiedmann T, Minx J. A definition of 'carbon footprint[J]. Journal of the Royal Society of Medicine, 2007, 92(4): 193-195.

[7]　Hoekstra A Y. Human appropriation of natural capital: a comparison of ecological footprint and water footprint analysis[J]. Ecological Economics, 2009, 68(7): 1963-1974.

[8]　Chapagain A K, Hoekstra A Y. The global component of freshwater demand and supply: an assessment of virtual water flows between nations as a result of trade in agricultural and industrial products[J]. Water International, 2008, 33(1): 19-32.

[9]　Monfreda C, Wackernagel M, Deumling D. Establishing national natural capital accounts based on detailed Ecological Footprint and biological capacity assessments[J]. Land Use Policy, 2004, 21(3): 231-246.

[10]　Huang D D, Xia D G. Application of life cycle assessment in cobalt oxide production[J]. Environmental Science & Technology, 2007, 30(7): 56.

[11]　葛亚军, 金宜英, 聂永丰. 电子废弃物回收管理现状与研究[J]. 环境科学与技术, 2006, 29(3): 61-63.

[12]　唐涛, 刘志峰, 刘光复, 等. 绿色模块化设计方法研究[J]. 机械工程学报, 2003, 39(11): 149-154.

[13]　陈世兴, 刘红旗. 机电产品绿色包装的综合分析[J]. 机电产品开发与创新, 2002, (4): 36-37.

[14]　方芳, 于随然, 王成焘, 等. 中国玉米燃料乙醇项目经济性评估[J]. 农业工程学报, 2004, 20(3): 239-242.

[15]　刘飞, 曹华军. 绿色制造的理论体系框架[J]. 中国机械工程, 2000, 11(9): 961-964.

[16]　向东, 段广洪, 汪劲松, 等. 基于产品系统的产品绿色度综合评价[J]. 计算机集成制造系统, 2001, 7(8): 12-16.

[17]　Wang C, Chen B, Yu Y, et al. Carbon footprint analysis of lithium ion secondary battery industry: two case studies from China[J]. Journal of Cleaner Production, 2017, 163: 241-251.

[18]　徐长春, 黄晶, Ridoutt B G, 等. 基于生命周期评价的产品水足迹计算方法及案例分析[J]. 自然资源学报, 2013, 28(5): 873-880.

[19]　戚瑞, 耿涌, 朱庆华. 基于水足迹理论的区域水资源利用评价[J]. 自然资源学报, 2011, 26(3): 486-495.

[20]　杨开忠, 杨咏, 陈洁. 生态足迹分析理论与方法[J]. 地球科学进展, 2000, 15(6): 630-636.

[21]　Lankey R L, McMichael F C. Life-cycle methods for comparing primary and rechargeable batteries[J]. Environmental Science & Technology, 2000, 34(11): 2299-2304.

[22]　Foo D C Y, Tan R R. A review on process integration techniques for carbon emissions and environmental footprint problems[J]. Process Safety and Environmental Protection, 2016, 103: 291-307.

[23]　Onat N C, Kucukvar M, Tatari O. Conventional, hybrid, plug-in hybrid or electric vehicles? State-based comparative carbon and energy footprint analysis in the United States[J]. Applied Energy, 2015, 150: 36-49.

[24]　Niccolucci V, Rugani B, Botto S, et al. An integrated footprint based approach for environmental labelling of products: the case of drinking bottled water[J]. International Journal of Design & Nature & Ecodynamics, 2010, 5(1): 68-75.

[25]　Herva M, Franco A, Carrasco E F, et al. Review of corporate environmental indicators[J].

Journal of Cleaner Production, 2011, 19(15): 1687-1699.

[26] Galli A, Wiedmann T, Ercin E, et al. Integrating ecological, carbon and water footprint into a "Footprint Family" of indicators: definition and role in tracking human pressure on the planet[J]. Ecological Indicators, 2012, 16: 100-112.

[27] Liobikienė G, Dagiliūtė R. The relationship between economic and carbon footprint changes in EU: the achievements of the EU sustainable consumption and production policy implement-tation[J]. Environmental Science & Policy, 2016, 61: 204-211.

[28] Rakotovao N H, Razafimbelo T M, Rakotosamimanana S, et al. Carbon footprint of small-holder farms in Central Madagascar: the integration of agroecological practices[J]. Journal of Cleaner Production, 2016, 140: 1165-1175.

[29] Haohui W, Yuchen H, Yajuan Y, et al. The environmental footprint of electric vehicle battery packs during the production and use phases with different functional units[J]. The International Journal of Life Cycle Assessment, 2021, 26: 97-113.

[30] Ciroth A. ICT for environment in life cycle applications openLCA — A new open source software for life cycle assessment[J]. International Journal of Life Cycle Assessment, 2007, 12(4): 209-210.

[31] Beaufort A S H D, Stahel U. LCA software tool for corrugated board[J]. International Journal of Life Cycle Assessment, 1998, 3(6): 317-320.

[32] Botero E, Naranjo C, Aguirre J. Apeironpro, software for life cycle assessment (LCA) and environmental performance evaluation (EPE)[J]. International Journal of Life Cycle Assess-ment, 2008, 13(2): 172-174.

[33] Lee K, Tae S, Shin S. Development of a life cycle assessment program for building (SUSB-LCA) in South Korea[J]. Renewable & Sustainable Energy Reviews, 2009, 13(8): 1994-2002.

[34] Ong S K, Koh T H, Nee A Y C. Development of a semi-quantitative pre-LCA tool[J]. Journal of Materials Processing Technology, 1999, 89-90(8): 574-582.

[35] Singh S, Bakshi B R. Eco-LCA: a tool for quantifying the role of ecological resources in LCA[J]. 2009 IEEE International Symposium on sustainable systems and Technology, 2009: 1-6.

[36] Dong X, Liu X, Ying W, et al. Life cycle assessment tool for electromechanical products green design[J]. IEEE International Symposium on Electronics & the Environment, 2003: 120-124.

第8章 动力电池环境评价与实例分析

从关注典型二次电池环境影响评价概况开始，进而阐述典型二次电池生命周期环境评价方法，引入生命周期评价（LCA）方法，从人体健康损害、生态系统质量损害和资源损害三个角度，建立二次电池 LCA 方法。在此基础上，针对铅酸电池、锂离子电池、镍氢电池和镍镉电池的环境特性，选用本书建立的评价方法，评价上述典型二次电池的环境特性。

8.1 典型二次电池环境影响评价概况

8.1.1 二次电池环境影响评价

1. 铅酸电池环境评价

Rydh 曾在 1998 年对铅酸电池进行过环境评估[1]，此研究为铅酸电池以及钒电池环境影响的比较和分析，由于钒电池的应用不是很广泛，这里主要关注铅酸电池。此研究借助相关评价软件对电池进行评估，定义的功能单位是额定功率为 50kW，容量为 450kW·h 的铅酸电池。

由于铅酸电池中金属铅可以回收利用，此研究将铅酸电池分为两类分别进行分析比较，一类铅酸电池中含有 50%的再生铅，另一类含有 99%的再生铅。然后进一步分析两种铅酸电池寿命过程中原材料开采、运输、电池生产以及循环过程中的电能和其他基础能源的消耗。应用相关软件分析得到铅酸电池在全寿命过程中的污染物质排放量，具体情况列于表 8-1 中。

最后将电池的影响整合成全球变暖、光化学烟雾、富营养化、酸雨以及资源消耗五大类环境影响因素。将上述结果加权后，得到总体环境负担，具体结果见表 8-2。由该表可知铅酸电池对全球变暖的潜在影响尤为显著，而引起环境富营养化的程度相对较小。

2. 镍镉电池环境评价

Rydh 在 2001 年对便携式镍镉电池的回收性进行过评价[2]，其主要目的是评价瑞典便携式镍镉电池回收的环境影响，以便识别出该过程中具有重要环境影响的环节。此研究采用的方法是生命周期清单（LCI）分析方法，功能单位是容量

表 8-1   铅酸电池主要污染物排放量以及各过程排放比例

污染物及各过程排放比例	含50%再生铅	含99%再生铅
CO_2/（t/功能单位） 材料/运输/电池生产/循环/%	29.3 43/18/19/20	25.4 36/19/22/23
SO_2/（kg/功能单位） 材料/运输/电池生产/循环/%	215 38/7/8/48	147 11/7/11/70
CO/（kg/功能单位） 材料/运输/电池生产/循环/%	57 35/38/34/-7	42 21/42/46/-9
CH_4/（kg/功能单位） 材料/运输/电池生产/循环/%	33 16/6/20/57	32 14/5/21/60
NO_x/（kg/功能单位） 材料/运输/电池生产/循环/%	242 48/39/6/6	172 38/45/9/9
N_2O/（kg/功能单位） 材料/运输/电池生产/循环/%	0.72 34/47/16/3	0.52 17/57/22/4

表 8-2   铅酸电池的五大环境因素影响值

影响因素	含50%再生铅	含99%再生铅
全球变暖潜在影响	21617	17366
光化学烟雾	116	96
富营养化	32	23
酸雨	229	180
资源消耗	648	258

为 1.0W·h 的一块电池，对应一块 25g 的柱状镍镉电池。需要说明的是，电池使用阶段的资源消耗以及污染物排放没有纳入此研究范围。

经过一系列分析以及调查，此项研究最终得到了 100%填埋，60%焚烧、40%填埋，90%回收、6%焚烧、4%填埋以及 100%回收四种处理方法下，镍镉电池能源消耗量以及 CO_2、NO_x、SO_x 等环境排放数据，具体情况列于表 8-3 中。

表 8-3   不同处理方法下镍镉电池环境排放情况

物质	100%填埋	60%焚烧、40%填埋	90%回收、6%焚烧、4%填埋	100%回收
再生能源/[MJ/（W·h）]	0.16	0.16	0.14	0.14
非再生能源/[MJ/（W·h）]	5.18	5.15	4.29	4.32
化石燃料中的CO_2/[kg/（W·h）]	0.41	0.41	0.26	0.26
NO_x/[g/（W·h）]	0.56	0.56	0.34	0.47
SO_x/[g/（W·h）]	5.45	5.45	0.83	0.32
Cd/[g/（W·h）]	4.1	4.1	0.41	0
Ni/[g/（W·h）]	5.1	5.1	0.51	0

通过比较上面的七项环境因素，发现回收镍镉电池最明显的效果是物质排放量的变化。回收电池的处理方法将大大减少甚至完全消除重金属镉和镍的排放，在一定程度上减小了环境负担。

金属镍以及镉具有毒性，其进入水体或土壤后会对动植物造成很大的危害，因此，进一步具体分析回收电池对这两种金属排放量的影响，具体情况见图 8-1。

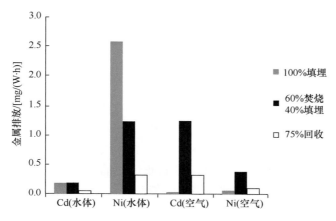

图 8-1　不同处理方法下金属物质环境排放情况

通过图 8-1 可以更加清晰地认识到回收利用废旧电池，可以大大减少电池中的有害物质进入环境的量，从而减轻环境负担。

3. 锂离子电池环境影响分析

目前，国内外研究人员对锂离子电池[3]的各种性能进行了很详尽的分析，但对于环境影响的分析研究显得有些不足。查阅相关文献，发现国外学者侧重于两个方面对锂离子电池进行环境影响的相关评价。Dewulf 等研究人员重点关注锂离子电池的生产过程，并对其进行了环境影响评价[4]；健康风险评估机构（Institate for Evaluating Health Risks，IEHR）专家委员会的成员则侧重于分析锂元素对人体及动物的毒性作用[5]。

8.1.2　不同类型动力电池的环境影响

在现在的城市中，尾气污染日益严重。与化石燃料机动车相比，电池动力汽车由于其环境友好的特点，已经引起了人们的广泛关注。未来，电动车将扮演汽车行业的重要角色。van den Bossche 等[6]研究人员对比分析了各种类型的汽车电池的性能，其中包括铅酸（lead-acid）电池、镍镉（NiCd）电池、镍-金属氢化物（NiMH）电池、钠-氯化镍（Na-NiCl）电池、锂离子（Li-ion）电池，以及它们对环境的影响程度，旨在找到环境负荷最小的车载电池。

研究人员将车载电池充一次电的情况下机动车行驶的距离作为功能单位。这里将单次充电后，行驶 60km（放电深度达 80%以上）作为功能单位。进而，根据现有技术确定所需的电池数量。将驱动净重为 888kg（不包括电池重量，包括 75kg 的驾驶员）的机动车的电池设为理想电池。需要指出的是，该生命周期评价应用的是 Eco-indicator 99 体系，并运用了 SimaPro 支持的 LCA 软件进行分析。

在考虑电池的寿命循环时，电池内部能量损失与电池自重能量损失对环境有显著影响，这种影响在很大程度上取决于能量的产生方式。当可再生能源的能量密度较大时，这种影响会显著减小。

对以上五种电池来说，铅酸电池的环境影响最显著，其次是镍镉电池，钠-氯化镍电池的环境影响最小。值得注意的是，电池的循环性可以在很大程度上对其生产和制造过程的环境影响进行补偿。图 8-2 为 Eco-indicator 99 体系下 SimaPro 的评价结果：在考虑由电池效率和电池自重造成的效率损失时，镍镉电池、镍-金属氢化物电池和锂离子电池的环境影响相对较大。

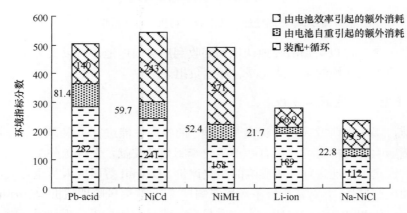

图 8-2   各类电池基于 Eco-indicator 99 体系的 SimaPro 评价结果

图 8-2 描述了五种车载电池的环境指标分数，此结果包括了电池生产和再生、电池效率和自重的能量损失，需要注意的是，这并不是理想电池的能量消耗（理想电池的特性对于每种电池都是相同的），因此不便于比较。

为了更好地对不同类型电池进行对比分析，研究人员将铅酸电池的环境影响数值作为基准，设其值为 100。各类型电池相对环境分数如图 8-3 所示。最后，将功能单位设为单次充电后，行驶 50km 和 70km（放电深度达 80%以上），与 60km 的评价结果做比较，如图 8-4 所示。

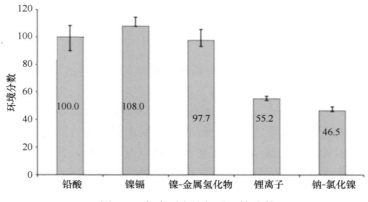

图 8-3　各类型电池相对环境分数

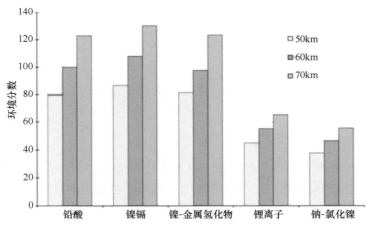

图 8-4　不同功能单位下各类型电池相对环境分数

从图 8-4 可以发现，锂离子电池的环境影响值显著低于铅酸电池、镍镉电池和镍-金属氢化物电池，而略微高于钠-氯化镍电池。由此证明，锂离子电池有着良好的环境友好性。

8.1.3　基于环境评价结果的分析

1. 铅酸电池研究成果分析

Rydh 对铅酸电池的研究中分析了铅酸电池的组成成分，并对其原材料的开采、运输、生产以及回收过程的环境影响进行了定量分析，加权后得到了对全球变暖、光化学烟雾等五大环境因素的影响程度。但是，此研究选择的功能单位是 20 年这一时间范围，这一时间范围略大，不确定因素比较难以衡量。换言之，用 20 年作为时间期限有些不妥，建议建立相应的改进模型，避免时间期限过长。

2. 镍镉电池研究成果分析

Rydh 对镍镉电池的研究侧重于分析镍镉电池的环境排放清单，通过对不同处置方法的比较，得到了各自处理条件下的主要环境排放量，尤其是对电池中的有毒物质排放进行了详细描述。但是从表 8-3 可以发现用 100%填埋的方式以及 60%焚烧、40%填埋的排放结果是完全一致的，这就表明两种方式处理的差别不大，这与图 8-1 不相符，因此这里的结果可能存在问题。另外，此研究只是针对电池寿命过程中的排放清单进行分析研究，而没有对具体环境影响做进一步分析，没有清楚给出回收电池的做法，以及对环境到底会产生多大影响。

因此，可以在此研究的基础上利用 LCA 方法以及软件将这里得到的电池组成数据、全寿命过程的排放数据做进一步分析，比较各种处理方法的环境负担，定量得到回收电池可以在多大程度上减轻环境负担。

3. 锂离子电池研究成果分析

有关锂离子电池研究成果分析，主要分为两个方面：①锂离子电池资源节约分析；②锂离子电池毒性分析。

1）锂离子电池资源节约分析

Dewulf 等研究人员分析评价的是从废旧电池与自然界中分别提取金属元素作为锂离子电池的电极材料对环境的影响。锂离子电池负极材料主要是碳基和合金材料，金属氧化物材料中氧化锡环境污染小而且原料来源广泛，是研究的重点，然而此研究只是重点分析了钴、镍、锰负极材料，局限性很大，而且实用性也不足，毕竟钴、镍、锰负极材料不是目前研究的重点。因此，对负极材料的评价对象应该更加倾向于现有的材料和有待深入研究的新型材料。

相反，这些金属氧化物正是锂离子正极的主要组成，因此，如果能对这些化合物组成的正极材料进行进一步分析，将对整个锂离子电池的环境影响评价起到至关重要的作用。

另外，金属氧化物电极的生产工艺多种多样，本书在电极的制造工艺中只是对个别的工艺进行了分析评价。想要找到对环境影响最小的电极生产工艺，还需要对其他的工艺流程进行进一步分析，而不是简单评价国际上常见的工艺流程。

2）锂离子毒性分析

IEHR 专家委员会的研究人员主要对锂元素的毒性进行了详细的分析，并得出结论：工业生产过程中，锂元素几乎不会对人体健康产生影响。但是，虽然锂元素是锂离子电池的重要组成部分，但电池中还有许多其他的物质，特别是电解液多为有机溶剂，这些有机溶剂才是对工人健康相对较大的威胁。因此，要评价生产过程中锂离子电池对人体造成的危害，还应对电池的其他组成物质进行进一步评价。

4. 电池动力汽车中电池的研究成果分析

van den Bossche 对不同类型的机动车动力电池进行了比较分析，该研究以机动车行驶的距离为功能单位，对行驶过程中的环境影响做出很好的评价，并且运用软件，得到了直观的结果，大大减少了工作量。但从生命周期角度考虑，电池的制造和报废环节很难得到很好的评价，因此还需要找到更加全面可靠的研究方法。

8.2　典型二次电池生命周期环境评价方法

8.2.1　生命周期评价含义与技术框架

1. 生命周期评价定义

生命周期评价[7-10]（LCA）即汇总和评估一个产品、工艺过程或者活动在其整个生命周期期间的所有投入及产出对环境造成潜在影响的方法。整个生命周期包括原材料的采集与加工，产品的生产、运输、销售、使用、回收、养护、循环利用和最终处理的整个过程。

它通过对产品整个生命周期内能量和物质的输入和输出进行辨识以及定量分析，评价其对环境的影响。LCA 作为评价产品及其工艺过程的环境管理方法，已经广泛地被政府和企业所接受，是一种具有推广价值和可比性较高的环境影响评价方法[11]。

2. 生命周期评价的技术框架

1997 年国际标准化组织（International Standards Organization，ISO）颁布的 ISO14040 标准对 LCA 进行了规定[12]。LCA 共包含四个部分，分别是：①目的与范围定义；②清单分析；③影响评价；④结果解释。以上四个部分在 LAC 中不是简单的依次进行的顺序，而是彼此相互作用[13,14]。

1）目的与范围定义

生命周期评价的对象主要是某种产品、工艺过程或者活动对环境造成的负担，不同的评价目的和选定的评价范围会对评价结果产生很大的影响。因此，在进行生命周期评价之前，必须先对被评价对象进行目的与范围定义。目的与范围定义主要是对即将进行的生命周期评价的对象进行说明，可分成三个步骤：第一，定义生命周期评价的目的，主要包括评价对象的界定以及实施生命周期评价的原因。第二，定义研究的范围，此步骤需要给出产品系统的大致流程图以及主要的物质能量输入输出，包括功能与功能单位（功能单位是整个评价研究的定量参考基准）、时间边界、初始系统边界、地理边界、数据质量要求以及系统间的比较。第三，清单分析以及影响评价过程所需的数据类型。

2）清单分析

清单分析是指收集各个生产过程中的数据，并与研究对象的功能单位进行关联，主要可分为以下四个步骤：第一步，数据收集，包括各个过程中能源以及原材料的消耗，排放进入水体、大气以及土壤中的污染物，不同类型的土地占用，等等。第二步，将数据与功能单位相关联，即所有收集到的数据的量化都要依据一定量输出产品的量或其他单位形式进行统一（如 1kg 材料、一辆汽车或者 1km 距离，等等）。第三步，针对不同类型的排放和资源消耗数据按照工艺流程进行整合。第四步，数据评估，即对数据的质量和有效性进行评估，如数据的灵敏度分析。

3）影响评价

影响评价的目的在于使清单分析中的数据变得更易于理解和比较，使其更易与人类健康、资源的可利用性以及自然环境相关联。在这个环节中，清单中的数据将转化成一系列指数，具体分为三个步骤：第一步，选择和定义影响因素，此步骤需要工作人员选择一系列的环境影响因素，如温室效应以及酸雨等。第二步，分类，即将清单分析中的数据依据上一步中选择的影响因素类型进行分类。第三部，特征化，即将不同影响因素的清单分析结果按照特征化因子进行整合，每种影响因素都需要有统一的单位，特征化后的结果可以体现出被评价对象的环境友好性能。

4）结果解释

结果解释的目的在于评估清单分析以及影响评价过程得到的结果，并将其与最初设定的研究目标进行比较，具体分为三个步骤。第一步，定义出清单分析以及环境评价中最重要的环境影响结果。第二步，对研究结果进行评估，此步骤基本基于如下几个方面进行：完整性检查、灵敏度分析、不确定性分析以及一致性检查。第三步，得到结论、可行性改进方案以及撰写报告，具体包括如下几方面内容：最后的研究成果、与事先预定的研究目标进行对比、为评价对象提供更具环境友好性的可行性改进方案、分析该研究的不足之处以及提供最终评估结果。

8.2.2　生命周期评价相对应的标准方法体系

随着 LCA 的广泛应用,其方法体系也在不断发展,目前主要有以下几种体系:工业产品环境设计 1997［Environmental Design of Industrial Products 1997（EDIP 97）］、生态指数 99（Eco-indicator 99）、产品发展环境优先战略［Environmental Priority Strategies in Product Development 2000（EPS 2000）］、环境科学中心 2001［Centre of Environmental Science 2001（CML 2001）］、环境影响 2002+（IMPACT 2002+）、工业产品环境设计 2003［Environmental Design of Industrial Products 2003（EDIP 2003）］[15]。

1. 工业产品环境设计 1997 体系

该方法是较早提出的面向产品开发、设计的易于操作的生命周期评价体系,将环境影响、资源消耗以及职业健康包括在一个模型中,从全球性、区域性和局域性三个空间尺度加以区分。该方法的预测结果和观察到的环境影响较一致,易于解释人类活动对环境的破坏。但是,其因果关系链不十分完善,并且对于一些影响类型,模型没考虑其环境背景和目标体系的脆弱性。

2. 生态指数 99 体系

荷兰的生态指数 99 体系是面向损害的生命周期评价方法,引入了多介质模型,可以描述污染物在不同介质中的迁移转化规律,很好地预测长时间跨度的生态毒性影响。该体系将环境影响因素分为:致癌性、可吸入有机物、可吸入无机物、气候变化、放射性、臭氧层影响、生态毒性、酸雨及富营养化作用、土地占用、矿物消耗、化石燃料 11 种类型,并且最后整合成人体健康、生态系统质量以及资源消耗三种类型。但是,该体系没有给出营养物质和酸排放到水体和土壤中的破坏的因素;没有提供氯化氢、硫化氢和重要的营养物质磷酸盐等酸的损害因素范围;排放到海水中和排放到新鲜水中以相同的方式予以处理。

3. 产品发展环境优先战略体系

该体系参照产品支付意愿（willingness to pay,WTP）来评价原材料和资源,有利于帮助企业决策者通过环境审计合理使用原材料及资源,实现节能减排,促进可持续发展,其缺点是非生物资源加权因素,不能直接参照 WTP 进行估计,因为资源枯竭是关系子孙后代的问题。资源枯竭,提取的费用将增加,直至达到一个常数值代表"可持续生产的成本",即在很稀释浓度中或通过可再生的进程方式提取大量的资源。

4. 环境科学中心 2001 体系

该体系基于传统生命周期清单分析特征及标准化的方法，采用中间点分析减少了假设的数量和模型的复杂性，易于操作。然而，氟化氢（HF）和其他无机化学物质生态毒性难以确定；毒性类型中缺乏氟氯化碳（CFC）排放的特性数据，也有可能导致影响评价结果的不确定性。

5. 环境影响 2002+体系

该体系实施中间点/损害相结合的可行方法，通过 14 个中间点类型将 LCA 结果和 4 个损害类型连接。用损害指标的量化结果来代表环境质量的变化，降低评价的复杂性。但是，其特性因素的不确定性没有解决。用一些简化的模型来量化损害指标，仅得到近似结果，误差较大。

6. 工业产品环境设计 2003 体系

该体系是 EDIP97 的改进，对于所有非全球性影响的类型，大部分采用了因果关系链，计算出的影响环境相关性较高，且更易于解释对环境的破坏。然而，标准化的步骤存在问题，如仅考虑一年的排放量，将今天的排放量，加上未来排放所造成的今天的进程，减去过去的过程所造成的目前的排放量的部分，取得标准化的数值。但结果是：物质在未来排放的越多，标准化影响值就会越小。

8.2.3　本研究的计算机辅助系统以及生命周期评价方法体系

由于生命周期评价工作中清单分析步骤涉及的工作非常繁重，以二次电池为例，整个生命周期过程包含各类原料的开采、冶炼、加工，电池的组装、使用以及废弃等一系列过程。清单分析需要对上述所有过程的物质、能量的消耗进行计算和分析，在具体操作过程中存在一定的困难。针对这一问题科研人员已经开发出多种计算机辅助软件，如 SimaPro、GaBi、KCL ECO、LCAdvantage、PEMS、TEAM、Umberto 等。目前，国内应用较为广泛的是 SimaPro 和 GaBi。

本书选择荷兰 Pré 咨询公司的 SimaPro 生命周期评价计算机辅助软件。其自从 1990 年问世以来，主要用户为相关企业、顾问公司以及高等院校的工作人员。SimaPro 软件历经多年发展，已有各种版本出现，本书应用的是 SimaPro7.1.8 版本。用户可通过该软件对产品或者服务的环境影响进行专业的评估，并且可以基于 ISO14040 系列规范对其复杂生命周期进行建模或系统分析。

生命周期评价体系众多，而且 SimaPro7.1 中也有多种体系可供选择。本书选择的是 Eco-indicator99，即生态指数 99 体系对几种典型的二次电池进行评估。Eco-indicator99 体系是荷兰政府在 Eco-indicator95 基础上发展而来的 LCA 体系。

该体系定义了环境指标分数（eco-indicator point），它被认为是一个无因次数字，其衡量方式为每一分代表平均一个欧洲居民在一年中环境负荷的 1/1000，记作 1Pt。同时，该体系的数据库提供了各种原材料以及生产加工和废气处理过程的环境指标分数，评价人员可以通过数据库对产品的生产、使用以及废弃过程进行打分，并得到此种产品对各个环境因素的影响，全面评价其环境负担，再经过标准化和加权后，得到此种产品对人体健康、生态系统质量以及资源消耗三大方面的影响。为了将清单分析中的数据与三大损害类别进行关联需要建立以下几个环境损害模型。

1. 人体健康损害类型

无论是过早的死亡还是慢性或急性病造成的残疾都是对人体健康的损害，根据现有的科学理论，环境问题对人体健康造成的损害主要分为以下几种类型：①由气候变化引起的传染性疾病、心血管疾病以及呼吸系统疾病等；②由电离辐射引起的癌症；③由臭氧层破坏造成的癌症以及眼部疾病；④由空气、饮用水以及食物中的有毒化学物质引起的癌症以及呼吸系统疾病。

为了将各种类型人体健康损害整合量化成一个整体，这里引入伤残调整预期寿命（disability adjusted life cycle，DALY）这一度量单位。DALY 是用来衡量疾病负荷的单位，疾病负荷是指由发病率、死亡率等因素衡量的对人类健康问题的影响。1DALY 即代表失去一年的健康寿命。总 DALY 可表示目前人类的健康状况与理想状态（社会总人口都可免于疾病以及伤残的压力，自然进入老年状态）之间的差异。此模型可进一步分成呼吸系统、致癌效应、气候变化、臭氧层破坏效应和电离辐射五种环境危害模型。

建立这些模型需要分为四步：第一步，排放分析，将以质量表示的排放量与环境中该排放物质的浓度变化相关联。第二步，将第一步的浓度转化成剂量数。第三步，效应分析，即将剂量数转化为一系列对健康的影响（如引发癌症的物质量及种类）。第四步，损害分析，也就是用 DALY 对上一步产生的影响进行量化。DALY 可通过如下公式进行计算：

$$DALY = LYY + LYD \tag{8-1}$$

$$LYY = N \times L_1 \tag{8-2}$$

$$YLD = I \times DW \times L_2 \tag{8-3}$$

式中，LYY（years of life lost）——过早死亡造成的健康寿命的减少；

　　　N——死亡人数；

　　　L_1——标准平均寿命；

　　　LYD（years lost due to disability）——疾病造成的健康寿命的减少；

　　　I——发病病例数；

DW——伤残比重；

L_2——恢复或死亡前的平均寿命长度。

2. 生态系统质量损害类型

由于生态系统非常复杂，因此确定环境给其带来的损害是相当困难的。生态系统质量损害分析与人体健康损害分析的一个重要区别就是即使在条件允许的情况下，科研人员也不会具体分析微生物、植物或者某种动物个体。对生态系统质量的损害用环境负荷造成的特定区域内已消失物种的百分数来表示。此模型进一步分成：①生态毒性；②酸雨及富营养化效应；③土地占用及转变。

1）生态毒性

生态毒性是用潜在受影响分数（potentially affected fraction，PAF）来表示的。PAF表示暴露于一定污染物浓度条件下物种的数量占总物种数量的百分比。PAF与环境中毒物的浓度有关，浓度越高，受影响的物种类别越高。需要指出的是，PAF值高并不一定代表生态损害严重，甚至PAF值达到50%～90%也不一定产生可观察的损害。因此，PAF应该理解成毒性压力而不是衡量物种灭绝的尺度。图8-5为PAF与某毒物浓度的理论函数关系图。

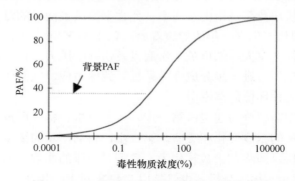

图 8-5   PAF 与某毒物浓度的理论函数关系图

2）酸雨及富营养化效应

由于酸雨以及富营养化损害效应由复杂的生化机制造成，因此不适于直接引入PAF的概念。我们需要首先考虑酸雨和富营养化作用对植物造成的明显影响，通过调查可以确定某种植物在某一区域内存在的可能性，即（probability of occurrence，POO），由此进一步引入潜在消失分数（potential disappeared fraction，PDF），POO与PDF关系如下式所示：

$$PDF=1–POO \tag{8-4}$$

由荷兰国家公共卫生与环境研究所（RIVM）开发的计算机模型"Natuur

Planner"可以同时建立 NO_x、SO_2 以及 NH_3 沉积造成的损害或者是灭绝模型。这里问题的特殊之处在于，酸雨以及富营养化并不是物种减少的必要条件，事实上它们往往导致物种数量增加，为此 RIVM 引入"目标物种"的概念。"目标物种"就是存在于一个在营养以及酸性层面上没有人为干扰的特殊生态系统之中的某些物种。Natuur Planner 模型包含有许多坐标方格，并对每块坐标方格的生态系统类型以及相应的目标物种进行了精确描述。

此损害模型分析的是向背景环境中加入污染排放物后目标物种的变化情况，但由于不能确定这些损害是否是由营养或者酸性条件改变而造成的，因此还需要引入一些影响类型。就目前技术水平而言，只能引入在空气中排放的损害自然系统的影响类型。

3）土地占用及转变

关于土地占用模型，可以沿用潜在消失分数 PDF，与富营养化及酸雨化损害不同的是，这里要考虑被考虑区域内的所有植物而不是目标物种，因此，这种损害模型相对复杂，它要包括四种不同的模型：①土地占用的地区性影响；②土地转化的地区性影响；③土地占用的区域性影响；④土地转化的区域性影响。

地区性影响是指被占用或转化区域物种数量的变化，而区域性影响是指被占用或转化区域范围以外物种数量的变化。物种种类的数据是通过观察记录得到的，而不是建模计算得到的，但是由于不可能完全将土地占用的损害与污染物质排放造成的损害进行区分，因此，应尽量避免重复计算两种模型的损害影响。

生态系统质量损害模型的分类是三种模型中最复杂的，原因在于其子模型不尽相同，因此需要将 PAF 与 PDF 结合起来考虑（PDF=PAF/10）。该模型的单位是 PDF 与面积及年数的乘积（即 $m^2·a$）。

3. 资源损害类型

Eco-indicator 体系中资源损害模型分为矿产资源以及化石资源两个子模型。生物资源以及采矿过程中的砂砾等资源被认为在土地占用影响中已经考虑到。矿产资源以及化石资源是不可再生资源，人类不能无限制地利用，但是我们也不能直接给出人类可及的地壳范围内每种资源的总量。如果只计算人类已知且易于开采的资源，从目前人类的开采水平来看，资源的总量值相对太小；如果将目前人类还很难开采的资源包括在内，那对应的值就变得特别大。在两个极端之间选出具有说服力的界限，并且同时考虑到资源的质量和数量是有一定困难的。因此，Eco-indicator 体系中没有考虑资源数量，而是重点考虑资源中某种物质的质量。

资源分析类似于物种灭绝分析，但是此模型不是计算污染物排放浓度的增加所带来的资源损害，而是矿产、化石资源浓度的降低。1983 年 Chapman 和 Roberts 基于矿石开采需要的能源与矿石的储量有关，提出了一个较为有效的资源分析理论：现在矿石开采的越多，将来开采矿石所需要的能源就越多（化石资源的理论与矿石资源类似）。因此，本体系的资源损害可以被认为是未来开采 1 kg 某种资源的能源消耗。资源损害用单位质量原料的开采所增加的能源消耗表示，单位为 MJ。

8.2.4　相应环境潜在风险评估

1. 标准化

标准化目的主要是将前述数据进行整合，为后面的加权等步骤做准备。此步骤需要将前述三个模型中计算统计的损害评价结果除以参考值（也称标准值），其结果是一系列的相同因次或无因次数。参考值的计算分为两个步骤：

（1）找到一段固定时期内参考系统中物质的总排放量以及资源总消耗量，参考系统可以是全球范围，也可以是某一特定的区域；

（2）运用特征化以及损害系数计算不同种类模型的影响分数。如果有需要可以将得到的影响分数除以被评价范围内的人数，得到人均影响情况。这样的结果更有利于比较区域间的环境影响情况。

需要注意的是，如果选定的参考区域是全球范围，分析人均影响的时候也要对应全球的人口总数。同理，如果选定的参考区域是某一区域范围，分析人均影响的时候就要对应该区域内人口数量。由于该体系是由荷兰科研人员创立的，因此这里考虑的参考区域是欧洲范围。研究的目的是对比几种典型二次电池的环境影响，这里虽然不是以亚洲范围或者中国范围为参考系，但是电池间的相对大小不会发生改变，因此本书在该体系下进行分析是合理可行的。

由于社会群体对环境问题的看法不同，因而本体系将社会群体的观点分为三种类型：

（1）长期看法。持有该观点的人认为所有的科学看法都应该在评价损害效应时加以考虑（后文中以字母 E 代表该看法）。

（2）短期看法。持有该观点的人认为只有被证明过的损害效应才能作为评价依据（后文中以字母 I 代表该看法）。

（3）平衡。持有该观点的人认为科学家所给出的结论就可作为评价依据（后文中以字母 H 代表该看法）。

1996 年欧洲的一份研究报告中给出了欧洲范围生命周期评价标准化参数，报告中的参数分别从上述的三种看法给出，具体数值列于表 8-4～表 8-6 中。

表 8-4　E 类生命周期评价标准化参数

类别	空气	水	工业用地	农业用地	总计	人均
（一）人体健康						
致癌效应/(DALY/a)	1.99E+05	3.10E+05	1.83E+05	6.77E+04	7.60E+05	2.00E-03
呼吸系统影响（无机）/(DALY/a)	4.09E+06				4.09E+06	1.08E-02
呼吸系统影响（有机）/(DALY/a)	2.60E+04				2.60E+04	6.84E-05
气候变化/(DALY/a)	9.08E+05				9.08E+05	2.39E-03
放射性/(DALY/a)	1.01E+04	9.84E+01			1.02E+04	2.68E-05
臭氧层破坏/(DALY/a)	8.32E+04				8.32E+04	2.19E-04
人体健康参数总计/(DALY/a)	5.32E+06	3.10E+05	1.83E+05	6.77E+04	5.88E+06	1.55E-02
（二）生态系统质量						
生态毒性/[PAFm²yr/yr]	7.02E+11	7.87E+09	2.37E+12	4.32E+08	3.08E+12	8.11E+03
生态毒性/[PDFm²yr/yr]	7.02E+10	7.87E+08	2.37E+11	4.32E+07	3.08E+11	8.11E+02
酸雨/富营养化/[PDFm²yr/yr]	1.43E+11				1.43E+11	3.75E+02
土地占用/[PDFm²yr/yr]	1.50E+12				1.50E+12	3.95E+03
生态系统质量参数总计/[PDFm²yr/yr]	1.71E+12	7.87E+08	2.37E+11	4.32E+07	1.95E+12	5.14E+03
（三）资源消耗						
矿产资源/(MJ/a)					5.61E+10	1.48E+02
化石资源/(MJ/a)					2.20E+12	5.79E+03
资源参数总计/(MJ/a)					2.26E+12	5.94E+03

表 8-5　H 类生命周期评价标准化参数

类别	空气	水	工业用地	农业用地	总计	人均
（一）人体健康						
致癌效应/(DALY/a)	1.99E+05	3.10E+05	1.83E+05	6.77E+04	7.60E+05	2.00E-03
呼吸系统影响（无机）/(DALY/a)	4.05E+06				4.05E+06	1.07E-02
呼吸系统影响（有机）/(DALY/a)	2.60E+04				2.60E+04	6.84E-05
气候变化	9.08E+05				9.08E+05	2.39E-03
放射性/(DALY/a)	1.01E+03	9.84E+01			1.11E+03	2.68E-05
臭氧层破坏/(DALY/a)	8.32E+04				8.32E+04	2.19E-04
人体健康参数总计/(DALY/a)	5.27E+06	3.10E+05	1.83E+05	6.77E+04	5.83E+06	1.54E-02
（二）生态系统质量						
生态毒性/[PAFm²yr/yr]	7.02E+11	7.87E+09	2.37E+12	4.32E+08	3.08E+12	8.11E+03
生态毒性/[PDFm²yr/yr]	7.02E+10	7.87E+08	2.37E+11	4.32E+07	3.08E+11	8.11E+02
酸雨/富营养化/[PDFm²yr/yr]	1.43E+11				1.43E+11	3.75E+02
土地占用/[PDFm²yr/yr]	1.50E+12				1.50E+12	3.95E+03
生态系统质量参数总计/[PDFm²yr/yr]	1.71E+12	7.87E+08	2.37E+11	4.32E+07	1.95E+12	5.14E+03
（三）资源消耗						
矿产资源/(MJ/a)					5.61E+10	1.48E+02
化石资源/(MJ/a)					3.14E+12	8.26E+03
资源参数总计/(MJ/a)					3.20E+12	8.41E+03

表 8-6　I 类生命周期评价标准化参数

类别	空气	水	工业用地	农业用地	总计	人均
（一）人体健康						
致癌效应/(DALY/a)	1.40E+04	6.20E+04	3.06E+03		7.91E+04	2.08E-04
呼吸系统影响（无机）/(DALY/a)	2.09E+06				2.09E+06	5.50E-03
呼吸系统影响（有机）/(DALY/a)	2.42E+04				2.42E+04	6.37E-05
气候变化	8.72E+05				8.72E+05	2.29E-03
放射性/(DALY/a)	9.38E+02	5.74E+01			9.95E+02	2.62E-06
臭氧层破坏/(DALY/a)	6.73E+04				6.73E+04	1.77E-04
人体健康参数总计/(DALY/a)	3.07E+06	6.21E+04	3.06E+03	0.00E+00	3.13E+06	8.24E-03
（二）生态系统质量						
生态毒性/[PAFm^{2}yr/yr]	7.37E+10	5.10E+09	6.14E+11	4.32E+08	6.93E+11	1.82E+03
生态毒性/[PDFm^{2}yr/yr]	7.37E+09	5.10E+08	6.14E+10	4.32E+07	6.93E+10	1.82E+02
酸雨/富营养化/[PDFm^{2}yr/yr]	1.43E+11				1.43E+11	3.76E+02
土地占用/[PDFm^{2}yr/yr]	1.50E+12				1.50E+12	3.95E+03
生态系统质量参数总计/[PDFm^{2}yr/yr]	1.65E+12	5.10E+08	6.14E+10	4.32E+07	1.71E+12	4.51E+03
（三）资源消耗						
矿产资源/(MJ/a)					5.61E+10	1.48E+02
化石资源/(MJ/a)						
资源参数总计/(MJ/a)					5.61E+10	1.48E+02

2. 加权

此步骤是将预先选定的权重值乘入标准化后的结果中。不同的科研机构给出的权重值不同。因为权重值在某种程度上可以表现出社会对环境问题的看法和观点，本体系旨在从最大程度上表现出整个欧洲社会的观点。社会观点的收集大致可以分为两种手段：一种是从政府组织设定的目标或者准备做的决定中发觉和分析整个社会倾向；另一种是直接针对社会中的某些群体以发放调查问卷等方式进行提问，以此为依据分析出整个社会倾向。由于政府做出决策往往非常复杂，其中包含着一系列的问题（常常要为某种利益的取得而做出另一方面的牺牲），因此从这些决策中分析出具体的社会观点是比较困难的。基于这个原因，本书采用后一种方法，即对社会某些群体的人直接提问，得到他们对各种环境损害类型重要程度的观点和看法。在具体操作过程中，该方法共分为三个步骤：

（1）优化调查问卷——为了确保所有的被调查人员能够全部理解调查问卷中的问题，在发放之前，问题需要反复地检查和测试；

（2）向一定数量的社会成员发放调查问卷——这些被调查人员必须是生命周期评价瑞士讨论纲领（Swiss discussion platform on LCA）中列出或者曾经被列出

的成员，其中生态指数体系团队的工作人员不在调查人员范围内；

（3）分析结果——对回收的调查问卷进行整理分析。

由于前两个步骤不在本书关注的范围内，这里只对调查结果进行分析。

简单来说，加权的目的就是希望了解公众对各种损害类型的看法，即了解公众对人体健康损害、生态系统质量损害以及资源消耗三方面环境影响重要程度的看法。问卷结果可以用"三角坐标"表示，三角的每一边代表一种环境影响，刻度为 0～100%，下面举一例进行表示。如果被调查者认为三方面影响中对人体健康损害最重要，生态系统质量损害其次，最后是资源消耗，那么可以得到如下结论：资源消耗（Resources 或 R）<33%；生态系统质量（Ecosystem Quality 或 E）<50%；人体健康损害（Humane Health 或 H）>33%。从上述条件中可以在三角左边内部找到相应的区域，如图 8-6 所示。

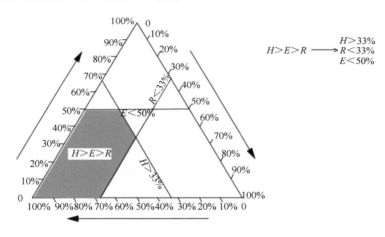

图 8-6　资源消耗、生态系统质量、人体健康损害等三者权重的三角坐标示意图

通过相关研究机构的调查与分析，将被调查者的观点标于图 8-7 中，并将它们与标准化步骤中提到的三类人群相对应一并汇总于图 8-7 中，最后将得到权重值列于表 8-7 中。

3. Eco-indicator 99 的核心理论体系

本书基于生命周期评价体系——Eco-indicator 99 的核心理论开展评价工作。具体实施过程分为三大步骤：首先，对被评价产品或过程进行清单分析；其次，进行资源、土地利用以及污染物排放分析；最后，进行损害评估（标准化、加权）并且得到环境影响评价值及环境指标分数。图 8-8 为 Eco-indicator 99 体系核心理论的内容。

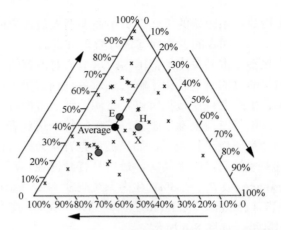

图 8-7　资源消耗、生态系统质量、人体健康损害等三者的调查结果三角坐标示意图

表 8-7　Eco-indicator 99 体系权重值

项目	R	E	H	平均
人体健康损害	55%	30%	30%	40%
生态系统质量	25%	50%	40%	40%
资源消耗	20%	20%	30%	20%

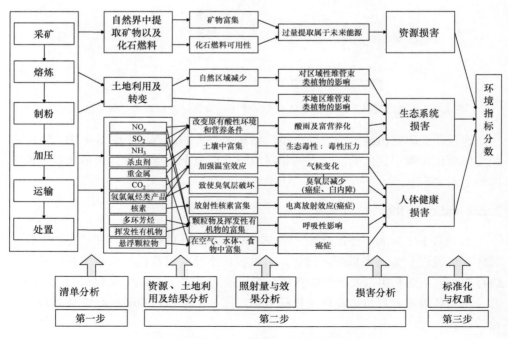

图 8-8　Eco-indicator 99 体系核心理论与内容

8.3　动力电池环境评价实例研究

本节按照前文选定的生命周期评价流程,用 LCA 计算机辅助程序 SimaPro 在 Eco-indicator 99 体系下对铅酸电池、镍镉电池、镍氢电池以及锂离子电池进行生命周期评价。具体实施步骤如图 8-9 所示。

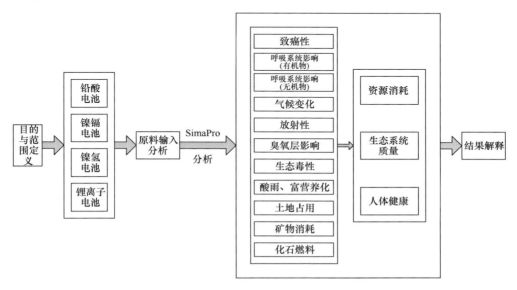

图 8-9　典型二次电池具体实施步骤

8.3.1　目的与范围定义

1. 评价目的的确定

本书的生命周期评价对象为典型的二次电池,即铅酸电池、镍镉电池、镍氢电池以及锂离子电池。目的是辨析出上述几种电池的主要环境损害类型以及影响程度,并进行对比找到最具有环境友好性的电池;以期总结出较为可行的电池评价方法,为今后绿色电池设计过程中筛选环境负担较小的电池材料做好铺垫工作。

2. 评价范围的确定

本书以 1000 kW·h 电能为功能单位,具体是指各种电池放出 1000 kW·h 电能所产生的环境负担。研究中涉及的几种二次电池的生命周期过程即产品的系统边界。需要特别指出的是,考虑时间以及经费的有限性和数据的可获取性,本书主要从组成二次电池的元素/化合物层面利用生命周期计算机辅助程序对二次电池进行生命周期评估分析。特别是锂离子电池，相关的电池数据来自本校的环境工程实验室，不是实际工厂的生产过程，因此无法对地理边界等进行定义。

3. 清单分析所需的数据要求

　　具体评价的是这四种典型二次电池分别电池产生 1000kW·h 电能所造成的环境影响。由于清单分析是个相当复杂烦琐的工作，这里引入了 SimaPro 计算机辅助程序，可减少工作量，使评价工作得到简化。此处需要得到的数据是四种电池产生 1000kW·h 电能所需的原料成分，数据单位以 kg 表示。

8.3.2　清单分析

　　本书应用的计算机辅助程序是 SimaPro（版本 7.1.8），只要向其输入被评价产品各个组分的含量，即可对该产品进行生命周期分析。本书所需要的是四种电池产生 1000kW·h 电能所需的原料成分的总量，经过调研得到了评价电池所需的基础数据，本节将对基础数据进行处理已达到清单分析的数据要求，最后给出这四种二次电池的清单。

1. 镍镉电池

　　Carl 在 2002 年对便携式镍镉电池的回收性进行过评价[2]，其采用的方法是 LCI（生命周期清单）分析方法，功能单位是容量为 1.0W·h 的一块柱状镍镉电池。功能单位对应原料需求量见表 8-8。

表 8-8　Carl 研究中镍镉电池成分原始数据

原料	质量/g	质量分数/%
铁	9.8	42.65
镍	5.11	22.24
镉	4.09	17.80
羟基化合物	2.03	8.83
氢氧化钾	0.86	3.74
PA	0.65	2.83
PVC	0.26	1.13
钴	0.12	0.52
聚丙烯	0.06	0.26
总计	22.98	100.00

　　为了能将上面的数据转化成本书所要求的数据类型，对上述数据进行相应处理，具体处理过程如下（以铁为例）：表 8-8 中 1W·h 的镍镉电池中铁的含量为 9.8g，

若暂不考虑二次电池循环次数的问题，将产生 1000kW·h 电能需要铁的质量设为 m_0，则 m_0=9800kg。根据 van den Bossche 在 2006 年的研究成果[6]，镍镉电池循环次数为 1350 次的时候能量效率为 72.5%。因此，考虑二次电池循环次数问题后产生 1000kW·h 电能需要铁的质量 m 可用下式计算：

$$m = \frac{m_0}{1350 \times 72.5\%} = \frac{9800\text{kg}}{1350 \times 72.5\%} = 10.01\text{kg} \qquad (8\text{-}5)$$

以此类推可以得到其余镍镉电池成分的计算结果，如表 8-9 所示。

表 8-9 镍镉电池成分总量   （单位：kg）

原料	m_0	m
铁	9800	10.01
镍	5110	5.22
镉	4090	4.18
羟基化物	2030	2.07
氢氧化钾	860	0.88
PA	650	0.66
PVC	260	0.27
钴	120	0.12
聚丙烯	60	0.06
总计	22980	23.47

由表 8-9 可知，电池的主要组成部分是铁、镍、镉三种金属，其余组分占到约 15%的质量分数。由于 SimaPro 软件未考虑羟基化合物、氢氧化钾、钴以及 PA，因此在软件分析步骤中将其忽略。

2. 锂离子电池

关于锂离子电池的 LCI，研究人员选取由北京理工大学能源与环境材料系实验室提供的 0.05 W·h 的锂离子电池的原料用量，列于表 8-10。

表 8-10 锂离子电池成分原始数据

原料	质量/g	质量分数/%
铝	0.0059	11.24
活性物质（锂钴氧）	0.0086	16.47
铜	0.0100	19.06
碳	0.0036	6.86
聚丙烯	0.0041	7.81
乙炔黑	0.0015	2.92
碳酸乙烯酯、二甲基碳酸酯、六氟磷酸锂	0.0172	32.72
聚偏氟乙烯	0.0015	2.92
总计	0.0511	100.00

为了将上面的数据转化成本书所要求的数据类型，对上述数据进行相应处理，具体处理过程与镍镉电池处理过程类似（以铝为例）：从表 8-10 中查得 0.05W·h 的锂离子电池中铝的含量为 0.0059g，若暂不考虑二次电池循环次数，将产生 1000kW·h 电能需要铝的质量设为 m_0，则 $m_0=118$kg。根据 van den Bossche 在 2006 年的研究成果[6]，锂离子电池循环次数为 1000 次的时候能量效率为 90%。因此，考虑二次电池循环次数问题后产生 1000kW·h 电能需要铝的质量 m 可用下式计算：

$$m = \frac{m_0}{1000 \times 90\%} = \frac{118\text{kg}}{1000 \times 90\%} = 0.13\text{kg} \tag{8-6}$$

以此类推可以得到锂离子电池其余成分的计算结果，如表 8-11 所示。

表 8-11　锂离子电池成分总量　　　　　　（单位：kg）

原料	m_0	m
铝	118	0.13
活性物质（锂钴氧）	172.8	0.19
铜	200	0.22
碳	72	0.08
聚丙烯	82	0.09
乙炔黑	30.6	0.03
碳酸乙烯酯、二甲基碳酸酯、六氟磷酸锂	343.4	0.38
聚偏氟乙烯	30.6	0.03
总计	1049.4	1.17

由表 8-11 可知，锂离子电池的主要原料集中在各种有机物上，活性物质的用量相对较少，且软件中缺乏 Co 的数据，此处只得将其忽略，乙炔黑的主要成分是 C，主要考虑 C 的影响。

3. 镍氢电池

Assusmpção 等[16]曾在 2006 年对镍氢电池的成分进行过分析，电池成分列于表 8-12。该研究是针对回收的镍氢电池进行分析的，由于没有给出电池的参数，这里需要进行计算。经过文献调研发现，镍氢电池的质量比能量可以达到 70W·h/kg[6]，引用该数据就可得到该电池的容量，可由下式进行计算：

$$70\text{W·h/kg} \times 54.15\text{g}/1000 = 3.79\text{W·h} \tag{8-7}$$

为了将上面的数据转化成本书所要求的数据类型，对上述数据进行相应处理，具体处理过程与镍镉电池处理过程类似（以铁为例）：从表 8-12 中查得 3.79W·h 的锂离子电池中铁的含量为 6.97g，若暂不考虑二次电池循环次数，将产生 1000kW·h 电能需要铁的质量设为 m_0，则 m_0 可通过下式进行计算：

$$m_0=1000\text{kW·h}/3.79\text{W·h} \times 6.97\text{g}=1840.3\text{kg} \tag{8-8}$$

表 8-12　镍氢电池成分原始数据

原料	质量/g	质量分数/%
铁	6.97	12.87
镍	15.66	28.92
铈	3.76	6.94
镧	3.46	6.39
钴	8.10	14.96
锰	2.37	4.38
钾	3.14	5.80
锌	3.69	6.81
其他	7.00	12.93
总量	54.15	100.00

根据 van den Bossche 在 2006 年的研究成果[6]，镍氢电池循环次数为 1350 次的时候能量效率为 70%。因此，产生考虑二次电池循环次数问题后产生 1000kW·h 电能需要铝的质量 m 可用下式计算：

$$m = \frac{m_0}{1350 \times 70\%} = \frac{1840.3\text{kg}}{1350 \times 70\%} = 1.95\text{kg} \qquad (8\text{-}9)$$

以此类推可以得到镍氢电池其余成分的计算结果，如表 8-13 所示。

表 8-13　镍氢电池成分总量　　（单位：kg）

原料	m_0	m
铁	1839.05	1.95
镍	4131.93	4.37
铈	992.08	1.05
镧	912.93	0.97
钴	2137.20	2.26
锰	625.33	0.66
钾	828.50	0.88
锌	973.61	1.03
其他	1846.97	1.95
总量	14287.60	15.12

由于镍氢电池成分比较复杂，其主要成分是有害金属镍，质量分数占到 30% 以上，是第一大组分，因此主要考虑 Ni 的环境影响。

4. 铅酸电池

根据 Rydh 1999 年对四批额定功率为 50kW，容量为 450 kW·h，单次循环放电总量为 150 kW·h，总循环次数为 7300 次（平均每批循环 1870 次）的铅酸电池进行的研究[1]，这批电池的原料输入总量见表 8-14。本书的电池共放出能量可由下式进行计算：

$$150\text{kW}\cdot\text{h}\times7300=1095000\text{kW}\cdot\text{h} \quad (8\text{-}10)$$

表 8-14　铅酸电池原料输入总量

原料	m_0 /kg	质量分数/%
铅	29400	61.2
水	6400	13.3
纯硫酸	4600	9.6
聚丙烯	3888	8.2
锑、砷、锡	1012	2.1
聚乙烯	960	2.0
聚酯纤维	144	0.3
铜	130	0.3
其他	1440	3.0
总计	47974	100

为了将上面的数据转化成本书所要求的数据类型，对上述数据进行相应处理，处理方法如下（以铅为例）：已知产生 1095000kW·h（1825 次循环）电能铅酸电池含铅 m_0=29400kg，则设 1825 次循环的条件下，产生 1000kW·h 电能的铅酸电池含铅量为 m_1，但是通过调研发现，实际应用中铅酸电池的循环次数很难达到 1825 次，通常只有 1200 次左右[17]，因此本书铅酸电池的循环次数以 1200 次计算，设 1825 次循环的条件下产生 1000kW·h 电能的铅酸电池含铅量为 m_2，其 m_1、m_2 的计算方法如下：

$$m_1 = \frac{m_0 \times 1000\text{kW}\cdot\text{h}}{1095000\text{kW}\cdot\text{h}} = \frac{29400\text{kg}\times1000\text{kW}\cdot\text{h}}{1095000\text{kW}\cdot\text{h}} = 26.85\text{kg} \quad (8\text{-}11)$$

$$m_2 = \frac{m_1 \times 1825}{1200} = \frac{26.85\text{kg}\times1825}{1200} = 40.83\text{kg} \quad (8\text{-}12)$$

以此类推可以得到铅酸电池其余成分的计算结果，如表 8-15 所示。

表 8-15　铅酸电池成分总量　　　　（单位：kg）

原料	m_1（1825 次循环）	m_2（1200 次循环）
铅	26.85	40.83
纯硫酸	4.30	6.39
聚丙烯	3.55	5.40
锑、砷、锡	0.92	1.41
聚乙烯	0.88	1.33
聚酯纤维	0.13	0.20
铜	0.12	0.18
总计	36.75	55.74

可见，铅和硫酸占原料总量的 70%以上，而其余组分质量分数相对较低。由于软件数据库缺少聚乙烯的数据，而且聚丙烯在实际中也可以替代聚乙烯应用于铅酸电池[18]，因此评价中用聚丙烯替代聚乙烯；由于该文献中没有具体给出锑、砷、锡三种元素在电池中所占的具体比例，且三种元素的总质量占电池质量的比例非常小，而且软件中未提供锑、砷两种元素的数据，因此本评价过程中将锑、砷元素以锡替代。

5. 详细清单

将上述数据输入生命周期评价计算机辅助系统 SimaPro 中，该软件会得到四种电池的详细清单，清单中按照电池生命周期过程中未加工原料、空气排放、水源排放、最终废物流、排放到土壤五个方面的内容进行统计和计算，由于数据数量过大，正文中不便给出，具体清单列表参见附表。

8.3.3　环境影响评价

1. 损害评价

前文已述 Eco-indicator99 体系的三大模型，即人体健康损害模型、生态系统质量损害模型、资源消耗模型。将清单分析中的数据按其特征类型定量整合成 11 种影响类型就是所谓的损害评价，而后将相同单位的影响类型再次整合成三大影响类型。经过 SimaPro 的分析计算得到表 8-16，该表为本书四种典型二次电池损害评价值。

表 8-16　四种典型二次电池损害评价值

影响类别	单位	镍镉电池	锂离子电池	镍氢电池	铅酸电池
致癌性	DALY	1.12E−05	1.11E−05	1.49E−05	1.76E−04
呼吸系统影响（有机）	DALY	1.34E−07	6.05E−07	9.60E−08	8.39E−08
呼吸系统影响（无机）	DALY	7.55E−04	2.35E−05	6.26E−04	4.39E−05
气候变化	DALY	2.20E−05	1.37E−05	1.65E−05	1.29E−05
放射性	DALY	1.19E−06	3.99E−07	1.03E−06	4.33E−07
臭氧层影响	DALY	5.92E−08	1.81E−08	4.62E−08	2.11E−08
生态毒性	PDF·m²·a	6.07E+01	6.19E+01	4.64E+01	1.96E+02
酸雨、富营养化	PDF·m²·a	1.50E+01	7.30E−01	1.24E+01	1.53E+00
土地占用	PDF·m²·a	1.87E+00	8.26E−01	1.58E+00	8.35E−01
矿物消耗	MJ（增量）	7.94E+02	1.04E+01	1.09E+02	1.66E+02
化石燃料	MJ（增量）	1.04E+02	3.50E+01	7.73E+01	1.11E+02
分类总汇					
人体健康	DALY	7.90E−04	4.93E−05	6.59E−04	2.33E−04
生态系统质量	PDF·m²·a	7.76E+01	6.35E+00	6.04E+01	1.98E+02
资源消耗	MJ（增量）	8.98E+02	4.54E+01	1.86E+02	2.27E+02

2. 影响因素标准化

得到损害评价值之后，就需要将各个类型的影响因素整合成无因次数值，以便为后面的加权工作做好准备。将损害评价值除以表 8-4 给定的生命周期评价标准化参数，即可得到标准化值，列于表 8-17 中。相应的 11 种影响以及汇总成的三大影响标准化值柱状图见图 8-10 和图 8-11。

表 8-17　四种典型二次电池标准化值

影响类别	镍镉电池	锂离子电池	镍氢电池	铅酸电池
致癌性	7.29E−04	7.25E−04	9.71E−04	1.15E−02
呼吸系统影响（有机）	8.70E−06	3.94E−02	6.25E−06	5.46E−06
呼吸系统影响（无机）	4.91E−02	1.53E−03	4.07E−02	2.86E−03
气候变化	1.43E−03	8.90E−04	1.07E−03	8.41E−04
放射性	7.22E−05	2.60E−05	6.69E−05	2.82E−05
臭氧层影响	3.85E−06	1.18E−06	3.01E−06	1.38E−06
生态毒性	3.04E−02	1.21E−03	9.04E−03	3.83E−02
酸雨、富营养化	2.93E−03	1.42E−04	2.42E−03	2.98E−04
土地占用	3.65E−04	1.61E−04	3.07E−04	1.63E−04
矿物消耗	9.45E−02	1.24E−03	1.29E−02	1.98E−02
化石燃料	1.24E−02	4.17E−03	9.19E−03	1.32E−02
分类总汇				
人体健康	5.13E−02	4.26E−02	4.28E−02	1.52E−02
生态系统质量	3.37E−03	1.51E−03	1.18E−02	3.88E−02
资源消耗	1.07E−01	5.41E−03	2.21E−02	3.30E−02

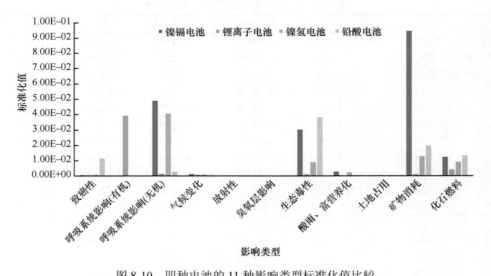

图 8-10　四种电池的 11 种影响类型标准化值比较

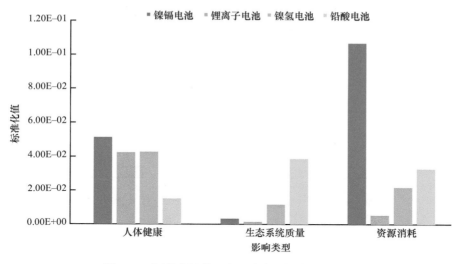

图 8-11　四种电池的三大影响类型标准化值比较

3. 加权评价

影响评价的最后一步即为加权，结合权重值，对各指标的标准化值进行处理，得到最终的生态指标分数值，列于表 8-18 中。相应的 11 种影响以及汇总成的三大影响类型生态指标分数柱状图见图 8-12 和图 8-13。

表 8-18　四种典型二次电池的生态指标分数

影响类别	单位	镍镉电池	锂离子电池	镍氢电池	铅酸电池
致癌性	Pt	2.92E−01	2.90E−01	3.88E−01	4.58E+00
呼吸系统影响（有机）	Pt	4.38E−03	5.8E+00	2.50E−03	2.18E−03
呼吸系统影响（无机）	Pt	1.97E+01	6.11E−01	1.63E+01	1.14E+00
气候变化	Pt	5.74E−01	3.56E−01	4.28E−01	3.36E−01
放射性	Pt	3.09E−02	1.04E−02	2.68E−02	1.13E−02
臭氧层影响	Pt	1.54E−03	4.73E−04	1.20E−03	5.50E−04
生态毒性	Pt	5.62E+00	4.83E−01	2.62E+00	1.53E+01
酸雨、富营养化	Pt	1.17E+00	5.69E−02	9.69E−01	1.19E−01
土地占用	Pt	1.46E−01	6.44E−02	1.23E−01	6.51E−02
矿物消耗	Pt	1.89E+01	2.47E+00	2.59E+00	3.96E+00
化石燃料	Pt	2.48E+00	8.34E−01	1.84E+00	2.65E+00
总计	Pt	4.89E+01	8.75E+00	2.53E+01	2.82E+01
分类汇总					
人体健康	Pt	20.600	7.070	17.100	6.070
生态系统质量	Pt	6.940	0.604	3.710	15.500
资源消耗	Pt	21.400	1.080	4.430	6.610

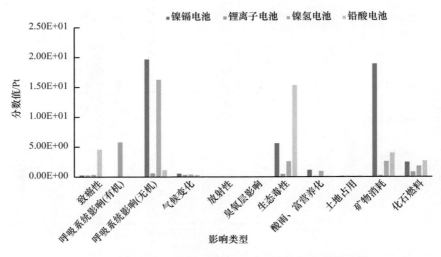

图 8-12　四种电池的 11 种影响类型生态指标分数值比较

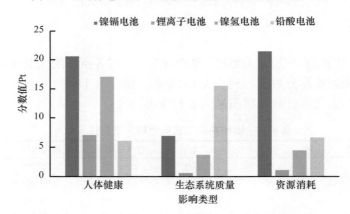

图 8-13　四种电池的三大影响类型生态指标分数值比较

4. 总体评价结果

　　基于表 8-18 中给出的生态指标分数,把每种电池影响类型相加,得到总的生态指标分数,见图 8-14 和图 8-15,以便更加清楚地对四种电池进行比较,分析出各种电池最大的影响方面在哪里,为今后的电池材料选择提供依据。

8.3.4　评价结果与讨论

　　为了进一步说明 SimaPro 的评价结果,将四种典型二次电池主要成分的环境影响系数、各个成分的环境指标分数分别列于表 8-19 和表 8-20。

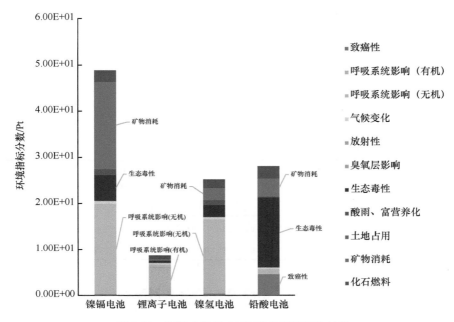

图 8-14　四种电池的 11 种影响类型评价结果

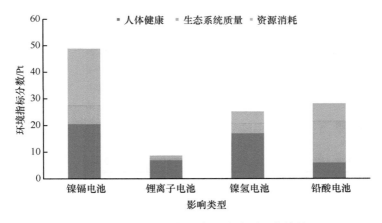

图 8-15　四种电池的三大影响类型评价结果

　　镍镉电池的主要成分是金属镍和金属镉。其中，镍具有很高的环境损害系数，因此该物质的环境指标分数很高，致使其总影响指标分数最高。由于镍、镉两种元素具有较高毒性，其主要体现在对人体健康以及生态系统质量影响方面。

　　锂离子电池中含有较多的挥发性有机物，由于具有很好的电池性能，有毒有害物质的用量不大，因此其总的生态指标分数还是低于其他三种电池。

表 8-19　电池主要成分的环境损害系数

成分		类型	铅	锡	铜	铁	镍	镉	锰	锌	铝
人体健康损害	致癌效应	空气					6.20E+02	3.51E+03			
		水					8.08E+02	1.85E+03			
		土地					1.02E+02	1.03E+02			
	臭氧层破坏	空气	1.14E+02								
		水	1.15E+01								
		土地	1.17E+02								
生态系统质量损害（生态毒性物质排放）		空气	1.98E+02				5.54E+02	7.52E+02		2.25E+02	
		水	5.67E-01				1.12E+01	3.74E+01		1.27E+00	
		土地	1.01E+00				5.71E+02	2.35E+00		2.32E+02	
资源消耗（矿石开采）		矿石中的金属	1.75E-01	1.43E+01	8.73E-01	1.21E-03	5.65E-01		7.44E-03	9.73E-02	5.66E-02
		矿石	8.75E-03	1.43E-03	9.87E-03	1.90E-04	8.47E-03		3.35E-03	3.90E-02	

表 8-20　电池主要成分的单位质量环境指标分数　（单位：Pt/kg）

成分	环境指标分数
铅	0.640
铜	1.400
铁	0.240
镍	5.200
锌	3.200
铝	0.060
炭黑	0.180
硫酸	0.022
PA	0.630
PVC	0.240

　　镍氢电池作为一种比较新型的二次电池，具有一定的环境友好性，但是由于电池中有毒金属镍的含量较大，因此对人体健康有着较大的影响，同时整体的生态指标分数值与铅酸电池接近，都在相对较高的水平上。

　　铅酸电池的最主要成分是占到其总质量 61.2%的铅，其主要影响方面为生态系统质量，人体健康损害与资源消耗水平相当，且数值较大，使得铅也有相对较高的环境损害系数，因此铅酸电池的生态指标分数也很高。

8.3.5　不确定性分析与探讨

　　通过 4 种电池的原材料分析可知，其中忽略掉的有机物材料仅占总原料的极少比例，镍镉电池忽略的氢氧化物略高，但与重金属物质相比，忽略掉这些物质在一定程度上是合理的。另外，电池的循环次数不是实验实际测得的结果，而是文献中的估计值，这会对评价结果造成一定的影响。

为了进一步分析本书结果的合理性，这里给出 van den Bossche 等的研究成果[6]。该研究的结果也是基于 Eco-indicator 99 体系下应用 SimaPro 软件得到的。与本书相比该研究主要针对几种典型的应用于机动车的二次电池进行评价，其功能单位可提供机动车一次充电行驶 60 km 的能量的电池。这里选取该研究的镍镉电池、锂离子电池、镍氢电池以及铅酸电池的评价结果进行分析。结果显示：镍镉电池、锂离子电池、镍氢电以及铅酸电池的环境指标分数分别为 544 Pt、278 Pt、491Pt 以及 503 Pt。虽然两项研究的功能单位有所不同，但从结果上看是基本一致的，可以认为本书结果的不确定性范围是可接受的，结果是可信的。

本节主要利用生命周期评价计算机辅助程序 SimaPro 在 Eco-indicator 99 体系下对铅酸电池、镍镉电池、镍氢电池以及锂离子电池进行生命周期评价。首先对本书进行目的与范围定义，通过调研得到各个电池组分的数据清单，运用 SimaPro 软件进行清单分析和损害评价，经过标准化和加权后得到各个电池最终的环境指标分数值，并进行比较。最后进行不确定性分析，验证本书结论的可靠性。

根据 SimaPro 影响评价软件对若干典型二次电池生命周期评价，可以得到如下结果：产生 1000 kW·h 的电能，四种电池的环境指标分数由小到大依次是锂离子电池（8.75 Pt）、镍镉电池（25.3 Pt）、铅酸电池（28.2Pt）和镍镉电池（48.9Pt）。因此，可以得到以下结论：在产生相同能量的条件下，镍镉电池由于其主要原料的毒性，对环境造成的负担最大；铅酸电池的生态系统质量影响最为严重，其影响程度低于镍镉电池；镍氢电池的有毒有害金属用量较大，环境影响主要体现在对人体健康的损害，其影响程度与铅酸电池相当；锂离子电池由于其优良的电池性能，有毒有害物质用量非常少，对环境的影响也非常小。因此，锂离子电池以其优异的性能和良好的环境友好性，可成为今后大力发展的二次电池类型。

由于研究涉及电池具体成分，而其数据获得的途径比较有限，只能通过实验室或者是相关文献获得，因此电池数据的普适性不是很好。另外，本书应用的计算机辅助软件 SimaPro 由于版本问题，某些元素的数据没有包含在该版本之内，尤其是金属钴，这给评价结果带来了一定的不确定性。以上两个问题，希望在以后的科研工作中得以解决，争取获得更加完整的数据以及更加可靠的评价结果。

尽管本书结论具有一定的局限性，但其在很大程度上是可信的，希望本结论可为今后绿色二次电池的设计和电池原料的选择提供较为可靠的数据，以期为二次电池的设计和发展工作做出一定贡献。

参 考 文 献

[1] Rydh C J. Environmental assessment of vanadium redox and lead-acid batteries for stationary energy storage[J]. Journal of Power Sources, 1999, 80(1/2): 21-29.

[2] Rydh C J, Karlström M. Life cycle inventory of recycling portable nickel–cadmium batteries[J]. Resources, Conservation and Recycling, 2002, 34(4): 289-309.

[3] 黄带弟. 二次电池体系的生命周期评价及绿色模型建立[D]. 北京: 北京工业大学, 2007.

[4] Dewulf J, Van der Vorst G, Denturck K, et al. Recycling rechargeable lithium ion batteries: critical analysis of natural resource savings[J]. Resources, Conservation and Recycling, 2010, 54(4): 229-234.

[5] Moore J A, IEHR Expert Scientific Committee. An assessment of lithium using the evaluative process for assessing human developmental and reproductive toxicity of agents[J]. Reproductive Toxicology, 1995, 9(2): 175-210.

[6] van den Bossche P, Vergels F, Van Mierlo J. SUBAT: an assessment of sustainable battery technology[J]. Power Sources, 2006, 162(2): 913-919.

[7] 王飞儿. 生命周期评价研究进展[J]. 环境污染与防治, 2001, 23(5): 249-252.

[8] 韩润平, 魏爱卿, 陆雍森. 环境影响评价的工具——生命周期评价[J]. 郑州大学学报(理学版), 2003, 35(2): 83-88.

[9] 王寿兵, 杨建新, 胡聃. 生命周期评价方法及其进展[J]. 上海环境科学, 1998, 17(11): 7-10.

[10] 王寿兵, 胡聃, 吴千红. 生命周期评价及其在环境管理中的应用[J]. 中国环境科学, 1999, 19(1): 77-80.

[11] Toepfer K. Evaluation of Environmental Imparts in Life Cycle Assessment[R]. UNEP: Brussel, 1998 and Brighton, 2000.

[12] Rebitzer G, Ekvall T, Frischknecht R, et al. Life cycle assessment (Part 1): Framework, goal and scope definition, inventory analysis, and applications[J]. Environment International, 2004, 30(5): 701-720.

[13] 中华人民共和国国家质量监督检验检疫总局, 中国国家标准化管理委员会. 环境管理 生命周期评价 原则与框架(GB/T 24040—2008)[S]. 北京: 中国标准出版社, 2008.

[14] 中华人民共和国国家质量监督检验检疫总局. 环境管理 生命周期评价目的与范围的确定和清单分析(GB/T 24041—2000)[S]. 北京: 中国标准出版社, 2000.

[15] 段宁, 程胜高. 生命周期评价方法体系极其对比分析[J]. 安徽农业科学, 2008, 36(32): 13923-13925, 14049.

[16] Assusmpção Bertuol D, Moura Bernardes A, Soares Tenório J A. Spent NiMH batteries: characterization and metal recovery through mechanical processing[J]. Journal of Power Sources, 2006, 160(2): 1465-1470.

[17] Landfors J. Cycle life test of lead dioxide electrodes in compressed Lead/acid cells[J]. Power Sources, 1994, 52(1): 99-108.

[18] 宋社林. 增强聚丙烯在铅酸蓄电池上应用[J]. 工程塑料应用, 1985, 13(4): 37-41.

第9章 动力电池回收效益成本与市场可行性分析

9.1 电池回收的经济性分析

锂离子电池均存在一定的使用寿命，经过多次充放电后，容量会逐渐损失直至报废。相较于常见的锂离子电池，动力锂离子电池寿命相对要长一些。随着电动汽车中动力电池使用量的增加，未来数年将会产生大量的废旧锂离子电池，后续如何处理已成为各国普遍关注的问题。我国每年产生的废旧锂离子电池多达几十亿只，而其中多数的锂离子电池没有得到系统的回收利用。

我国锂离子电池产量巨大，是世界锂离子电池生产第一大国。根据调查统计数据，2018年我国的锂离子电池产量接近140亿只，占全球总产量的一半以上。锂离子电池行业的快速发展得益于智能手机、笔记本电脑等数码产品及电动汽车为主的动力电池需求。随着锂离子电池生产量的不断增大，锂离子电池在市场中所占的份额逐渐增加，锂离子电池的生产原料价格也在不断攀升，尤其是金属锂及三元材料中的贵重金属材料所占成本逐渐升高。因此，锂离子电池回收的重要性逐渐凸显，从废旧电池中回收得到的材料如果能再度进入锂离子电池的生产环节，不仅能够减轻对环境的影响，更能带来可观的经济效益，进一步促进锂离子电池产业的发展。

本节将从锂离子回收环节的经济性分析出发，结合现有的锂离子电池回收工艺，对锂离子回收过程中的成本与经济收益进行数据统计，综合评价锂离子电池回收环节的经济效益。

9.1.1 废旧锂离子电池的种类与构成

电动汽车行业迅速发展，在动力电池的销量快速增长的同时，每年也产生了大量的报废电池。截至2017年底，我国的电动汽车持有量达到180万辆，早期投入使用的电动汽车中的动力电池即将面临报废。根据相关统计数据，2020年我国锂离子动力电池的报废量可达23万t。

由于我国电动汽车和动力电池行业尚处于发展阶段，因此在不同的阶段使用的电池种类不尽相同。在动力电池发展的初期，我国推广的动力电池主要是采用正极活性材料为磷酸铁锂的锂离子电池，近两年主要发展的动力电池则是三元材料为正极活性材料的锂离子电池。根据 2016 年与 2017 年的数据统计，2016 年磷酸铁锂锂离子电池（LIB）与三元材料 LIB 的占比分别为 70% 与 26%，而 2017 年占比则分别为 49% 与 45%，可见三元材料正在快速发展，逐步呈现取代磷酸铁锂的趋势。磷酸铁锂 LIB 由于推广相对较早，有相当数量已接近报废期，而三元材料推广较晚，且三元材料具有更高容量，使用寿命相对较长，因此报废的锂离子电池中其所占比例略低。

锂离子动力电池的主要构成包括壳体、正极活性材料、正极集流体（铝箔）、负极活性材料（一般为石墨）、负极集流体（铜箔）、电解液、隔膜以及黏结剂。从现有的回收技术及经济性分析的角度出发，具有较高回收价值的主要是电池中包含的金属材料（表 9-1），包括壳体与正极集流体中的金属铝，负极集流体中的铜，正极活性材料中的锂、镍、钴、锰，等等。电解液中的碳酸酯及六氟磷酸锂具有较高的经济价值，然而回收相对较为困难；负极的石墨材料相对价格较为便宜，目前回收较少。

表 9-1   锂离子电池中的金属材料含量[1]

电池类型	金属含量/%			
	Ni	Co	Mn	Li
磷酸铁锂 LIB	—	—		1.1
三元材料 LIB	12.1	2.3	7.0	1.9

动力电池在容量低于初始容量 80% 后，将无法满足电动汽车的使用标准。这部分电池由于尚具有一定的容量，仍可用作储能系统等其他应用方面，这称为电池的梯级利用。梯级利用的电池在容量降至 50% 后再进行回收，以达到对废旧动力电池的充分利用。梯级利用的方式可以从另一个方面增加锂离子电池的使用价值，降低其回收成本。

9.1.2   锂离子电池回收的经济性分析

本节的电池回收经济性分析，主要针对磷酸铁锂 LIB 和三元材料 LIB，回收工艺选取工业生产中常见的火法回收工艺与湿法回收工艺，进行成本核算与利润的评估。

1. 火法回收工艺

火法回收三元材料典型的工艺过程主要是在拆除电池外壳获得电极材料后，在高温环境下加入石灰石进行焙烧，焙烧后的锂和铝形成炉渣，不被回收；形成合金的铜、镍、钴、锰通过进一步处理分离提取出来。

对于磷酸铁锂 LIB 来说，由于电极材料中不含镍、钴、锰等贵重金属，该火法回收工艺并不适用。有学者根据传统的火法回收，开发了针对磷酸铁锂 LIB 的回收技术。

如图 9-1 所示，在拆解外壳分离出正极电极粉末后，将磷酸铁锂氧化为 $Li_3Fe_2(PO_4)_3$ 及氧化铁，并将其作为再生反应的原料，用还原剂在高温条件下还原为磷酸铁锂。尽管该过程无法回收镍、钴、锰等贵重金属，但壳体及集流体中的金属铝可以进行有效地回收。

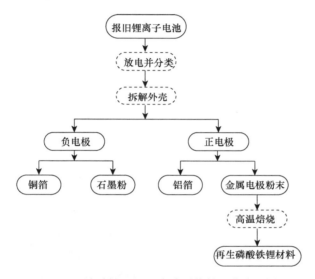

图 9-1　磷酸铁锂 LIB 火法回收的工艺流程图

2. 火法回收工艺的经济性分析

由于火法回收过程中没有酸碱等溶液参与反应，减少了回收过程中废液的产生和化学试剂的成本，但高温过程需要消耗大量的能量，会增加废气、废渣等废弃物排放及供能所需的相应成本。综合回收过程中的各项成本及回收得到的各项产品之后，计算得到回收锂离子电池的利润：

$$E = R - C \qquad\qquad (9\text{-}1)$$

式中，E——回收总利润；

R——回收总收入；

C——回收电池处理成本。

回收电池的处理成本主要包括：①原材料成本。动力电池的回收及运输过程中的成本，采用收购公司的相应报价。②辅助材料成本。报废的动力电池在处理过程中应用到酸或有机溶剂、沉淀剂等，不同的工艺使用的辅助材料也会有所差异。③能源消耗成本。处理过程中用到天然气燃烧或电力功能等消耗的费用。④环境治理成本。回收过程中产生的废气、废液等排放物，在进行无害化处理后才能进行排放，此过程中消耗的费用为环境治理成本。⑤拆解成本。废旧电池需要通过物理方式进行拆解后再进行后续处理，使用的拆解工序不同，成本也有所差异。⑥人工成本。根据所需的工位和劳动水平消耗相应的人工成本。⑦设备成本。设备的费用包括维护费和折旧费两部分，维护费是设备正常运行定期消耗的费用，折旧费按照式（9-2）计算。⑧其他费用。包括场地费、税费等。

$$D = C_0(1-r)/n \qquad (9\text{-}2)$$

式中，D——设备折旧费；

C_0——总固定资产值，包括厂房的建设、设备购买与安装；

r——固定资产残值率，一般取 5%；

n——设备使用年数，取 10 年。

计算过程中，以回收 1t 废旧电池为基本单元，计算回收过程的成本与利润。在火法回收的经济性分析计算过程中，三元材料按照传统的火法回收工艺计算，成本与利润记为 $C_{三元火法}$ 与 $E_{三元火法}$，磷酸铁锂的电池计算分为传统工艺与改进工艺两类，成本与利润分别记为 $C_{LFP火法1}$、$C_{LFP火法2}$ 与 $E_{LFP火法1}$、$E_{LFP火法2}$。

报废电池中，单体电池重量约为 60%，正极活性材料占单体电池重量约 30%，铝箔占 6%，铜箔占 9%。按照回收率 90% 计算，每吨电池中可回收正极活性材料 162kg、铜 48.6kg、铝 32.4kg。传统火法中金属铝在炉渣内，回收价格相对较低。

根据表 9-2 和表 9-3 可以计算得到每回收一吨废旧锂离子电池，传统火法回收磷酸铁锂 LIB 会亏损 993.2 元，回收三元材料 LIB 可营利 918.8 元，而使用改进的火法回收磷酸铁锂 LIB 营利可达 2314.8 元。鉴于我国即将有大量磷酸铁锂 LIB 进入报废回收阶段，使用改进的火法回收磷酸铁锂 LIB 具有更高的经济效益。

表 9-2　锂离子电池火法回收成本[1]　　　　　　　（单位：元/t）

项目名称	成本消耗相关	$C_{LFP火法1}$	$C_{LFP火法2}$	$C_{三元火法}$
原材料	购买废旧电池	1000	1000	8000
辅助材料	各类化学试剂	0	2000	0
能源消耗	电力、天然气	900	1500	1000
环境治理	废弃物处理	1200	1000	1200
拆解成本	电池拆解	500	800	500
人工成本	工人工资	700	900	700
设备成本	维护费	100	100	100
	折旧费	500	600	500
其他费用	场地费、税费	2000	2000	2000
合计		6900	9900	14000

表 9-3　锂离子电池火法回收总收入[1]

电池回收方法	回收所得产品	价格/（元/kg）	质量/kg	回收收入/元
LFP 电池 火法 1	铁铜化合物	23	140	5906.8
	氢氧化锂	100	24.6	
	铝渣	7.0	32.4	
LFP 电池 火法 2	废铜	25.0	48.6	12214.8
	铝渣	7.0	32.4	
	再生磷酸铁锂	66.5	162	
三元材料 火法回收	镍钴锰铜合金	58.0	184.0	14918.8
	氢氧化锂	100.0	40.2	
	铝渣	7.0	32.4	

3. 湿法回收工艺的经济性评估

湿法回收工艺主要通过酸浸取后加入双氧水等还原剂将金属转化为离子形式使其进入溶液中。湿法回收的主要优点是回收得到的材料纯度较高。磷酸铁锂 LIB 的湿法回收是利用强酸将正极极片溶解后，加入碱使溶液中的锂、铁离子和磷酸根离子形成沉淀分离出来，再按照回收的比例进行调节，高温焙烧后得到再生的磷酸铁锂；三元材料的湿法回收则是在金属以离子形式溶于溶液后，根据要合成的三元材料中镍、钴、锰元素的比例适当加入对应的金属盐，再加碱沉淀出金属共沉淀物，得到的沉淀物与碳酸锂按比例混合烧结成再生三元材料。

与火法回收相比，湿法回收需要消耗较多的酸、碱等化学试剂，因此辅助材料项目的成本明显高于火法回收。由于湿法回收过程中金属铝多以离子的形式出现在溶液中，因此回收的产品中往往不包含铝，回收得到的物质主要是铜与正极材料。

由表 9-4 和表 9-5 数据可见[1]，湿法回收一吨锂离子电池，磷酸铁锂 LIB 会亏损 312 元，而三元材料可以盈利 6355 元。这主要是三元材料与磷酸铁锂的价格差

表 9-4　锂离子电池湿法回收成本[1]　　　　　　　　　　（单位：元/t）

项目名称	成本消耗相关	$C_{LFP 湿法}$	$C_{三元湿法}$
原材料	购买废旧电池	1000	8000
辅助材料	各类化学试剂	3500	6000
能源消耗	电力、天然气	1500	1500
环境治理	废弃物处理	1500	1800
拆解成本	电池拆解	1000	1000
人工成本	工人工资	900	1000
设备成本	维护费	200	200
	折旧费	700	900
其他费用	场地费、税费	2000	2000
合计		12300	22400

表 9-5　锂离子电池湿法回收总收入[1]

电池回收方法	回收所得物质	价格/（元/kg）	质量/kg	回收收入/元
LFP 湿法回收	废铜	25.0	48.6	11988.0
	再生磷酸铁锂	66.5	162.0	
三元材料 湿法回收	废铜	25.0	48.6	28755.0
	再生三元材料	170.0	162.0	

异造成的。磷酸铁锂中不含有贵重金属元素，制备工艺较为简单，因此相对价格较低。湿法回收过程中没有充分利用电池中的金属铝，造成磷酸铁锂 LIB 回收的经济效益较差。三元材料中含有较多的贵重金属（镍、钴、锰），占据了三元材料 LIB 生产成本中相当大的一部分，因此湿法回收三元材料 LIB 的经济效应更为优秀。

9.1.3　锂离子电池回收经济性分析的总结与补充

从上一节对磷酸铁锂和三元材料 LIB 的不同回收方式的经济性评估中可以看出，由于三元材料中贵重金属含量高，其回收经济价值较高；磷酸铁锂作为正极活性材料本身具有廉价性，回收的经济性相对较差。但结合我国动力电池行业发展情况来看，短期内磷酸铁锂 LIB 的废弃量要明显高于三元材料 LIB，因此采取回收工艺改进措施，完善磷酸铁锂 LIB 的回收相关工艺尤为重要。

本节经济性分析中介绍的回收工艺不包括物理回收等其他回收方式。随着工艺的不断进步，电池中可回收再利用的产物可能进一步增多，回收率将进一步提高，回收产业仍具有较大的发展潜力，潜在的经济效益亟待开发。动力电池除磷酸铁锂与三元材料 LIB 以外，还有锰酸锂、钛酸锂、钴酸锂为正极活性材料的 LIB，限于相关资料没有进行讨论。

9.2　电池回收的工业可行性分析

电池回收的主要环节在于工业化。废旧电池能否又快又好地集中于工厂、工厂是否具有性价比较高的技术来处理废旧电池、处理完的废旧电池能给工厂带来多大收益、工厂获得的收益能否持续并且进一步发展？电池回收技术在我国全面普及应用的关键，在于工业上能否突破以上这些障碍。

9.2.1　动力电池回收现状分析

1. 美国动力电池回收利用经验

作为废旧电池回收管理方面法律最多的国家，美国不仅拥有完善的法律框架，而且在回收利用网络方面也构建了较为完善的回收体系和技术规范等。早在 10 年之前，美国对蓄电池的回收率就已接近 100%[2]。美国主要有三个电池回收渠道：电池制造商借助销售渠道进行废旧电池回收；政府环保部门、工业部门等专门收集废旧电池中特定物质（如废旧铅蓄电池中的废铅）的强制联盟以及指定废旧电池回收公司进行废旧电池回收；一些零散的废旧电池回收公司进行废旧电池回收。上述这三个回收渠道收集上来的废旧电池都交给具有处理资质的专业公司进行回收处理，以避免回收处理的"二次污染"。针对可充电电池回收，美国在 1994 年成立了一家由可充电电池生产商和销售商组成的非营利性的公司——美国可充电电池回收公司（RBRC）。该公司凭借零售店构建了庞大的废旧电池收集网络。RBRC 的回收方案主要包括零售回收方案和社区回收方案，并且 RBRC 资助废旧电池运送和回收。

　　在废旧电池的回收工作上，美国确立了以生产者责任延伸为原则的回收体系。首先，电池生产者在生产电池的时候要建立统一标识，便于回收再利用。其次，基于自身零售网络，美国蓄电池生产商负责组织回收这些废旧蓄电池，对此承担相关责任。此外，美国借助消费者购买电池所支付的手续费和电池企业缴纳的回收费用作为废旧电池处理的资金来源，并在废旧电池回收企业和电池制造企业间构建经济协作关系，通过协议价格引导电池生产企业履行生产商的责任，并确保废旧电池回收企业获得利润。

　　在美国，梯次利用和回收技术与工艺研究得到美国先进电池联合会（U.S. Advanced Battery Consortium，USABC）和能源部的大力支持，使美国在动力电池基础研究方面位于世界前列，并进一步促使车用动力电池的研发与产业化列入国家战略。同时，美国也较早地开展了针对车用动力电池的梯级利用的系统性研究，包括电池经济效益、技术方面等，开展了示范项目和商业运作项目。1996 年，USABC 就已资助关于车用动力电池的二次技术研究，美国能源部也于 2002 年开始资助动力电池回收技术研究。2011 年，通用汽车参与了车用动力电池组采集电能回馈电网的实验，实现了家用和小规模商用供电。此外，美国很早就将废旧电池回收利用的教育纳入立法：1995 年制定的《普通废物垃圾的管理办法（UWR）》提出要加大宣传教育，使民众了解废旧电池的环境危害性，发挥民众在废旧电池回收利用中的作用，从小培养儿童废旧电池回收意识。

2. 我国动力电池回收现状

　　由于我国动力电池回收利用的具体法案规范相对滞后，各车企、电池生产商也没有建立起一套完备的动力电池回收利用体系，因此人们对动力电池是否会造成环境污染十分担忧，动力电池回收利用迫在眉睫，引起社会高度关注。党中央、国务院高度重视新能源汽车动力电池回收利用，国务院召开专题会议进行研究部署。推动新能源汽车动力电池回收利用，有利于保护环境和保障社会安全，推进资源循环利用，有利于促进我国新能源汽车产业健康持续发展，对加快绿色发展、建设生态文明和美丽中国也具有重要意义。

　　动力电池回收利用作为一个新兴领域，目前处于起步阶段，面临着一些突出的问题和困难。一是回收利用体系尚未形成。目前绝大部分动力电池尚未退役，汽车生产、蓄电池生产、综合利用等企业之间未建立有效的合作机制。同时，在落实生产者责任延伸制度方面，还需要进一步细化完善相关法律支撑。二是回收利用技术能力不足。目前企业技术储备不足，动力电池生态设计、梯次利用、有价金属高效提取等关键共性技术和装备有待突破。退役动力电池放电、存储及梯次利用产品等标准缺乏。三是激励政策措施保障少。受技术和规模影响，目前市场上回收有价金属收益不高，经济性较差。相关财税激励政策不够完善，市场化的回收利用机制尚未完全建立[3]。

9.2.2　动力电池回收的可行性分析

1. 我国在工业上建立电池回收网络的可行性

　　废旧动力电池的回收过程实际上就是一个逆向物流的过程，国内外已有大量聚焦在逆向物流评价指标和回收模式选择方面的研究。王国志和刘春梅[4]、任鸣鸣和仝好林[5]基于模糊综合评价方法分别选择了制造业和家电企业的逆向物流模式；Abdulrahgman 等[6]讨论了阻碍中国制造业逆向物流发展的关键因素；Ravi 等[7]将经济、法律、企业形象和环境作为废旧计算机回收方案的选择依据；Golebiewski等[8]从成本上考虑回收网络的建立，以优化汽车回收拆解设备的定位。在废旧电池的逆向物流研究方面，姚海琳等[9]借鉴国外经验，建立了包含报废汽车回收拆解企业、4S 店、汽车维修店、电池经销商和电池生产企业等利益相关方的废旧动力电池回收网络。谢英豪等[10]根据电池的来源和组成，将动力电池回收商业模式划分为生产者责任制、整车回收和强制回收的回收模式；黎宇科等[11]讨论了整车销售模式和电池租赁模式下动力电池的回收网络设想。

　　朱凌云和陈铭[12]结合实例与计算模型，对上海汽车集团股份有限公司（简称上汽集团）废旧动力电池回收行业上下游利益相关企业进行了分析，考察了逆向物流各环节的具体流程，建立了适合于上汽集团发展的逆向物流回收网络。高层模糊评价的结果显示在废旧动力电池回收模式中自营模式更加适合上汽集团，低层模糊评价结果也证实了自营模式在经济和管理方面的优势。然而，在技术方面，自营模式远不及外包模式得分高。因此，考虑建立一种以自营模式为基础的复合型回收网络，即将废旧动力电池逆向物流中的回收收集以及预处理环节交给企业自营，而将报废动力电池处理和资源回收利用环节外包给专业的电池回收企业进行处理，这样一来，上汽集团既能发挥自身在经济上和管理上的优势，又能将处置电池的最终工作交给更加专业的电池回收企业来处理。既能保证效率、降低成本和保障信息安全（在预处理阶段解决），又实现了自身对生产者延伸责任制度的履行，同时还能促进废旧电池的资源回收利用及循环经济的发展。

废旧动力电池回收网络中的利益相关者主要包括电池制造商、汽车制造商、汽车销售商、消费者、报废汽车拆解企业、报废电池处理中心和下游的废物回收企业以及电池材料回收企业。其中，电池制造商由上汽集团和宁德时代新能源科技股份有限公司（简称宁德时代）合资建立，也属于汽车制造商范畴。电动汽车制造商有上汽荣威、上汽名爵和上汽大通以及合资运营的上汽通用和上汽大众。报废汽车拆解企业可以将电动汽车整车进行拆解，分离出废旧动力电池。上汽集团自营处理中心主要负责对报废电池安全回收收集、运输和储存管理，对电池包的安全拆解，对报废电芯进行信息安全处理以及安全包装与运输。废物回收处理企业处理废旧动力电池拆解产生的固体废物，回收其中的金属、塑料等材料，对没有回收价值的材料进行无害化处置。电池材料回收企业对来自报废电池处理中心的电芯进行有价值材料的回收再利用和无价值材料的无害化处理。

基于上汽集团情况建立的复合型废旧动力电池回收网络如图 9-2 所示。在正向物流过程中，由上汽集团与宁德时代合资的电池生产企业，提供动力电池给上

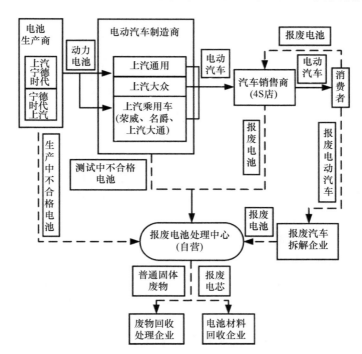

图 9-2　上汽集团废旧动力电池回收网络（虚线表示逆向物流，实线表示正向物流）[11]

汽乘用车和上汽大众生产的电动汽车，然后经由汽车经销商到达消费者手中。在逆向物流过程中，消费者在使用电动汽车一定的时间后，会到 4S 店更换性能不足或者完全报废的动力电池，或者参加由汽车制造商授权的"以旧换新"或电池召回等商业活动。报废电池从消费者手中流向汽车经销商，并最终流向自营的报废电池处理中心。同时，消费者也可以将电动汽车以整车报废的方式交由汽车拆解企业来处理，报废电池被分离后，最终也将流向自营处理中心。另外，电池生产商在电池生产以及电动汽车制造商的整车测试过程中，均可能产生不合格的动力电池，也将交由处理中心处置。最终，报废动力电池经由上汽集团处理中心预处理后，对由拆解产生的固废交由下游的废物回收处理企业处置，对经预处理后的报废电芯交由下游的电池回收企业来处理，处理方式主要包括梯次利用、资源回收利用和无害化处置。

理论上来讲，废旧动力电池的逆向物流应该包括对电池回收处理，但是，就目前上汽集团的发展现状而言，以自营逆向物流模式开展彻底的电池回收处理，在技术方面尚存在不小的困难。因此，短期内可行的方法如上所述，自营的报废电池处理中心对废旧动力电池开展电池包的拆解与电芯的信息安全处理，并将报废电芯交由专业化水平较高的废旧电池回收企业来处理。这样，不仅体现了上汽集团对生产者延伸责任制度的遵守和对企业社会责任的承担，也能够发挥出回收网络中上下游企业的最大潜能。

未来在上汽集团电池回收的逆向物流建设中，除了加大对回收处理中心基础建设的投入外，还要规范废旧动力电池包的回收收集以及储存过程，这对企业逆向物流的专业化水平和电池的处理技术提出了要求。对此，一方面，企业可以借鉴国家退役动力电池和危险废弃物处理的相关标准和规范，如《车用动力电池回收利用拆解规范》《车用动力电池回收利用余能检测》和《危险废物收集、贮存、运输技术规范》，以及行业和地方颁布的废旧动力电池处理规范文件；另一方面，企业应与电池回收企业加强技术交流与合作，提高自身的逆向物流专业化水平，完善逆向物流的回收网络体系建设。例如，邦普循环科技有限公司（简称邦普公司）在废旧电池回收技术与 NCM 三元材料前驱体的回收再利用方面达到了国内领先水平。邦普公司除了独立建设动力电池回收站点外，也在和主机厂、电池厂探索共建回收网络。同时，企业应该与高校科研院所等机构开展产学研项目合作交流，推进和突破废旧动力电池的回收处理技术。电动汽车生产企业还应该积极加入到报废汽车和动力电池回收相关的行业协会中（如汽车产品回收利用产业技术创新战略联盟、中国汽车动力电池产业联盟和中国再生资源产业技术创新战略联盟等组织），与行业内同性质企业及下游相关企业加强交流与学习，以实现更高水平和更加深入的废旧动力电池逆向物流管理。

2. 工业上的电池处理技术可行性

国内外工业上的动力电池处理技术分为若干类，包括火法、湿法、物理法等，前述章节中已有较多介绍，此处不再赘述。从现有技术层面来看，动力电池的回收方法仍处于发展时期，动力电池的种类、回收原料的用途不同，采用的回收处理方式各有不同，对环境的影响大小也存在一定差异[13]。现有的回收技术已经可以满足工业化的需求，但仍有待进一步发展与完善。

9.2.3　电池回收工业处理现状

本节参照国内外电池处理厂家，对工业上的电池处理现状进行简要说明。

1. 国内现状

东华鑫馨废旧电池再生处理厂成立于 2000 年，是中国第一家规模化废电池处理厂。其回收方式工艺流程为：物理分解—化学提纯—废水处理，最终回收各种金属物质，通过电解加工获得高质量的金属产品。处理后的废水可达到国家环保标准，而且能循环使用。

深圳市格林美高新技术股份有限公司（简称格林美）主要处理废旧电池、报废电子电器、报废汽车，其年处理废弃物总量可达 100 万 t。处理废旧电池方面，格林美研发了由废旧电池、含钴废料循环再造超细钴粉和镍粉的关键技术，攻克了废弃资源再利用的原生化和高技术材料再制备的技术难关，废旧电池的含钴废料可以直接生产类球状钴粉。

邦普循环科技有限公司创立于 2005 年，电池循环产业的主要回收处理对象是车用动力电池和废旧数码产品电池，主要回收电池中镍、钴、锰、锂等元素，再通过"定向循环"模式、"逆向产品定位设计"工艺和配方还原技术，调节多元素成分配比，调控合成溶液的热力和动力 pH，进而生产高端锂动力电池前驱材料，实现从废旧电池到电池材料的"定向循环"，将电池的生产、消费、回收处理整个环节有机结合在一起。

泰力废旧电池回收技术有限公司于 2007 年在深圳市成立，以能源循环再利用和低碳环保为主导，对废旧锂离子电池、镍电池、一次性干电池进行回收，分离提取电池中各种金属，通过深加工将其变成原材料。同时采用全封闭式自动回收设备，将电池中重金属、电解液和其他有害物质造成的污染降到最低，最大限度地进行安全的无害化处理及循环再利用。

杭州赐翔环保科技有限公司成立于 2012 年，公司按照环保部门相关法律法规的要求，开展废铅酸蓄电池、废锂电池回收、储存工作。建设符合环保规范的储存场所、应急安全系统、环保治理设施，配备专用回收运输车，为规范回收、储存废铅酸蓄电池和废锂电池提供各项环保安全保障。

与此同时，一些省市的"作坊式"拆解处理和翻新方式已经形成产业链。这些方法虽然也对废旧电池进行了回收和再利用，但流程工艺大多没有按照危险废物和科学规范来进行管理和实施，回收和处理环节充满安全隐患并以牺牲环境利益为代价，不利于中国的长远发展。

2. 国外现状

日本北海道山区的野村兴产株式会社（简称野村兴产）主要进行一次性废弃电池和废荧光灯的处理，每年从全国收购的废电池占全国废弃电池的 20%，其中 93% 的废旧电池收集于民间组织。野村兴产能够正常运转的关键在于日本的电池工业协会，协会通过与各大厂家协调，获取资金对野村兴产进行补偿和帮助。现在由于日本国内生产的电池已经基本不含汞，回收的重点变为铁和电池中的"黑原料"，并且开发制造二次产品，企业的利润主要是处理前收取的费用和处理后二次产品的价值。

美国有很多家废旧电池回收公司，其中规模最大的是 RBRC 公司，这家公司得到很多家生产电池厂商的赞助，是一家非营利性企业。RBRC 公司设计制作了专用的电池回收箱、带拉链的塑料回收袋以及专门的电池回收标志，将它们分发给各地的电池零售商和社区的垃圾收集站。

9.2.4 电池回收工业的成本分析

废旧电池资源的再生利用不仅能够缓解资源紧张，减少一次资源的开采，还能通过回收利用过程中所得材料的销售收入带来一定的经济效益。东风汽车集团有限公司所建立的经济性评估模型针对动力电池回收过程中投入成本和回收材料产出的收益，以数学模型的形式表达出来，便于经济性的定量化分析[14]。

按成本分析法建立废旧动力电池的收益数学模型可用下式进行表示：

$$B_{Pro} = C_{Total} - C_{Depreciation} - C_{Use} - C_{Tax} \quad\quad (9-3)$$

式中，B_{Pro}——废旧动力电池回收的利润；

C_{Total}——废旧动力电池回收的总收益；

$C_{Depreciation}$——废旧动力电池设备的折旧成本；

C_{Use}——废旧动力电池回收过程的使用成本；

C_{Tax}——废旧动力电池回收企业的税收。

设备的折旧费用采用（美国）财务会计准则（FAS）方法进行计算。FAS 方法可以由以下公式计算，还贷方式为由最初成本（总固定资产）决定的等额还贷。

$$R = C_0 \frac{1}{1-(1+I)^{-n}} \quad\quad (9-4)$$

式中，C_0——总固定资产；

I——利率，定为 10%；

n——有效寿命，一般定为 10 年。

总固定资产通常可以分为直接固定资产和间接固定资产。其中，购买设备、机器、厂房建设、设备安装等成本属于直接固定资产，设计费属于间接固定资产。

废旧动力电池回收和再资源化过程的使用成本主要包括以下几项。

（1）原材料成本，是指动力电池回收企业从众多消费者手中或回收点收购废旧动力电池的费用。

（2）辅助材料成本，是指废旧动力电池回收过程中，使用辅助材料的成本，如酸、碱、萃取剂、沉淀剂和自来水等。辅助材料成本根据废旧动力电池的类型和回收工艺的不同而不同。

（3）燃料动力成本，是指回收过程中设备运行所需的电力、天然气、燃油、水等费用。

（4）设备维护成本，是指保证废旧动力电池回收设备正常运行所投入的维护成本。

（5）环境处理成本，是指为了防止废旧电池回收过程中产生二次污染，实现废旧电池的无害化处置要求，对回收过程中产生的废气、废液和残渣进行处理的费用。

（6）人工成本，用于支付工人的工资。

废旧锂离子和镍氢电池回收处理成本见表 9-6 和表 9-7。

表 9-6　废旧锂离子电池回收处理成本[14]

物料名称		成本/元
原材料	废旧锂离子电池	25000
辅助材料成本	酸碱溶液、萃取剂等	3600
燃料动力成本	电能、天然气等	600
预处理费用	破碎分选	700
废水处理费用	废水排放	370
废弃物处理费用	残渣和灰烬	100
设备费用	设备维护费用	80
人工费用	设备折旧费用	1200
	人工费用	450
缴纳税收费用	缴纳国家税收	1200
	再生材料收益	
再生材料	铜、铝、钢等 镍钴锰氢氧化物 $Ni_{0.5}Co_{0.2}Mn_{0.3}(OH)_2$	35000

注：表中的锂离子电池不含磷酸铁锂电池

表 9-7 废旧镍氢电池回收处理成本[14]

物料名称		成本/元
原材料	废旧镍氢电池	25000
辅助材料成本	酸碱溶液、萃取剂等	32300
燃料动力成本	电能、天然气等	570
预处理费用	破碎分选	700
废水处理费用	废水排放	400
废弃物处理费用	残渣和灰烬	100
设备费用	设备维护费用	80
	设备折旧费用	1200
人工费用	人工费用	450
缴纳税收费用	缴纳国家税收	2800
	再生材料收益	
再生材料	铜、铝、钢等 镍钴锰氢氧化物 $Ni_{0.5}Co_{0.2}Mn_{0.3}(OH)_2$	64900

综上所述，废旧动力电池回收的投入成本的数学表达式如下：

$$C_{Use}=C_{Battery}+C_{Environment}+C_{Material}+C_{Power}+C_{Labor}+C_{Maintenance} \tag{9-5}$$

式中，$C_{Battery}$——原材料成本（收购废旧动力电池的成本）；

$C_{Environment}$——环境处理成本；

$C_{Material}$——辅助材料成本；

C_{Power}——燃料动力成本；

C_{Labor}——人工成本；

$C_{Maintenance}$——设备维护成本。

根据 FAS 方法，可以由以下公式计算设备维护费：

$$C_{Maintenance}=C_{Equipment}×0.5 \tag{9-6}$$

式中，$C_{Equipment}$——设备购买费。

当前，动力锂电池的回收流程主要是：动力电池生产商利用电动汽车生产商完善的销售网络，以逆向物流的方式回收废旧电池。消费者将报废的动力电池交回附近的新能源汽车销售服务网点，依据电池生产商和新能源汽车生产商的合作协议，新能源汽车生产商以协议价格转给电池生产企业，再由电池生产企业进行专业化的回收处理。通常来说，废旧动力电池的回收利用可以分为两个走向：①梯次利用，主要针对容量降低（至80%以下）且无法为电动车提供动力的电池。这种电池本身没有报废，仍可以在别的途径继续使用，如用于电力储能。②拆解回收，对那些电池容量损耗严重，无法继续使用的废旧电池进行拆解后，回收有利用价值的再生资源。

　　在政策、利益、责任等多重动力下，已经有越来越多的企业开始着手于布局动力电池市场的回收网络。除深圳格林美、赣锋锂业等成立专业动力电池回收公司外，包括 BYD、沃特玛、国轩高科、CATL、中航锂电、比克等在内的动力电池企业，均在动力电池回收领域展开了积极的市场布局。除了这种动力电池企业主导的回收方式外，也有企业成立专业的电池回收平台。例如，邦普公司在湖南长沙宁乡投资 12 亿元，设立专业的电池回收工厂。邦普公司副总裁余海军认为，大部分整车厂和电池厂在回收领域存在三方面的问题：首先是不具备电池回收的经验和专业能力；其次是不具备电池回收处理的专业技术装备；最后是回收处理领域与汽车和电池行业相比仅是个很小的微利行业。因此，大多数整车和电池生产企业会选择同邦普公司这样的第三方专业的回收处理机构进行合作，对废旧电池进行专业回收。尽管市场前景不错，但涉足电池回收业务的企业并不多，而涉足其间的企业也多出于责任的考虑，真正能够实现营利的少之又少。

　　通常新能源汽车 5 年左右会面临更换电池的问题，对于高频使用车型，如出租车、公交车等，其换电的需求可能会缩短至 3 年。除此之外，电池回收的责任主体并不明确。虽然工业和信息化部及国家发展和改革委员会等五部委已联合发布了《电动汽车动力蓄电池回收利用技术政策》，首次明确了大致的责任主体（可以理解为：谁产出谁负责，谁污染谁治理），但这也意味着动力生产企业和汽车制造商，在动力电池回收的问题上都有着不可推卸的责任。对动力电池企业来说，它们认为动力电池已经销售给车企，那么回收的费用应当由车企来负责。车企则认为，电池是动力电池企业生产的，车企不过是使用方，即便回收也应由双方共同承担这笔费用。然而，在当前动力电池回收前期投入大，技术不成熟的情况下，电池企业和新能源车企均不愿担起电池回收的责任。因此，不少车企表示将退役的动力电池交给第三方回收利用机构处理。他们具有技术优势和经验，不失为处理退役电池的好归处。

　　据了解，目前市场上具备回收和利用资质的企业为数不多，且由于各个动力电池企业产品各异，暂时还没有一个可对所有动力电池均行之有效的检测方式，给检测过程也带来了一定的难度。对于动力电池行业来说，虽然回收利用工程有诸多复杂性，短期内营利比较困难，但是随着越来越多的电池即将退役，电池回收也将形成 100 亿元人民币级的市场规模。提前布局动力电池回收，不仅是为了延长电池使用寿命，也是为企业创造新的利润增长极。不可否认，动力电池回收将迎来快速的成长期。

　　因此，工业上建立电池回收体系是可行的。我国完全可以借鉴他国经验，结合自身国情，健全电池回收网络，同时进一步改进工业上可行的电池处理技术，在国家的调控与补助下，率先发展一批电池处理企业，使其发挥领头作用，让电池回收这个行业逐步发展壮大，以解决废旧电池污染的问题，为我国的可持续发展、绿色发展、又好又快发展打下坚固的基础。

9.3　锂离子电池回收的市场可行性

锂离子电池的回收是否能够做到成熟化、产业化，不仅仅取决于技术层面的支持、工业方面的可行性，还取决于市场可行性。对锂离子电池回收行业市场可行性的分析，可以判断其在经济上是否合理，在财务上是否营利，为投资决策提供科学依据，这对项目具有十分重要的作用。对锂离子电池回收过程的市场可行性分析主要包括四部分：动力电池回收供给与需求平衡、动力电池回收市场规模与空间、宏观政策支持、未来动力电池回收市场趋势。

相关机构预计，到 2020 年将会有超过 20 万 t 动力电池报废，然而从废旧动力锂电池中回收钴、镍、锰、锂、铁和铝等金属所创造的回收市场的规模也将超过 100 亿元，形成新的利润市场[15]。2017 年 1 月底，由工业和信息化部、商务部、科学技术部联合印发的《关于加快推进再生资源产业发展的指导意见》（简称《指导意见》）中，将新能源动力电池回收利用问题列入重大试点示范工程，重点围绕京津冀、长三角、珠三角等新能源汽车发展集聚区域，选择若干城市开展新能源汽车动力蓄电池回收利用试点示范。据了解，这也是国家首次针对动力电池回收所进行的试点工作。《指导意见》还提到，动力电池回收利用需要通过物联网、大数据等信息化手段，建立可追溯管理系统，支持建立普适性强、经济性好的回收利用模式，开展梯级利用和再利用技术研究、产品开发及示范应用。尽管政策指向明确，企业踊跃参与，有关动力电池的回收利用的体系却没有很好地建立起来。研究数据表明，2016 年内实际进入拆解回收的动力电池不足 1 万 t，超过 80% 的报废电池仍然滞留在车企手上。业内人士分析，动力电池回收利用的技术细则以及相应的经济问题尚未得到解决，导致动力电池回收利用的进展相当缓慢。国内从事废旧电池回收处理的典型企业主要有：深圳市格林美高新技术股份有限公司、江门市长优实业有限公司、邦普循环科技有限公司，其再生产品主要以电池正极前驱体材料为主，实现了从废旧电池到新电池产品的循环再生。

9.3.1　动力电池回收供给与需求平衡

对日益增长的废旧锂离子电池回收最主要的原因有两点：一是废电池中含有大量有价成分，特别是正极材料中包含高纯度的金属和金属氧化物，若是将其随意弃置，将造成资源的极大浪费；二是废旧锂离子电池的不当处理将造成环境污染[16]。大量的退役电池将对环境带来潜在威胁，尤其是动力电池中的重金属、电解质、溶剂以及各类有机物辅料，如果不经合理处置而废弃，将会对土壤、水源等造成巨大危害，且修复过程时间长、成本高昂。回收和恢复废旧锂离子电池的主要组成成分是一种防止环境污染和资源消耗的有益方法[17]。如今世界各国对环境保护的重视程度越来越高，环境处理刻不容缓，回收电池作为对环境友好的一大行业，更是肩负着重大的责任，因此，我国的环境压力和回收动力电池的巨大需求量使动力电池回收迫在眉睫。

2000 年，世界范围内生产的锂离子电池大约是 5 亿只，在此基础上，锂离子电池每年报废 200～500t，其中包括 5%～15%的钴和 2%～7%的锂。2000～2010 年全球锂离子电池的增长率为 800%，到 2020 年由于动力电池与储能电池的大力发展，锂离子电池的产量规模可达万亿元。电动汽车产业的大力推进，将有更大量的废弃锂离子电池产生，预计到 2020 年可以超过 250 亿只，重量超过 50 万 t[18]。

中国作为一个人口众多的发展中国家，锂离子电池的产量占比极大。2014年，中国锂离子电池的产量为 52.87 亿只，约占全球总产量的 70%；2015 年达到 56 亿只，同比增长 3.13%，动力锂离子电池总产量增加到 15.7GW·h，是 2014年产量的 3 倍；2016 年，锂离子电池产业延续了此前快速发展的势头，增长部分主要为动力锂离子电池。近年来，我国新能源汽车行业发展迅速，电动汽车产销量正快速增长。据统计，2016 年我国新能源汽车产量达 51.7 万辆，销售量达 50.7 万辆，2017 年全年新能源汽车产量 77.6 万辆，销售量达到 77.9 万辆[19]。截至 2018 年 8 月，我国新能源汽车累计产量超过 234 万辆，累计装配动力电池超过 106GW·h，其中，锂电池的预计报废量及市场空间在动力电池中占比极大。对装机量排在前列的磷酸铁锂、三元锂电池进行测算，统计结果显示：2018 年，磷酸铁锂电池安装量为 21.6GW·h，三元锂电池安装量为 30.7GW·h（图 9-3）；预计到 2025 年，磷酸铁锂电池安装量为 24.2GW·h，三元锂电池安装量为 448.4GW·h。

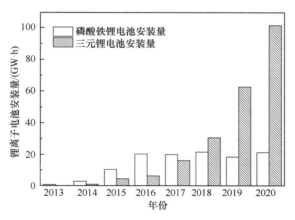

图 9-3　2013～2020 年中国主要动力电池安装量情况[19]

世界各国纷纷出台政策推动新能源汽车的发展，电动汽车替代燃油汽车已经成为全球共识，发展电动汽车将是大势所趋。受电池使用寿命的限制，未来几年将有大量动力电池报废。根据相关标准，电池能量应在衰减至原值的 70%～80%时更换。磷酸铁锂电池循环寿命可达到 2000 次左右，由于磷酸铁锂电池目前多用于商用车及客车，其日行驶里程通常较多，因此其使用寿命一般在 5 年左右。三元锂电池循环使用寿命约 1500 次，实际使用时完全充放电循环在 800 次以上，按照 1 次完整循环可以行驶 180km 计算，800 次循环能够行驶 14.4 万 km，保守估计可达 9 万～10 万。以我国私家车年平均行驶里程约 1.6 万 km 计算，三元锂电池组的使用寿命约在 6 年，而私人乘用车平均报废年限在 12～15 年，因此，三元锂电池在汽车使用寿命周期内至少报废 1 次。

早期投入市场的新能源汽车动力电池已开始陆续进入退役期，2012～2014 年生产的动力电池在 2018 年大范围失效，从 2018 年起首轮大规模的动力电池报废期已经到来。到 2020 年底，报废量将达到 20 万 t，累计报废量 50 万 t，2024 年前后，动力电池报废量将达到 34 万 t，累计报废量将达到 116 万 t。预计到 2025年，电池报废量为 111.7GW·h，其中，磷酸铁锂电池报废量为 10.3GW·h，三元锂电池报废量为 101.4GW·h（表 9-8）。

表 9-8　2013～2025 年中国动力电池产品报废预计情况[19]　　（单位：GW·h）

年份	磷酸铁锂电池报废量	三元锂电池报废量	电池报废量
2013	0.003	0.00	0.003
2014	0.22	0.00	0.22
2015	0.31	0.00	0.31
2016	0.42	0.00	0.42
2017	0.54	0.00	0.54
2018	1.2	0.00	1.2
2019	4.4	0.90	5.3
2020	8.5	4.4	12.9
2021	8.4	6.3	14.7
2022	9.1	16.2	25.3
2023	7.8	30.7	38.5
2024	9	62.6	71.6
2025	10.3	101.4	111.7

从 2008 年我国首批纯电动客车在北京奥运会上投入使用以来，国内电动汽车行业就得到了快速发展。据统计，2009～2016 年我国生产新能源汽车数量累计达到 100 万辆，到 2016 年底动力电池报废量为 2 万～4 万 t，除去 2012 年以前生产的电池没有专业的生产线，电池一致性较差，不具有梯次利用价值，以及梯次利

用价值较低的三元电池外，也将有 1.5 万～3.2 万 t 的退役电池可梯次利用于其他领域。而统计数据显示[20]，2016 年我国梯次利用电池量不到 0.15 万 t，即大部分废旧电池的电能未能得到充分利用。随着电网储能、低速电动车、移动电源等领域的快速发展，我国市场对退役电池的需求量逐步增大。动力锂离子电池报废市场已经开始形成，回收市场的规模将进一步增长。

9.3.2　动力电池回收市场规模与空间

2018 年，动力电池回收市场规模为 4.32 亿元。随着新能源汽车行业的不断扩大，动力电池回收市场空间巨大，据估算，若将 2020 年退役的动力电池得到充分利用，回收市场将达到 80 亿～100 亿元收入。预计到 2025 年，动力电池回收市场规模将达到 203.71 亿元，其中，磷酸铁锂梯次利用价值将达到 25.75 亿元，三元锂电池回收拆解价值将达到 177.96 亿元。梯次利用未来将以基站通信与储能应用为主，从磷酸铁锂与三元电池的属性看，磷酸铁锂更适合梯次利用。假设梯次利用市场均使用磷酸铁锂报废电池，按照 70%的退役容量及 60%的梯次利用成组率，2019～2025 年预计合计可用磷酸铁锂梯次电池容量 58 GW·h。梯次利用电池回购价格约为新电池的 30%，2018 年磷酸铁锂电池组价格在 1.1～1.2 元/（W·h），计算梯次利用电池回购价格在 0.33～0.36 元/（W·h），考虑车企补贴退坡及电池行业产能释放，动力电池存在降价趋势，梯次利用电池回购价格也有望相应下降。假设回购价格每年下降 5%，2019～2020 年梯次利用市场空间共计 47 亿元，到 2025年累计市场空间将达到 171 亿元[19]。

三元电池回收有价金属主要是镍、钴、锰、锂等，质量占比分别为 12%、5%、7%、1.2%。根据《新能源汽车废旧动力蓄电池综合利用行业规范条件》，湿法冶炼条件下，镍、钴、锰的综合回收率应不低于 98%；火法冶炼条件下，镍、稀土的综合回收率应不低于 97%。测算湿法回收下，假设金属价格不变，2019～2025年镍、钴、锰、锂等金属回收市场空间约 436 亿元。随着近几年钴、镍、锰、锂等材料价格的上涨，在未来电池单体成本中，三元材料电池正极材料占比将呈现急剧上升状态，而废旧动力电池内含有大量贵重金属，若将有价值金属提取出来应用于电池再制造，将会获得较大收益。本章主要对物理回收工艺、湿法回收工艺及火法回收工艺的市场空间进行分析。

1. 物理回收工艺

陶志军和贾晓峰[21]通过对北京赛德美动力电池回收产业的调研，发现动力电池回收过程中，成本主要集中在原材料回收、电池拆解预处理、废水废弃物处理、人工费用等阶段，表 9-9 为每吨废旧电池回收处理成本。其中，废旧三元电池平均回收费用为 8900 元/t，经过梯次利用之后且质量较差的磷酸铁锂电池平均回收费用为 4000 元/t。从调研数据可以看出，回收及拆解每吨三元电池的平均成本为13264 元，回收及拆解每吨磷酸铁锂电池的平均成本为 8364 元，动力电池内富含的大量的有价金属是电池回收主要的收益来源，特别是近年来镍、钴、锰、锂等金属材料价格的上涨对动力电池拆解回收领域起到了巨大的促进作用。表 9-10 为三元材料电池拆解回收效率及收益。每吨三元材料电池经拆解后回收有价值金属和材料的平均收益为 16728 元。此外，经过调研，对磷酸铁锂电池拆解收益情况也进行了分析，磷酸铁锂电池拆解回收效率及收益如表 9-11 所示。拆解每吨磷酸铁锂电池回收有价金属和材料的收益约为 7703 元。从前面分析数据可以看出，采用物理法回收每吨三元材料电池的拆解成本为 13264 元，通过销售拆解后得到的有价值材料获得的收益为 16728 元，因此，拆解回收每吨三元电池可盈利 3464元；而每吨磷酸铁锂电池拆解成本为 8364 元，收益为 7703 元，因此拆解回收每吨磷酸铁锂电池将亏损 661 元。

表 9-9　每吨废旧电池回收处理成本[21]　　　　　　（单位：元/t）

项目	物料名称	成本
原材料回收价格	废旧磷酸铁锂电池	4000
	废旧三元电池	8900
辅助材料成本	酸碱溶液、萃取剂、修复材料等	200
单体电池拆解费用	破解分选	1000
副产品回收费用	残渣废弃物	500
电解液回收费用	电解液、废水	200
设备费用	设备维护及折旧费用	400
运输费用	平均运输费用	500
平均人工费用		1564

表 9-10　三元材料电池拆解回收效率及收益[21]

材料名称	回收率/%	每吨废旧电池可回收质量/kg	收益价值/元
正极材料（镍、钴、锰、锂等）	90	333.9	13189
负极材料	90	188.7	151
正极铝箔	90	45.8	321
负极铜箔	90	83.3	2083
正极导电柱	95	28	280
负极导电柱	95	12.4	372
隔膜	95	40.6	81
铝合金外壳	98	36	252

表 9-11　磷酸铁锂电池拆解回收效率及收益[21]

材料名称	回收率/%	每吨废旧电池可回收质量/kg	收益价值/元
正极材料	90	212	5000
负极材料	90	160	120
正极铝箔	90	45.8	300
负极铜箔	90	83.3	1450
正、负极导电柱	95	51	500
隔膜	95	40	81
铝合金外壳	98	36	252

2. 湿法回收工艺

湿法回收工艺的成本主要来源于原材料回收成本、废水废弃物处理等方面，表 9-12 为每吨废旧电池湿法回收工艺处理成本。湿法回收工艺每处理一吨三元电池的平均成本为 14815 元，每处理一吨磷酸铁锂电池的平均成本为 9915 元。此外，采用湿法回收工艺对电池有价值材料回收的效率较高，因此收益情况也更明显。表 9-13 和表 9-14 为材料电池和磷酸铁锂电池湿法回收工艺回收效率及收益。通过以上数据，得到采用湿法回收工艺回收每吨三元电池的平均收益为 18073 元，回收每吨磷酸铁锂电池的平均收益为 8220 元。因此，采用湿法回收工艺每回收一吨三元电池将盈利 3258 元，每回收一吨磷酸铁锂电池将亏损 1695 元。

表 9-12　每吨废旧电池湿法回收工艺处理成本[21]　　（单位：元/t）

项目	物料名称	成本
原材料回收价格	废旧磷酸铁锂电池	4000
	废旧三元电池	8900
辅助材料成本	酸碱溶液、萃取剂等	1060
单体电池拆解费用	破解分选	850
电解液回收费用	废弃物、电解液、废水处理等	990
设备费用	设备维护及折旧费用	365
运输费用	平均运输费用	500
平均人工费用		2150

3. 火法回收工艺

火法回收工艺需要将预处理之后的电极材料在电弧炉内高温处理，且处理过程中会产生大量的废气及废渣[22]，因此，火法回收工艺的成本主要来源于原材料回收、燃料动力及废气废渣处理等方面，表 9-15 为每吨废旧电池回收工艺处理

表 9-13   三元材料电池湿法回收工艺回收效率及收益[21]

材料名称	回收率/%	每吨废旧电池可回收质量/kg	收益价值/（元/t）
正极材料（镍、钴、锰、锂等）	94	348.74	13775
负极材料	94	197	158
正极铝箔	93	47.33	331
负极铜箔	93	86.1	2152
正极导电柱	96	28.2	282
负极导电柱	96	12.53	376
隔膜	93	39.75	79
铝合金外壳	98	36	252

表 9-14   磷酸铁锂电池湿法回收工艺回收效率及收益[21]

材料名称	回收率/%	每吨废旧电池可回收质量/kg	收益价值/（元/t）
正极材料	98	230.8	5444
负极材料	95	168.9	127
正极铝箔	93	47.3	310
负极铜箔	93	86	1498
正、负极导电柱	97	52	510
隔膜	93	39	79
铝合金外壳	98	36	252

表 9-15   每吨废旧电池火法回收工艺处理成本[21]   （单位：元/t）

项目	物料名称	成本
原材料回收价格	废旧磷酸铁锂电池	4000
	废旧三元电池	8900
辅助材料成本	燃料动力电源等	900
单体电池拆解费用	破解分选	900
环境处理费用	电解液、废气废渣处理等	800
设备费用	设备维护及折旧费用	390
运输费用	平均运输费用	500
平均人工费用		2000

成本。从调研数据可以看出，火法回收工艺每处理一吨三元电池的平均成本为 14390 元，每处理一吨磷酸铁锂电池的平均成本为 9490 元。此外，三元材料电池和磷酸铁锂电池火法回收工艺回收效率及收益如表 9-16 和表 9-17 所示。从以上数据可以得知采用火法回收工艺回收每吨三元电池的平均收益为 17405 元，回收每吨磷酸铁锂电池的平均收益为 7994 元。因此，采用火法回收工艺每回收一吨三元电池将盈利 3015 元，每回收一吨磷酸铁锂电池将亏损 1496 元。

表 9-16　三元材料电池火法回收工艺回收效率及收益[21]

材料名称	回收率/%	每吨废旧电池可回收质量/kg	收益价值/（元/t）
正极材料（镍、钴、锰、锂等）	94	348.74	13775
负极材料	94	197	158
正极铝箔	93	47.33	331
负极铜箔	93	86.1	2152
正极导电柱	96	28.2	282
负极导电柱	96	12.53	376
隔膜	93	39.75	79
铝合金外壳	98	36	252

表 9-17　磷酸铁锂电池火法回收工艺回收效率及收益[21]

材料名称	回收率/%	每吨废旧电池可回收质量/kg	收益价值/（元/t）
正极材料	94	230.8	5222
负极材料	94	167.1	125
正极铝箔	93	47.3	310
负极铜箔	93	86	1498
正、负极导电柱	96	51.5	505
隔膜	96	40.4	82
铝合金外壳	98	36	252

　　从电池材料回收效率来看，化学回收工艺对材料的回收效率较高，其中湿法回收工艺的回收效率要高于其他两种回收工艺。此外，目前电池正极材料的成本呈现逐年上涨的趋势，特别是三元材料电池内的钴金属，由于我国产量较少，大部分依赖进口[23]，因此动力电池对这类材料的需求量增多，势必会造成电池材料成本大幅度上涨。此时，动力电池回收将产生更大的盈利空间，而湿法回收工艺对于各材料回收效率高，将具有更强的竞争力，呈现出广阔的盈利前景。通过分析，提高动力电池拆解回收利润，可通过提高回收电池材料的效率来获取。此外，采用全自动生产线的方法，减轻工人劳动力，也可以减少拆解电池的成本支出。在各地合理地布置电池回收点，将废旧电池集中运输到拆解工厂，可以大大减小运输成本，从而提高动力电池回收的盈利状况。

9.3.3　动力电池回收市场的宏观政策支持

　　中国动力电池回收体系不断完善，且明确了动力电池回收责任主体，各城市对电池回收利用政策也进行了积极探索，但在落实方面仍有差距。

　　2012 年，国务院在《节能与新能源汽车产业发展规划（2012—2020）》中明确规定，要加强动力电池梯级利用和回收管理。制定动力电池回收利用管理办法，建立动力电池梯级利用和回收管理体系，明确各相关方的责任、权利和义务。2014年7月，国务院办公厅在《关于加快新能源汽车推广应用的指导意见》中提出要研究制定动力电池回收利用政策，探索利用基金、押金、强制回收等方式促进废旧动力电池回收，建立健全废旧动力电池循环利用体系。

2016年以来，工业和信息化部相继出台了《电动汽车动力蓄电池回收利用技术政策（2015年版）》《新能源汽车废旧动力蓄电池综合利用行业规范条件》和《新能源汽车废旧动力蓄电池综合利用行业规范公告管理暂行办法》3项文件，明确废旧电池回收责任主体，加强行业管理与回收监管。

为鼓励生产企业回收动力电池，不少地方政府也在积极探索。2014年上海市发布《上海市鼓励购买和使用新能源汽车暂行办法》，要求车企回收动力电池，政府给予1000元/套的奖励。

2015年深圳发布《深圳市新能源汽车推广应用若干政策措施的通知》，要求制定动力电池回收利用政策，由整车制造企业负责新能源汽车动力电池强制回收，并由整车制造企业按照每千瓦时20元专项计提动力电池回收处理资金，地方财政按照经审计的计提资金额给予不超过50%比例的补贴，建立健全废旧动力电池循环利用体系。

2018年2月26日，工业和信息化部、科学技术部、环境保护部等部门印发《新能源汽车动力蓄电池回收利用管理暂行办法》的通知，旨在加强新能源汽车动力蓄电池回收利用管理，规范行业发展。该办法自2018年8月1日实施。《新能源汽车动力蓄电池回收利用管理暂行办法》鼓励汽车生产企业、电池生产企业、报废汽车回收拆解企业与综合利用企业等通过多种形式，合作共建、共用废旧动力蓄电池回收渠道。动力电池目前的回收来源主要是汽车维修企业、电池生产企业以及报废汽车拆解企业，电池企业与整车厂一般只针对自己生产的电池类型建立回收渠道，而专业第三方回收企业在回收渠道的布局更为全面。

9.3.4　未来动力电池回收市场趋势

1. 中国动力电池回收行业价格走势

动力电池回收利用技术的进步为电池厂和主机厂提供了新的原料供应渠道，成为促使电池成本下降的重要途径。当前包括宝马、大众、本田、丰田、日产、优美科、Fortum等企业都在积极开展电池回收利用，从中获取有价值的钴、锂等电池原料。随着动力电池回收技术的不断进步，动力电池回收价格将会逐渐降低（图9-4），预计到2025年，磷酸铁锂电池梯次利用价格将下降到0.25元/(W·h)，三元锂电池梯次利用价格将下降到0.18元/(W·h)。

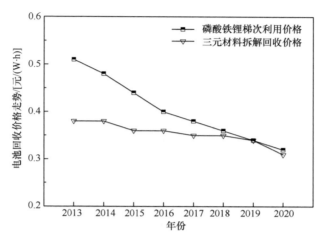

图 9-4　2013～2020 年中国动力电池回收行业价格走势[19]

在退役动力电池梯次利用领域，退役磷酸铁锂电池作为梯次利用电池的主要来源，当电池循环寿命高于 400 次时，开始产生盈利，随着未来电池技术的成熟，动力电池的退役循环寿命必将呈现增长态势，因此，磷酸铁锂电池的梯次利用将有更广阔的盈利前景；在报废动力电池拆解回收方面，目前三元电池的物理回收工艺具有较高的收益，而磷酸铁锂的拆解回收仍处于亏损状态，据预测，2020 年底市场上累计报废动力电池量将达到 50 万 t，按三元电池占 35%，磷酸铁锂电池占 65% 来算，在回收效率及成本基本不变的情况下，通过拆解回收这两类动力电池，也将产生 4 亿元的纯利润。目前，主流锂电池回收工艺以湿法工艺和高温热解为主，且很大一部分已经投入到了工业生产阶段，当前回收效率更高也相对成熟的湿法回收工艺正日渐成为专业化处理阶段的主流技术。随着电池正极材料价格的上涨，湿法回收工艺具有较大的材料回收效率，因此，湿法回收工艺在三元电池回收方面呈现出较大盈利潜力，而对于磷酸铁锂电池的回收，选择物理回收工艺更为合适。此外，将磷酸铁锂电池退役后梯次利用和拆解回收结合起来看，不难发现，磷酸铁锂电池退役后的再循环利用也处于盈利状态。随着我国新能源汽车行业的快速发展，未来将有大量动力电池退役和报废，若将这些电池得到充分循环利用，动力电池回收市场将具有更广阔的经济前景。

2. 退役动力电池梯次利用未来发展领域

1）退役动力电池在通信基站领域的梯次利用

随着我国通信技术的快速发展，通信基站对电池的需求量也逐年上升，而通信基站对电池寿命和安全性又有较高要求。考虑铅酸电池成本低，目前我国通信基站多采用铅酸电池作为备用电源，而锂离子电池在循环寿命、能量密度、高温性能等方面具有比铅酸电池更大的优势，此外，退役动力电池在成本上又大幅度下降，特别是磷酸铁锂电池退役后仍在各方面表现出很强优势，因此将退役磷酸铁锂电池应用在通信基站领域，具有很大优势。

目前，铅酸电池的循环寿命为 400～600 次，能量密度 40～45 W·h/kg，市场价格约为 10000 元/t。磷酸铁锂电池的循环寿命可达 4000～5000 次，成组之后循环寿命虽有一定下降，但也可以达到 1000～2000 次，即使在汽车上退役下来的动力电池，容量低于 80%，但重组之后的循环次数也在 400～1000 次。此外，随着技术的成熟，电池循环次数也将不断提升。根据调研数据，目前市场上回收的磷酸铁锂电池价格随电池的性能差别很大，在 4000～10000 元/t 不等。以剩余能量密度 60～90 W·h/kg 且具有较高使用价值的磷酸铁锂电池为例，此类电池若要得到梯次利用，必须对回收的电池进行拆包、检测及重组处理，最终得到一致性较好的梯次电池，将电池回收费用、预处理费用、检测重组费用及人工费用加起来为 10000～16000 元/t，此类梯次电池再循环寿命约为 400 次。若将循环寿命为 500 次、能量密度为 40 W·h/kg、市场价格为 10000 元/t 的铅酸电池的性价比视为 1，则具有 400 次循环寿命、能量密度为 60 W·h/kg 的梯次重组磷酸铁锂电池的性价比约为 1.2，以此可得到铅酸电池和梯次利用磷酸铁锂电池对比数据。由对比数据可知，梯次利用电池随着循环寿命的增加，性价比将得到快速增长，当梯次利用电池循环寿命大于 400 次时，开始产生较大盈利。就我国铁塔基站而言，单座基站约需要备用电池容量 30 kW·h，按照车用动力电池容量低于 80%退役及低于 60%报废来算，需要约 60 kW·h 的退役动力电池，相当于一辆纯电动乘用车的动力电池容量。为保证重组电池的一致性，可将同一辆纯电动汽车退役下来的动力电池模组进行单个或多个重组，重组后的电池模块即可满足铁塔基站的供电需求。若检测到一个模组出现问题，对此模组进行单独替换即可解决电池模块一致性的问题，有效地避免了退役动力电池一致性差的难题。

2）退役动力电池在低速电动车领域的梯次利用

近年来，我国低速车领域也发展迅速，2016 年低速车新增 150 万辆，保有量达到 300 万辆；三轮车新增 900 万辆，保有量达到 6000 万辆。面对前景广阔的低速车市场，若将电动汽车上退役下来的动力电池用于低速车领域，将获得较快发展。

北京萝卜科技有限公司从 2016 年开始将退役电池应用于低速车领域，目前主要在快递车上得到较大应用。截至 2017 年 9 月共在余杭等地的 210 个快递点投放了 1300 台低速快递车。据统计，将退役电池应用于低速车每千瓦时成本约 650 元，收入在 350 元左右，收益远远大于铅酸电池在低速车上的应用。由数据分析，若将退役电池合理地梯次应用于低速电动车领域，也将产生巨大利润，有很好的经济性。

3. 动力电池梯次利用商业模式发展情况举例

在政策、利益、责任等多重动力下，越来越多的动力电池生产及回收处理企业开始与汽车厂商合作着手布局动力电池回收体系建设。2017 年以来，多家新能源汽车产业链企业开始布局电池回收利用领域。目前，中国铁塔、重庆长安、比亚迪、银隆新能源、沃特玛、国轩高科、桑顿新能源等 16 家企业已签订了新能源汽车动力蓄电池回收利用战略合作伙伴协议，有效推动了产业链上下游一体化合作，加强了协同创新，共谋发展。此外，骆驼股份、比亚迪、宁德时代、华友钴业、国轩高科、中航锂电等锂电材料企业和电池生产企业，均在动力电池回收领域中展开了布局。

据工业和信息化部介绍，现阶段新能源汽车动力蓄电池回收体系建设存在两种模式：一种是以汽车生产企业为主导，由其利用销售渠道建设退役电池回收体系，回收退役电池移交综合利用企业处理或与其合作共同利用电池剩余价值；另一种是，在回收的战略布局上，车企单打独斗者非常少，普遍趋势是选择与第三方回收企业或者电池企业“抱团”合作。当前从新能源汽车上退役下来的动力蓄电池量还较少，对其梯次利用大部分处于试验示范阶段，主要集中在备电、储能等领域，其中不少企业已经摸索出一些商业模式，同时技术创新方面也有所进展[24]。

1）北汽新能源

北京汽车股份有限公司（简称北汽）是国内率先提出电池置换业务的企业，2016 年开始至 2017 年底，回收置换车辆已超过 1000 辆。同时，北汽已经投资一家公司，在河北建设了电池梯次利用及电池无害化处理和稀贵金属提炼工厂，将锂电池通过物理和化学方法对其中的主要成分重新提纯、回收利用等。

2017 年 11 月，北汽新能源还发布了“擎天柱计划”：到 2022 年，擎天柱计划预计将投资 100 亿元人民币，在全国范围内建成 3000 座光储换电站，累计投放换电车辆 50 万台，梯次储能电池利用超过 5 GW·h。目前的换电站采用“换电+储能+光伏”的智能微网系统，由退役电池回收而来的储能设备，利用光伏发电、国家电网峰谷电等为车辆供电。

2018 年 5 月 8 日，北汽鹏龙与格林美签署了《关于退役动力电池回收利用等领域的战略合作框架协议》。双方将在共建新能源汽车动力电池回收体系、退役动力电池梯次利用、废旧电池资源化处理、报废汽车回收拆解及再生利用等循环经济领域以及新能源汽车销售及售后服务等领域展开深度合作。2018 年 11 月 12 日，北汽鹏龙与光华科技股份有限公司（简称光华科技）签订合作协议，双方将在退役动力电池梯次利用和废旧电池回收处理体系等业务上开展合作，发挥各自优势，共建面向社会公众的废旧动力电池回收网络体系。北汽鹏龙将分别入资光华科技旗下全资子公司珠海中力新能源科技有限公司和珠海中力新能源材料有限公司。

2）威马汽车

威马汽车是全国第一批进行回收服务网点信息申报的整车企业，第一批次（合计 26 个）回收服务网点信息申报工作已完成，并纳入回收利用体系建设工作中。目前"威马汽车电池溯源上传系统"已经建立，完成了国家平台联调对接并已投入使用。2018 年 11 月初，威马汽车与中国铁塔股份有限公司（简称中国铁塔公司）签署了战略合作协议，双方将在电池梯度利用、电池回收等方面展开合作。2019 年初，威马汽车与科陆电子科技股份有限公司签署动力电池回收利用战略合作协议，双方约定在全国范围内推动梯次电池储能系统应用，并将于后期开展储能项目运营。

3）奇瑞万达

2019 年 2 月，奇瑞万达贵州客车股份有限公司与光华科技签署合作协议，双方将在废旧电池回收处理以及循环再造动力电池材料等业务上开展合作：奇瑞万达将其符合光华科技回收标准的废旧电芯、模组、极片、退役动力电池包交由公司处置，共同建立废旧动力电池回收网络，保证废旧动力电池有序回收与规范处理。

4）广西华奥汽车

2018 年 11 月 20 日，广西华奥汽车制造有限公司（简称广西华奥）与光华科技签署了《关于废旧动力电池回收处理战略合作协议》。根据协议，双方将在废旧动力电池回收领域开展合作，广西华奥将其符合相关回收标准的废旧电芯、模组、极片、退役动力电池包交由光华科技处置，共同建立废旧动力电池回收网络，保证废旧动力电池有序回收与规范处理。

5）比亚迪

比亚迪股份有限公司（简称比亚迪）与格林美在 2015 年 9 月达成合作，共同构建"材料再造—电池再造—新能源汽车制造—动力电池回收"的循环体系。2018 年 1 月其与中国铁塔公司签订新能源动力蓄电池回收利用战略合作伙伴协议。此外，比亚迪自身也早就开始了动力电池回收工作。在回收过程中，比亚迪主要采用委托授权经销商来回收废旧动力电池。当有客户要求或报废车辆需要更换动力电池时，经销商会将更换的动力电池运送到比亚迪宝龙工厂进行初步检测。如果废旧电池可以继续使用，这些电池可能会继续应用在家庭储能或基站备用电源等领域。另外，比亚迪也会对动力电池电解液进行回收。

6）上汽集团

2018 年 3 月，上汽集团与宁德时代签署战略合作谅解备忘录，探讨共同推进新能源汽车动力电池回收再利用。2019 年 1 月 10 日，上汽通用五菱汽车股份有限公司（简称上海通用）与鹏辉能源签署战略合作协议，双方将在新能源汽车电池动力领域开展深度合作。根据协议，双方将发挥自身资源优势，共同开发及生产相关梯次利用产品。上汽通用还和格林美、赛德美动力科技有限公司、上海华东拆车股份有限公司、河南沐桐环保产业有限公司等企业合作共建回收网点。

7）长安汽车

2018 年 1 月，重庆长安、比亚迪、银隆新能源等 16 家整车及电池企业与中国铁塔公司，就新能源汽车动力蓄电池回收利用签署战略合作伙伴协议。

8）广汽新能源

广汽新能源智能生态工厂自建的动力电池储能场可将动力电池回收后梯次利用，存储富裕电能，一期储能能力达 1000kW·h，真正实现了可持续发展。

9）天际汽车

2019 年 1 月 16 日，天际汽车与华友循环科技有限公司签署战略合作协议，双方今后将结为长期战略合作伙伴，在新能源汽车动力电池梯次利用和材料回收领域不断深化合作。

10）南京金龙

2018 年 11 月 19 日，南京金龙客车制造有限公司与光华科技签署了《关于废旧动力电池回收处理战略合作协议》。双方将在废旧电池回收以及循环再造动力电池材料等业务上开展合作，打造"报废电池与电池废料—电池原料再造—动力电池材料再造"的供应链合作模式。

9.4　锂离子电池回收技术的效益成本核算分析

本章从电池回收的经济性、工业可行性和市场可行性三个方面，对锂离子动力电池回收理论研究和产业现状进行了简要说明。

从经济性分析过程可见对于新兴的三元材料为主的锂离子动力电池，由于其含有的贵重金属含量较多，回收的经济价值较大，而磷酸铁锂的锂离子动力电池由于其原料制备价格相对低廉，正极材料回收经济价值不高。我国的动力电池回收仍处于起步阶段，相较于美国完善的政策体系和企业规模仍存在一定的差距。

许多学者针对我国动力电池回收工业的规模化、产业化，对动力电池的收集、运输过程及回收处理过程中产生的问题提出了多种解决方案，推动着动力电池回收产业整体向前发展。尽管我国动力电池回收相关政策还有待落实，但从动力电池回收的需求情况、动力电池回收具有的潜在市场规模与市场空间，以及现有的回收动力电池用作储备能源的营利模式来看，动力电池回收市场规模在未来一定时期仍将呈现上升趋势。

参 考 文 献

[1] 黎华玲, 陈永珍, 宋文吉. 锂离子动力电池的电极材料回收模式及经济性分析[J]. 新能源进展, 2018, 6(6): 47-53.

[2] 丁辉. 美国动力电池回收管理经验及启示[J]. 环境保护, 2016, (22): 69.

[3] 李雪早. 新能源汽车动力电池回收利用浅析[J]. 汽车维护与修理, 2018, 335(19): 7-15.

[4] 王国志, 刘春梅. 基于模糊评价法的制造型企业逆向物流模式选择研究[J]. 物流工程与管理, 2014, (7): 104-107.

[5] 任鸣鸣, 仝好林. 基于模糊综台评价的 EPR 回收模式选择[J]. 统计与决策, 2009, (15): 44-46.

[6] Abdulrahman M D , Gunasekaran A , Subramanian N . Critical barriers in implementing reverse logistics in the Chinese manufacturing sectors[J]. International Journal of Production Economics, 2014, 147: 460-471.

[7] Ravi V , Shankar R , Tiwari M K . Analyzing alternatives in reverse logistics for end-of-life computers: ANP and balanced scorecard approach[J]. Computers & Industrial Engineering, 2005, 48(2): 327-356.

[8] Golebiewski B , Trajer J , Jaros M , et al. Modelling of the location of vehicle recycling facilities: a case study in Poland[J]. Resources, Conservation and Recycling, 2013, 80: 10-20.

[9] 姚海琳, 王昶, 黄健柏, 等. EPR 下我国新能源汽车动力电池回收利用模式研究[J]. 科技管理研究, 2015, 35(18): 84-89.

[10] 谢英豪, 余海军, 欧彦楠, 等. 回收动力电池商业模式研究[J]. 电源技术, 2017, 41(4):644-646.

[11] 黎宇科, 周玮, 黄永和. 建立我国新能源汽车动力电池回收利用体系的设想[J]. 资源再生, 2012, (1): 28-30.

[12] 朱凌云, 陈铭. 废旧动力电池逆向物流模式及回收网络研究[J]. 中国机械工程, (15): 1828-1836.

[13] 唐艳芬, 高虹. 国内外废旧电池回收处理现状研究[J]. 有色矿冶, 2007, 23(4): 50-52.

[14] 黎宇科, 郭淼, 严傲. 车用动力电池回收利用经济性研究[J]. 汽车与配件, 2014, (24): 48-51.

[15] 佚名. 动力电池回收将形成 100 亿级市场规模[J]. 电源世界, 2017, (5): 5.

[16] Meshram P , Abhilash, Pandey B D , et al. Acid baking of spent lithium ion batteries for selective recovery of major metals: a two-step process[J]. Journal of Industrial and Engineering Chemistry, 2016, 43: 117-126.

[17] Nayaka G P, Pai K V, Santhosh G, et al. Dissolution of cathode active material of spent Li-ion batteries using tartaric acid and ascorbic acid mixture to recover Co[J]. Hydrometallurgy, 2016,

161: 54-57.

[18]　郑茹娟. 废旧磷酸盐类及混合锂离子电池回收再利用研究[D]. 哈尔滨: 哈尔滨工业大学,
2017.

[19]　智妍咨询整理. 2019 年动力电池回收行业需求情况、回收市场规模分析与预测[J/OL]. 2019.
http://www.chyxx.com/industry/201904/727903.html.

[20]　刘颖琦, 李苏秀, 张雷, 等. 梯次利用动力电池储能的特点及应用展望[J]. 科技管理研究,
2017, 37(1): 59-65.

[21]　陶志军, 贾晓峰. 中国动力电池回收利用产业商业模式研究[J]. 汽车工业研究, 2018,
293(10): 35-44.

[22]　乔菲. 基于博弈论纯电动汽车废旧动力电池回收模式的选择[D]. 北京: 北京交通大学,
2015.

[23]　王昶, 魏美芹, 姚海琳, 等. 我国 HEV 废旧镍氢电池包中稀贵金属资源化利用环境效益分
析[J]. 生态学报, 2016, 36(22): 7346-7353.

[24]　电池中国网. 电池回收势在必行, 看十大车企布局动力回收市场[J/OL]. 2019. http://
www.cbea.com/xnyqc/201902/418983.html.

第10章 学术动态解析、机遇挑战和前景展望

当今世界科技发展日新月异,快速并准确地从海量文献信息中搜集、获取、分析科研数据尤为重要。为了掌握本领域坚实的基础知识和全面了解其学术动态,本章基于学术论文和专利检索的权威数据库平台,对国内外二次电池回收领域的授权专利和公开发表文章等文献信息进行检索,通过泛读和精读相结合,对电池回收领域已有代表工作展开地毯式深度学习,以构建其学术脉络,并利用数据挖掘、文献统计、归类分析和可视化图表等方式进行宏观数据态势点评、学术动态追踪和研究热点分析。通过对本领域学术动态和研究热点进行系统梳理与深入分析,得出具有代表性的宏观分析结果以及技术发展路线,并从时间、空间等多维度鸟瞰国内外二次电池回收技术研发成果、技术发展脉络及科技发展动态,从而为未来科技创新做好知识储备。

10.1 国内外二次电池回收专利发展态势分析

专利作为知识产权中科技含量高的重要组成部分,对知识产权战略的实施和企业的研发具有重要影响。据世界知识产权组织(World Intellectual Property Organization,WIPO)统计,专利信息是世界上最大的公开技术信息源之一,它包含了世界上90%~95%的技术信息,并且技术信息的公开要比其他载体早1~2年;有效运用专利情报,可平均缩短研发时间60%,节省研发费用40%;在世界研发平均产出中,专利经济价值超过其他活动约90%。因此在知识经济时代,专利信息对于国家和企业而言都具有举足轻重的作用,最大限度地开发和利用专利信息也成为国家和企业取得竞争优势的重要保证。本节将通过对国内外二次电池回收相关专利进行分析对比,揭示该技术领域专利申请布局特点,为我国在该技术领域中的研发决策和产业化布局提供参考。

10.1.1 数据来源与检索方法

本章利用德温特创新索引(Derwent innovations index [SM],DII)国际专利数据库作为专利数据来源。作为收录最全的专利引文数据库,DII 收录了来自全球 40多个专利机构、涵盖 100 多个国家、超过 2000 万条的基本发明专利。DII 数据库中检索方法如下:①检索策略,使用高级检索模式,[TI=(spent battery* OR waste battery* OR retired battery*）]；②检索时间，2021 年 1 月；③检索范围，1999～2020 年；④检索数据量，经人工去噪后，最终获得与电池回收相关的专利数量为 3036 件。因专利从申请到公开的滞后期平均 12~18 个月，2019 年和 2020 年申请的专利大部分还未公开，因此，该两年的专利统计结果仅作对比参考。基于以上数据统计，利用 Excel 等分析软件进行专利数据标引，并通过专利信息对技术路线进行深入解读和分析。

10.1.2　全球专利地域分布及申请趋势分析

专利申请量在一定程度上反映出不同国家在该领域的战略部署、技术水平以及市场情况。全球二次电池回收专利申请量地域分布如图 10-1 所示，数据表明该领域技术集中程度较高，主要集中在中国、韩国、日本、美国等地区（图 10-1）。其中，中国以 2701 件专利申请量位居世界第一，韩国、日本分别为 127 件、70 件，分列第二、三位，美国、印度、俄罗斯等其他国家和地区专利申请量相对较少。

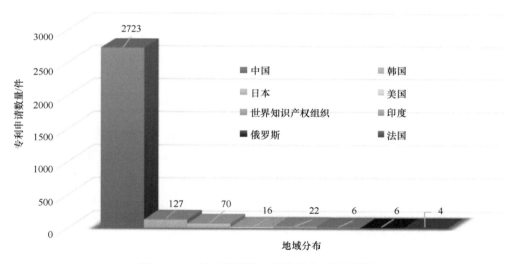

图 10-1　二次电池回收专利申请主要地域排名

近 20 年来全球二次电池回收专利申请趋势如图 10-2 所示，数据分析表明，该领域先后经历了起步期、缓慢增长期和发展期三个重要阶段。1999～2007 年，电池回收技术仍属于起步初期，回收专利申请量较少，表明此阶段技术尚处于起步阶段或实验开发初步探索阶段；随着科学技术的快速发展和人们对回收工艺技术理解的不断深入，2008 年起电池回收专利申请量小幅度上升。到 2013 年，进入缓慢增长期，其中，中国的专利申请量大幅上升，占全球专利总申请量 69%以上；从 2014 年开始，二次电池回收专利处于发展期，年申请量呈指数型上升，技术产生了新的突破与发展，其中，中国的专利申请量占全球总量 88%以上，反映出中国在动力电池回收再利用领域展示出极大的研发热情，同时保持着较高的研究活跃度。该现象不仅与中国的二次电池消费市场巨大有关，也与中国越来越注重环境保护、注重资源回收再利用和可持续发展密切相关。图 10-2 呈现"零—高—飙升"的变化趋势，也表明电池回收行业已成为目前国内外广泛关注的新型朝阳产业，该技术基础研究与工业应用均受到越来越广泛的关注，越来越多的企业与研究机构的研发人员如雨后春笋般地投入相关研发中，表明电池回收与资源综合再利用具有较大的探索空间与发展潜力。

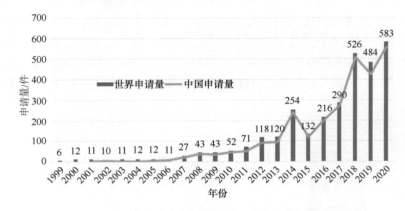

图 10-2   全球二次电池回收专利申请趋势

专利申请趋势与行业的发展息息相关。2000 年以前，作为电子产品制造大国，全球动力电池回收产业基本被日本和韩国所掌握（图 10-3）。2001 年以来，中国对该行业的逐渐重视将该局面打破，进而发展为中日韩三国鼎立的局面。电池回收再利用技术发展至今，中国的相关专利申请量一直稳居第一，且遥遥领先于其他国家和地区。这说明随着中国经济的快速发展，关键金属资源需求量日趋上升，同时国家高度重视环境保护，对于电池对环境有污染的材料循环再利用处理也越来越关注，从而中国电池回收专利申请量呈现指数上升趋势。此外，电池回收再利用存在巨大的市场商机，激励着国内外科研机构及电池回收商在这一领域积极进行产学研开发布局，进一步刺激了二次电池回收再利用技术产出。

通过对动力电池回收技术进行归类统计和系统分析，不同二次电池体系回收专利发展趋势如图 10-4 所示。分析可知，关于锂离子电池回收技术的专利申请最多，共 1548 件，占总申请量的 48%；其中，与锂离子电池正极材料回收相关的专利占 29.6%，负极材料回收相关专利占 11.5%，电解液[如 N-甲基吡咯烷酮（NMP）]回收相关专利占 4.1%。此外，有少量专利涉及锂离子电池的隔膜处理。原因在于锂离子电池正极材料回收经济效益较高,相关科研机构和研发公司对其投入较大,故专利申请较多。从锂离子电池年申请量发展趋势来看,锂离子电池的回收资源化综合利用也依次经历了起步期、缓慢增长期和发展期三个时期。

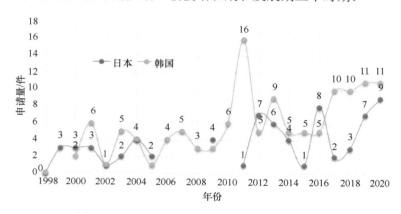

图 10-3　韩国、日本二次电池回收专利申请趋势

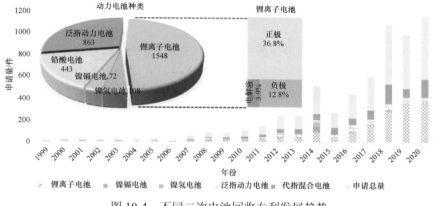

图 10-4　不同二次电池回收专利发展趋势

泛指动力电池(未具体指明电池体系)的专利申请量排名第二,其专利主要包括废电池拆解、外壳破碎等技术。铅酸电池回收处理技术方面的专利共 391 件,排名第三。由于发展起步较早,且在理论研究、产品种类、产品电气性能等方面都得到了长足的进步,铅酸电池在交通、通信、电力、军事、航海、航空等领域都起到了不可或缺的重要作用。涉及铅酸电池的污染物主要是重金属铅和电解质硫酸溶液的污染。金属铅能够引起神经系统的神经衰弱、手足麻木,消化系统的消化不良,血液循环系统的血液中毒及泌尿系统的肾损伤等症状。因此,针对铅酸电池的回收研究工作也开展得较早。从申请年限分析可知,1999~2011 年专利数量较少,占二次电池回收专利年申请总量的 30%左右,表明早期研究人员对电

池回收的研究力度与关注度较低，但对铅酸电池的资源化利用始终保持着极高的热情。2012 年之后，年申请总量维持在 30 件以上，但由于近年来锂离子电池资源回收技术的强劲发展，铅酸电池回收专利所占比重远低于 30%。

镉是重金属污染中最受关注的元素之一，已被联合国环境规划署列为全球性意义危害化学物质之首，在二次电池中镍镉电池是镉含量最高的电池类型。镍氢电池中镍作为一种致癌元素，对人类和动物健康有极大威胁，可引起心血管疾病和高血压，还可损害肝脏和肾脏等器官。由于镍镉电池、镍氢电池含有有毒重金属元素，且二次资源化利用用具有潜在的经济效益，因此退役镍氢、镍镉电池的回收再利用受到广泛关注。相比于锂离子电池和铅酸电池，镍氢和镍镉电池的回收专利分别有 108 件和 72 件。

10.1.3　重要专利申请人国别及专利布局态势

专利申请人和授权专利发明人趋势分析，可以间接反映出不同申请人或主要研发人员对该项技术的研究关注度和技术水平，体现该技术领域的科研机构分布、科学研究水平和技术研究差异等。下面对主要申请人分布情况进行归类统计分析（图 10-5）。

中国专利权人中，专利申请数量较多的企业有合肥国轩高科动力能源有限公司、赣州市豪鹏科技有限公司、湖南邦普循环科技有限公司等企业。其中，合肥国轩高科动力能源有限公司在该方面迄今已申请约 115 件专利。科研机构中，中南大学、四川师范大学、北京理工大学、昆明理工大学、中国科学院大学等高校和科研院所的专利申请量也较多，以上几所高校或科研机构均较早就投入电池回

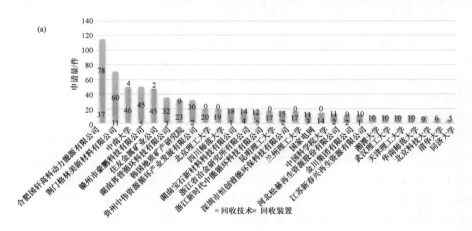

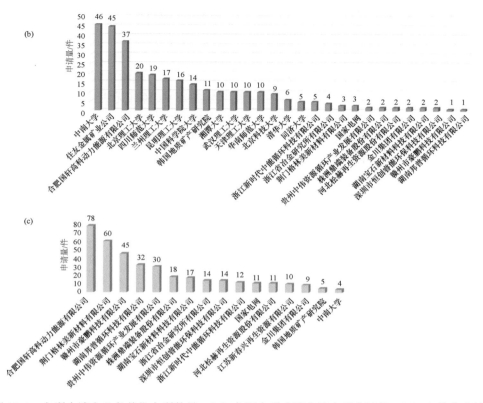

图 10-5　专利申请人及各单位专利数量　（a）主要专利申请人及专利申请量，（b）各单位电池回收技术专利数量，（c）各单位回收装置专利数量

收技术或回收装置方面的研究开发，始终保持着对该技术领域的创新与关注。其他科研单位包括清华大学、北京工业大学、中国矿业大学、北京科技大学、兰州理工大学、天津理工大学、南昌航空大学、武汉理工大学、江西理工大学等也在锂离子电池回收技术方面有一定的积累。

　　在国外专利权人中，日本住友金属矿业公司（简称住友矿业）和韩国地质矿产研究院专利申请量较多，分别为 47 件和 32 件，各占本国总申请量的 67.1% 和 25.2%。这一数据表明日本的废电池回收技术比较集中，住友矿业主要开发火法冶炼回收工艺处理退役二次电池。韩国地质矿产研究院则主要在地质、矿产资源、石油和海洋、地质环境等四个领域开展研究工作，其对二次电池资源回收的研究主要包括湿法浸出、火法冶金技术及回收装置等方面。

10.1.4　专利申请技术构成

　　对研究技术领域分析可揭示该技术在不同国际专利分类（international patent

classification，IPC 分类）中的分布情况。由检索结果可以看出（图 10-6），二次电池回收技术所涉及的 IPC 分类技术领域很多，按占比由高到低依次为 H01M（基本电气元件）、C22B（冶金；黑色或有色金属合金；合金或有色金属的处理）、B09B（固体废物的处理）、B03C（用液体或用风力摇床或风力跳汰机分离固体物料；从固体物料或流体中分离固体物料的磁或静电分离）、C01G（无机化学）、B02C（破碎、磨粉或粉碎；谷物碾磨的预处理）等，主要分布在 H 部（电学）、C 部（化学；冶金）、B 部（作业；运输）几个大类，以及少量的 F 部（机械、加热）。主要涉及动力电池部件再生、金属元素提取分离、动力电池拆解或预处理等。

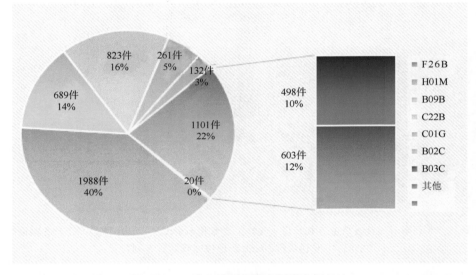

图 10-6　二次电池回收技术领域专利统计

　　二次电池回收及资源综合再利用过程包括退役电池梯次利用、废电池收集、预处理、有价资源提取分离和产品制备等。由于电池不一致性，退役电池包中并非所有电池都处于报废状态，通常只是个别电池组或单体电池达到报废状态，其他电池（组）仍处于正常服役期内，具有较高的梯次利用价值。退役动力电池梯次利用在性能评估、分选成组、集成管控、安全与经济性、商业模式等方面有着大量理论和技术问题需要研究与解决。针对退役动力电池健康状态、安全阈值、残值评估、低成本快速分选、高效成组、系统管控、大规模协同优化调度等关键技术难点，研发低成本可扩展的快速分选装置、电池能量交换系统、大规模分布式并网装置等关键设备，搭建电池能量管控和自动巡检云平台、储能系统能量分级协同管控平台、梯次利用储能系统能量运营平台等平台系统，开发退役动力电池健康状态评估与寿命预测系统、多场景协同优化运行管理系统等软件系统，将有效提高退役动力电池梯次利用储能系统的效率、可靠性、安全性、寿命和经济效益，解决电池、电动汽车和电池储能等行业存在的一系列行业痛点问题，为退役动力电池规模化梯次利用和动力电池全产业链与价值链的贯通提供技术支撑。

截至 2020 年 12 月，与退役电池梯次利用相关的专利共 25 件，涉及储能电站退役锂离子电池模块筛选重组系统、退役电动汽车动力电池分类方法、电动汽车退役电池组诊断方法、评估和检测电动汽车报废电池利用率方法等。其中，较早的是 2016 年上海电力大学申请的退役电池模块实际容量评估方法。

在废电池收集过程相关专利中，共 96 件专利，涵盖了废电池回收箱及收集装置。在预处理阶段，通常包括物理方法，如拆解、破碎、筛选、磁选、洗涤、热处理等分离回收外壳、塑料、集流体等。预处理过程中，申请的发明专利中涉及放电装置、拆解装置、破壳装置、破碎装置等共 382 件。在有价金属资源提取分离过程中，主要采用火法冶金、湿法冶金、生物冶金或多种技术联用技术，从正极材料、负极材料或电解液中提取有价值的元素，包括物理、机械、生物、电化学等回收技术。湿法冶金技术由于其工艺流程简单、环境污染小、选择回收性高等，广泛应用于各种金属元素回收工艺中，因此，湿法回收技术在锂离子电池回收技术专利占比较高。除了利用物理化学技术提取有价金属元素之外，还可通过磁选装置、裂解装置、分选装置、分离装置等对其进行分离，相关专利共 1318 件，占专利申请总量的 54%，表明研究人员对此领域关注度较高。产品制备阶段涉及回收装置和再生技术，其相关专利共 722 件。具体专利申请量见表 10-1。

表 10-1　二次电池回收专利技术构成

处理过程	回收技术	相关专利数量/件	占比/%
梯次利用过程	梯次利用	25	0.6
废电池收集过程	废电池回收箱	76	3.5
	收集装置	20	
预处理过程	清洗装置	2	13.2
	放电装置	52	
	预处理装置	8	
	拆解装置	121	
	破壳装置	11	
	破碎装置	121	
	切割装置	37	
有价资源提取分离过程	湿法	651	54.3
	火法	256	
	火-湿法	218	
	物理法	27	
	机械法	56	
	生物法	7	

续表

处理过程	回收技术	相关专利数量/件	占比/%
有价资源提取分离过程	电化学法	16	
	磁选装置	6	
	分离装置	88	
	裂解装置	11	
	分选装置	22	
产品制备过程	回收装置	615	29.7
	再生技术	107	

10.2　国内外二次电池回收文献解析与思考

文献计量学是通过统计文献量、作者、关键词等来分析样本之间联系的一种研究方法，通过这种方法可以得出特定主题的发展趋势。它还可以帮助人们寻找世界各地合作国家和机构之间的关系，并为国际合作提供指导性建议。但文献分析方法也存在一些局限和偏差，首先在关键词的筛选上，出现频次较高的是一些常规词汇，而一些细化研究方法、研究内容的关键词由于比较分散而没有入选，这会导致统计分析的文献不够全面和细致，部分文献相关度不高。虽然无法对每篇文章、每个研究领域进行分类分析，但可以有侧重地展示研究领域的国内外主要研究机构、研究方向、基金情况等，揭示国内外二次电池回收与资源化再生研究的发展趋势和研究热点，从而为国家和相关科研单位统筹布局提供一定借鉴意义。本节旨在通过对 1999~2020 年期间退役二次电池回收相关学术论文发表情况进行统计梳理与分析，明晰国内外二次电池回收领域的研究进展及发展方向，为推动国内二次电池回收技术大规模应用以及体系建设和发展。

10.2.1　数据来源与检索方法

本书数据来源于 Web of Science 核心合集，作为全球最大、覆盖学科最多的综合性学术信息资源，Web of Science 收录了自然科学、工程技术、生物医学等各个研究领域最具影响力且超过 8700 多种核心学术期刊，是国际公认的反映科学研究水准的数据库，其中以 SCIE、SSCI 等引文索引数据库，JCR 期刊引证报告和 ESI 基本科学指标享誉全球科技和教育界。以"recycle spent batteries"为检索关键词，检索时间范围为 1999～2020 年，检索时间为 2021 年 1 月，并筛选出"article"以及"review"类型文献。经人工去噪后，得到与二次电池回收相关文献 906 篇。对检索出的二次电池回收论文分别从国际总体情况、各国参与研究的广泛度与集中度、论文高产机构与作者以及研究领域分类等多维角度进行统计与分析。

10.2.2　全球文章发表趋势分析

近 20 年来，国内外退役二次电池回收及梯次利用文献发表趋势如图 10-7 所示。统计数据表明，自 1999 年起退役电池回收方面的文献数量总体呈增长趋势，且 2012 年后增长速度明显加快，2018 年相关文献发表量比 2017 年增长了 60%。这主要是由于我国最早一批新能源汽车出厂于 2009～2012 年，以新能源汽车电池使用寿命为 5～8 年计算，我国将陆续迎来报废电动汽车及配套车载动力电池等回收问题，而新能源汽车动力电池也已于 2020 年正式进入大规模退役阶段，从而进一步推动二次电池回收再利用研究领域的发展。预计未来 20 年内，二次电池回收及梯次利用相关文献发表量仍会保持稳步增长态势，该研究领域仍具有较大探索空间。

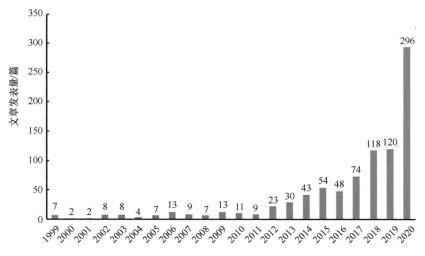

图 10-7　近 20 年国内外退役二次电池回收及梯次利用文献发表量

10.2.3　主要文献发表国家/地区

图 10-8 为退役二次电池回收再利用领域文献发表量排名靠前的国家/地区，其中，中国以 492 篇文章发表量远高于其他国家地区（占全球文献发表总量的 54.30%，下文同），位列第一，排名第二、三、四、五的国家/地区分别为巴西（53 篇，占比 5.85%）、印度（46 篇，占比 5.08%）、美国（41 篇，占比 4.53%）、韩国（37 篇，占比 4.08%）。全球相关文献发表主要集中在这五个国家，其他国家/地区的文献发表量则相对较少。这可能与中国高度重视新能源汽车的发展，且拥有全

球最大的新能源汽车销售市场有关，新能源汽车大规模生产与使用极大程度上带动了退役二次电池回收市场的快速拓展，有利于带动相关企业新的利润与产业增长点；印度高发文量则可能与其作为电子废物处置场地有关，退役二次电池不可避免地流向印度，相应刺激了印度动力电池回收的研究进展；而韩国一直以来积极开展二次电池产业技术研发，以确保在二次电池材料领域获得竞争优势，加快二次电池领域战略，进而带动二次电池回收研究领域的快速发展；美国废旧电池回收激励政策以及回收机制较为健全，且动力电池研究以及市场应用占有优势，刺激了废旧电池回收领域的发展。

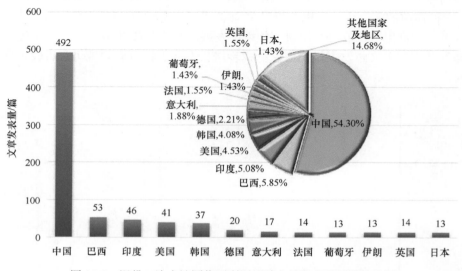

图 10-8　退役二次电池回收再利用领域文献发表量区域性分析

图10-9为二次电池回收再利用领域中国文献发表量变化趋势。统计数据表明，中国二次电池回收再利用于 1999 年起步发展，2003 年之后国内每年相关文献发表量均为全球占比最高，特别是 2020 年，国内文献发表量已达 134 篇，占 2020 年全球该领域文章发表总量的 45.27%，表明国内二次电池回收再利用领域科研实力逐步提升，其受关注度也稳步上升。

图 10-10 为巴西、印度、美国以及韩国相关文献发表趋势。从图中数据可以看出，巴西、韩国于 2002 年开始在二次电池回收再利用领域进行研究布局；印度则起步较晚，2013 年后文献发表量逐步增加。此外，巴西在 2007～2017 年处于研究活跃期，发展平稳；印度作为"后起之秀"，近几年内在退役锂离子电池资源利用方面展现出了极大的潜力与发展空间；美国二次电池回收研究自 2014 年起逐步发展，2020 年相关文章发表量大幅增加，在回收领域占据一席之地；韩国研究活跃期为 2002～2006 年以及 2012～2018 年，2007～2011 五年内出现断层。

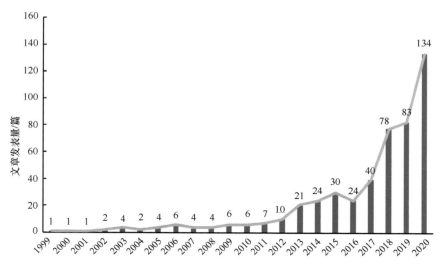

图 10-9　中国二次电池回收再利用领域文献发表量变化趋势

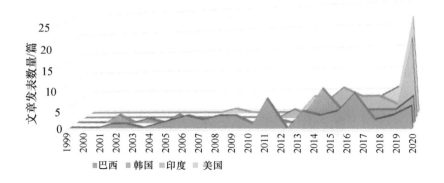

图 10-10　巴西、韩国、印度、美国相关文献发表趋势

10.2.4　全球文献发表主要机构及作者统计分析

通过对全球二次电池回收再利用相关文献发表主要机构进行统计分析，如图 10-11 所示，本领域文献的主要高产机构大多为科研高校。在文献发表数量排名前 12 的科研机构中，中国占据 9 个席位，其余分别为巴西圣埃斯皮里图联邦大学、印度科学与工业研究委员会以及韩国地球科学和矿产资源研究所，这些机构所发表的文献占全球文献发表量的 30.91%，为全球新能源汽车动力电池回收再利用领域的前沿技术研究提供了风向标。

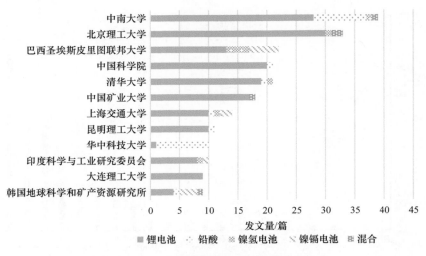

图 10-11　二次电池回收再利用文献高产机构

文献发表量排名前五的机构有中南大学（52 篇，占主要机构相关文献发表量的 18.57%，下文同）、北京理工大学（45 篇，占比 16.07%）、清华大学（28 篇，占比 9.89%）、中国科学院（27 篇，占比 9.64%）以及巴西圣埃斯皮里图联邦大学（24 篇，占比 8.57%）。中南大学主要在铅酸电池及锂离子电池正极材料回收方面积累了较多研究成果；北京理工大学自 1999 年起至今从事锂离子电池绿色高效回收再利用技术研究，以天然绿色可降解有机酸体系回收及材料高值再生技术在锂离子电池回收领域贡献突出；清华大学在锂离子电池电极材料分离以及再利用技术做出了较大贡献；中国科学院在电池回收领域为后起之秀，在锂离子电池正极材料回收技术、湿法冶金以及机械化学方法技术方面取得了优秀成果；巴西圣埃斯皮里图联邦大学自 2005 年开始进军电池回收研究领域，稳步发展，主攻电化学回收方法以及电极材料的综合利用。

10.2.5　文献发表技术构成分析

根据电池种类对其回收文献进行详细划分，得到如图 10-12 所示的二次电池回收文献种类构成图（注：当一篇文献中涉及两种或两种以上退役二次电池的回收时，将其统计到混合电池分类中）。退役锂离子电池回收技术相关文献占比最高（669 篇，占文献发表总量的 73.84%，下文同）。其中，锂离子电池正极材料回收相关文献占 75.07%，负极回收相关文献占 9.74%，电解液回收相关文献占 0.72%。此外，锂离子电池回收综述类文献，占文献发表总量的 14.47%。由此可见，国内外研究人员对锂离子电池正极材料回收技术的研究力度远大于其他，这可能与退役锂离子电池正极材料中富含有价金属使其具有较高的环境效益与经济效益相关。除锂离子电池外，铅酸电池回收相关文献发表量位居第二（87 篇，占比 9.60%），镍氢电池（66 篇，占比 7.41 %）、镍镉电池（45 篇，占比 4.97%）以及混合电池材料（39 篇，占比 4.30%）相关文献报道数量较少。

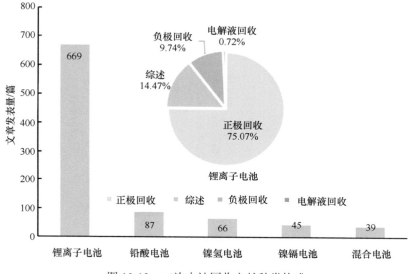

图 10-12　二次电池回收文献种类构成

　　按年代二次电池回收文献的种类构成如图 10-13 所示，分析可知，1999～2003年退役二次电池回收研究以铅酸电池及镍镉电池的回收为主。2004 年之后锂离子电池回收相关文献发表量逐步增加，至 2006 年成为二次电池回收文献的构成主体，这表明锂离子电池回收再利用引起了更多的关注。2012 年锂离子电池回收相关文献发表量呈迅速增长态势，并逐步远超其他种类电池，这与锂离子电池逐步成为新能源汽车首选动力电池有关，退役锂离子电池报废潮的来临以及其所含贵金属的价值进一步推动了退役锂离子电池回收技术的研究进展。除此之外，退役镍镉电池回收相关文献发表量极少，2019 年其文献发表量为 0，2020 年为 1，这表明现今镍镉电池相关技术研发已基本退出研究人员的关注视野。

　　退役二次电池回收相关文献主要包括回收技术研究（711 篇）和回收效益及回收现状分析（169 篇）两个方面。其中，回收技术主要包括预处理、有价金属回收、再利用和资源化综合利用等研究。有价金属回收相关文献发表量最高（474篇，占回收技术研究相关文献的 56.03%）。回收过程主要采用湿法冶金、火法冶金、高效复合联用技术、电化学方法、机械化学方法、物理法以及生物冶金法等。湿法冶金技术由于其工艺流程简单、回收率高、环境污染小、产品纯度高等优点成为目前应用最广泛的回收技术，同时也使其成为目前回收技术中文献发表量占比最高的回收技术。

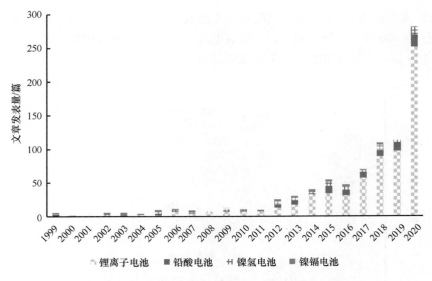

图 10-13　按年代二次电池回收文献的种类构成

　　针对不同电池回收体系的相关文献进行技术体系构成统计分析，结果如表 10-2 和图 10-14 所示。可以看出，退役锂离子电池回收技术研究以湿法冶金为主（257 篇），其次为再利用（117 篇）、火法冶金（68 篇）及综合利用（67 篇）。究其原因，主要与锂离子电池关键材料的物化性能息息相关。锂离子电池中最具回收价值的锂、镍、钴、锰、铝、铜、铁等金属离子均可通过湿法高效浸出，且金属离子无论是再合成电极材料还是综合利用于电容器、催化剂等其他领域均具有较好的性能，因而具有较高研究价值。此外，目前更多研究开始趋向于回收电极材料中金属离子并合成各类合金、金属氧化物、MOFs 等材料用于其他领域，如超级电容器、各类催化剂、吸附剂等，具有较高的商业化潜力。

表 10-2　二次电池回收相关文献技术构成

回收技术类别	文章发表数量/篇	占比/%
预处理	53	45
再利用	117	16.46
综合利用	67	9.42
湿法冶金	257	36.15
火法冶金	68	9.56
高效复合联用技术	59	8.30
电化学方法	47	6.61
机械化学法	13	1.83
物理法	17	2.39
生物法	13	1.83

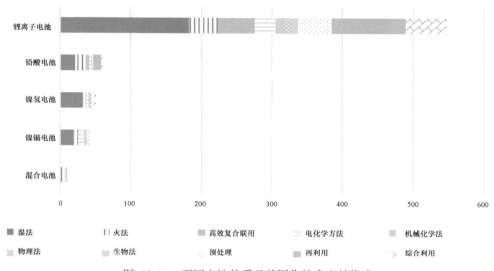

图 10-14　不同电池体系及其回收技术文献构成

　　铅酸电池回收技术研究则以湿法冶金（21 篇）、火法冶金（15 篇）为主，这是由于铅酸电池中的铅大多可以通过湿法脱硫、火法进行高效简便地回收再利用。镍氢电池可以通过湿法高效回收电极中的镍及稀土元素，因此其回收技术的研究以湿法冶金（32 篇）为主。镍镉电池回收技术研究以湿法冶金（19 篇）以及电化学方法（9 篇）为主，因为镍、镉金属离子除了可通过湿法高效浸出外，还可以通过电化学沉积回收，该方法利用镍和镉的电极电位差异，通过电解直接从溶液中回收镉，从而实现镍镉分离。

　　图 10-15 为二次电池回收相关文献技术构成发展趋势。湿法冶金技术研究起步早，且相关文献发表量在 2012～2018 年出现快速增长趋势，表明湿法冶金技术在电池资源回收领域经历了快速发展历程。2012 年后，退役二次电池的再利用与综合利用研究力度逐步增大，这是退役二次电池回收技术稳步发展所带来的必然结果。自 2018 年初，高效复合联用技术因金属回收率高、回收流程短等原因逐渐引起了科研人员关注。高效复合联用技术的提出为人们提供了一种新思路，即可通过有效细致的预处理提高后续回收步骤中有价金属元素的回收效率，简化后续溶液中各金属组分的复杂分离萃取过程。至 2019 年，湿法冶金相关文献发表量有所降低，而预处理相关文献发表量大幅增加，这与高效复合联用技术的发展密切相关。预处理过程一般结合了放电、破碎、研磨、筛选和物理分离法，其目的是初步分离回收锂离子电池中的有价部分，高效选择性地富集电极材料等高附加值材料，以便于后续回收处理过程更加高效。2020 年发表的相关文献中，各种回收技术均以不同趋势增长，其中湿法冶金、

火法冶金、再利用以及综合利用增长较快。其中，湿法冶金更多以有机酸为主，而火法则注重通过熔融盐、深共晶溶剂等实现低温转化、再利用以及综合利用，以其"一步法"等高效的回收工艺更受学者关注。预计未来几年，高效复合联用技术、再利用以及资源化综合利用将逐渐成为回收技术主流，对预处理和火法冶金方面的研究力度也将进一步加大。

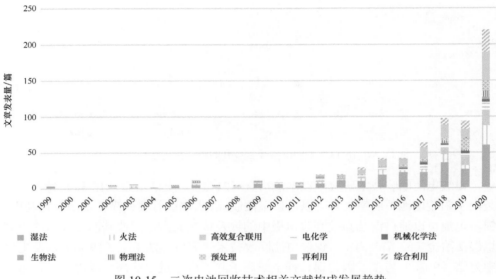

图 10-15   二次电池回收技术相关文献构成发展趋势

综述是对选题所涉及的研究领域的学术文章和申请专利进行广泛阅读和理解的基础上，对其学术观点、研究成果、研究动态、技术焦点和发展前景等内容进行综合分析、归纳整理和评论，并提出作者的学术见解和研究思路，并进行专业、全面、系统深入的论述和评价，供研究人员集中学习掌握本领域最新技术进展和发展方向。本书对所检索到的 169 篇废旧二次电池回收综述类文献进行统计分析，该类文献内容主要包括二次电池回收领域发展现状分析、二次电池回收经济环境效益评估及回收技术研究现状分析等。图 10-16 为 1999～2020年国内外退役二次电池回收及梯次利用综述类文献发表量变化趋势图。与二次电池回收及梯次利用文献发表量具有相同的变化趋势，2012～2020 年同样为相关综述类文献的快速增长期，进一步印证了二次电池回收领域研究成果快速增加。仅 2020 年，相关综述类文献数量为 72 篇，超过 2019 年发表相关综述类文献数量的 3 倍。

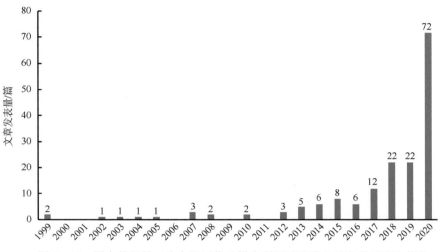

图 10-16　国内外退役二次电池回收及梯次利用综述类文献发表量变化趋势

根据二次电池种类对综述类文献进行详细信息挖掘，得到如图 10-17 所示的文献种类构成图（注：当一篇文献中涉及两种或两种以上退役二次电池的回收时，将其统计到混合电池分类中）。其中，锂离子电池回收及梯次利用综述文献发表量占比最大（111 篇，占相关综述类文献的 65.68%，下文同），但与所有回收相关文献相比，混合电池比例增大（综述类混合电池相关 33 篇，占比 19.53%；所有文献里混合电池相关 39，仅为 5.8%），原因主要是综述类文献中对废旧二次电池及动力电池回收领域发展现状分析文献较多。

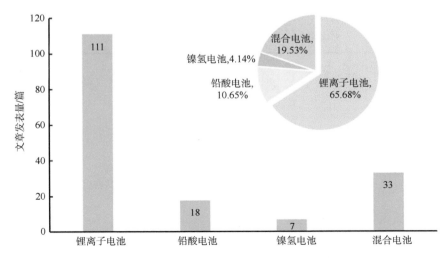

图 10-17　二次电池回收综述类文献种类构成图

图 10-18 为二次电池回收综述类文献的主要发表机构统计。如图所示，以北京理工大学（9 篇）、中国科学院（9 篇）所发表的相关综述类文献最多。北京理工大学所发表综述主要包括二次电池关键材料研究进展、二次电池回收技术进展、回收过程经济环境效益评估以及发展态势预测，涉及锂离子电池、钠离子电池、锂空电池、锂硫电池等多种电池体系，代表性文献有 Sustainable Recycling Technology for Li-Ion Batteries and Beyond：Challenges and Future Prospects（*Chemical Reviews*，2020，120（14）：7020-7063）、Toward sustainable and systematic recycling of spent rechargeable batteries（*Chemical Society Reviews*，2018，47（19）：7183-7496）；中国科学院所发表综述包括锂离子电池、铅酸电池回收技术研究进展以及关键电池材料生命周期评估和可持续性评价，代表性文献有 Recycling of spent lithium-ion batteries in view of lithium recovery: A critical review（*Journal of Cleaner Production*，2019（228）：801-813）、A Mini-Review on Metal Recycling from Spent Lithium Ion Batteries（*Engineering*, 2018, 4(3):361-370）。

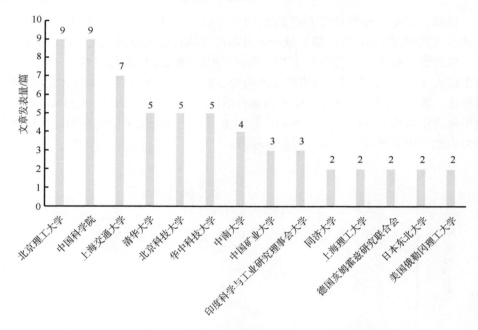

图 10-18　二次电池回收综述类文献主要发表机构

10.2.6　高被引频次文献分析

论文被引频次是评价科研学术论文学术影响力和质量评价的重要指标，已经被广泛应用于评价一个国家、高等学校、科研机构、科研人员的学术水平和成果质量。本节对 1999～2020 年 Web of Science 所收录的有关退役二次电池回收再利用技术研究论文的被引频次变化及分布特征进行了详细分析。统计分析了本领域研究成果的发展趋势、学科影响力，以及我国在世界的学术影响力水平。其中，所统计回收技术研究类文献数据中高被引频次名列前 10 位（共 11 篇文献）的文献统计信息如表 10-3 所示。

表 10-3　退役动力电池回收再利用技术研究类文献的高被引频次文献统计信息

被引频次排名	文献	发表年限	第一／通讯作者及所在机构	期刊	主要回收技术	被引频次
1	Recovery of cobalt and lithium from spent lithium ion batteries using organic citric acid as leachant	2010 年	Li Li, Wu Feng 北京理工大学	Journal of Hazardous Materials	湿法冶金	247
1	Development of a recycling process for Li-ion batteries	2012 年	Georgi-T.Georgi-Maschler, D-50858 Cologne, Germany.	Journal of Power Sources	高效复合联用技术	247
3	Environmental friendly leaching reagent for cobalt and lithium recovery from spent lithium-ion batteries	2010 年	Li Li, Wu Feng 北京理工大学	Waste Management	湿法冶金	216
4	Recovery of metal values from spent lithium-ion batteries with chemical deposition and solvent extraction	2005 年	Nan Junmin, 华南师范大学	Journal of Power Sources	湿法冶金	209
5	A laboratory-scale lithium-ion battery recycling process	2001 年	Contestabile M, Scrosati B; 罗马大学	Journal of Power sources	湿法冶金	202
6	Preparation of LiCoO2 from spent lithium-ion batteries	2002 年	Churl KyoungLee; 韩国地球科学和矿产资源研究所	Journal of Power Sources	高效复合联用技术	188
7	Organic oxalate as leachant and precipitant for the recovery of valuable metals from spent lithium-ion batteries	2012 年	Liang Sun, Keqiang Qiu; 中南大学	Waste Management	高效复合联用技术	174
8	Ascorbic-acid-assisted recovery of cobalt and lithium from spent Li-ion batteries	2012 年	Li Li, Wu Feng 北京理工大学	Journal of Power Sources	湿法冶金	161
8	Hydrometallurgical separation of aluminium, cobalt, copper and lithium from spent Li-ion batteries	2009 年	Daniel Alvarenga Ferreira, Marcelo Borges Mansur; 米纳吉拉斯联邦大学	Journal of Power Sources	湿法冶金	161
10	Vacuum pyrolysis and hydrometallurgical process for the recovery of valuable metals from spent lithium-ion batteries	2011 年	Liang Sun, Keqiang Qiu; 中南大学	Journal of Hazardous Materials	高效复合联用技术	152
10	A combined recovery process of metals in spent lithium-ion batteries	2009 年	Li Jinhui; 清华大学	Chemosphere	湿法冶金	152

由统计数据可知，高被引频次文献名列前 10 位均为退役锂离子电池正极材料回收研究。其中，7 篇为湿法冶金技术研究，其中使用无机酸浸出正极材料中金属离子的有 4 篇，分别排在第 4、5、8、10 位，使用有机酸浸出金属离子的有 3

篇，分别排在第 1、3、8 位（柠檬酸、苹果酸、坏血酸）；4 篇为高效复合联用技术研究，均采用火法-湿法联合冶金技术，其中有 2 篇文献研究了真空热解-湿法联合冶金，分别排在第 7、10 位；此外，排在第 8、10（清华大学）位的文献研究了采用超声波处理提高后续浸出效率的工艺，排在第 1、6 位的文献研究了电极材料的再合成方法，分别为高温固相合成以及溶胶-凝胶法。在 11 篇高被引文献中，2 篇文献发表在 Journal of Hazardous Materials，分别排在第 1、10 位；6 篇文献发表在 Journal of Power Sources，分别排在第 1、4、5、6、8 位；2 篇文献发表在 Waste Management，分别排在第 3、7 位；排在第 10 位的文献发表在 Chemosphere。

综述类文献数据中高被引频次前 10 的统计信息如表 10-4 所示（截至 2021 年 1 月 14 日）。相关综述类文献前 10 位均与锂离子电池回收相关，表明锂离子电池回收的研究力度与受关注程度之最。其中，9 篇为回收工艺研究进展（前九位）；2 篇提到了环境影响评价，分别排在第 6 位与第 7 位；1 篇为废旧锂离子电池回收管理方案分析，排在第 10 位。另外，在 10 篇高被引综述文献中，2 篇发表在 Journal of Power Sources，分别排在第 1 位与第 6 位；2 篇发表在 Renewable & Sustainable Energy Reviews，分别排在第 4、10 位；其他 6 篇分别发表在 Critical Reviews in Environmental Science and Technology、Hydrometallurgy、ACS Sustainable Chemistry & Engineering、Chemical Society Reviews、Nature 以及 Minerals Engineering，分别排在第 2、3、5、7、8、9 位。

表 10-4　退役二次电池回收再利用综述类文献的高被引频次文献统计信息

被引频次排名	文献	发表年限	第一／通讯作者及所在机构	期刊	摘要	被引频次
1	A review of processes and technologies for the recycling of lithium-ion secondary batteries	2008 年	Xu, Jinqiu 上海第二理工大学	Journal of Power Sources	锂离子电池回收利用技术现状	414
2	Recycling of Spent Lithium-ion Battery: A Critical Review	2014 年	Li, Jinhui 清华大学	Critical Reviews in Environmental Science and Technology	锂离子电池回收工艺现状	329
3	Extraction of lithium from primary and secondary sources by pre-treatment, leaching and separation: A comprehensive review	2014 年	Pandey, B. D. 印度科学与工业研究理事会	Hydrometallurgy	锂资源提取、锂离子电池预处理、酸浸以及浸出液中金属的分离	274
4	Processes and technologies for the recycling and recovery of spent lithium-ion batteries	2016 年	Gago, E. J. 格拉纳达大学	Renewable & Sustainable Energy Reviews	工业锂离子电池回收再生技术的最新进展	214
5	A Critical Review and analysis on the recycling of spent lithium-ion Batteries	2018 年	Sun, Zhi 中国科学院	ACS Sustainable Chemistry & Engineering	锂离子电池回收利用现状（湿法冶金）	178

续表

被引频次排名	文献	发表年限	第一／通讯作者及所在机构	期刊	摘要	被引频次
6	Recycling of lithium-ion batteries: Recent advances and perspectives	2018 年	An, Liang 香港理工大学	Journal of Power Sources	锂离子电池回收技术进展；环境负荷影响	148
7	Toward sustainable and systematic recycling of spent rechargeable batteries	2018 年	Li, Li, Wu, Feng 北京理工大学	Chemical Society Reviews	二次电池（锂离子电池）回收相关研究和技术；生命周期评估	135
8	Recycling lithium-ion batteries from electric vehicles	2019 年	Harper, Gavin; Anderson, Paul 伯明翰大学	Nature	电动汽车锂离子电池回收和再利用	128
9	Advance review on the exploitation of the prominent energy-storage element: Lithium. Part I: From mineral and brine resources	2016 年	Lee, Jae-chun 韩国地球科学和矿产资源研究所	Minerals Engineering	锂的提取和回收工艺	113
10	Solving spent lithium-ion battery problems in China: Opportunities and challenges	2015 年	Li, Jinhui 清华大学	Renewable & Sustainable Energy Reviews	废旧锂离子电池回收管理方案	152

10.3　锂离子电池回收与资源化的机遇挑战和前景展望

针对退役锂离子电池回收与资源化实施策略，国家各部委建议要遵循"物尽其用"的原则，先进行梯级利用，再进行回收资源综合利用。我国目前是全球最大的锂离子电池消费市场，如此大规模锂离子电池集中退役后的回收处置和梯次利用任务艰巨，无论从经济、资源安全，还是环保的角度，都有一定的必要性和紧迫性。伴随新能源电动车产业不断发展壮大，退役锂离子动力电池规模攀升，如何做好梯次利用将是今后发展重点方向之一。

退役锂离子电池经过重新诊断、分选和重组后，仍具有 60%～80% 额定容量，可应用于使用工况更加温和的场景，如低速电动车、电网储能、基站备用等，实现锂离子电池的梯次利用。电池梯次利用可以让其性能得到充分发挥，提升其全生命周期价值，符合环境保护 4R 原则[1]，即 Recycle（循环使用）、Reuse（重复使用）、Reduce（减少使用）、Recover（回收资源或改变环境），具有潜在的经济价值及良好的社会效益。但是，由于退役锂离子电池梯次利用回收行业发展早期技术标准不统一、行业监管缺乏、规模不够等，梯次利用经济性较低。但长远来看，随着锂离子电池生产标准化提升，国家对电动车、动力电池监管越来越完善，这些问题都将有望得到解决。

伴随着新能源电动车产业不断发展壮大，退役锂离子动力电池规模攀升，做好梯次利用将是今后发展重点方向之一。我国锂离子电池回收利用产业尚未真正成型，应提前制定法律法规、构建回收利用网络、研发先进技术、完善配套体系等重要举措，不同责任主体需要"协同作战"，共同推动我国锂离子电池回收利用产业朝着流程化、专业化、规模化的方向健康稳定可持续发展。在目前电池回收商业模式尚不明确的背景下，需要建立与电池回收相关的政策法规、技术攻关、市场体系和环保意识等完整环节，以共同推动电池回收模式的构建。

10.3.1　政策先行

随着动力电池即将步入大规模报废期，政府在动力电池回收方面实施了大量的优惠政策，顶层规划与细节规范的并行必将带领整个回收行业的发展步入正轨。但由于非正规回收企业拥有成本优势，大量退役电池流入非正规渠道，使得正规回收企业面临材料不足局面。国家在如何督促各行业全面落实相关回收政策方面任重而道远。

1. 推动动力电池行业标准化生产，落实可追溯体系

目前，我国动力电池生产行业没有统一的标准，不同车型电池设计各异，其内外部结构设计、模组连接方式、集成形式也各不相同，极大地增加了回收再利用的难度。为了降低动力电池的回收成本，提高回收效率，政府积极组织相关专家开展动力电池相关技术的研究，并针对动力电池的连接方式、工艺技术结构设计等制定系统的、统一的生产标准[2]。此外，动力电池的生产商要始终贯彻自己作为生产者的责任原则，要从电池的生产、设计等方面考虑电池易于回收再利用，严格配合政府制定相关的生产标准，本着循环经济的理论实现减量化、再循环和再利用，积极参与动力电池生命周期的每一个环节。2017年以来在动力电池技术规范、管理等方面，政府推出了一系列政策。尤其是2018年2月以来，对动力电池的规格尺寸、编码、余能监测等技术规范的统一将进一步推动梯次利用、拆解回收等回收技术的高效应用。

然而，即使完成了动力电池的生产标准化，但如果在电池服役期间没有完整的数据记录，再利用过程进行电池寿命预测时，准确度可能会下降，电池的一致性无法保障，同时测试设备、测试费用、测试时间、分析建模等成本都会增加。2019年2月，中国汽车技术研究中心下属的中机车辆技术服务中心发布《关于开通汽车动力蓄电池编码备案系统的通知》。同年7月，七部委联合发布了《关于做好新能源汽车动力蓄电池回收利用试点工作的通知》。根据这些规定，动力电池生产企业给每只单体电池标上唯一的身份编码，这个编码将伴随电池从生产下线到最后拆解报废的整个生命周期。同时，电池生产企业和主机厂还必须把电池与电

池包的身份编码上报至中机车辆技术服务中心的汽车动力蓄电池编码备案系统。这意味着,今后动力电池将具备身份识别和全国统一的可追溯体系。以动力蓄电池编码标准和溯源信息系统为基础,构建全生命周期管理机制,将为动力电池的回收利用提供稳固健全的基础和保障[3]。

面对巨大的市场潜力和企业责任,动力电池产业链的各相关主体都应该积极布局动力电池回收利用,上下游企业"协同作战",解决目前动力电池回收体系建设存在的问题。具体来说,首先,各个省、自治区、直辖市的相关部门需要全面落实动力电池编码强制标准,切实执行相关文件中的编码制度以及可追溯体系,保证动力电池从生产车间到消费者手中的过程信息的准确记录,以便对其进行检测评估[4]。与此同时,生产商可以利用经济补偿来刺激消费者将退役动力电池返还到逆向物流体系中。要明确经销商和产品进口商的责任,落实生产者责任延伸,即"谁生产,谁负责",明确汽车生产企业作为动力蓄电池回收的主体,梯次利用企业作为梯次利用产品生产者,要承担其产生的废旧动力蓄电池的回收责任,确保规范移交和处置。其次,建立动力电池的回收利用体系,开展一些试点项目,建立回收化网络及信息监管。最后,随着行业规范不断完善,国家对企业的资质要求逐步清晰,要构建完整的锂离子电池全生命周期管理体系。

北京理工大学孙逢春院士、王震坡教授团队通过动力电池溯源信息系统数据库的建立,以电池编码为信息载体,搭建"新能源汽车国家监测与动力蓄电池回收利用溯源综合管理平台",实现动力电池来源可查、去向可追、节点可控、责任可究,对动力蓄电池回收利用全过程实施信息化管控,避免非正规渠道的报废和回收拆解[5]。由此,当电池运输到回收点进行再利用的时候,一旦安全性出现问题可以在第一时间查询来源,追究相关的责任。此外,通过在大型回收网络基础上建立云平台,相关单位可以随时登录平台,查询报废动力电池的位置、使用情况、使用时长等信息,随着电池使用数据会动态更新,通过平台可以直观地分析动力电池输入、输出情况[6]。

2. 建立健全动力电池回收再利用机制

随着动力电池报废高潮的临近,矿产资源、材料、电池、新能源汽车等产业链上下游的各企业纷纷开展退役动力电池梯次利用和回收再利用布局,投资建厂及资本收购等动作逐渐密集。其中,第三方回收企业整体在向电池材料领域延伸,动力电池企业开始全面布局电池梯级利用和回收再生利用。

与此同时,动力电池产业链的上游企业开始向下延伸布局,上下游在回收领域的战略联盟与合作将显著加强。车企是终端市场话语权的掌控者和电池回收的责任主体,但缺乏足够的网络建设能力,客观上需要动力电池企业支持协助。电池企业和材料企业需要为下游分担相应回收责任以赢得客户和市场。而梯级利用企业又必须保障废电池的最终再生利用，才能获取车企的信赖。由此看来，由于动力电池回收责任机制和电池回收利用的系统性、复杂性，产业链上下游企业间战略联盟与合作是未来的必然趋势。从现实情况看，产业链龙头企业间的联盟合作已经开启。未来随着梯级利用市场价值的体现，车企也将逐渐成为动力电池回收联盟合作中的重要主导力量。

从动力电池从业者角度考虑，政府应当加强把控，重视发挥企业的主导作用，使动力电池回收利用的从业者都具有相关资质，针对动力蓄电池设计、生产、销售、使用、维修、报废、回收、利用等产业链上下游各环节，明确相关企业履行动力蓄电池回收利用相应责任，鼓励企业探索新型商业模式，避免一些投机企业为了获取补贴而跟风进入行业，应打造公平有序的竞争机制，推动市场机制和回收利用模式创新，引导产学研协作，以市场化应用为导向，促进动力电池回收再利用产业的规范有序健康发展。

3. 制定和实施动力电池回收奖惩措施

近几年，我国先后出台了《电动汽车动力蓄电池回收利用技术政策》《新能源汽车废旧动力蓄电池综合利用行业规范条件》《新能源汽车废旧动力蓄电池综合利用行业规范公告管理暂行办法》等多项政策文件。上述政策虽在加强动力电池梯级利用和回收管理、研究制定回收利用政策、建立健全废旧动力电池循环利用体系、加强行业管理与回收监管等方面做了规定，但由于政策并不具有强制性，且缺乏明确的奖惩机制，因此上述政策未能得到有效落实，且很难提高企业回收电池的积极性。

当务之急，就是要对动力电池的回收再利用制定具体的奖惩机制，通过补贴和优惠手段调动相关企业和消费者回收电池的主动性。例如，对不构建逆向物流的企业可以加大其税收，并且要求其缴纳环境污染治理费等，对构建了逆向物流的企业可以减免其部分税收等，同时还要根据市场的发展不断完善政策，最终达到促进各类企业都参与逆向物流建设的目的。另外，政府可以根据参与逆向物流企业的规模，对其进行适当的财政拨款，也可以实施低利息贷款、风险共同承担等措施，来激励企业构建逆向物流体系。

4. 完善动力电池回收再利用相关法律法规

目前，我国动力电池回收利用的政策环境主要以综合性法律为指导，主要有《中华人民共和国环境保护法》《中华人民共和国固体废物污染环境防治法》《中华人民共和国清洁生产促进法》《中华人民共和国循环经济促进法》等，其中明确了循环体系中各主体的责任，主要目的是推进绿色环保型、资源节约型社会的建设，可见国家正大力营造动力电池回收利用的政策环境。

至今我国并没有针对动力电池回收利用的专项立法，规范废旧电池回收的主要是环保部门等出台的部门规章和指导性文件，仅有原则性规定，政策内容使该产业仅停留在各主体主动承担责任的层面，没有任何强制性措施保证电池生产企业承担回收责任。此外，已经出台的相关法律法规效力层级低，同时十分零散，没有系统的、完整的规章制度。因此，只有大型企业能够积极履责，对于中、小型企业，履责并不能够带来可观的经济效益，无法有效解决市场存在的问题，动力电池回收利用产业仍需专项立法来进行严格规范。

10.3.2　技术攻关

近年来市面上新能源汽车动力电池主要为磷酸铁锂电池和三元材料电池。磷酸铁锂电池容量衰减到 80% 后，容量随循环次数的增多呈缓慢衰减趋势，有较高梯次利用价值。而在三元电池的退役利用方式中，拆解后回收再生更具经济性。然而，无论是梯次利用还是拆解回收，较高的回收成本均已成为制约我国动力电池回收利用的重要影响因素。

现阶段动力电池梯次利用技术尚不成熟，从而导致退役动力电池拆解、可用模块检测、挑选、重组等方面的成本较高。电池回收企业应该积极探索动力电池的梯次利用技术，以安全高效低成本为原则，针对不同车型采取不同的梯次利用重组策略。

梯次利用结束后要进入拆解回收环节，完全报废的电池同样具有很高的回收价值。但不同电池厂商生产的电池在材料的选择和配比方面存在较大差异，回收工艺步骤烦琐，而电池回收企业拆解回收技术薄弱，报废电池中有价值成分提纯回收率较低，回收成本高[5]。此外，我国报废动力电池结构复杂，不同车型有不同的电池设计，不能采用同一套拆解流水线，导致电池拆解线普适性较弱。在拆解作业时，如果进行自动化拆解，对生产线的柔性配置要求较高，从而导致处置成本过高。因此，多数工序是人工完成的，工人的技能水平会影响电池回收过程中的成品率，如果操作不当，则会发生短路、漏液等各种安全问题，进而可能造成起火、燃烧或爆炸，直接导致人员伤亡和财产损失[7]。

退役锂离子电池回收及资源化再利用工艺对比，如表 10-5 所示，主要包括预处理、回收和再利用过程。预处理过程包括放电、拆解、分离分选等主要步骤，其中放电技术主要包括短接放电、液氮低温穿孔等；分离技术主要包括机械分离、酸/碱溶、有机溶剂溶解、热处理法等。回收过程包括浸出/富集和分离纯化；浸出/富集分为干法回收、湿法回收，分离纯化是以化学溶剂萃取浸出方法将正极活性物质中的金属组分转移至溶液中，通过萃取、沉淀、吸附、电解等对高附加值的金属进行分离提纯和回收。再利用过程分为外循环和内循环两种回收再利用技

表 10-5　退役锂离子电池回收及资源化再利用工艺对比

阶段	分类	定义	方法	技术描述
预处理	物理法	退役锂离子电池经预处理后,利用电极材料和其他材料物理性质的差异进行分离分选,即利用物理方法将电极材料与其他成分分离,主要包括磁选、风选、筛选、浮选等。	机械处理法	锂离子电池进行破碎、分选后,通过磁选、风选、浮选等方式获得电极材料。该技术适合大批量处理退役锂离子电池,但同时存在着杂质引入和有价材料流失等缺点
	化学法	退役锂离子电池经预处理后,利用化学反应过程将电极材料分离,一般通过溶解集流体、破坏黏结剂等方法实现材料高效分离。	热处理法	通过热处理破坏集流体与电极活性材料之间的结合力,即在高温作用下将黏结剂分解,从而分别得到集流体和电极材料;也可以通过超声波等辅助手段,使分离过程和分离效果更高效快捷。
			酸/碱溶法	利用集流体与酸/碱反应的化学原理,采用酸或碱将集流体溶解,再通过离心过滤分离,最终得到电极活性材料。该方法简单易操作,但同时也产生了废水等副产物,对环境极易造成威胁。
			有机溶剂溶解法	基于黏结剂 PVDF 极性,采用同样具有极性的有机溶剂来溶解 PVDF,进而将活性物质与集流体分开。常用的有机溶剂包括 NMP 和 DMF 等。虽然该方法具有对材料破坏性小、分离效率高、溶剂可回收重复利用等优点,但同时具有溶剂成本高和部分溶剂有一定的毒性等缺点。
回收处理	干法回收技术	干法回收技术是指不通过溶液等媒介,利用高温裂解、高温还原、溶盐焙烧等方法,将有价金属元素从正极材料中以金属、合金、氧化物等赋存形式回收的方法。相对于传统的高温裂解法和高温还原法,新型复合技术熔盐焙烧法可以较低的焙烧温度,实现锂离子电池正极材料的全组分或选择性回收。	高温裂解法	利用正极材料在高温焙烧环境下表现出的结构不稳定性,直接将电极材料裂解为金属、合金等化合物。该方法存在能源消耗大、污染气体排放、有价金属流失等缺点
			高温还原法	通常采用在高温下具备还原性质的气体、活泼金属、焦炭等为还原剂,实现较低温度下有价金属的还原回收。虽然相比于高温裂解法降低了反应温度,但其能源消耗仍是待解决的问题。
			熔盐焙烧法	利用正极材料在高温熔盐环境中发生的化学转化反应,可以将高价态不溶的电极材料转化为低价态可溶的盐及氧化物。该方法反应体系的不同,主要在于不同溶盐、酸、碱的选定,选用合适的反应试剂可以有效降低体系反应温度,还可以达到选择性分离有价金属的效果,是未来短流程、高效回收锂离子电池电极材料的方向之一。
			机械化学法	采用施加机械能的方法,通常是机械球磨法将锂离子电池正极材料与助磨剂共研磨,转化为易浸出便于后续回收的物质。该方法一般适用于实验室研究,产业规模化的回收技术有待进一步研究。

续表

阶段	分类	定义	方法	技术描述
资源再利用过程	湿法回收技术	湿法回收技术是通过化学/电化学、生物浸出等反应,将锂离子电池电极材料中的有价金属从固相转入液相,再对液相中金属离子进行分离富集,最终以金属或其他化合物的形式加以回收的方法。其中,有机金属分离和纯化方法主要包括离子交换、萃取、沉淀、电化学沉积等手段。虽然湿法回收技术工艺比较复杂,但有价金属回收率较高,是目前工业化回收技术主流。	酸/碱浸法	在传统酸/碱浸法回收技术过程中,酸浸一般以无机酸为浸出剂、以双氧水等为还原剂将高价态不溶化合物还原溶解;碱浸一般以氯化铵等氨基体系溶剂为浸出剂、以亚硫酸铵等为还原剂与正极材料中的过渡金属元素形成络合物,从而将有价金属从原来稳定化合物中选择性浸出。除此之外,还可以采用绿色有机酸为浸出剂进行浸出。传统酸/碱浸法回收技术,浸出过程中会产生大量废水及其他副产物,对环境造成潜在的威胁。采用绿色有机酸为浸出剂的酸浸法,可以绿色、高效地回收电极材料中的有价金属,是未来锂离子电池回收技术发展的理想方向之一
			深共晶溶法	深共晶溶剂是一类具有超高的溶解金属氧化物能力的化合物,它作为有效的浸出剂和还原剂,不需要还原剂和/或昂贵的溶剂萃取剂,也不需要复杂工艺就能实现金属高纯度提取。但在浸出过程中,其有价金属浸出率相对较低,难以实现元素的选择性分离,尚处于研究探索阶段。
			电化学法	利用电化学电解,将正极材料在悬浮液或熔融盐中进行电解回收,该方法可以避免浸出过程中浸出剂和还原剂的加入,但其能量消耗、操作性仍需要进一步工艺改进和技术攻关。
			微生物淋滤技术	主要是利用微生物自然代谢过程,氧化、还原、络合、酸解等溶释固相中有价金属,将体系的有用组分转化为可溶化合物并选择性地溶解分离,得到含有价金属的溶液,实现目标组分与杂质组分分离,最终回收锂等有价金属。目前该技术刚刚起步,还有许多难题需要解决,如高效菌种的选育、培养周期过长、浸出条件的控制等。
	外循环	化工级产品再利用是以退役锂离子电池经回收后得到的产物为原料,通过化学沉淀、高温焙烧、化学萃取、离子交换、电化学沉积等方式得到各种有价金属的硫酸盐、氯化物、氧化物、金属单质等化工产品。作为退役锂离子电池外循环主要技术手段,该方法虽然操作简单,但得到的化工产品附加值较低,现在更多研究关注于电极材料直接修复再生和重新合成等内循环利用体系。	化学沉淀法	利用浸出液中有价金属离子在不同沉淀剂中溶解度不同的特点,不同溶解度的有价金属离子形成难溶化合物,将得到有价金属离子形成难溶物再次酸解,进而通过再沉淀、重结晶等方式得到化工产品。化学沉淀在提纯和分离方面具有较高效率,也是最简单、性价比较高的一种分离回收方式,但其产物纯度较低,需要多次纯化处理。
	化工级产品再利用		高温焙烧法	将浸出产物直接高温焙烧,得到有价金属氧化物。此方法虽然操作简单,但存在着耗能大、产物纯度低等缺点,一般不应用于附加值高产物的回收处理。

续表

阶段	分类	定义	方法	技术描述
资源再利用	外循环	化工级产品再利用是以退役锂离子电池经回收后得到的产物为原料，通过化学沉淀、高温焙烧、化学萃取、离子交换、电化学沉积等方式得到各种有价金属的硫酸盐、氯化物、氧化物、金属单质等化工产品。作为退役锂离子电池外循环主要技术手段，该方法虽然操作简单，但得到的化工产品附加值较低，现在更多研究关注于电极材料直接修复再生和重新合成等内循环利用体系。	化学萃取法	将电极材料浸出后，向浸出液中加入萃取剂，利用锂、镍、钴、锰等金属离子在有机相和水相中溶解度或分配系数的不同，将特定金属离子从水相提取到有机相，通过反萃可以得到有价金属的硫酸盐或氯化物，经过重结晶后即可得到纯度较高的化工产品。化学萃取法弥补了化学沉淀提取产物纯度较低的缺点，两种方法也可以联用，从而得到符合工业需求的化工产品。化学萃取法虽然具有产物纯度高、选择性提取等优点，但有机萃取剂价格较高，且具有易燃等缺点。
			离子交换法	利用离子交换膜对有价金属离子络合物的吸附系数的不同来实现金属分离提取，将有价金属元素提取后，通过溶解、沉淀、重结晶等方式得到符合需求的化工原料。该工艺简单，易于操作，但工艺流程较长，且离子交换膜较为昂贵。
			电化学沉积法	在外电场作用下，电流通过正极材料浸出溶液，浸出液中的有价金属元素经氧化还原反应，在电极上形成镀层，从而得到纯度较高的金属等化工产品。通过控制电流密度等实验条件，可以得到不同厚度的金属膜，但在金属膜沉积过程中，对浸出液的纯度要求较高。
	内循环	直接修复再生法作为内循环再利用的主要技术体系之一，是以退役锂离子电池经预处理后得到的电极材料为原料，通过添加锂源等物质，利用原位焙烧、电化学等修复技术进行元素补充，最后将部分失去或失去电化学性能的电极材料进行修复再生。	固相原位补锂法	将预处理得到的电极材料添加锂盐或其他化合物后，在高温焙烧条件下，锂离子通过颗粒接触，进入缺锂的正极材料中，使正极材料恢复电化学性能。该方法需要添加过量锂源来达到修复目的，易造成锂资源浪费。
			电化学补锂法	通过电化学反应使锂离子嵌入正极材料中，通常将电极材料与金属锂组成半电池，利用富锂溶盐或金属锂为补锂剂，对正极材料中缺失的锂进行补偿嵌锂。电化学补锂相较于固态高温原位修复可以较好地控制补锂的量，但在电化学补锂过程中工艺条件参数需要严格控制。
		电极材料重新合成法是以退役锂离子电池回收处理后浸出液、氧化物等化合物为原料，按照元素化学计量比重新添加电极材料中缺失的金属元素后，运用电极材料合成工艺来生成新的电极材料的方法。	固相合成法	以上述浸出液等产物为原料，添加相应缺失的金属元素后制备前驱体，制得的前驱体和锂源在高温作用下，通过原子或离子的扩散，反应物界面接触、反应、成核、晶体生长，从而得到新的再生正极材料。高温固相合成法虽然具有合成工艺简单等优点，但产物组分均匀一致性较难控制，且在合成过程中，需要严格控制反应气氛和实验条件。
			溶胶凝胶法	将回收产物分散在溶剂中，溶液内发生水解/再聚合反应，进而形成溶胶凝胶，最后经过干燥及热处理得到再合成电极材料。溶胶凝胶法可以解决高温固相合成法中反应物之间扩散慢和组分均匀性差等缺点，但存在耗时长、流程较长等缺点。

续表

阶段	分类	定义	方法	技术描述
资源再利用	内循环	电极材料重新合成	电极材料重新合成法是以退役锂离子电池经回收过程得到的浸出液、氧化物等化合物为原料，重新添加电极材料中缺失的金属元素后，运用电极材料合成工艺来生成新的电极材料的方法。	水热合成法	在特制密闭反应容器（高压釜）中，以水为主要介质，通过加热创造超临界状态（温度：$100\sim1000℃$；压力：$1\ MPa\sim1\ GPa$）进行合成反应，制备出新的电极材料。该方法可以替代某些高温固相反应，制备出具有特殊形貌的电极材料
			电沉积再生法	在一定的环境条件下，通过电流作用将有价金属富集液中贵金属离子进行还原，在阴极表面得到再生的电极材料。相比于其他方法，电沉积再生法具有短程高效等优点，但其实验条件需要严格控制。

术途径，前者指化工级产品再利用，后者指直接修复再生和电极材料重新合成。化工级产品再利用主要包括化学沉淀、高温焙烧、化学萃取离子交换、电化学沉积等技术手段，以生产硫酸镍、硫酸钴、硫酸锰、氯化钴、氯化锰等化工产品；直接修复再生则主要包括固相补锂法和电化学补锂法等，对失效电极材料的晶型结构和电化学性能进行修复；电极材料重新合成主要采用高温固相合成、溶胶凝胶、水热合成和电沉积再生等技术路线，重新合成新的前驱体或电极材料。

针对动力电池中有价金属元素回收提取工艺，火法回收技术处理量大、工艺简单、可处理种类繁杂电池；但其成本高、对设备要求高、处理过程中会产生大量有害气体；湿法冶金回收技术具有规模适宜、能源投资少、CO_2排放低和厂址可根据可利用废弃物进行设计等技术优势，使得其成为回收企业优先选择的回收工艺。但湿法冶金技术易产生酸性废液、有毒气体等二次污染物，且回收步骤复杂，仍有待技术人员继续研发；微生物淋滤-液膜萃取回收技术具有成本低、污染小、可重复利用等优点，长期来符合废旧电池绿色回收技术发展方向，但现阶段生物回收技术尚未成熟，如高效菌种的驯化培养、培养周期过长、浸出条件控制等关键问题仍有待解决。电池回收企业应该积极提升动力电池拆解回收技术，针对不同技术路线的动力电池进行差异化拆解回收，提高镍、钴、锰、锂等贵金属元素的回收利用率，以提升电池回收利润空间。同时，继续开展动力电池全生命周期管理，保障其有效利用和环保处置，构建电池生产—消费—回收—再利用全链条闭环管理体系。

动力电池回收利用产业能够快速有序发展的关键在于人才的培养与储备。动力电池回收利用全流程涉及范围广、操作专业性强、安全需求性高，拆解时要应对车企电池的非统一安装规范，而梯级利用需要专业的残值寿命与健康状态评估人员，资源高效利用则要求对电池实现全组分精细智能拆解。因此，应尽快满足该产业对先进技术研发、流程信息管理、使用数据挖掘等专业型人才培养的迫切需求，以应对未来快速增长的退役动力电池回收需求。目前，即将进入动力电池回收的大规模爆发期，回收企业对专业型人才的储备培养迫在眉睫[8]。

10.3.3　体系完善

电池回收网络体系的完善是退役动力电池回收利用行业发展的基础和重中之重。通过建立全国电池回收网络，产生规模效应后即可摊薄回收成本。在 2018 年 2 月颁布的《新能源汽车动力蓄电池回收利用管理暂行办法》中，国家对产生废旧动力电池各个环节的回收责任都有明确的规定和要求。对于回收主体实行生产者责任延伸制度，即汽车生产企业、电池生产企业、第三方资源回收再生企业作为回收的主体，其中，汽车生产企业或者进口车经销商承担动力蓄电池回收利用主体责任。报废汽车拆解企业要与汽车生产企业、动力电池生产企业、回收利用企业建立合作网络。报废汽车车主自主选择上述合作网络中的车企、电池企业或回收利用企业，在报废汽车拆解企业监督下，进行废旧动力电池拆卸。废旧电池拆卸后进入回收网络，并及时更新动力电池溯源信息。

新能源汽车车企主动推动回收是整个回收渠道正规化的重要一环，随后将回收后的动力电池流入拥有资质和技术的专业电池回收再利用企业。作为回收的主体车企应对消费者承诺电池的使用期和维护期，当电池提前报废而承诺使用时限未到时，消费者可以用已经报废的电池在 4S 店等终端渠道进行替换，车企提供状态较好的梯次利用电池，消费者在剩余承诺期内的电池使用基本不受影响，而车企则能够同时在回收端和利用端进行电池的回收循环。电池回收企业则一般与回收服务网点、报废车回收等上游企业建立合作，以获取报废动力电池。

此外，由车企组织或授权建立的回收服务网点收集的废旧动力电池交给与车企协议合作的电池生产企业，先进行梯级利用，再由梯级利用企业回收并交再生利用企业回收处置。通过梯次利用或拆解使报废电池增值，进一步将梯次利用电池出售给下游的储能等用户，或将拆解得到的电池原材料出售给电池企业，完成电池再利用闭环。梯级利用企业必须与动力电池企业进行战略合作，参与车企组织或授权的回收网络建设，才能获得稳定的废旧动力电池来源。而再生利用企业则必须与梯级利用企业建立紧密的战略合作关系，这样才能获得稳定的废旧电池来源。动力电池置换必须强制执行以旧换新，依靠动力电池信息系统约束动力电池生产厂家和新能源汽车厂家，对不执行以旧换新的企业，实行市场禁入。

10.3.4　回收模式

锂离子动力电池回收与资源化综合利用是新能源汽车产业链中不可或缺的最后一个环节，对其进行妥善处理非常关键。目前电池回收模式尚不明确，无论是梯次利用还是直接报废回收，都必须实现参与主体"有利可图"。如果投入大量财力与物力，动力电池梯次利用在经济上的优势就会减弱，无法调动参与企业的积极性，提升梯次利用率则必须找到一种可营利的商业模式，让参与主体能在市场化运作中生存下去。

为了寻找合适的动力电池回收的商业模式，在新能源汽车发展集聚区域，应当选择若干个城市开展新能源动力电池回收利用的试点示范，利用大数据、能源互联网等各种信息技术手段建立动力电池信息管理系统，培育标杆企业，探索环境友好的商业化回收模式，为进一步在全国范围内的普及做好先行工作[9]。目前，在试点先行、规范化、政策激励等政策下，各大重点城市纷纷根据本地新能源汽车行业和动力电池发展现状，补充或推出相关地方性政策法规，推动新能源汽车动力电池的回收规范化。与全国政策相比，各个地方制定的方案更为细致。其中，2018 年深圳率先印发建立电池监管回收体系方案，提出了完善动力电池回收押金机制，目标于 2020 年实现对所有纳入补贴范围的新能源汽车动力电池的全生命周期监管，建立起完善的动力电池监管回收体系。2019 年 1 月，深圳发布《深圳市 2018 年新能源汽车推广应用财政支持政策》，其中动力电池回收补贴首次出现在地方补贴政策中，深圳也成为国内首个设立动力电池回收补贴的城市。

动力蓄电池的梯次利用回收利用产业链，涉及用户（车主或商业运营单位）、新能源车企、动力蓄电池企业、综合回收利用拆解企业、梯次利用企业等主体，需要全行业企业共同参与。面对日益激烈的市场竞争，寻求企业间合作是增强企业竞争实力的有效手段，缺乏技术和资本竞争实力的企业将逐步被市场淘汰[10]。

综上所述，为了达到资源综合利用经济效益和环境效益同时最大化目标，锂离子动力电池回收模式主要表现在以下三方面：①加速建立国家级别的新能源汽车国家监测与动力蓄电池回收利用溯源综合管理平台，对动力蓄电池生产、销售、使用、报废、回收、再利用等全过程进行信息采集，对各环节主体履行回收利用责任情况实施监管。②鼓励新能源汽车整车企业为责任主体，联合电池梯次利用企业，按照"先梯次利用后回收再生"的原则，开展动力电池拆解、检测、重组与梯次利用，建立梯次利用电池产品管理制度和信息共享机制。③积极开展退役锂离子电池中有价金属回收及循环再利用，包括单体电池自动化拆解、电池粉碎后自动分选、正负极材料修复再生、金属元素高效提取、电解液和隔膜无害化、

"三废"安全处理等。

10.3.5 环保意识

我国实现动力电池回收的关键是提高企业和消费者的环保意识，只有当两者具有较高的环保意识时，政府奖惩激励制度才能在回收体系中发挥有效作用。因此，动力电池回收行业的宣传工作也变得刻不容缓。例如，政府可以邀请专家定期去企业进行宣讲，提高企业相关人员的环保意识，并对贯彻和注重环保的企业给予技术和资金支持。同时，政府可利用媒体等资源向国民宣传未经处理废弃动力电池对环境的污染以及资源的浪费，对消费者做出积极引导，提高国民的环保意识。当国民环保意识达到一定水平时，他们可以督促企业实施环保措施，加入动力电池的回收体系中。

除此之外，企业与政府应联合起来对新能源汽车消费者进行培训，使其了解动力电池的使用过程中电池余能信息、全生命周期追溯技术等估算指标，使消费者可以判定动力电池是否可以继续使用或退役。通过押金制度和开展宣传教育等方式，提高消费者对废旧电池的回收意识，积极引导其参与电池回收工作。只有将回收产生的环境效益真实体现出来，才能吸引更多的群众参与到废旧动力电池的回收中。而消费者也要注重自身环保意识的培养，把目光放在长远的利益上，而不是局限于眼前利益。随着消费者环保意识的逐渐增强，期望最终可以实现无偿将退役动力电池返还到逆向物流体系中。

全球环境问题日益凸显，废旧动力电池回收模式的建立和分析，虽然有助于提升动力电池回收的总体效益，但社会各方都应提高自身的环保意识，将以往的只重视经济效益的思想观念转为追求经济效益和环境效益双赢的思想观念，自觉参与到逆向物流体系中，各尽其责，最终实现社会的可持续发展[11]。

当前，我国动力电池回收利用产业尚未真正成型，进一步制定完善的法律法规，构建回收利用网络，研发先进技术，完善配套体系，将会有力地促进动力电池回收利用产业朝着流程化、专业化、规模化的趋势健康发展。动力电池的回收之路"道阻且长"，在行业发展的过程中总会遇到不同的困扰和挑战，但我们坚信"行则将至"，随着回收技术的不断突破、回收体系的逐渐完善、回收规模的日益扩大，相信这些问题和挑战也将不再是动力电池回收业前行的阻碍。

综上所述，针对退役锂离子电池回收与资源化技术，应该全面考虑经济成本、技术可行性、环境影响以及安全问题等四个方面。因此，我们提出了退役锂离子电池回收的 3R（Redesign、Reuse、Recycle）策略和 4H（High efficiency、High economic return、High environmental benefit、High safety）原则（图 10-19）。为了实现上述目标，提出以下四个建议：

图 10-19　退役锂离子电池回收的 3R 策略和 4H 原则

　　一是鼓励发展简单高效的多组分回收利用工艺，尽量克服各种技术手段的弊端；二是从经济成本角度核算，应降低回收成本并提高产品附加值，以确保锂离子电池回收利用企业的经济效益；三是从环境和安全角度，应选择环境友好电极材料、黏结剂、隔膜以及电解质体系以降低环境负担；四是黏完善电池回收数据追踪数据平台，为政策制定和生产发展提供技术支撑[12]。

参 考 文 献

[1]　Fan E, Li L, Wang Z, et al. Sustainable recycling technology for Li-ion batteries and beyond: challenges and future prospects [J]. Chem Rev, 2020, 120(14): 7020-7063.

[2]　杨娟, 黄慧艳, 郭怡楠. 动力电池及其再生利用展望[J]. 山东工业技术, 2018(4): 114.

[3]　耿慧丽. 动力电池梯次利用争议再起, 伪命题还是前景可期[J]. 商讯, 2018, 151(18): 107-109.

[4]　李飞. 废锂电池资源化技术及污染控制研究[D]. 成都: 西南交通大学, 2017.

[5]　郭家昕, 叶锦和, 王之元, 等. 新能源汽车动力电池回收面临困境及解决方案[J]. 时代汽车, 2018, 299(8): 49-50

[6]　王英东, 杨敬增, 张承龙, 等. 退役动力磷酸铁锂电池梯次利用的情况分析与建议[J]. 再生资源与循环经济, 2017, 10(4): 23-27.

[7]　Zhang X X, Li L, Fan E, et al. Toward sustainable and systematic recycling of spent rechargeable batteries [J]. Chem. Soc. Rev., 2018,47: 7239-7302.

[8]　陈轶嵩, 赵俊玮, 乔洁, 等. 我国电动汽车动力电池回收利用问题剖析及对策建议[J]. 汽车

工程学报, 2018, 8(2): 97-103.

[9]   王英东, 杨敬增, 张承龙, 等. 退役动力磷酸铁锂电池梯次利用的情况分析与建议[J]. 再生资源与循环经济, 2017, 10(4): 23-27.

[10]   王攀, 徐树杰, 艾崇. 我国动力蓄电池回收利用面临的主要问题及发展建议[J]. 时代汽车, 2016, (10): 43-44.

[11]   乔菲. 基于博弈论纯电动汽车废旧动力电池回收模式的选择[D]. 北京: 北京交通大学, 2015.

[12]   李丽. 动力电池回收道阻且长[J]. 中国化工信息 2020,(13): 34-37.

附表　典型二次电池生命周期评价清单列表

物质	分类	单位	镍镉电池	铅酸电池	镍氢电池	锂离子电池
Acid	Raw	g		17.6		
Air	Raw	oz	0.628	56.5		0.941
Alloys	Raw	g		7.33		
Auxiliary materials	Raw	g		16.2		
Baryte，in ground	Raw	g	55.5	25.2	42.8	16
Bauxite，in ground	Raw	g	31.7	17.6	25.9	380
Biomass	Raw	g	0.553	49.8		0.829
Calcite，in ground	Raw	pg	2.79E-20	2.51E-18		4.18E-20
Calcium sulfate，in ground	Raw	mg	0.23	20.7		0.345
Chromium compounds	Raw	mg		70.5		
Chromium，in ground	Raw	g	2.76	0.708	2.26	0.575
Clay，bentonite，in ground	Raw	g	129	12.5	36.7	379
Clay，unspecified，in ground	Raw	g	49.2	34.9	35.6	30.7
Coal，18MJ/kg，in ground	Raw	kg	29.4	12.5	18.9	39
Coal，brown，8MJ/kg，in ground	Raw	kg	11.2	4.47	9.71	3.69
Copper，in ground	Raw	oz	40.1	6.49	0.305	7.87
Degreasing agent	Raw	g		1.83		
Dolomite，in ground	Raw	mg	0.121	10.9		0.181
Energy，from biomass	Raw	kJ	4.89	440		7.34
Energy，from coal	Raw	MJ	0.142	12.8		0.213
Energy，from coal，brown	Raw	J	10.3	930		15.5
Energy，from gas，natural	Raw	MJ	1.43	129		2.14
Energy，from hydro power	Raw	W·h	4.91	442		7.36
Energy，from hydrogen	Raw	J	8.34	751		12.5
Energy，from oil	Raw	MJ	2.75	248		4.13
Energy，from peat	Raw	kJ	0.559	50.3		0.838
Energy，from sulfur	Raw	kJ	0.018	1.62		0.027
Energy，from uranium	Raw	MJ	0.165	14.8		0.247
Energy，from wood	Raw	J	0.792	71.3		1.19
Energy，geothermal	Raw	kJ	1.43	129		2.15
Energy，kinetic（in wind），converted	Raw	kJ	0.677	60.9		1.01

续表

物质	分类	单位	镍镉电池	铅酸电池	镍氢电池	锂离子电池
Energy，potential（in hydropower reservoir），converted	Raw	MJ	50.1	18.8	43	20
Energy，recovered	Raw	MJ	−0.11	−0.992		−0.165
Energy，solar	Raw	J	5.26	474		7.9
Energy，unspecified	Raw	kJ	0.0676	6.09		0.101
Feldspar，in ground	Raw	pg	0.00469	0.422		0.00704
Fluorspar，in ground	Raw	mg	0.0225	2.02		0.0337
Gas，mine，off-gas，process，coal mining/kg	Raw	g	213	77.1	126	333
Gas，natural，35MJ/m³，in ground	Raw	m³	5.68	5.57	4.34	1.12
Gas，natural，36.6MJ/m³，in ground	Raw	dm³	108	179		
Gas，natural，feedstock，35MJ/m³，in ground	Raw	dm³	89.1			
Gas，petroleum，35MJ/m³，in ground	Raw	dm³	733	260	566	223
Granite，in ground	Raw	pg	0.171	15.4		0.257
Gravel，in ground	Raw	kg	3.04	2.28	1.9	1.67
Iron ore，in ground	Raw	mg	1.8			
Iron，in ground	Raw	kg	12.1	2.2	2.72	39.2
Land use II-III	Raw	m²a	3	1.14	2.6	1.15
Land use II-III，sea floor	Raw	m²a	0.886	0.404	0.685	0.254
land use II-IV	Raw	m²a	0.16	0.108	0.122	0.126
land use II-IV，sea floor	Raw	cm²a	911	417	704	262
Land use III-IV	Raw	m²a	0.174	0.158	0.123	0.125
land use IV-IV	Raw	cm²a	191	6.99	147	7.82
lead，in ground	Raw	oz	0.0481	720	0.0375	0.013
Limestone，in ground	Raw	g	4.33	0.78		0.013
Manganese，in ground	Raw	g	2.48	0.51	662	0.335
Marl，in ground	Raw	oz	72.8	97.2	24.6	195
Nickel，in ground	Raw	oz	184	0.00873	155	0.00891
Nitrogen，in air	Raw	g	5.66	510		8.5
Oil	Raw	g		3.1		
Oil，crude，42.6 MJ/kg，in ground	Raw	kg	10.8	3.83	8.82	3.26
Oil，crude，feedstock，41MJ/kg，in ground	Raw	g	99.9			
Olivine，in ground	Raw	mg	0.0926	8.34		0.139
Oxygen，in air	Raw	mg	0.292	26.3		0.438
Rutile，in ground	Raw	mg	0.192	17.3		0.288
Sand and clay，unspecified，in ground	Raw	mg	324			

续表

物质	分类	单位	镍镉电池	铅酸电池	镍氢电池	锂离子电池
Sand，quartz，in ground	Raw	pg	3.19E-22	2.87E-20		4.78E-22
Sand unspecified，in ground	Raw	oz	6.32	70.3	6.62	1.35
Scrap，external	Raw	kg		1.68		
Shale，in ground	Raw	mg	0.652	58.7		0.978
Silver，in ground	Raw	oz	66.4	0.000421	0.000919	0.000353
Sodium chloride，in ground	Raw	g	217	14.4	21.5	26.8
Sulfur，bonded	Raw	mg	0.0535	4.81		0.0802
Sulfur，in ground	Raw	mg	1.95	175		2.92
Talc，in ground	Raw	pg	4.77E-13	4.29E-11		7.15E-13
Tin ore，in ground	Raw	kg		155		
Tin，in ground	Raw	oz	36.9	0.000233	0.00051	0.000196
Unspecified input	Raw	pg	2.15E-34	1.93E-32		3.223-34
Uranium，451 GJ/kg，in ground	Raw	mg	4.59	16.9		
Uranium，560 GJ/kg，in ground	Raw	mg	759	277	658	256
Volume occupied，reservoir	Raw	m^{3}d	397	145	342	156
Water，cooling，drinking	Raw	g	3.73	335		5.59
Water，cooling，salt，ocean	Raw	lb	0.78	70.2		1.17
Water，cooling，surface	Raw	oz	4.89	440		7.33
Water，cooling，unspecified，natural origin/kg	Raw	kg	1.77	160		2.66
Water，process and cooling，unspecified natural origin	Raw	cu.in	313			
Water，process，drinking	Raw	oz	4.55	409		6.82
Water，process，salt，ocean	Raw	g	7.7	693		11.5
Water，process，surface	Raw	oz	1.89	170		2.84
Water，process，unspecified natural origin/kg	Raw	oz	3.31	297		4.96
Water，process，unspecified natural origin/m^3	Raw	dm^3		18.3		
Water，process，well，in ground	Raw	g	3.31	298		4.97
Water，turbine use，unspecified natural origin	Raw	m^3	262	95.9	277	104
Water，unspecified natural origin/kg	Raw	kg	1.84E+03	634	1.56E+03	751
Wood，dry matter	Raw	g	300	159	199	364
Wood，unspecified，standing/kg	Raw	g		2.5		
Zinc，in ground	Raw	oz	4.42	0.0133	35.3	0.00105
Acetaldehyde	Air	mg	53.9	6.69	45.6	6.21
Acetic acid	Air	mg	243	54	204	28.3
Acetone	Air	mg	53.7	6.52	45.4	6.17
Aluminum	Air	g	2.18	1.72	1.96	0.542

续表

物质	分类	单位	镍镉电池	铅酸电池	镍氢电池	锂离子电池
Americium-241	Air	mBq	5.85	2.14	5.07	1.97
Ammonia	Air	mg	216	293	160	265
Argon-41	Air	Bq	681	249	592	229
Arsenic	Air	g	0.0234	6.13	0.108	0.00679
Asbestos	Air	pg	0.234	21		0.351
Barium	Air	mg	28.3	21.3	25.5	6.6
Barium-140	Air	mBq	1.23	0.45	1.06	0.414
Benzaldehyde	Air	ng	487	540	295	377
Benzene	Air	mg	278	192	213	123
Benzene，ethyl-	Air	mg	71.6	24.2	60	22.2
Benzene，hexachloro-	Air	ng	45.6	16.4	38.8	12.6
Benzene，pentachloro-	Air	ng	122	43.9	104	33.6
Benzo（a）pyrene	Air	mg	1.16	0.0839	0.273	3.65
Boron	Air	mg	580	305	515	154
Bromine	Air	mg	77.2	46	69.2	17.5
Butane	Air	g	1.05	0.496	0.801	0.283
Butene	Air	mg	30.8	12.7	23.2	8.66
Cadmium	Air	mg	28.8	166	58.9	14.9
Calcium	Air	g	1.33	0.458	0.871	1.71
Carbon-14	Air	Bq	471	172	408	159
Carbon dioxide	Air	kg	98.4	57.4	74.2	56.9
Carbon disulfide	Air	ng	1.19	107		1.78
Carbon monoxide	Air	oz	12.3	3.63	3.6	35.8
Cerium-144	Air	mBq	62.1	22.7	53.9	20.9
Cerium-134	Air	mBq	222	81.4	193	74.8
Cerium-137	Air	mBq	429	156	372	144
Chlorinated fluorocarbons，soft	Air	mg	1.37	123		2.06
Chromium	Air	mg	25.7	6.7	13.1	48.6
Chromium-51	Air	mBq	1.11	0.403	0.96	0.372
Cobalt	Air	mg	15.6	3.18	12.1	8.15
Cobalt-57	Air	nBq	537	197	467	181
Cobalt-58	Air	mBq	8.9	3.25	7.73	3
Cobalt-60	Air	mBq	13.3	4.85	11.5	4.45
Copper	Air	g	2.37	0.0577	1.97	0.0618
Curium-242	Air	nBq	30.8	11.3	26.8	10.4
Curium-244	Air	nBq	280	102	243	94

续表

物质	分类	单位	镍镉电池	铅酸电池	镍氢电池	锂离子电池
Curium alpha	Air	mBq	9.29	3.39	8.06	3.12
Cyanide	Air	mg	3.56	0.241	0.828	11.4
Dinitrogen monoxide	Air	g	2.34	0.908	1.99	0.64
Dioxins，measured as 2，3，7，8tetrachlorodibenzo-p-dioxin	Air	ng	39.5	5.99	12.6	111
Ethane	Air	g	1.57	1.4	1.21	0.438
Ethane，1，1，1，2-tetrafluoro，HFC-134a	Air	pg	0.000557	1.06E-05	1.02E-06	0.0021
Ethane，1，2-dichloro-	Air	ng	0.833	75		1.25
Ethane，1，2-dichloro-1，1，2，2-tetrafluoro-，CFC-144	Air	mg	6.38	2.32	5.54	2.14
Ethane，dichloro-	Air	mg	1.38	−9.5	1.13	0.057
Ethane，hexafluoro，HFC-116	Air	mg	0.343	0.19	0.282	4.13
Ethanol	Air	mg	107	13.1	91	12.4
Ethane	Air	g	1.01	0.676	0.756	0.617
Ethyne	Air	mg	79.3	75.2	71.4	21.4
Fluorine	Air	ng	1.94	174		2.91
Formaldehyde	Air	mg	274	77.9	217	48.2
Heat，waste	Air	kW·h	423	209	335	181
Helium	Air	mg	738	262	570	225
Heptane	Air	mg	195	69	149	57.8
Hexane	Air	mg	410	144	313	122
Hydrocarbons，aliphatic，alkanes，unspecified	Air	mg	565	196	461	113
Hydrocarbons，aliphatic，alkanes，unspecified	Air	mg	142	94.2	126	39.4
Hydrocarbons，aromatic	Air	mg	52.6	548	37.1	12
Hydrocarbons，chlorinated	Air	mg	194	0.0075		0.000125
Hydrocarbons，halogenated	Air	ng	97.2	440		
Hydrocarbons，unspecified	Air	g	0.21	18.9		0.315
Hydrogen	Air	mh	1.81	163		2.71
Hydrogen-3，Tritium	Air	kBq	4.84	1.77	4.21	1.63
Hydrogen chloride	Air	g	15.1	10.3	13.4	3.95
Hydrogen cyanide	Air	pg	3.73E-05	0.00335		5.59E-05
Hydrogen Fluoride	Air	g	1.33	0.622	1.11	0.661
Hydrogen sulfide	Air	g	0.729	0.132	0.215	2.05
Iodine	Air	mg	28	14.8	24.9	7.28
Iodine-129	Air	Bq	1.67	0.611	1.45	0.562
Iodine-131	Air	mBq	188	68.4	161	62.9
Ionine-133	Air	mBq	104	37.9	90	34.9

物质	分类	单位	镍镉电池	铅酸电池	镍氢电池	锂离子电池
Ionine-135	Air	mBq	155	56.6	135	52.2
Iron	Air	g	1.8	0.806	1.13	2.6
Krypton-85	Air	kBq	2.88E+04	1.05E+04	2.50E+04	9.68E+03
Krypton-85m	Air	Bq	35	12.7	29.5	11.7
Krypton-87	Air	Bq	15.5	5.62	13.2	5.19
Krypton-88	Air	Bq	1.36E+03	494	1.18E+03	456
Krypton-89	Air	Bq	11	3.98	9.27	3.66
Lead，in ground	Air	g	0.365	65.4	1.9	0.258
Lead-210	Air	Bq	12.5	8.9	11.4	2.32
Magnesium	Air	mg	787	598	689	276
Manganese	Air	q	0.571	0.0448	0.132	1.83
Mercury	Air	mg	4.6	62.6	10.7	3.11
Metals，unspecified	Air	mg	0.92	60.1		0.166
Methane	Air	g	252	176	160	295
Methane，bromotrifluoro-，Halo 1301	Air	mg	4.17	1.49	3.21	1.27
Methane，dichlorofluoro-，HCFC-21	Air	mg	3.22	1.67	2.35	0.963
Methane，tetrafluoro-，CFC-14	Air	mg	3.09	1.71	2.54	37.1
Methanol	Air	mg	160	13.8	135	13.4
Molybdenum	Air	mg	6.61	2.21	5.61	1.08
Neptuium-237	Air	nBq	3.06	112	266	103
Nickel	Air	g	1.5	0.0837	1.21	0.288
Nitrogen	Air	g	1.6	1.58	1.22	0.306
Nitrogen oxides	Air	g	200	198	159	90.3
NMVOC，non-methane volatile organic compounds，unspecified origin	Air	g	94.9	40.4	68.1	41.6
Noble gases，radioactive，unspecified	Air	Bq	42.6	15.4	35.3	14.2
Organic substances，unspecified	Air	mg	3.41	307		5.12
Oxygen	Air	pg	4.79E-10	4.31E-08		7.18E-10
PAH，polycyclic aromatic hydrocarbons	Air	mg	5.69	2.45	2.9	14.8
Particulates	Air	g	1.05	1.65		
Particulates，<10μm	Air	g	0.0356	3.21		0.0534
Particulates，<10μm（mobile）	Air	g	1.91	4.81	1.37	2.21
Particulates，<10μm（stationary）	Air	kg	24.9	7.23	20.4	9.5
Particulates，>10μm（process）	Air	g	124	23.8	309	
Pentane	Air	g	1.32	0.607	0.355	

续表

物质	分类	单位	镍镉电池	铅酸电池	镍氢电池	锂离子电池
Phenol，pentachloro-	Air	ng	19.7	7.1	5.43	
Phosphorus，total	Air	mg	24.4	23.3	7.54	
Plutonium-238	Air	nBq	694	254	234	
Plutonium-241	Air	mBq	510	187	172	
Plutonium-alpha	Air	mBq	18.6	6.79	6.24	
Potassium-210	Air	Bq	21	15.5	3.65	
Potassium	Air	g	2.34	0.339	6.77	
Potassium-40	Air	Bq	2.91	2.27	0.459	
Promethium-147	Air	mBq	157	57.6	53	
Propane	Air	g	1.33	0.764	0.396	
Propane	Air	mg	129	98.2	50.2	
Propionic acid	Air	mg	3.77	3.71	0.472	
Protactinium-243	Air	mBq	186	67.9	62.4	
Radioactive species，unspecified	Air	kBq	405	1.47E+03		
Radium-226	Air	Bq	8.49	4.21	2.38	
Radium-228	Air	Bq	1.44	1.13	0.226	
Radon-220	Air	Bq	75	44.6	16.5	
Radon-222	Air	kBq	4.18E+04	1.53E+04	1.41E+04	
Ruthenium-106	Air	Bq	1.86	0.679	0.624	
Selenium	Air	mg	45.8	7.48	112	
Selenium compounds	Air	pg	6.03E-12	5.43E-10	9.04E-12	
Silicon	Air	g	4.47	3.01	1.13	
Silver	Air	pg	1.74E-10	1.57E-08	2.61E-10	
Sodium	Air	mg	409	193	351	80.7
Strontium	Air	mg	40.1	33.3	36.3	7.45
Strontium-90	Air	mBq	306	112	266	103
styrene	Air	pg	1.66E-06	0.000149		2.49E-06
Sulfur dioxide	Air	g	0.227	20.4		0.341
Sulfur oxides	Air	oz	470	12.5	390	7.1
Sulfuric acid	Air	pg	0.13	11.7		0.195
Tellurium-123m	Air	mBq	1.4	0.512	1.22	0.47
Thorium-228	Air	Bq	1.22	0.955	1.12	0.191
Thorium-230	Air	Bq	2.07	0.755	1.79	0.694
Thorium-232	Air	mBq	776	608	713	121
Thorium-234	Air	mBq	186	67.9	161	62.4
Titanium	Air	mg	82.6	61.8	74.4	19.1

物质	分类	单位	镍镉电池	铅酸电池	镍氢电池	锂离子电池
Toluene	Air	mg	213	104	165	66.3
Uranium-234	Air	Bq	2.23	0.814	1.93	0.749
Uranium-235	Air	mBq	108	39.4	93.8	36.3
Uranium-238	Air	Bq	4.42	2.54	3.95	1.09
Uranium alpha	Air	Bq	6.64	2.43	5.76	2.24
Vanadium	Air	mg	840	222	701	124
Xenon-131m	Air	Bq	71.5	26	60.9	23.9
Xenon-133	Air	kBq	20.7	7.55	17.9	6.94
Xenon-133m	Air	Bq	10.4	3.79	9.01	3.49
Xenon-135	Air	kBq	3.54	1.29	3.06	1.19
Xenon-135m	Air	Bq	357	130	302	119
Xenon-137	Air	Bq	8.79	3.2	7.47	2.94
Xenon-138	Air	Bq	96.8	35.1	81.7	32.3
Xylene	Air	mg	339	150	283	112
Zinc	Air	g	1.76	8.43	10.1	0.99
Zinc-65	Air	mBq	1.37	0.5	1.19	0.46
Acenaphthylene	Water	mg	4.8	2.67	3.96	1.27
Acids，unspecified	Water	mg	42.5	14.6	11.2	125
Aluminum	Water	g	47.8	20.1	30.6	63.3
Americium-241	Water	mBq	771	281	669	259
Ammonia，as N	Water	mg	873	387	559	971
Ammonium，ion	Water	mg	4.79	24.7		0.305
Antimony	Water	mg	1.06	0.269	0.505	2.22
Antimony-122	Water	mBq	4.03	1.45	3.34	1.34
Antimony-124	Water	mBq	553	202	479	186
Antimony-125	Water	mBq	32.9	11.9	27.3	10.9
AOX，Adsorbable Organic Halogen as Cl	Water	mg	1.97	0.717	1.54	0.59
Arsenic，ion	Water	mg	96.1	41.3	61.2	129
Barite	Water	g	11	5.03	8.52	3.16
Barium	Water	g	5.14	2.08	3.47	5.46
Barium-140	Water	mBq	4.03	1.45	3.34	1.34
Benzene	Water	mg	71.3	25.8	55.2	21.6
Benzene，chloro-	Water	ng	3.37	1.75	2.48	0.861
Benzene，ethyl-	Water	mg	12.8	4.55	9.96	3.91
BOD5，Biological Oxygen Demand	Water	g	1.38	0.5	0.333	4.23
Boron	Water	mg	52.6	116	44.8	13.9

续表

物质	分类	单位	镍镉电池	铅酸电池	镍氢电池	锂离子电池
Cadmium，ion	Water	mg	4.6	2.04	2.88	5.87
Calcium，ion	Water	g	58.6	22.9	41.7	50.4
Carbon-14	Water	Bq	39	14.3	33.8	13.1
Carbonate	Water	mg	1.7	153		2.55
Cerimu-144	Water	Bq	17.6	6.43	15.3	5.92
Cesium-134	Water	Bq	39.4	14.4	34.2	13.3
Cesium-137	Water	Bq	363	133	315	122
Chloride	Water	g	594	224	409	490
Chlorinated solvents，unspecified	Water	mg	1.35	0.106	0.302	4.36
Chromium	Water	mg	1.76	4.55		4.44E-07
Chromium-51	Water	mBq	88.7	31.9	73.5	29.5
Chromium，ion	Water	mg	508	199	314	732
Cobalt	Water	mg	112	39	75.7	126
Cobalt-57	Water	mBq	4.14	1.49	3.43	1.37
Cobalt-58	Water	Bq	3.41	1.24	2.9	1.14
Cobalt-60	Water	Bq	170	62.4	148	57.4
COD，Chemical Oxygen Demand	Water	g	2.47	2.53	1.09	3.68
Copper，ion	Water	mg	317	101	215	334
Curium alpha	Water	Bq	1.02	0.373	0.884	0.343
Cyanide	Water	mg	53.5	4.19	13.4	165
Detergent，oil	Water	mg	0.833	75		1.25
Dioxins，measured as 2，3，7，8tetrachlorodibenzo-p-dioxin	Water	pg	0.00734	0.661		0.011
DOC，Dissolved Organic Carbon	Water	mg	354	142	63.8	17.5
Ethane，1，1-dichloro-	Water	ng	0.019	1.71		0.0285
Ethane，1，1，1-trichloro-，HCFC-140	Water	ng	852	436	607	217
Ethane，chloro-	Water	ng	0.347	31.2		0.52
Ethane，hexafluoro-	Water	ng	15.8	5.81	12.9	2.93
Ethane，chloro-	Water	ng	532	196	434	98.9
Fatty acids as C	Water	g	2.73	0.976	2.12	0.828
Fluoride	Water	g	2.16	0.234	0.557	6.63
Glutaraldehyde	Water	mg	1.36	0.621	1.05	0.389
Heat，waste	Water	MJ	16.9	4.93	14.2	2.02
Hydrocarbons，aliphatic，alkanes，unspecified	Water	mg	70.5	25.6	54.7	21.4
Hydrocarbons，aliphatic，alkanes，unspecified	Water	mg	6.51	2.36	5.05	1.97
Hydrocarbons，aromatic	Water	mg	333	123	255	110

续表

物质	分类	单位	镍镉电池	铅酸电池	镍氢电池	锂离子电池
Hydrocarbons，chlorinated	Water	mg	2.7	0.705		
Hydrocarbons，unspecified	Water	mg	33.8	29.9	28.1	2.56
Hydrogen-3，Tritium	Water	kBq	1.15E+03	422	1000	390
Hydrogen sulfide	Water	mg	15.8	1.15	3.75	49.1
Hypochlorite	Water	mg	131	45.1	113	42
Hypochlorous acid	Water	mg	131	45	113	42
Iodide	Water	mg	53.5	19	41.5	16.3
Iodine-129	Water	Bq	111	40.7	96.6	37.6
Iodine-131	Water	mBq	74.6	27.1	64.1	25
Iodine-133	Water	mBq	18.5	6.65	15.3	6.13
Iron	Water	g	33	13.4	25.1	26.2
Lead	Water	g	0.476	0.119	0.216	1.04
Lead-210	Water	Bq	2.59	0.813	2.24	0.794
Magnesium	Water	g	39.1	16.1	25.4	50.7
Manganese	Water	g	1.05	0.429	0.688	1.31
Manganese-54	Water	Bq	26.1	9.55	22.7	8.78
Mercury	Water	mg	0.623	0.0938	0.166	1.88
Metallic ions，unspecified	Water	mg	54.5	101		0.787
Methane，dichloro-，HCC-30	Water	mg	5.07	2.28	3.89	1.46
Molybdenum	Water	mg	144	63.6	99.2	164
Neptuium-237	Water	mBq	49.2	18	42.7	16.5
Nickel，ion	Water	mg	436	102	310	362
Niobium-95	Water	mBq	2.29	0.825	1.9	0.758
Nitrate	Water	g	0.8	1.05	0.628	0.357
Nitrite	Water	mg	30.1	10.9	26	10.7
Nitrogen，organic bound	Water	mg	68.4	31.9	49.5	23.7
Nitrogen，total	Water	mg	654	293	496	211
Oils，unspecified	Water	g	10.1	3.71	7.73	3.49
Organic substances，unspecified	Water	ng	5	450		7.5
PAH，polycyclic aromatic hydrocarbons	Water	mg	7.25	2.6	5.57	4.39
Phenol	Water	mg	0.12	10.8		0.179
Phenols，unspecified	Water	mg	136	30.1	70.8	228
Phosphate	Water	g	2.85	1.25	1.82	3.8
Phosphorus，total	Water	kBq	5.79	512		8.68
Phthalate，dioctyl-	Water	ng	69.5	26.4	56.1	13.3
Phthalate，p-dibutyl-	Water	ng	486	271	401	128

续表

物质	分类	单位	镍镉电池	铅酸电池	镍氢电池	锂离子电池
Plutonium-241	Water	Bq	75.9	27.8	65.8	25.6
Plutonium-alpha	Water	Bq	3.06	1.12	2.66	1.03
Polonium-210	Water	Bq	2.59	0.813	2.24	0.794
Potassium	Water	g	16.8	6.83	11.2	19.7
Potassium-40	Water	Bq	3.25	1.02	2.81	0.999
Protactinium-243	Water	Bq	3.44	1.26	2.98	1.16
Radioactive species，unspecified	Water	kBq	3.78	13.5		
Radioactive species，from fission and activation	Water	Bq	2.3	0.84	2	0.776
Radioactive species，Nuclides，unspecified	Water	mBq	1.67	0.608	1.45	0.563
Radium-224	Water	Bq	26.8	9.48	20.8	8.14
Radium-226	Water	kBq	14.2	5.19	12.3	4.8
Radium-228	Water	Bq	53.5	19	41.5	16.3
Ruthenium	Water	mg	5.41	1.94	4.2	1.64
Ruthenium-103	Water	mBq	1.35	0.486	1.12	0.448
Ruthenium-106	Water	Bq	186	67.9	161	62.4
Salts，unspecified	Water	g	41.6	14.6	34.8	19.9
Selenium	Water	mg	238	98.4	153	317
Silicon	Water	mg	20	13.3	17.5	3.98
Silver	Water	mg	1.12	0.165	0.431	2.68
Silver-110	Water	Bq	2.14	0.782	1.86	0.719
Sodium-24	Water	mBq	124	44.7	103	41.1
Sodium，ion	Water	g	226	83.2	169	114
Solved solids	Water	mg	1.36	123		2.04
Solved Substances	Water	g	19.7	8.34	12.9	25.5
Solved Substances，inorganic	Water	g	0.165	3.51		
Strontium	Water	g	3.81	1.38	2.88	1.73
Strontium-89	Water	mBq	9.13	3.29	7.57	3.03
Strontium-90	Water	Bq	37.1	13.6	32.2	12.5
Sulfate	Water	g	302	129	213	310
Sulfide	Water	mg	18.7	6.29	13.9	9.46
Sulfur	Water	ng	0.0209	1.88		0.0314
Sulfur trioxide	Water	mg	17	6.14	14.4	4.79
Suspended solids，unspecified	Water	mg	5.19	467		7.78
Suspended substances，unspecified	Water	mg	648	319		
Technetium-99	Water	Bq	19.5	7.11	16.9	6.57
Technetium-99m	Water	mBq	1.9	0.683	1.57	0.632

物质	分类	单位	镍镉电池	铅酸电池	镍氢电池	锂离子电池
Thorium-228	Water	Bq	107	37.9	82.9	32.6
Thorium-230	Water	Bq	538	196	467	181
Thorium-233	Water	mBq	606	191	524	186
Thorium-234	Water	Bq	3.47	1.27	3.01	1.17
Tin，ion	Water	m	0.17	12.7	0.147	0.0522
Titanium，ion	Water	g	2.83	1.17	1.82	3.79
TOC，total，Organic，Carbon	Water	g	12.8	7.58	9.62	4.81
Toluene	Water	mg	59.6	21.6	45.7	17.8
Tributyltin	Water	mg	2.45	7.98	1.85	3.15
Triethyltin glycol	Water	mg	83.6	82.4	63.8	16.6
Tungsten	Water	mg	2.06	1.55	1.89	0.339
Undissolved substances	Water	g	40.6	16.7	29.2	24.8
Uranium-234	Water	Bq	4.6	1.68	3.99	1.55
Uranium-235	Water	Bq	6.83	2.5	5.93	2.3
Uranium-238	Water	Bq	11.8	4.25	10.3	3.93
Uranium alpha	Water	Bq	225	82.1	195	75.8
vanadium，ion	Water	mg	243	101	158	317
VOC，volatile organic compounds as C	Water	mg	188	66.4	145	57.1
Waste water/m3	Water	cu.in		430		
Xylene	Water	mg	51.1	18.5	39.6	15.5
Zinc-65	Water	mBq	262	94.4	217	87.2
Zinc，ion	Water	mg	605	216	344	999
Zirconium-95	Water	Bq	1.58	0.576	1.37	0.53
Chemical waster，inert	Waste	g	0.164	14.7		0.245
Chemical waster，regulated	Waste	g	0.102	9.2		0.153
Coal tailings	Waste	g	0.0147	1.33		0.0211
Compost	Waste	mg	0.101	9.1		0.152
Construction waste	Waste	mg	0.132	11.9		0.198
Dust，break-out	Waste	g		24		
Iron Waste	Waste	g		26.1		
Mineral waste	Waste	g	0.0123	1.11		0.0185
Mineral waste，from mining	Waste	lb	0.0393	340		
Packaging waste，plastic	Waste	ng	0.0398	3.58		0.0597
Plastic waste	Waste	g	0.0204	1.84		0.0306
Rejects	Waste	g		47		
Slags	Waste	g		64.9		

续表

物质	分类	单位	镍镉电池	铅酸电池	镍氢电池	锂离子电池
Slags and ashes	Waste	g	0.455	40.9		0.682
Tin waste	Waste	mg		705		
Tinder from rolling drum	Waste	g		22.6		
Waste in bioactive landfill	Waste	g	17			
Waste in incineration	Waste	g	0.214	6.1		0.102
Waste in inert landfill	Waste	g		14.4		
Waste returned to mine	Waste	g	0.977	88		1.47
Waste to recycling	Waste	g	0.0979	8.81		0.147
Waste，industrial	Waste	g	0.0679	6.11		0.102
Waste，solid	Waste	g	−0.276	−24.9		−0.415
Waste，unspecified	Waste	g	0.0559	5.03		0.0839
Aluminum	Soil	mg	731	328	561	209
Calcium	Soil	g	2.91	1.31	2.24	0.837
Carbon	Soil	g	2.25	1.01	1.73	0.649
Chromium	Soil	mg	3.64	1.64	2.8	1.05
Heat，waste	Soil	Wh	7.41	266	627	192
Iron	Soil	g	1.46	0.656	1.12	0.417
Manganese	Soil	mg	29.1	13.1	22.4	8.37
Nitrogen	Soil	mg	1.05	0.238	0.556	1.61
Oils，biogenic	Soil	mg	4.72	2.5	3.13	5.73
Oils，unspecified	Soil	mg	470	167	363	148
Phosphorus	Soil	mg	39.7	16.8	29.2	18.5
Sulfur	Soil	mg	438	198	336	126
Zinc	Soil	mg	11.6	5.17	8.95	3.36